中青雄狮
从入门到精通
系列总销量突破
300万

薛燕妮 李有生 欧阳慧/编著　罗　铭/参编

PHOTOSHOP CS5
从入门到精通
创意案例版

中国青年出版社
CHINA YOUTH PRESS

律师声明

北京市邦信阳律师事务所谢青律师代表中国青年出版社郑重声明：本书由著作权人授权中国青年出版社独家出版发行。未经版权所有人和中国青年出版社书面许可，任何组织机构、个人不得以任何形式擅自复制、改编或传播本书全部或部分内容。凡有侵权行为，必须承担法律责任。中国青年出版社将配合版权执法机关大力打击盗印、盗版等任何形式的侵权行为。敬请广大读者协助举报，对经查实的侵权案件给予举报人重奖。

侵权举报电话

全国"扫黄打非"
工作小组办公室
010-65233456　65212870
http://www.shdf.gov.cn

中国青年出版社
010-59521012
E-mail: cyplaw@cypmedia.com
MSN: cyp_law@hotmail.com

图书在版编目（CIP）数据

Photoshop CS5 从入门到精通：创意案例版 / 薛燕妮，李有生，欧阳慧编著. — 北京：中国青年出版社，2011.4
ISBN 978-7-5006-9894-4
Ⅰ.①P… Ⅱ.①薛… ②李… ③欧… Ⅲ.①图形软件，Photoshop CS5 Ⅳ.①TP391.41
中国版本图书馆 CIP 数据核字（2011）第 056612 号

Photoshop CS5从入门到精通：创意案例版

薛燕妮　李有生　欧阳慧　编著

出版发行	中国青年出版社
地　　址	北京市东四十二条21号
邮政编码	100708
电　　话	（010）59521188 / 59521189
传　　真	（010）59521111
企　　划	北京中青雄狮数码传媒科技有限公司
责任编辑	郭　光　张海玲
封面设计	张宇海　王玉平
印　　刷	北京时尚印佳彩色印刷有限公司
开　　本	787×1092　1/16
印　　张	23
版　　次	2011年5月北京第1版
印　　次	2013年8月第2次印刷
书　　号	ISBN 978-7-5006-9894-4
定　　价	69.90元（附赠1DVD，含13小时教学视频）

本书如有印装质量等问题，请与本社联系　电话：（010）59521188 / 59521189
读者来信：reader@cypmedia.com
如有其他问题请访问我们的网站：http://www.21books.com

"北大方正公司电子有限公司"授权本书使用如下方正字体。
封面用字包括：方正兰亭黑系列

前言

写给Photoshop软件学习的初中级读者

对于想学习photoshop的读者来说，寻找一本适合的图书很重要。是选择一本几百页甚至上千页的用户手册，还是选择一本容易上手、案例丰富的学习指南，省时省力地就能够学会Photoshop？两者的区别显而易见，那么选择后者的读者就请翻开本书。本书完全针对读者希望尽快掌握并熟练应用Photoshop软件的要求而编写。

通过精美案例来剖析软件技术精髓

与市场上众多的手册书籍最大的不同是，本书并不是按部就班、循序渐进地逐一介绍Photoshop的基本工具、菜单命令和面板功能，而是针对初中级读者的学习特点，采用了一种全新的教学思路，充分利用案例教学直观生动、适合自学的优势，将Photoshop的所有重点功能完美地融合在21个精心设计的创意案例中，读者只要跟随操作步骤完成每个案例的制作，就可以完全掌握Photoshop的技术精髓。

两大图像设计软件完美结合

本书中的案例不仅仅通过Photoshop CS5来实现，还讲解了采用Illustrator CS5软件进行图形设计和卡漫设计的方法，本书还针对每个图解型案例提炼出知识点解析，让读者在学会制作技巧的同时，轻松掌握两种软件的重难点，一书在手，2种软件全掌握！

创意案例涵盖7大常见设计领域

21幅精美作品涵盖数码照片创意合成设计、视觉创意设计、海报设计、插画艺术设计、画册设计、产品造型设计、个性网页设计7大常见设计领域，一幅幅创意作品为您引爆震撼的视觉触动，诠释出不一样的设计理念！

本书附赠的超值DVD光盘包含什么？

本书附赠一张DVD多媒体光盘，其中包括：6小时本书重点案例多媒体视频；22段高难度创意设计案例的多媒体教学视频；4小时Photoshop软件基础知识教学视频；3000多个画笔、样式、渐变等设计素材；本书所有案例的原始素材与最终效果文件。

作　者

Contents

目录

知识预热 认识Photoshop图像创意设计

01 图像创意设计的应用领域 ……… 14
- 1 平面设计 ……… 14
- 2 数码照片处理 ……… 15
- 3 插画制作 ……… 15
- 4 网页设计 ……… 16

02 图像的基础知识 ……… 16
- 1 矢量图形和位图图像 ……… 17
- 2 色彩模式 ……… 17

03 图像创意设计应用软件 ……… 19
- 1 图像处理软件 ……… 19
- 2 Photoshop和Illustrator文件的相互转换 ……… 22

04 认识Photoshop图像处理软件 ……… 23
- 1 Photoshop软件的安装与卸载 ……… 23
- 2 Photoshop CS5工作界面 ……… 25
- 3 Photoshop中的主要工具 ……… 26
- 4 Photoshop中与文件相关的操作 ……… 35
- 5 对图像的基本操作 ……… 37

Chapter 01 数码照片创意合成设计

Works 01
Photoshop works

激情弥漫 ·· 42
知识解析——颜色通道 ························ 49

Works 02
Photoshop works

生命之光 ·· 50
知识解析——剪贴蒙版 ························ 58

Works 03
Photoshop works

巧妙的黑白配 ··· 59
知识解析——画笔工具 ························ 72

Works 06

Works 05

Chapter 02 视觉创意设计

Works 04
Photoshop works

绿色视觉创意文字……………………………… 74
知识解析——色相/饱和度命令……………… 88

Works 05
Photoshop works

时尚摄影合成……………………………………… 89
知识解析——图层………………………………… 102

Works 06
Photoshop works

人物炫光合成……………………………………… 103
知识解析——照片滤镜调整图层……………… 119

Works 04

Chapter 03 海报设计

Works 07
Photoshop works

商业画廊海报 ·· 122
知识解析——图层蒙版 ······························ 132

Works 08
Photoshop works

商业杂志封面 ·· 133
知识解析——自定形状工具选项栏 ············ 143

Works 09
Photoshop works

环境保护海报 ·· 144
知识解析——通过"渐变填充"填充图层 ···· 155

Chapter 04 插画艺术设计

Works 10
Photoshop works

日式卡通漫画 158
知识解析——自由变换命令 177

Works 11
Photoshop works

可爱卡通矢量画 178
知识解析——Illustrator渐变工具 195

Works 12
Photoshop works

写实CG插画 196
知识解析——外发光图层样式 212

Chapter 05 画册设计

Works 13
Photoshop works

儿童书籍画册 ···································· 214
知识解析——渐变叠加图层样式 ··············· 231

Works 14
Photoshop works

服饰画册 ······································· 232
知识解析——图层混合模式 ··················· 250

Works 15
Photoshop works

故事绘本画册 ··································· 251
知识解析——文字工具 ························ 270

Chapter 06 产品造型设计

Works 16
Photoshop works

酒瓶造型 ················ 272
知识解析——移动工具 ················ 282

Works 17
Photoshop works

饮料瓶造型 ················ 283
知识解析——曲线调整 ················ 299

Works 18
Photoshop works

化妆品造型 ················ 300
知识解析——图层样式 ················ 316

Works 18

Works 17

Works 16

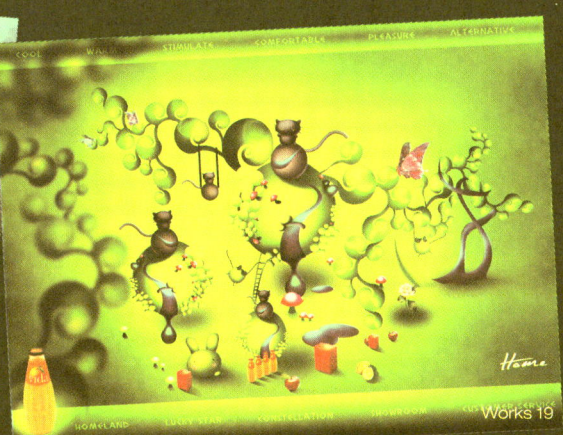

Chapter 07 个性网站设计

Works 19
Photoshop works

果汁网站设计 …………………………… 318
知识解析——投影图层样式 …………… 333

Works 20
Photoshop works

导购网站设计 …………………………… 334
知识解析——旋转扭曲滤镜 …………… 352

Works 21
Photoshop works

旅游网站设计 …………………………… 353
知识解析——高斯模糊滤镜 …………… 368

知识预热

认识 Photoshop 图像创意设计

图像创意设计是将具有创造性的想法以图像的形式表现出来，好的图像创意设计能使人过目不忘、久久回味，它不仅仅是广告，同样也是艺术。充分地表现图像创意需要有创新的思维模式与图像制作处理能力，本部分将就图像创意设计的应用领域、图像的基础知识和图像创意设计应用软件，以及Photoshop软件的特点与优势等多方面图像创意设计基础知识进行详细的介绍。

▲ 化妆品系列包装设计

▲ 风景照片处理

▲ 艺术图书设计

▲ 文学书籍包装

▲ 婚纱照片制作

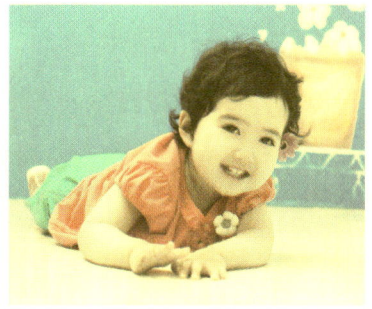

▲ 降低饱和度效果

▲ 服饰网站设计

01. 图像创意设计的应用领域

图像创意设计的应用领域极其广泛，主要包括平面广告设计、数码照片处理、插画制作、网页设计、包装设计和书籍装帧设计等诸多领域。本节就对图像创意设计的各个应用领域进行详细讲解。

1 平面设计

平面设计是图像创意设计应用最为广泛的领域，包括书册设计、海报设计、各种平面广告设计、DM单设计、包装设计等诸多方面，平面设计主要通过文字和图形相结合的方式来阐述所要表达的内容。

平面广告设计

平面广告，若从空间概念界定，泛指现有的以长、宽两维形态传达视觉信息的各种广告媒体的广告；若从制作方式界定，可分为印刷类、非印刷类和光电类三种形态。平面广告因为传达信息简洁明了，能瞬间扣住人心，从而成为广告的主要表现手段之一。平面广告设计在创作上要求表现手段浓缩化和具有象征性，一幅优秀的平面广告应具有充满时代意识的新奇感，并具有设计上独特的表现手法和感情。

商业平面广告设计

食品平面广告设计

汽车平面广告设计

包装设计

包装是品牌理念、产品特性、消费心理的综合反映，它直接影响到消费者的购买欲。包装的功能是保护商品、传达商品信息、方便使用和运输、促进销售、提高产品附加值。包装作为一门综合性学科，具有商品和艺术相结合的双重性。

饮料包装设计

化妆品系列包装设计

伏特加包装设计

书籍装帧设计

　　书籍装帧设计是书籍造型设计的总称，一般包括选择纸张、封面材料、确定开本、字体、字号、设计版式，决定装订方法以及印刷和制作方法等。书籍生产过程中的装潢设计又称书籍艺术。书籍装帧是在书籍生产过程中将材料和工艺、思想和艺术、外观和内容、局部和整体等组成和谐、美观的整体艺术。

艺术图书设计　　　　　　　　　设计图书装帧　　　　　　　　　文学书籍包装

2 数码照片处理

　　随着数码摄影技术的发展和数码产品的普及，数码照片已然成为人们日常生活当中不可或缺的元素，因此了解数码照片的相关知识显得十分有必要。按照用途分类，可将数码照片分为艺术照、婚纱照、网络应用类照片和家庭照等。

　　利用 Photoshop 可以非常方便和快捷地对人像数码照片进行皮肤瑕疵处理、光影调整、背景处理、图像合成等操作，也可以对风景照片进行色调调整、画面均衡感调整、风景合成等操作，从而使有缺陷的照片变得完美。

风景照片处理　　　　　　　　　人物照片处理　　　　　　　　　婚纱照片制作

3 插画制作

　　Photoshop 的绘画工具以其操作简单、画笔样式多样性、色调丰富，以及高度的可修改性，被广大绘画爱好者所使用。运用 Photoshop 可以在电脑中绘制出各种类型的美轮美奂的插画作品。插画按照用途可分为书刊插画、纯艺术插画、商业插画、概念设计等。

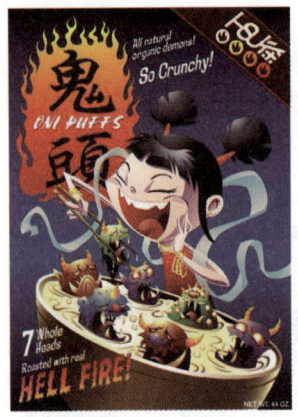

儿童书籍插画　　　　　商业插画　　　　　　时尚小说插画

4 网页设计

　　网站是企业向用户和网民提供信息（包括产品和服务）的一种方式，是企业开展电子商务的基础设施和信息平台。企业的网址被称为"网络商标"，也是企业无形资产的组成部分，而网站是在因特网上宣传和反映企业形象和文化的重要窗口。

　　利用Photoshop不仅可以设计网页的版式和布局，也可以优化图像并将其应用于网页上，还可以运用Photoshop制作出真实的网页模拟效果，同时也能方便快捷地制作出各种绚丽的文字特效。

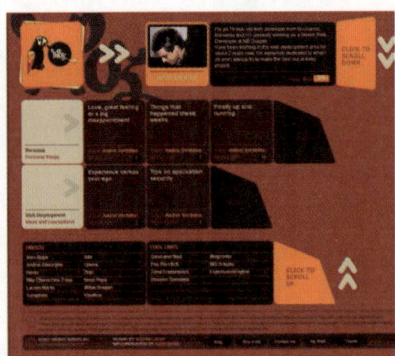

服饰网站设计　　　　　导购网站设计　　　　　　家具装潢网页设计

02. 图像的基础知识

　　图像用二进制数字任意描述像素点、强度和颜色，所描述对象在缩放过程中会损失细节或产生锯齿。在显示方面它是将对象以一定的分辨率分辨以后将每个点的色彩信息以数字化方式呈现，从而直接快速在屏幕上显示。分辨率和灰度是影响显示的主要参数。图像适用于表现含有大量细节（如明暗变化、场景复杂、轮廓色彩丰富）的对象，通过图像编辑软件可进行复杂图像的处理，以得到更清晰的图像或产生特殊效果。

1 矢量图形和位图图像

图像有多种含义，其中最常见的定义是指各种图形和影像的总称。计算机中的图像可以分为位图图像和矢量图形两种类型。

位图图像

位图图像亦称为点阵图像或绘制图像，是由称作像素的单个点组成的。这些点可以进行不同的排列和染色以构成图样。当放大位图时，可以看到构成整个图像的无数单个方块。扩大位图尺寸的效果是增大单个像素，其结果便是使线条和形状显得参差不齐。分辨率是屏幕图像的精密度，指显示器能显示多少颜色。由于屏幕上的点、线和面都是由像素组成的，显示器可显示的像素越多，画面就越精细，同样的屏幕区域内能显示的信息也越多。

位图数字绘画

矢量图形

矢量图形是使用直线和曲线来描述图形，这些图形的元素是一些点、线、矩形、多边形、圆和弧线等，它们都是通过数学公式计算获得的。例如一幅花的矢量图形实际上是由线段形成外框轮廓，由外框的颜色以及外框所封闭的颜色决定显示的颜色。由于矢量图形可通过公式计算获得，所以矢量图形文件体积一般较小。

矢量绘画　　　　　　　　　　　　矢量标志

位图图像与矢量图形的区别

位图图像与矢量图形最大的区别在于，矢量图形可以无限放大且不会失真，其次，矢量图形文件相较于位图图像文件要小很多，再次，图像的分辨率不依赖于输出设备。矢量图形在图形的设计上具有不可替代的优势，然而在图片的处理上的劣势也很明显，位图图像相较于矢量图形的优势在于可以处理丰富的细节、颜色，制作出逼真的图像效果，另外，在颜色和图像的调整上有矢量图形不可替代的优势。所以矢量图形与位图图像的融合，是发展的必然趋势。

位图图像（放大后）　　　矢量图形（放大后）

2 色彩模式

色彩模式决定显示和打印数字图像的色彩模型，即一幅数字图像用什么样的方式在计算机中显示或打印输出。常见的色彩模式包括位图模式、灰度模式、双色调模式、RGB（表示红、绿、蓝）

颜色模式、CMYK（表示青、洋红、黄、黑）颜色模式、Lab颜色模式、索引颜色模式、多通道模式以及8位/16位/32位通道模式，每种模式的图像描述和重现色彩的原理，以及所能显示的颜色数量是不同的。

RGB 颜色模式

RGB 颜色模式是基于自然界中 3 种基色光的混合原理，将红（R）、绿（G）和蓝（B）3 种基色按照从 0（黑）到 255（白色）的亮度值在每个色阶中分配，从而指定其色彩。当不同亮度的基色混合后，便会产生 256×256×256 种颜色，约为 1670 万种。例如，一种明亮的红色可能 R 值为 246，G 值为 20，B 值为 50。当 3 种基色的亮度值相等时，产生灰色；当 3 种基色的亮度值都是 255 时，产生纯白色；而当所有基色的亮度值都是 0 时，产生纯黑色。因为由 3 种色光混合生成的颜色一般比原来的颜色亮度值高，所以 RGB 颜色模式又被称为色光加色法。RGB 颜色模式适用于显示器、投影仪、扫描仪、数码相机等设备。

显示器

投影仪

数码相机

CMYK 颜色模式

CMYK颜色模式是一种印刷模式。其中C、M、Y、K 4个字母分别指青（Cyan）、洋红（Magenta）、黄（Yellow）、黑（Black），在印刷中代表4种颜色的油墨。CMYK颜色模式在本质上与RGB颜色模式没有什么区别，只是产生颜色的原理不同，RGB颜色模式是由光源发出的色光混合生成颜色，而CMYK颜色模式是由光线照到有不同比例C、M、Y、K油墨的纸上，部分光谱被吸收后，反射到人眼的光产生颜色。由于C、M、Y、K在混合成色时，随着颜色成分的增多，反射到人眼的光会越来越少，光线的亮度会越来越低，因此CMYK颜色模式产生颜色的方法又被称为色光减色法。CMYK颜色模式适用于打印机、印刷机等。

从理论上来说，只需要3种颜色的油墨就足够了，这3种油墨加在一起就会得到黑色。但是由于目前制造工艺还不能造出高纯度的油墨，C、M、Y 3种油墨相加的结果实际是一种暗红色，因此还需要加入一种专门的黑墨来调和。

如对"背景"图层填充蓝色（C100、M0、Y0、K0），新建"图层1"并对该图层填充洋红（C0、M100、Y0、K0），再设置"图层1"的混合模式为"正片叠底"，就会得到深蓝色（C100、M100、Y0、K0），然后参照上述步骤新建图层后填充黄色（C0、M0、Y100、K0）和黑色（C0、M0、Y0、K100），最后再设置各个图层的混合模式，就可以得到黑色（C100、M100、Y100、K100）。

颜色叠加示意图

Lab 颜色模式

Lab颜色模式是以一个亮度分量L及两个颜色分量a和b来表示颜色的。其中L的取值范围是0~

100，a分量代表由绿色到红色的光谱变化，而b分量代表由蓝色到黄色的光谱变化，a和b的取值范围均为-128～127。Lab模式所包含的颜色范围最广，能够包含RGB和CMYK模式中的所有颜色。CMYK模式所包含的颜色最少。

如进入"通道"面板选择a通道，再结合渐变工具 对该通道填充由左至右的黑白渐变，这样就为该通道赋予了从红到绿的所有颜色，然后再对b通道填充由上而下的黑白渐变，就为该通道赋予了从黄到蓝的所有颜色，最后单击Lab复合通道，就看到了丰富明亮的颜色。

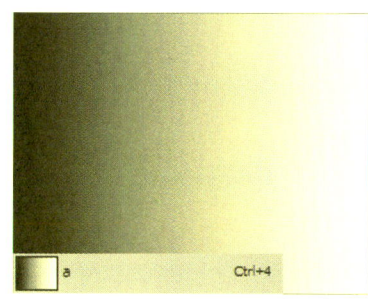
对a通道填充渐变色

对b通道填充渐变色

单击Lab复合通道查看颜色

03. 图像创意设计应用软件

图像处理（image processing）是指用计算机对图像进行分析，以达到所需结果的技术，又称影像处理。常见的图像处理有图像数字化、图像编码、图像增强、图像复原、图像分割和图像分析等。图像处理软件是用于处理图像信息的各种应用软件的总称，专业的图像处理软件有Adobe Photoshop、Adobe Illustrator、CorelDRAW、Corel Painter等，以及基于应用的处理管理软件Picasa等。另外，还有国内很实用的大众型软件彩影、美图秀秀、光影魔术手等，以及Ulead GIF Animator、GIF Movie Gear等动态图片处理软件。

在进行图像创意设计时，经常需要综合使用多种图像处理软件，其中最常见的就是Photoshop和Illustrator的综合使用，本书后面要介绍的图像创意设计案例中，大多都是这两个软件的综合应用。

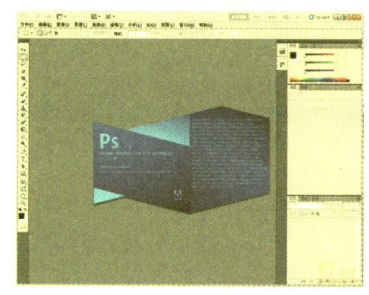
Adobe Photoshop CS5 界面

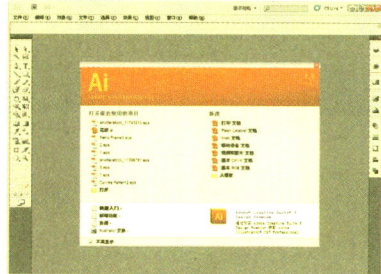
Adobe Illustrator CS5 界面

Corel Painter 11 界面

1 图像处理软件

利用图像处理软件可以对已有的位图图像进行编辑加工处理并添加一些特殊效果，其重点在于对图像的处理加工。在图像处理软件中知名度最高、使用频率最高和最专业的当数 Adobe Photoshop，其次是 Adobe Illustrator 和 CorelDRAW 等比较偏向于图像创作的矢量图像软件。

Adobe Photoshop

Photoshop 是 Adobe 公司旗下最为出名的图像处理软件之一，是集图像扫描、编辑修改、图像制作、广告创意、图像输入与输出于一体的图形图像处理软件，深受广大平面设计人员和电脑美术爱好者的喜爱。

（1）Adobe Photoshop 软件的优势主要表现在以下 4 个方面：一是本身的图层、选区、通道、蒙版和图层混合模式等人性化功能，不论是制作还是处理图像都非常强大；二是操作比较简单，软件界面非常简洁；三是 Adobe Photoshop 有很多自带的优秀插件和滤镜等，也可以导入各种滤镜，使图像处理变得更加快速；四是 Adobe Photoshop 的兼容性极强，它可以识别大部分的图像文件，并可以结合多种输入输出设备和制作软件，根据需求制作出非常完美的效果。

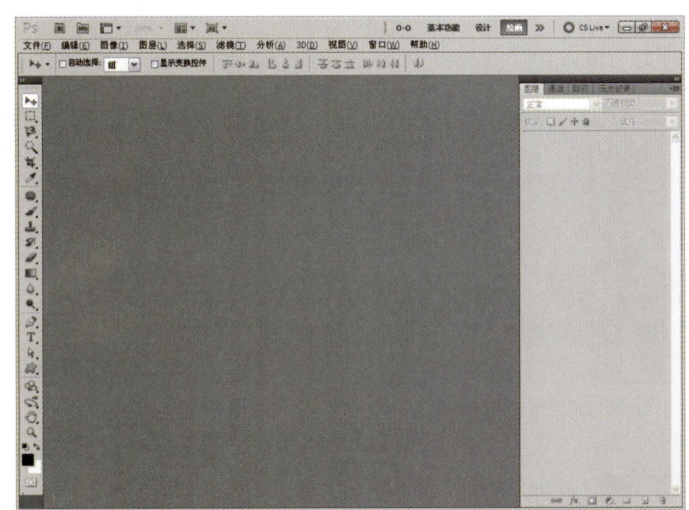
Adobe Photoshop CS5 界面

（2）Adobe Photoshop 的应用领域非常广泛，在图像、图形、文字、视频和出版等方面都有涉及，具体应用上主要有平面设计、照片修复、广告摄影、影像创意、艺术文字设计、网页制作、建筑效果后期修饰、绘画、三维贴图绘制处理、数码照片处理、图标制作、界面设计等，另外它在影视后期处理和二维动画制作等方面也有所涉及。

特效风景处理　　　　　　　　　创意合成

光影魔术手

光影魔术手是国内最受欢迎的图像处理软件之一，常用于对数码照片进行画质改善和效果处理。

（1）软件特点：软件操作简单、易用，不需要任何专业的图像技术就可以制作出专业胶片摄影的色彩效果。

（2）软件优势：模拟反转片的效果，令照片反差更鲜明，色彩更亮丽，模拟反转负冲的效果，色彩诡异而新奇，模拟多类黑白胶片的效果，在反差、对比方面和数码相片完全不同。

光影魔术手界面　　　　　原图　　　　　　　　　执行"反转片 > 真实色彩"命令后

Corel Painter

Corel Painter软件目前最新版本为Corel Painter IX，它是目前世界上最为完善的电脑美术绘画软件，它以其特有的Natural Media仿天然绘画技术为代表，在电脑上首次将传统的绘画方法和电脑设计完美地结合起来，形成了其独特的绘画和造型效果。除了作为世界上首屈一指的自然绘画软件外，Corel Painter在影像编辑、特技制作和二维动画方面也有突出的表现。总之，无论是对专业设计师、出版社美编、摄影师、动画及多媒体制作人员，还是对一般的电脑美术爱好者，Painter都是一款非常理想的图像编辑和绘画工具。

拥有传统笔触的精细 CG 场景

绘制传统素描

Adobe Illustrator

作为全球最著名的图形软件，Adobe Illustrator以其强大的功能和体贴的用户界面占据了全球矢量编辑软件中的大部分份额。据不完全统计，全球有37%的设计师在使用Adobe Illustrator进行艺术设计。尤其基于Adobe公司专利的PostScript技术的运用，Illustrator已经完全占领专业的印刷出版领域。无论是线稿设计者、专业插画家、多媒体图像艺术家，还是互联网页面或在线内容的制作者，Illustrator都是最佳的选择。Adobe Illustrator主要应用在平面广告设计、CI设计、VI设计、Logo设计、产品设计、包装设计、网页设计、书籍装帧版式设计和商业插画绘制等诸多领域。

写实矢量商业插画

产品设计

平面广告设计

CorelDRAW

CorelDRAW Graphics Suite 是一款由世界顶尖软件公司 Corel 开发的图形图像处理软件。该软件因其非凡的设计能力被广泛地应用于商标设计、标志制作、模型绘制、插图描画、排版及分色输出等诸多领域。

写实矢量插画　　　　　　　　矢量平面广告设计　　　　　　　　矢量产品造型设计

❷ Photoshop和Illustrator文件的相互转换

要综合应用 Photoshop 和 Illustrator，首先应掌握二者文件之间的相互转换，即将 Illustrator 文件转换为 Photoshop 文件，或者将 Photoshop 文件转换为 Illustrator 文件，下面介绍几种较为常用的转换方法。

将 Illustrator 图像置入 Photoshop

将Illustrator图像置入Photoshop的方法有3种。第1种是在Illustrator中执行"文件>导出"命令，选择Photoshop格式输出，Photoshop即能直接打开输出的文件。在"Photoshop导出选项"对话框中，可以设置图像的精度，如果选择了"写入图层"单选按钮，还将保留Illustrator中层的属性，在Photoshop中依然可以编辑各个图层。但输出后，Illustrator中的文字会自动转化为图形。第2种是按下快捷键Ctrl+C进行复制，在Photoshop中按下快捷键Ctrl+V来置入，所有Illustrator中的笔画、效果、滤镜、色标、在Photoshop中均100%保留。但是Illustrator的文字不能以路径方式置入Photoshop。在Illustrator中复制的图像越大，在Photoshop中粘贴的图像精度就越高，反之精度就越低。第3种方法是将Illustrator和Photoshop同时打开，然后运用选择工具将图像直接拖动到Photoshop中，此时会自动以路径的方式置入，但这种方式不能置入任何文字。

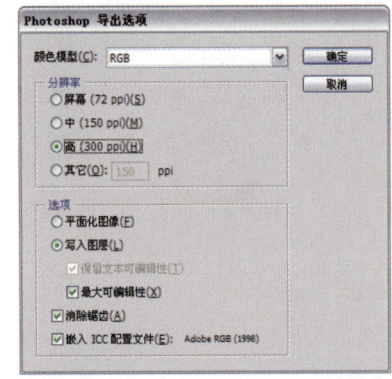
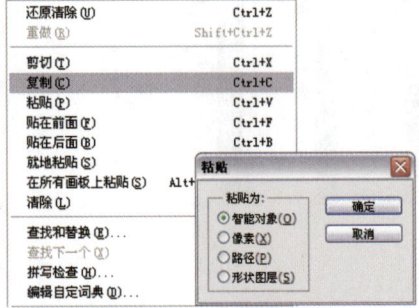
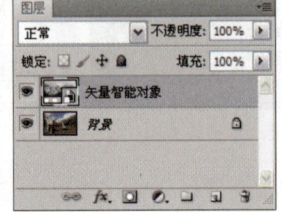

在 Illustrator 中选择导出为 PSD 格式时弹出的对话框　　　在 Illustrator 中复制，在 Photoshop 中粘贴　　　直接拖动到Photoshop中生成的图层

将 Photoshop 图像置入 Illustrator

将Photoshop图像置入Illustrator的方法有3种。第1种是通过执行"文件>置入"命令来置入大部分Photoshop输出的图像格式文件，但RAW和RSR格式除外。其中Photoshop输出的EPS格式文件可以在

Illustrator中有透明背景效果。第2种是在Photoshop中按下快捷键Ctrl+C进行复制，然后在Illustrator中按下快捷键Ctrl+V来置入。第3种是同时打开Photoshop和Illustrator的文件窗口，把Photoshop图像或路径直接拖放到Illustrator文件中，从而直接以路径方式置入，但这种方式置入的文字会变成图像。用后两种方法置入的图像精度会降低很多，而且在Photoshop中所选图像如果太大，超过系统内存的话也会操作失败。

Illustrator中的"置入"对话框

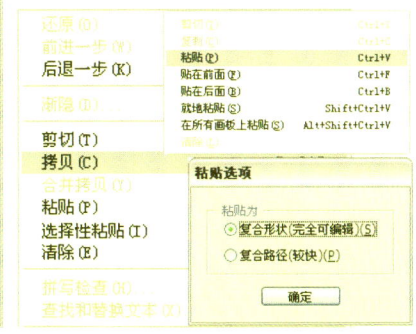
在Photoshop中复制，在Illustrator中粘贴

直接拖动到Illustrator中生成图像

04. 认识Photoshop图像处理软件

Photoshop是图像处理软件中的佼佼者，该软件常被用于进行图像处理与特效合成，深受广大图像爱好者的喜爱。要想应用该软件制作出自己理想的设计作品，首先应对该软件各个功能的基本操作进行了解，下面主要对该软件进行初步介绍。

1 Photoshop软件的安装与卸载

要利用Photoshop CS5进行图像处理，首先需要了解该软件的安装方法与卸载方法。安装Photoshop CS5应首先打开该软件安装程序所在的文件夹，通过运行其安装程序并开始安装软件。

在软件安装程序所在的文件夹中找到Photoshop软件安装程序，通过双击该文件或以其他方式运行该程序，可弹出"Adobe 安装程序"对话框。

Adobe 安装程序图标

"Adobe 安装程序"对话框

系统自动完成初始化安装程序后，弹出Photoshop CS5安装程序界面，用户可在其中根据提示和个人需要进行相关的选项设置。一般的安装步骤如下：在弹出的"Adobe 软件许可协议"界面中，阅读内容并单击"接受"按钮；进入到下一选项的对话框界面（序列号输入选项），此时将序列号分别输入到相应的文本框中，再单击"下一步"按钮；通过多个操作步骤之后，进入到"安装选项"界面，在该界面中对软件安装路径进行设置，设置完成后单击"安装"按钮，开始安装软件，完成后即可运行Photoshop。

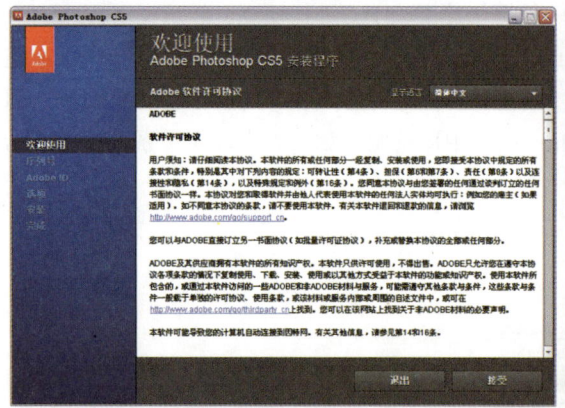

阅读并接受 Adobe 软件许可协议　　　　　　　　　　输入序列号

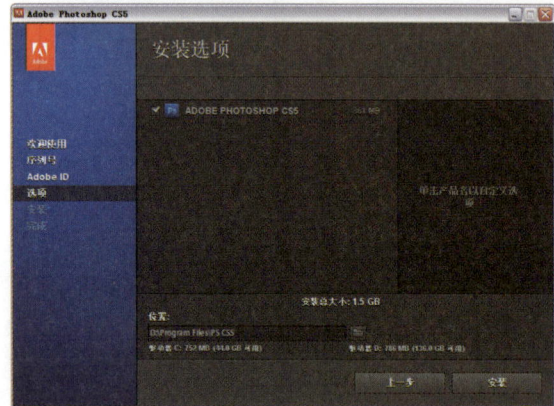 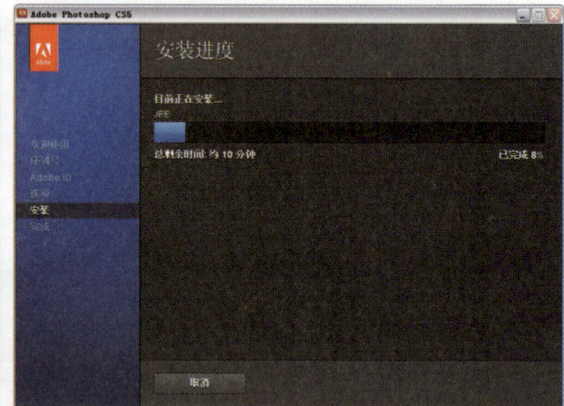

设置安装选项　　　　　　　　　　　　　　　　　　查看安装进度

在电脑中卸载Photoshop CS5图像处理软件，可以打开"添加或删除程序"窗口，再在其中选择Adobe Photoshop CS5选项，然后单击"删除"按钮，此时将弹出"卸载选项"窗口。

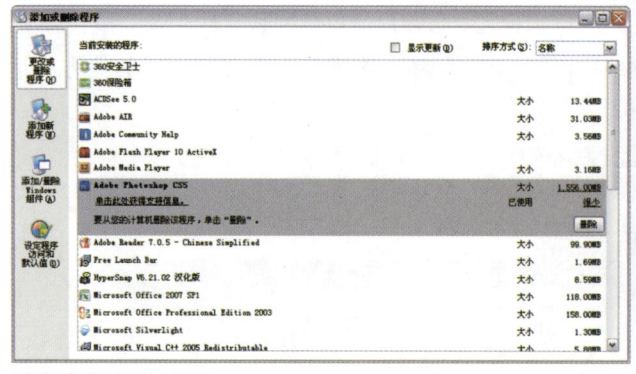 

"添加或删除程序"窗口　　　　　　　　　　　　　　设置卸载选项

在"卸载选项"窗口中勾选ADOBE PHOTOSHOP CS5复选框，单击"卸载"按钮后，进入"卸载进度"界面，此时系统正在进行卸载操作，当卸载进度为100%时表示完成卸载任务，此时单击"完成"按钮，即完成对软件的卸载。

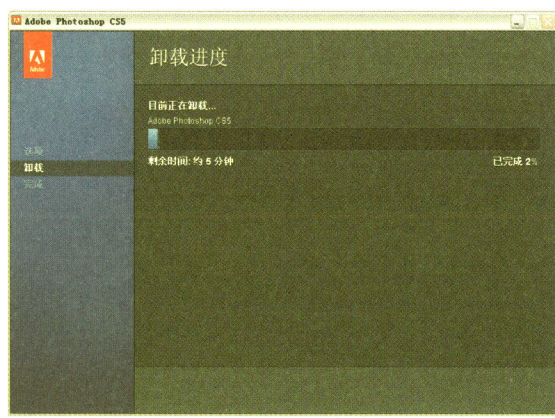
查看卸载进度

完成卸载任务

2 Photoshop CS5工作界面

在电脑中安装Photoshop CS5图像处理软件后，双击桌面的快捷方式图标即可启动该软件，进入到Photoshop CS5的工作界面中。Photoshop CS5的工作界面由标题栏、菜单栏、选项栏、工具箱、状态栏、工作区和面板7个部分组成，下面分别进行详细的介绍。

Photoshop CS5 工作界面

编号	名称	说明	
①	标题栏	标题栏位于工作界面顶部，左端显示 Photoshop CS5 图标和常用的设置及转换按钮，右端则在 CS4 版本的基础功能上新增了设计、绘画、摄影 3 个工作区选项按钮，通过单击不同的工作区按钮，可以切换到不同的工作环境，方便用户进行设计、排版以及绘画等操作。单击右侧的扩展按钮，会弹出如右图所示的扩展菜单，在其中可以选择更多的工作环境，并可对工作环境进行新建与删除	扩展菜单

(续表)

编号	名称	说明
❷	菜单栏	菜单栏中显示了软件中的各个主要功能命令，包括文件、编辑、图像、图层、选择、滤镜、分析、3D、视图、窗口和帮助
❸	选项栏	可以通过选项栏对具体工具进行参数设置，在软件中选择不同的工具，其对应的选项栏也是不同的
❹	工具箱	Photoshop 的工具箱中包括了该软件所有的工具，单击工具按住左键不放，会弹出该工具组中的隐藏工具。单击工具箱顶部的按钮，可将双栏的工具箱调整为单栏的工具箱
❺	工作区和状态栏	在 Photoshop 中工作都是在工作区进行的，无论进行何种操作都会直观地在工作区中显示。状态栏位于整个界面的左下角，主要用于显示当前图像的文件信息，即图像文件的缩放大小、当前运用工具等
❻	面板	在工作的过程中可根据需要打开或关闭需要的浮动面板，也可以根据实际情况对面板进行拆分和组合等

3 Photoshop中的主要工具

在 Photoshop CS5 工具箱中，容纳了该软件中几乎所有的工具，这些工具主要用于绘制图像、修饰图像以及创建选区、输入文字等。工具箱有单栏和双栏两种显示形式，单击工具箱上方的 或 按钮，可在这两种状态之间进行切换。下面按功能对工具箱中的工具分别进行介绍，帮助读者在进行图像处理与合成的过程中更方便地应用工具。

选区创建工具

选区创建工具有很多种，主要可分为选框工具组、套索工具组以及魔棒工具组，使用的选区工具不同，在图像上创建的选区也不一样。

（1）选框工具组。选框工具组主要包括矩形选框工具 、椭圆选框工具 、单行选框工具 、单列选框工具 。可以设置选项栏上的各项参数，更加灵活地进行选区编辑。

创建矩形选区

创建椭圆选区

创建单列和单行选区

（2）套索工具组。套索工具组主要包括套索工具 、多边形套索工具 和磁性套索工具 3个工具，用于创建不规则形状的选区，选区范围更加灵活。套索工具 是运用鼠标在图像中拖动进行选区的创建，适用于比较粗略的选区的创建；多边形套索工具是运用鼠标在图像中逐一单击抠取图像的边缘来创建选区，适用于边缘比较平整的图像；磁性套索工具是在图像边缘单击来创建第一个控制点，根据图像边缘移动鼠标，它会自动分辨图像边缘像素，创建选区。

原图　　　　　　　　利用套索工具创建选区　　　利用多边形套索工具创建选区　　利用磁性套索工具创建选区

（3）魔棒工具组。魔棒工具组中包含魔棒工具和快速选择工具两个工具，利用它们可以在色调差异较大的图像中快速创建选区。魔棒工具是在图像中单击来创建选区，适用于色差较大的图像的抠图；快速选择工具是在图像中拖动来创建选区，适用图像同魔棒工具一致。

在绘制选区的过程中可设置魔棒工具的"容差"和快速选择工具的画笔大小，以创建出满意的选区。比如运用魔棒工具，在图像中创建选区后，再选择快速选择工具并在选项栏上设置参数，然后在图像边缘进行涂抹，创建更为精确的选区。

原图　　　　　　　　利用魔棒工具创建选区　　　利用快速选择工具完善选区　　删除选区内图像

修复工具

修复工具常用于对图像的瑕疵以及破损等进行修复，主要包括污点修复画笔工具、修复画笔工具、修补工具、红眼工具、橡皮擦工具组、图章工具组等，利用这些工具可以轻松去除图像上的瑕疵，修复图像中不理想的部分。

（1）污点修复画笔工具。污点修复画笔工具主要用于对图像中小面积的污点进行修复，在Photoshop CS5中，污点修复画笔工具更智能化，利用它修复的效果更自然。

原图　　　　　　　　去除左侧斑点　　　　　　　去除全部斑点

（2）修复画笔工具 . 。修复画笔工具 . 与污点修复画笔工具 . 的工作原理一样，都是通过画笔去除图像中小面积的瑕疵，修复画笔工具 . 还可以对图像进行图案填充。使用修复画笔工具 . 修复图像时，需要先按住Alt键对图像取样，然后在需要修复的图像上单击，以吸取处的图像修复有瑕疵处的图像，最终达到修复图像的作用。

原图

修复后效果

（3）修补工具 . 。该工具主要用于对图像中大面积的瑕疵进行修复，可以对照片中大面积的污点进行完善处理，还原照片完美效果。在使用修补工具修复图像时，先要对需要修补的图像创建选区，然后拖动选区至要替换成的图像上释放鼠标左键，完成对图像的修补。

原图

创建选区

修复效果

（4）红眼工具 . 。红眼工具主要用于去除照片中由于光线原因造成的人物红眼效果，还原人物美丽的双眼。使用红眼工具修复图像时，只需要在人物眼部红眼处单击鼠标左键，即可完成修复。

原图

左侧人物红眼修复效果

最终修复效果

（5）橡皮擦工具组。利用橡皮擦工具组中的工具可以对图像中不需要的图像进行擦除，去掉图像中多余的图像效果。橡皮擦工具组中的工具包括橡皮擦工具 . 、背景橡皮擦工具 . 、魔术橡皮擦工具 . ，使用不同的工具，擦除图像效果不同。

使用橡皮擦工具擦除图像　　　　使用背景橡皮擦工具擦除图像　　　　使用魔术橡皮擦工具擦除图像

（6）图章工具组。使用图章工具组中的工具能够使用选取的图像副本修补图像，主要包括仿制图章工具 ![] 和图案图章工具 ![]，其中仿制图章工具 ![] 可以通过对图像的取样修复图像中的不足之处，也可以复制取样处的图像。

图章工具组　　　　　　　　　原图　　　　　　　　　　　利用仿制图章工具复制一个人物图像

绘画工具

绘画工具主要包括画笔工具 ![]、铅笔工具 ![]、颜色替换工具 ![]、混合器画笔工具 ![]，通过这些工具可以绘图以及对图像颜色进行调整。

（1）画笔工具 ![]。画笔工具主要用于对图像进行绘制，以及对图层蒙版进行编辑等，是软件中非常常用的工具之一。可以通过单击画笔预设面板右上角的扩展按钮，在弹出的扩展菜单中选择系统预设的画笔样式进行载入，也可以在网上收集一些笔触样式放在电脑中，然后载入画笔样式。

 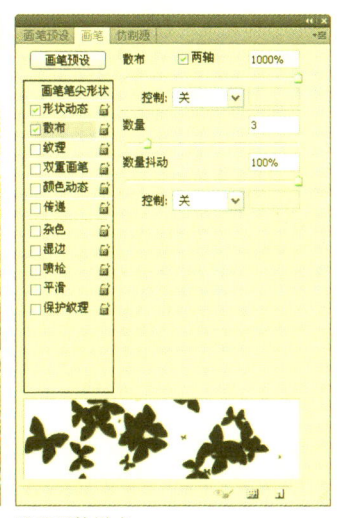 

原图　　　　　　　　　　　设置画笔样式　　　　　　　　　　绘制图像

（2）铅笔工具 。铅笔工具与画笔工具一样，主要用于对图像进行绘制。在使用绘画工具绘制图像时，可以结合［和］键对画笔的大小进行随意调整，使绘制过程更轻松。

原图　　　　　　　　　　　　选择笔触　　　　　　　　　　　绘制效果

（3）颜色替换工具 。颜色替换工具主要用来将图像中的颜色替换成指定的颜色，通过前景色设置需要替换的颜色，选择颜色替换工具后在图像上进行涂抹，涂抹处将自动替换成前景色的颜色。

  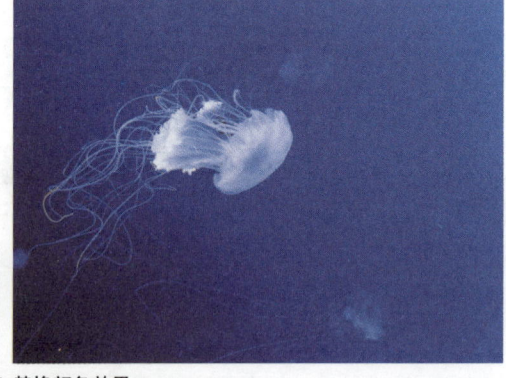

原图　　　　　　　　　　　　　　　　　　　　　设置颜色　替换颜色效果

（4）混合器画笔工具 。利用该工具可以对图像中的不同颜色进行混合，制作图像颜色模糊的混合效果。

原图　　　　　　　　　　　　　　　　　　　　　混合后效果

填充工具

填充工具主要分为渐变工具 与油漆桶工具 ，通过这两种工具可以对图像中的指定图像进行渐变色与纯色的填充。

（1）渐变工具 。渐变工具主要针对图像进行渐变颜色填充，可以通过设置"渐变编辑器"对话框设置渐变颜色。在渐变工具选项栏中可以通过单击"线性渐变"按钮▇、"径向渐变"按钮▇、"角度渐变"按钮▇、"对称渐变"按钮▇、"菱形渐变"按钮▇设置渐变的填充样式。

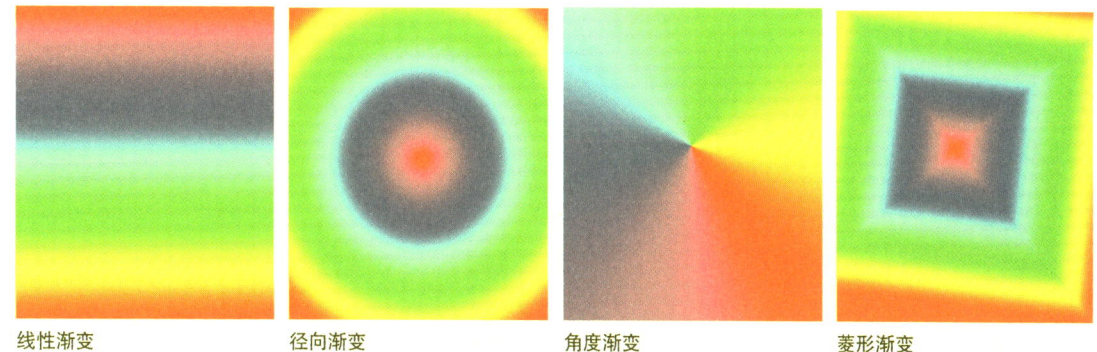

线性渐变　　　　径向渐变　　　　角度渐变　　　　菱形渐变

（2）油漆桶工具▇。油漆桶工具主要用于填充图像颜色与图案，通过设置需要填充的颜色与图案，在画面上单击鼠标，系统将默认对与所单击处颜色相同的图像进行填充。

原图　　　　　　填充颜色　　　　选择图案　　　　填充图案

像素和颜色处理工具

像素和颜色处理工具主要包括模糊工具▇、锐化工具▇、涂抹工具▇，通过这些工具可以对图像的像素与颜色进行调整，制作特殊的图像效果。

原图　　　　　　模糊图像效果　　　锐化图像效果　　　涂抹图像效果

图像颜色处理工具

图像颜色处理工具主要包括减淡工具▇、加深工具▇、海绵工具▇，利用这些工具可以对图像中不同明暗的颜色进行减淡、加深和颜色饱和度处理。

（1）减淡工具 ◉。减淡工具主要针对图像中的高光、中间调、阴影 3 个色调进行减淡处理，可以通过工具选项栏中的"曝光度"选项设置参数值，设置减淡的强弱。通常情况下可以通过涂抹的次数来控制减淡颜色的强弱。

原图　　　　　　　　减淡高光颜色效果　　　　　减淡中间调颜色效果　　　　减淡阴影颜色效果

（2）加深工具 ◉。加深工具与减淡工具工作原理类似，主要是针对图像中的高光、中间调、阴影 3 个色调进行颜色加深处理。除此之外，还可以勾选"保护颜色"复选框，对图像颜色进行保护。

原图　　　　　　　　加深中间调颜色效果　　　　加深阴影颜色效果　　　　取消勾选"保护颜色"选项效果

（3）海绵工具 ◉。海绵工具主要用于对图像的颜色饱和度进行调整。在工具选项栏中单击"模式"右侧的下拉按钮，在弹出的下拉列表中可选择"降低饱和度"和"饱和"选项，还可设置"流量"参数。

 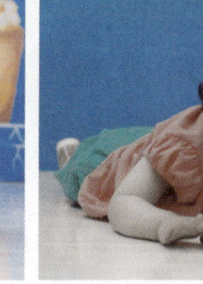 

原图　　　　　　　　　降低饱和度效果　　　　　　　加强饱和度效果

路径绘制工具

路径绘制工具主要包括钢笔工具组与形状工具组，用于在图像上绘制路径。

（1）钢笔工具组。该工具组中主要包括钢笔工具 ◉、自由钢笔工具 ◉、添加锚点工具 ◉、删除锚点工具 ◉，使用钢笔工具绘制路径时，可以按住 Ctrl 键对路径进行调整，使路径绘制更精确。

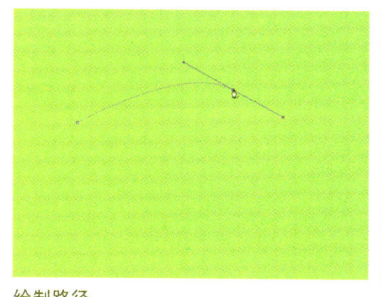 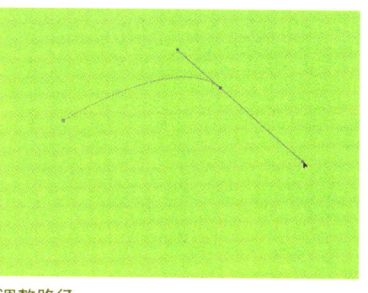 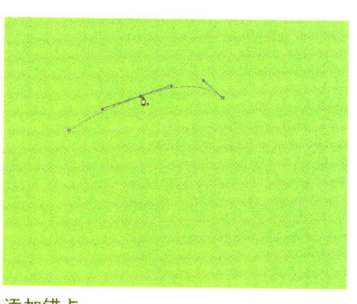

绘制路径　　　　　　　　　　调整路径　　　　　　　　　　添加锚点

（2）形状工具组。形状工具组主要包括矩形工具▪、圆角矩形工具▪、多边形工具▪、椭圆工具▪、直线工具╱、自定形状工具▪，通过在图像上绘制形状路径，从而绘制图形效果。在形状工具选项栏中可以选择"形状图层"、"路径"、"填充像素"按钮▫▪▫，还可对形状路径的绘制方式进行选择。在自定形状工具选项栏中，还可以对形状样式进行选择。

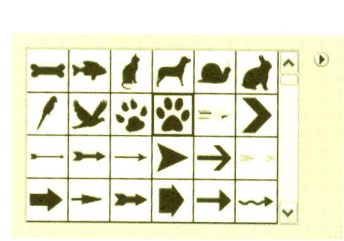  

选择形状样式　　　　　　　　绘制路径　　　　　　　　　　最终效果

文字工具

文字工具主要包括横排文字工具T、直排文字工具IT、横排文字蒙版工具▪、直排文字蒙版工具▪，主要用于在图像上进行文字信息的添加。

输入横排文字　　　　　　　　输入竖排文字　　　　　　　　输入横排蒙版文字

3D 工具

3D 工具主要分为 3D 旋转工具组和 3D 环绕工具组，主要用于在 Photoshop 图像处理软件中对 3D 对象的显示状态进行调整，对查看 3D 对象的方式进行调整。

（1）3D 旋转工具组。该工具组中包括 3D 对象旋转工具▪、3D 对象滚动工具▪、3D 对象平移工具▪、3D 对象滑动工具▪、3D 对象比例工具▪，主要用于控制 3D 对象的显示状态。

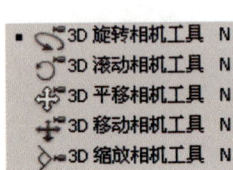

3D 旋转工具组　　　　原图　　　　　　　　　使用 3D 对象旋转工具　　　　使用 3D 对象比例工具

（2）3D 环绕工具组。该工具组中包括 3D 旋转相机工具 、3D 滚动相机工具 、3D 平移相机工具 、3D 移动相机工具 、3D 缩放相机工具 ，主要用于查看 3D 对象。

3D 环绕工具组　　　　原图　　　　　　　　　使用 3D 旋转相机工具　　　　使用 3D 平移相机工具

其他工具

除了上述介绍的工具外，裁剪工具 与其他辅助工具也是图像处理过程中必不可少的工具，通过辅助工具的应用，可使图像处理更方便。

（1）裁剪工具 。主要用于图像的裁剪，可以通过裁剪工具选项栏，对裁剪图像的大小进行设置，裁剪出指定大小的图像效果。

原图　　　　　　　　　　　创建裁剪控制框　　　　　　　　　裁剪效果

（2）辅助工具。辅助工具主要包括抓手工具 、缩放工具 、旋转视图工具 、吸管工具 、标尺工具 等。

用缩放工具框选出要放大的区域　　　放大后效果　　　　　　　　使用抓手工具移动图像

4 Photoshop中与文件相关的操作

Photoshop CS5中与文件相关的操作包括打开文件、关闭文件、存储文件、新建图像文件、置入文件等，这些操作是图像处理过程中必不可少的步骤，下面对这些基本操作分别进行介绍。

打开文件

打开文件是图像处理过程中最为常见的操作步骤，主要有以下5种方法。

方法1：通过执行"文件 > 打开"命令，弹出"打开"对话框，选择需要打开的图像文件后单击"打开"按钮，完成对图像的打开。

方法2：执行"文件 > 最近打开的文件"命令，即可打开最近使用过的文件。

方法3：通过Mini Bridge面板浏览电脑中的图像文件，选择需要打开的图像文件后双击，即可打开相应图像文件。

方法4：在灰色工作区中双击，弹出"打开"对话框，在弹出的对话框中选择需要打开的文件，单击"打开"按钮即可。

方法5：按下快捷键Ctrl+O，弹出"打开"对话框，打开指定图像文件。

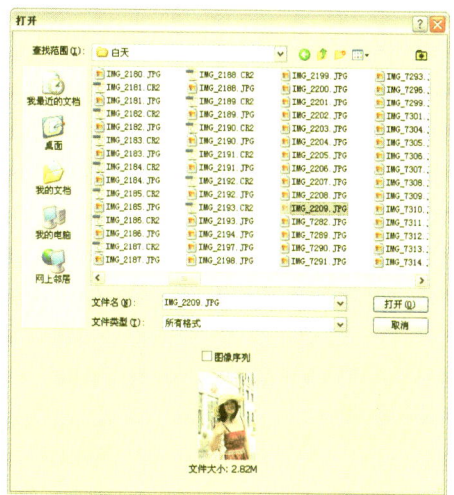
"打开"对话框

关闭文件

在完成图像处理后，需要对文件进行关闭处理，关闭文件的方法有很多种，下面分别进行介绍。

方法1：执行"文件 > 关闭"命令，也可以按下快捷键Ctrl+W或Ctrl+F4关闭文件，系统会弹出询问是否存储更改的提示对话框，单击"是"按钮，将弹出"存储为"对话框，可以对文件的格式与名称进行设置，设置完成后单击"保存"按钮。

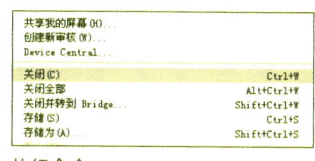
执行命令　　　提示对话框　　　"存储为"对话框

方法2：直接单击图像窗口右上角的"关闭"按钮 。
方法3：直接双击工作窗口左上角的控制窗口图标 。
方法4：执行"文件 > 关闭全部"命令，或按下快捷键Alt+Ctrl+W关闭文件。

关闭全部文件

存储文件

图像文件编辑完成后,需要对编辑的图像进行保存,此时就可以执行"文件 > 存储"命令,保存相应图像文件。存储文件主要分为存储当前文件、对当前文件进行另存为以及存储为 Web 和设备所用格式文件。下面分别对其进行介绍。

(1)存储当前文件。执行"文件 > 存储"命令,或按下快捷键 Ctrl+S,弹出"存储为"对话框,在弹出的对话框中设置文件的名称与格式等,完成后单击"保存"按钮即可。对新建的空白图像文件和当前没有被改动的文件不能执行"存储"命令。

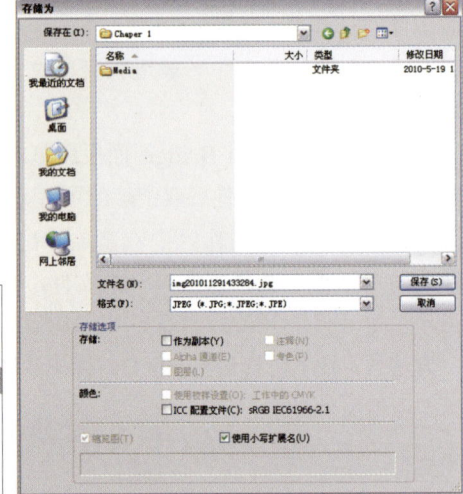

不能执行"存储"命令　　选择"存储"命令　　"存储为"对话框

(2)"存储为"命令。执行"文件 > 存储为"命令,打开"存储为"对话框,可以对文件的名称、格式以及存储路径进行修改。也可以通过按下快捷键 Shift+Ctrl+S,打开"存储为"对话框,设置完成后单击"保存"按钮即可。

(3)存储为Web和设备所用格式。执行"文件>存储为Web和设备所用格式"命令,可以打开"存储为Web和设备所用格式"对话框,通过该对话框可以对文件的格式以及颜色等进行设置来优化图像,从而使图像可以在网页中使用。

"存储为 Web 和设备所用格式"对话框　　网页预览效果　　"将优化结构存储为"对话框

新建图像文件

执行"文件 > 新建"命令,或按下快捷键 Ctrl+N,可以打开"新建"对话框。在弹出的对话框中可以对新建文件的名称、大小、分辨率、颜色模式等进行设置,设置完成后单击"确定"按钮,即可新建一个空白图像文件。

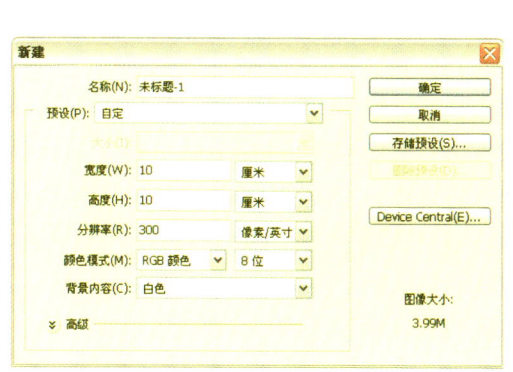
"新建"对话框

新建图像文件

置入文件

　　置入文件和打开文件有一定的区别，置入文件的操作只有在Photoshop工作界面中已经存在图像文件的基础上才可以进行。要置入文件的格式必须是Photoshop软件能够兼容的格式，例如AI、EPS、PDF、PDP等。

"置入"对话框

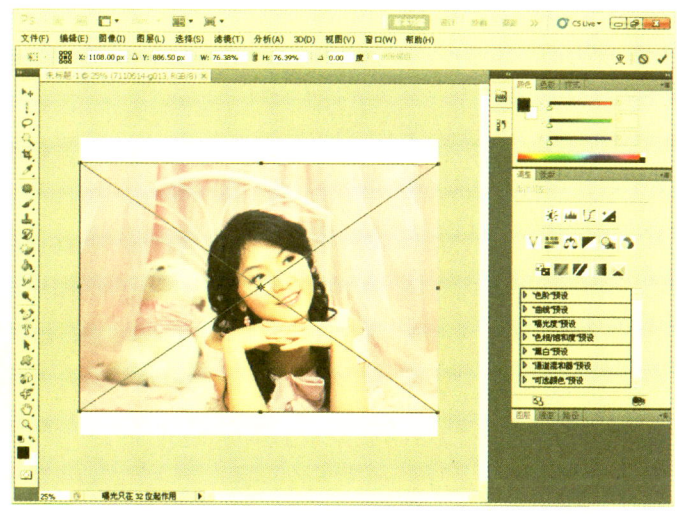
置入图像文件

5 对图像的基本操作

　　前面对文件的打开、存储以及置入进行了介绍，下面主要针对图像的浏览，图像大小、画布大小的调整等进行介绍，帮助读者在进行图像处理时，能更轻松地对图像进行浏览和大小调整。

浏览图像

　　在Photoshop CS5中，浏览图像有两种方式，一是使用传统的Bridge图像浏览窗口浏览图像，二是使用Photoshop CS5中新增的Mini Bridge面板浏览图像。

　　（1）用Bridge窗口浏览

　　执行"文件>在Bridge中浏览"命令，显示Bridge窗口，在该窗口中可以对图像进行管理与查找。用户可通过左侧的树形结构对图像的存储位置进行方便快捷的定位，同时还可以在右侧上方的小窗口中对选择图像进行预览、旋转、重命名以及排序等操作。双击需要打开的图像，即可在Photoshop的工作区中打开该图像。

执行命令　　　　　　　　　Bridge 窗口

（2）用 Mini Bridge 面板浏览

执行"文件>在 Mini Bridge 中浏览"命令，可以打开 Mini Bridge 面板，在面板中选择相应的图像文件，双击即可打开。在 Photoshop 工作窗口中也可以直接对 Mini Bridge 面板进行选择。

Mini Bridge 面板　　　　　打开图像文件

调整图像大小

　　调整图像大小是指在保留图像原有比例不变的情况下，不通过裁剪图片大小对其实际像素的比例大小进行调整。执行"图像>图像大小"命令，打开"图像大小"对话框，在弹出的对话框中可以对其"像素大小"和"文档大小"进行设置，其中勾选"约束比例"复选框后，对图像的"宽度"进行参数设置，图像的"高度"参数也会随之产生等比例变化。取消勾选该复选框后，则设置图像的"宽度"与"高度"的参数值时，不会受任何约束，可以任意进行设置。需要注意的是，在Photoshop图像处理软件中，不能在原有图像的大小上加大图像的实际比例大小，否则会导致图像显示效果粗糙，印刷后出现模糊的问题。

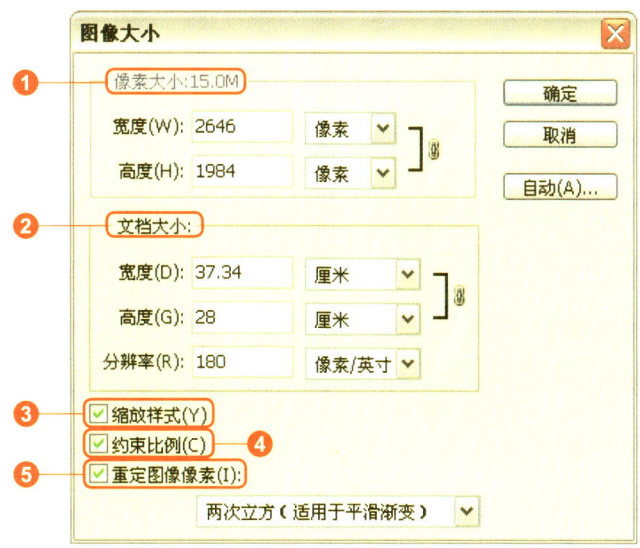

"图像大小"对话框

编号	名称	说明
❶	像素大小	用于改变图像在屏幕上的显示尺寸
❷	文档大小	在创建用于打印的图像时可在该选项组中设置文档的宽度、高度以及分辨率,以设置图像的大小
❸	缩放样式	勾选该复选框后将按比例缩放图像所对应图层样式的效果
❹	约束比例	勾选该复选框后,在"宽度"和"高度"文本框后将出现"链接"图标,更改其中一项后,另一项将按原图像比例相应变化
❺	重定图像像素	勾选该复选框后,激活"像素大小"选项组中的参数,以调整像素大小,取消勾选该复选框,像素大小将不发生变化

调整画布大小

　　画布是承载图像的一个展示区域,画布的尺寸直接影响图像的显示大小。执行"图像 > 画布大小"命令,打开"画布大小"对话框,在弹出的对话框中可以对画布的宽度和高度进行设置,并可以调整扩展区域的方向和颜色。

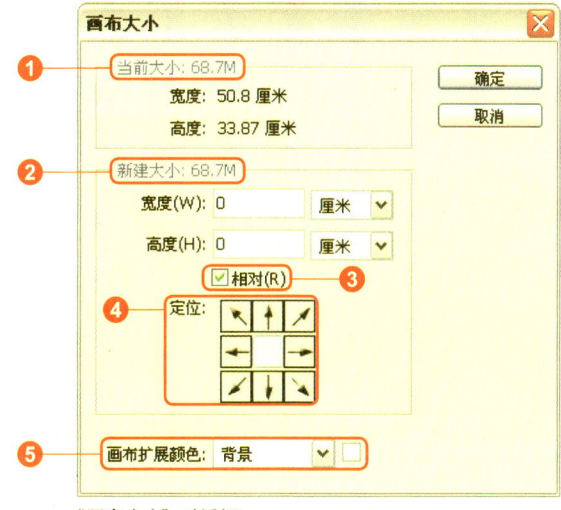

"画布大小"对话框

编号	名称	说明
❶	当前大小	显示当前画布的大小
❷	新建大小	设置参数值确定对画布进行扩展还是裁剪
❸	相对	勾选该复选框，"宽度"和"高度"数值框中的数字自动清空为0，用户可在其"宽度"和"高度"数值框中重新输入数字，此时输入的数值则表示在原有数值上增加的量。当输入的数值为负数时则为裁剪画布
❹	定位	默认情况下自动定位在九宫格的正中间，对画布进行调整时将以中心向四周扩展。如果需要对画布的方向进行调整，则单击选择相应的九宫格即可
❺	画布扩展颜色	单击该选项右侧的下拉按钮，在弹出的列表中可以对画布扩展后的颜色进行选择，也可以通过单击右侧的颜色缩览图，打开"选择画布扩展颜色"对话框，设置画布扩展后的颜色

图像窗口的排列方式

在Photoshop CS5中，图像窗口的显示与Photoshop CS4不同，主要体现在多窗口图像之间的快速切换，以及多窗口图像的组织编排。

切换到相应的图像窗口

全部按网格拼贴

屏幕模式切换

在Photoshop CS5中有标准屏幕模式、带有菜单栏的全屏模式和全屏模式3种图像显示的屏幕模式，用户可根据需要在这几种模式之间进行切换。单击标题栏中的"屏幕模式"按钮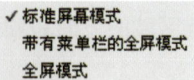，在弹出的下拉菜单中选择相应的选项即可对屏幕模式进行切换。

下拉菜单

带有菜单栏的全屏模式

全屏模式

Chapter 01

Photoshop

数码照片创意合成设计

优秀的数码照片不仅需要摄影师精湛的摄影技巧，更需要完美的后期处理。本章收录了3个照片特效处理实例，通过这些实例可以学习如何运用Photoshop和Illustrator将普通的照片制作成绚丽的特效设计作品。

▲ 激情弥漫

▲ 生命之光

▲ 黑白配

Works
Photoshop works

激情弥漫

此案例表现的是一个热情奔放而庄重的矢量女性角色，以红黑两种色调为主，红色代表热情和奔放，黑色代表庄重，再搭配以时尚的炫光矢量效果，能更好地突出主题，使画面更加绚丽。

Photoshop
运用钢笔工具和"通道"面板将人物完整地抠出来

Photoshop
运用滤镜和自由变换工具制作红色光晕效果

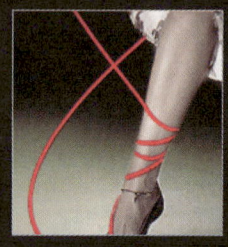

Photoshop
运用钢笔工具和画笔工具制作红色丝带效果

Illustrator
运用钢笔工具绘制路径并填充颜色，制作出绚丽花纹效果

相关内容

主要使用功能：Illustrator中的钢笔工具、渐变工具、复制、粘贴、群组、Photoshop中的画笔工具、剪贴蒙版、图层混合模式、渐变叠加图层样式、曲线命令

素材文件：Chapter 1\01\media\花纹.ai、人物.jpg

最终文件：Chapter 1\01\complete\激情弥漫.psd

制作难度评定：★★☆☆☆

01 运行Adobe Photoshop CS5，执行"文件>新建"命令，创建一个尺寸为100mm×150mm的图形文件。然后打开本书配套光盘中的Chapter 1\01\media\人物.jpg图像文件，将其移动到当前图像中的相应位置，生成"图层1"。

02 放大图像后单击钢笔工具，沿着人物清晰的外轮廓绘制路径（头部除外），再按下快捷键Ctrl+Enter将路径转化为选区，按下快捷键Ctrl+J复制选区内图像到新图层，得到"图层2"。

03 选中"图层1"，单击矩形选框工具，在人物头部建立矩形选区，然后复制选区内图像得到"图层3"，最后隐藏"图层3"以外的所有图层，再打开"通道"面板。

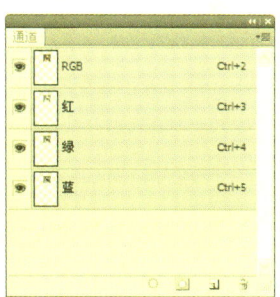

04 在"红"通道上右击，在弹出的快捷菜单中选择"复制通道"命令，得到"红 副本"通道。选择该通道，再按下快捷键Ctrl+L打开"色阶"对话框，设置各项参数，加大图像的对比度。最后返回"图层"面板，将"图层3"载入选区并按下快捷键Ctrl+Shift+I反选选区，再返回"红 副本"通道，为该通道填充黑色。

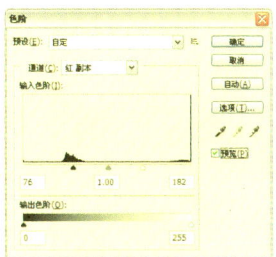

05 设置前景色为白色，再单击画笔工具，使用画笔在人物的头部涂抹，将比较确定的部分涂抹出来。然后将"红 副本"通道载入选区，选择RGB通道，然后返回"图层"面板，选择"图层1"并按下快捷键Ctrl+J复制选区内图像，得到"图层4"。

06 删除"图层3"，选择"图层2"和"图层4"并按下快捷键Ctrl+E向下合并图层，得到"图层2"。选择"图层1"，单击"创建新的填充或调整图层"按钮，在弹出的菜单中选择"曲线"命令，弹出"调整"面板"曲线"设置界面，调整曲线压暗"背景"图层，得到"曲线1"图层。

07 选择"图层2"并将其载入选区，然后单击"创建新的填充或调整图层"按钮，在弹出的菜单中选择"色相/饱和度"命令，在"调整"面板中设置各项参数，调整人物的饱和度，得到"色相/饱和度1"图层。

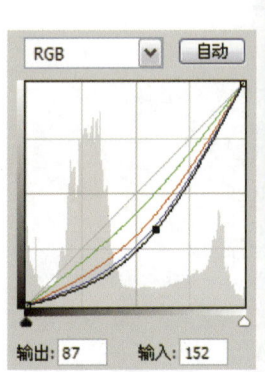

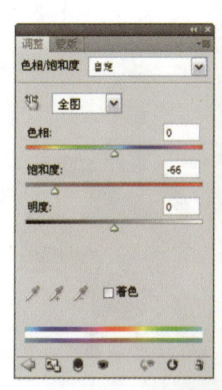

08 在"曲线1"调整图层上方新建"图层3"，然后运用钢笔工具在图像中绘制路径，再将路径转化为选区并填充桃红色（R255、G0、B102），最后对该图层执行"滤镜>模糊>高斯模糊"命令，在弹出的对话框中设置各项参数，模糊图像，制作红色光晕效果。

09 在"图层3"上方新建"图层4",设置前景色为粉红色(R228、G93、B146),再单击画笔工具,并在选项栏中设置各项参数,然后运用钢笔工具,在红色光晕上绘制光线路径,最后进入"路径"面板,单击面板右上角的扩展按钮,在弹出的菜单中选择"描边路径"命令,并在弹出的对话框中勾选"模拟压力"复选框,完成后单击"确定"按钮,进行路径描边。

10 多次复制上一步骤制作的光线图层,并结合选择工具和自由变换功能调整复制出图像的位置和大小,使画面效果更加丰富,最后对步骤08和步骤09制作的所有光线图像进行编组,得到"组1"。

11 多次复制"组1",再结合选择工具和自由变换功能调整复制出的图像的位置和大小,使光线效果更加丰富。

12 再次复制"组1",并将该组内的所有光线颜色更改为粉白色(R247、G108、B163),然后参照上述步骤继续复制该组,然后轻微改变组内光线的颜色,并结合选择工具移动到不同的位置,丰富画面效果。

13 单击"添加图层蒙版"按钮,为粉白色光线对应的图层添加图层蒙版,并结合画笔工具虚化光线边缘,使光线过渡更加自然。

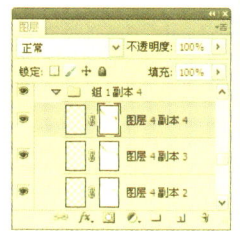

⑭ 参照上述步骤继续复制光线图层组，然后运用选择工具 调整各个图像的位置，再适当改变组内各光线的颜色，使画面效果更加丰富。最后可适当结合图层蒙版和画笔工具 虚化边缘不平整的图像，使光线过渡更加自然。

⑮ 打开 Adobe Illustrator CS5，执行"文件 > 新建"命令，创建一个 A4 尺寸的图形文件。

⑯ 设置"填色"为红色（R230、G0、B18），"描边"为"无"，然后单击钢笔工具 ，在画板中绘制花纹的主要茎干路径。

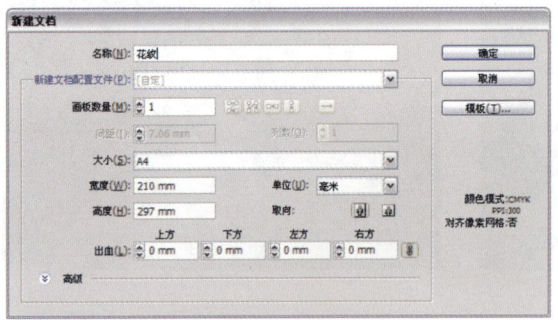 

⑰ 参照上一步骤，继续运用钢笔工具 在画板中绘制茎干路径，完善画面效果。然后对绘制的茎干路径进行编组，以便于管理。

⑱ 继续运用钢笔工具 在茎干周围绘制细小的树枝效果，使画面效果更加真实，然后对这一步骤绘制的树枝效果进行编组。

⑲ 参照上一步骤，继续运用钢笔工具 在茎干周围绘制更多细小的树枝效果，按照部分对它们进行编组，使修改时更加方便。

   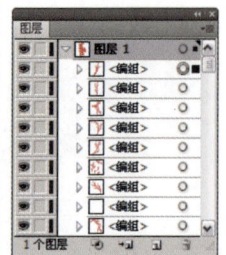

20 运用钢笔工具，在细小的树枝顶端绘制心形路径，然后多次复制该路径，并结合选择工具调整复制出的路径的大小和位置，使画面效果更加完善。

21 选中制作的所有花纹路径，结合选择工具将其拖动到Adobe Photoshop CS5中相应位置，生成"矢量智能对象"图层，然后将其移动到"图层2"下方。

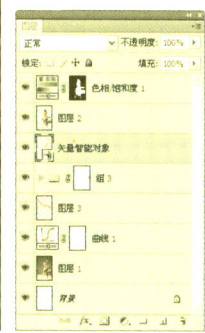

22 选择"矢量智能对象"图层，然后单击"添加图层样式"按钮 fx，在弹出的菜单中选择"渐变叠加"命令，弹出"图层样式"对话框，设置渐变色从左到右依次为白色到紫红色（R253、G0、B173），并设置各项参数，然后单击"确定"按钮，为花纹添加渐变颜色。

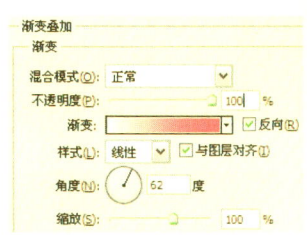

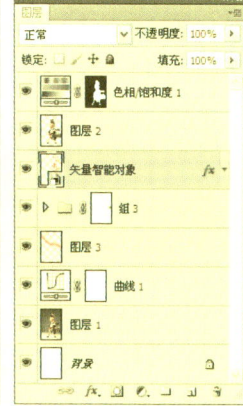

23 单击"添加图层蒙版"按钮，为"矢量智能对象"图层添加图层蒙版，然后结合画笔工具虚化右上角的花纹效果，使画面更有层次感。

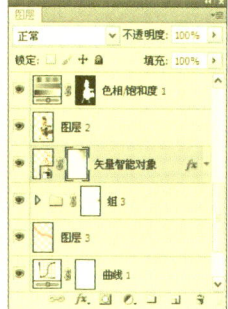

24 设置前景色为桃红色（R253、G7、B110），单击画笔工具，在选项栏中设置各项参数。然后新建"图层5"，单击钢笔工具，从图像的左上角开始绘制丝带路径。再打开"路径"面板，单击面板右上角的扩展按钮，在弹出的菜单中选择"描边路径"命令，制作出红色丝带的效果，最后为该图层添加图层蒙版，并结合画笔工具虚化两端的丝带效果，使其过渡更加自然。

25 参照上述步骤，设置完画笔工具后，运用钢笔工具绘制路径，再通过"路径"面板对绘制的路径进行"描边路径"，制作出更为丰富的丝带效果。然后为绘制的丝带效果添加图层蒙版，虚化两端图像，使其过渡更加自然。

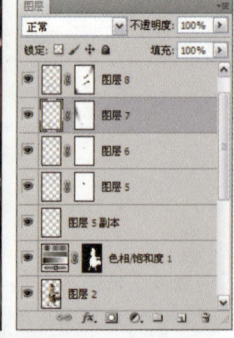

26 复制这些丝带图层，将复制出的图层移动到各自丝带图层的下方，运用选择工具将复制出的图层向右下方移动少许，最后设置这些复制出的图层的混合模式为"正片叠底"，制作丝带的阴影效果。

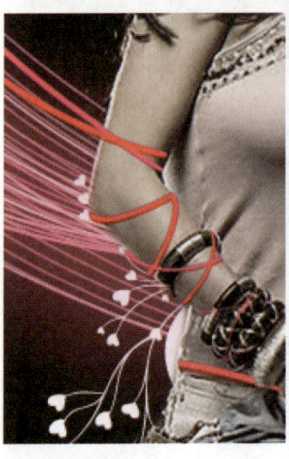
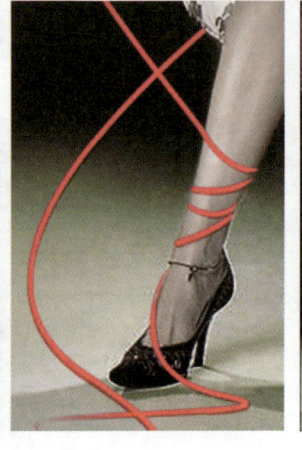

知识解析

颜色通道

在 Photoshop 中，通道是记录和保存信息的载体，无论颜色信息还是选择信息都将它们保存在通道中，因此调整图像的过程实质上是改变通道的过程。在通道中可存储选区、单独调整通道颜色、进行应用图像和计算命令等高级操作。通道作为图像的组成部分，与图像格式密不可分，图像颜色模式决定通道的数量和模式。这里主要针对本案例用到的颜色通道进行讲解。

颜色通道是用来描述图像颜色信息的色彩通道，每个通道都是一幅灰度图像，代表该通道对应颜色的明暗变化。比如 RGB 图像对应通道就分别为 RGB、红、绿、蓝 4 个通道，在 CMYK 模式下对应通道分别为 CMYK、青色、洋红、黄色和黑色 5 个通道，在 Lab 模式下对应通道分别为 Lab、明度、a、b 这 4 个通道。

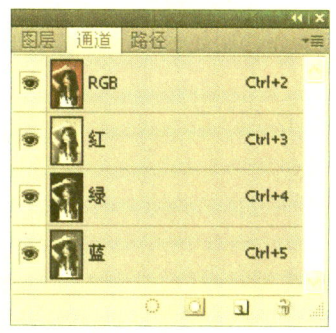
RGB 颜色模式下的通道

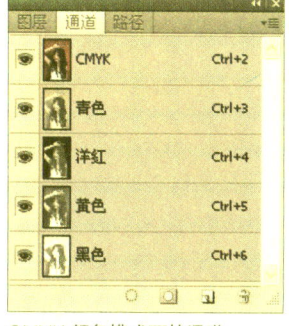
CMYK 颜色模式下的通道

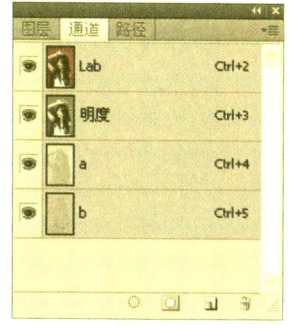
Lab 颜色模式下的通道

选择不同的通道所产生的图像效果不同，不同的通道混合后随着通道颜色的叠加，图像显示效果也会不同。

RGB 通道

"红"通道

"绿"通道

"蓝"通道

需要注意的是，在使用通道抠取人物图像时，应在"通道"面板中选择黑白对比效果最强烈的那一个通道进行图像抠取，这样能更细致地对人物图像的发丝进行抠取。

Works
Photoshop works

生命之光

整个画面以比较阴暗的色调为主来衬托出绿色的耀眼，绿色的植物寓意强烈的生命力，周围的发光小点和各种色调的光晕可以更加突出画面的华丽，从而制作出极富内涵、时尚的矢量合成作品。

Illustrator
运用钢笔工具、渐变工具等制作出逼真的矢量植物效果

Photoshop
运用画笔工具和图层混合模式等为植物添加各色的光晕效果

Photoshop
运用图层混合模式将制作的素材与背景色调完美地合成

Photoshop
运用"画笔"面板和画笔工具制作白色发光小点

相关内容

主要使用功能：Illustrator中的钢笔工具、渐变工具、编组、创建复合路径，Photoshop中的画笔工具、剪贴蒙版、图层混合模式
素材文件：Chapter 1\02\media\植物花纹.ai、人物.jpg、PS星光笔刷.abr
最终文件：Chapter 1\02\complete\生命之光.psd
制作难度评定：★★☆☆☆

01 运行Adobe Photoshop CS5，执行"文件>打开"命令，打开本书配套光盘中的Chapter 1\02\media\人物.jpg图像文件。单击"创建新图层"按钮，新建"图层1"，然后按下快捷键D恢复默认前景色，再单击渐变工具，选择"预设"中的"前景色到透明渐变"，完成后对图像填充从右下角到左上角的渐变色。

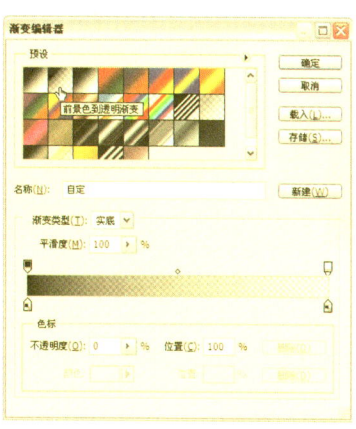

02 选择画笔工具，按下快捷键F5打开"画笔"面板，设置各项参数后关闭面板，然后设置前景色为黑色，再单击"添加图层蒙版"按钮，为"图层1"添加图层蒙版，最后运用制作好的画笔在蒙版上进行涂抹，制作出富有肌理效果的渐变色。

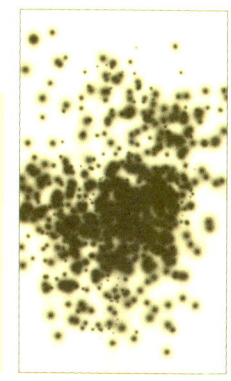

03 新建"图层2"，设置该图层的混合模式为"柔光"，然后设置前景色为绿色（R180、G255、B0），再单击画笔工具，另选一支柔角笔刷，在图像中进行涂抹，为画面添加绿色调倾向。

04 适当调整笔刷的"不透明度"进行涂抹，使色调更加真实。然后新建"图层3"，再参照上一步骤，设置前景色为紫红色（R255、G0、B156），继续运用画笔工具在图像中涂抹，为画面添加红色调。

05 新建"图层4",设置该图层的混合模式为"叠加",设置前景色为白色,再运用画笔工具在图像中涂抹,提高部分图像的亮度,最后设置该图层的"不透明度"为50%,弱化叠加效果,使画面效果更加完善。

06 打开 Adobe Illustrator CS5,执行"文件>新建"命令,创建一个名称为"植物花纹",尺寸为 100mm×100mm 的文件。

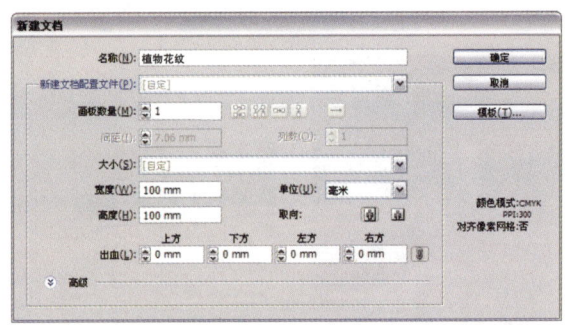

07 设置"填色"为粉紫色(R191、G144、B178),"描边"为"无",再单击钢笔工具，在画板下方绘制花纹路径,制作花纹效果。然后继续运用钢笔工具在画板中绘制更多的花纹效果,使画面效果更加丰富。

 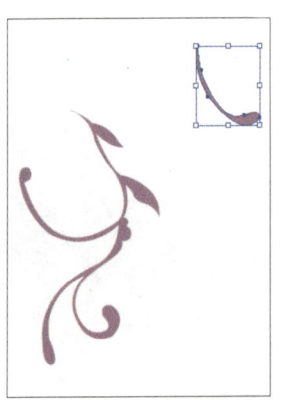 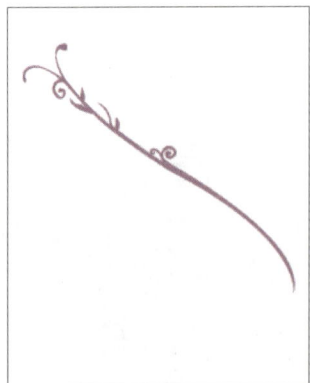 

08 继续运用钢笔工具，在画板中绘制花纹外轮廓路径,然后继续绘制该花纹的各个内轮廓。

09 同时选中上一步骤绘制的所有路径,然后在画板中右击,在弹出的快捷菜单中选择"建立复合路径"命令,建立复合路径,完善花纹效果。

⑩ 继续运用钢笔工具 ，在画板中绘制更多变化更为丰富的花纹路径。

   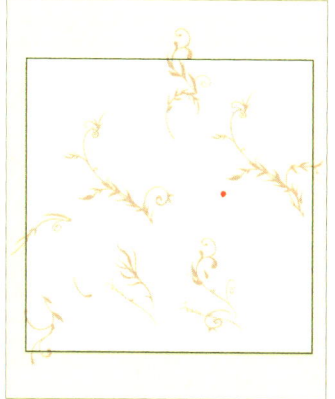

⑪ 运用选择工具 选择制作出的各个花纹路径，将其拖动到Adobe Photoshop CS5中，生成"矢量智能对象"图层，然后运用移动工具 调整花纹的大小和位置，使画面效果更加丰富。

⑫ 可适当为添加的"矢量智能对象"图层添加图层蒙版，结合画笔工具 隐藏一些条纹，使画面更加简洁与真实。

⑬ 对移动过来的所有"矢量智能对象"图层进行编组，得到"组1"。 然后在图层组上右击，在弹出的快捷菜单中选择"合并组"命令，合并"组1"，得到"组1"图层。新建"图层5"并填充绿色（R7、G110、B6），最后按下快捷键Ctrl+Alt+G创建剪贴蒙版，使颜色图层只作用于"组1"图层。

⑭ 设置前景色为草绿色（R179、G245、B0），单击画笔工具 ，并在选项栏中设置各项参数，然后在"图层5"上涂抹，为树叶添加其他色调，使其更加真实。

❶❺ 设置前景色为褐黄色（R172、G133、B2），单击画笔工具 ✏；继续在树叶的各个侧面绘制，为花纹添加黄色调，完善画面效果。

❶❻ 选择"组1"图层，按下快捷键 Ctrl+J 复制该图层，得到"组1 副本"图层，然后将其移动到"组1"图层下方，最后设置该图层的混合模式为"叠加"。

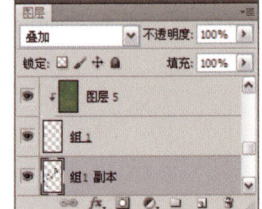

❶❼ 按住 Ctrl 键单击"组1 副本"图层的缩览图，将其载入选区，然后对选区填充黑色。再运用移动工具 ➤ 将该图层中的图像向右下方移动少许，制作植物的阴影。最后为该图层添加图层蒙版，并结合画笔工具 ✏ 隐藏虚化阴影，使阴影更加真实。

❶❽ 返回Adobe Illustrator CS5中，运用选择工具 ▶ 继续将制作的矢量花纹路径移动到Photoshop CS5中，然后对这一步骤移动过来的所有图层进行编组并执行"合并组"命令，得到"组2"图层。

 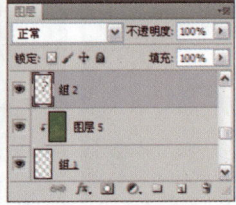

❶❾ 参照步骤13，新建"图层6"并填充绿色（R7、G110、B6），然后创建剪贴蒙版，使颜色只作用于"组2"图层。设置前景色为草绿色（R53、G166、B3），使用画笔工具 ✏ 在花纹边缘涂抹，为花纹添加其他色调。

 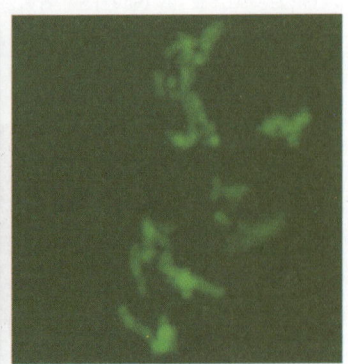

20 选择"图层6",按下快捷键 Ctrl+E 向下合并图层,合并"图层6"和"组2"图层得到"组2"图层。再为该图层添加图层蒙版,并结合画笔工具，虚化右上方的花纹效果,使画面效果更加真实。

21 在"组2"图层上方新建"图层6",然后按下快捷键 Ctrl+Alt+G 创建剪贴蒙版,再设置前景色为橙黄色(R255、G144、B0),使用画笔工具，在花纹各个边缘进行涂抹,为花纹添加橙黄色。

22 新建"图层7",设置前景色为黑色,并使用画笔工具，在画面的右下角进行涂抹,制作过渡效果。

23 新建"图层8",设置不同的前景色,并结合画笔工具在画面中涂抹,制作草绿色(R146、G219、B98)和紫红色(R255、G144、B25)的光晕效果,最后设置该图层的"不透明度"为17%,使光晕效果更加自然。

24 新建"图层9"并设置该图层的混合模式为"滤色",然后运用画笔工具在图像中涂抹,制作草绿色(R124、G194、B10)、紫红色(R248、G11、B100)、白色和褐黄色(R165、G130、B42)光晕效果,最后设置该图层的"不透明度"为64%,使画面效果更加完善。

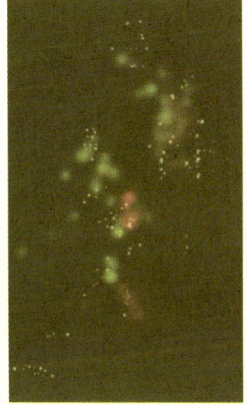
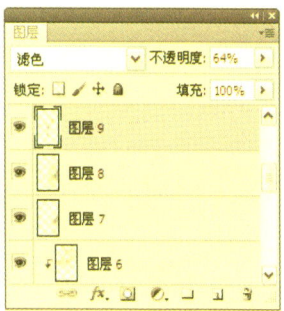

55

25 新建"图层10"并设置该图层的混合模式为"叠加",设置前景色为白色,然后单击画笔工具,按下快捷键F5打开"画笔"面板,设置各项参数,完成后关闭面板。在图像右侧进行涂抹,制作白色光点效果,最后设置该图层的"不透明度"为63%,使光点效果更加自然。

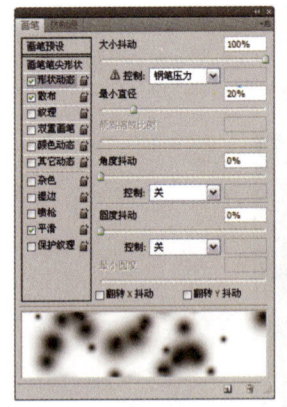
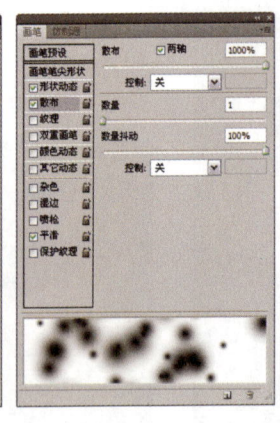

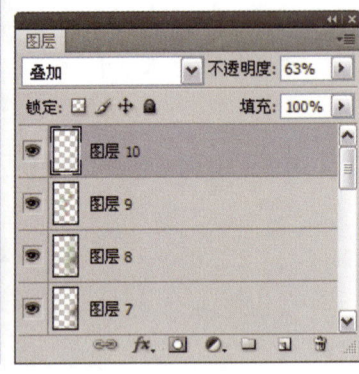

26 返回Adobe Illustrator CS5中,新建"图层2"并隐藏"图层1"。设置"填色"为深橄榄绿(R56、G68、B40),"描边"为"无",运用钢笔工具在画板中绘制多条花纹路径。

27 参照上一步骤,继续运用钢笔工具在画板中绘制花纹路径,进一步完善花纹路径。

28 继续运用钢笔工具在画板中绘制路径,然后打开"渐变"面板,设置"类型"为"线性",颜色从左到右依次为橄榄绿(R177、G183、B151)到深橄榄绿(R50、G61、B35),为路径添加渐变效果,使花纹更有层次感。

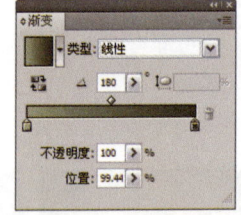
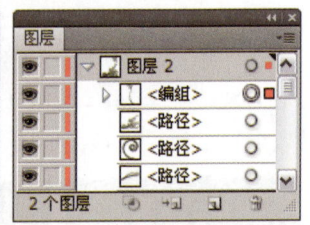

㉙ 选择"图层2"绘制的所有路径，运用选择工具 将选中的路径移动到 Adobe Photoshop CS5 中，生成"矢量智能对象"图层，然后运用自由变换命令调整花纹的大小和位置。

㉚ 设置"矢量智能对象"图层的混合模式为"颜色减淡"，使花纹与图像更好地融合，制作出华丽的合成效果。然后复制该图层，再结合自由变换命令调整复制出的图像的位置，使画面效果更加丰富。

㉛ 新建"图层11"，单击画笔工具 ，再打开"画笔"面板，单击面板右上角的扩展按钮，在弹出的菜单中选择"载入画笔"命令，载入画笔"PS 星光笔刷 .abr"，然后在图像中绘制白色星光效果，使画面效果更趋完美。

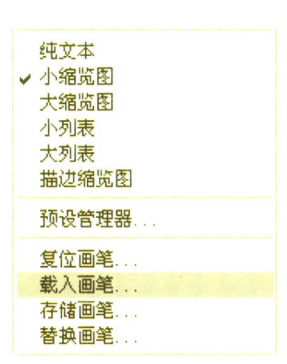   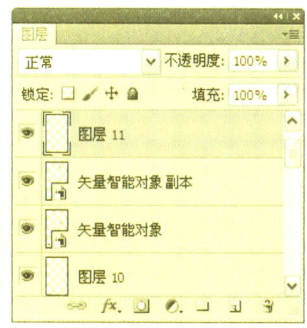

㉜ 设置前景色为白色，单击横排文字工具 ，在图像上方输入文字。在文字图层上右击，在弹出的快捷菜单中选择"栅格化文字"命令，将其转化为普通图层，然后单击"添加图层样式"按钮 ，在弹出的菜单中选择"渐变叠加"命令，在弹出的对话框中设置"样式"为"线性"，设置颜色从左到右依次为绿色（R75、G145、B14）、褐黄色（R154、G154、B9）、青绿色（R88、G192、B0）和黄色（R255、G255、B27），完成后单击"确定"按钮，为文字添加渐变叠加效果。至此，本案例制作完成。

剪贴蒙版

知识解析

剪贴蒙版是非常实用且很简单的蒙版效果，它可以将本图层的效果作用于下一图层，其中包括图像效果、图层样式和混合模式等，通常用于制作某一特定区域图像效果。在剪贴蒙版中只能有一个基层。

1. 剪贴蒙版的创建方法

创建剪贴蒙版的方式有以下 4 种，下面分别进行介绍。

方法 1：在"图层"面板中选择需要创建成剪贴蒙版的图层，执行"图层 > 创建剪贴蒙版"命令，即可创建剪贴蒙版图层。

方法 2：选择需要创建成剪贴蒙版的图层，单击鼠标右键，在弹出的快捷菜单中选择"创建剪贴蒙版"命令，即可创建该图层为剪贴蒙版。

方法 3：选择需要创建成剪贴蒙版的图层，按下快捷键 Ctrl+Alt+G，即可创建该图层为剪贴蒙版。

方法 4：按住 Alt 键后，在基层与要创建成剪贴蒙版的图层之间单击，即可创建剪贴蒙版。

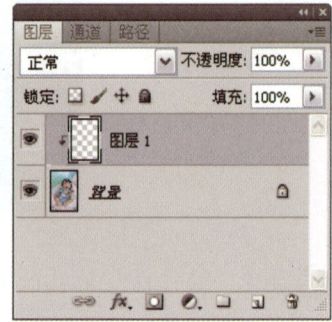

"图层"面板

2. 剪贴蒙版的具体应用

剪贴蒙版常被用于只针对下层图层而进行的调整图层、颜色填充以及图像嵌入等，创建剪贴蒙版以后，可以将图像作用于某一特定的形状图像中。

原图

绘制白色圆形图像

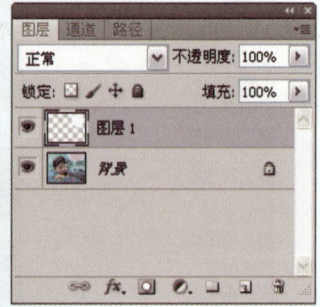

"图层"面板

添加图像

创建剪贴蒙版

最终效果

巧妙的黑白配

本实例主体色调为黑白色，可以更好地突出画面的粉色调。在画面中添加各种时尚的矢量花纹来突出整个画面的时尚感，然后在画面中添加蝴蝶、心形和圆圈等细小的修饰元素，可以补充画面布局的不足，同时也使画面充满了灵动的气息。最后在人物脚下添加矢量的水墨和花朵效果，使画面充满了空间感。

Photoshop
运用调整图层调整人物的色彩关系

Photoshop
运用画笔工具和图层混合模式等为画面添加过渡自然的颜色

Illustrator
运用钢笔工具绘制花纹路径并填充颜色，制作绚丽的花纹效果

Photoshop
添加矢量素材丰富画面效果

主要使用功能：Illustrator中的钢笔工具、渐变工具、编组、复合路径、Photoshop中的图层蒙版、画笔工具、橡皮擦工具、图层混合模式、色相/饱和度命令、亮度/对比度命令

素材文件：Chapter 1\03\media\花纹.ai、喷溅和花朵.ai、人物.png

最终文件：Chapter 1\03\complete\巧妙的黑白配.psd

制作难度评定：★★★☆☆

01 运行Adobe Photoshop CS5，执行"文件>新建"命令，创建一个尺寸为7.1cm×10.5cm的图形文件。然后打开本书配套光盘中的Chapter 1\03\media\人物.png图像文件，并移动到当前图像中的相应位置，生成"图层1"。

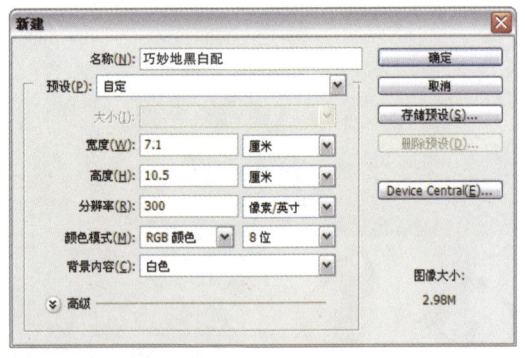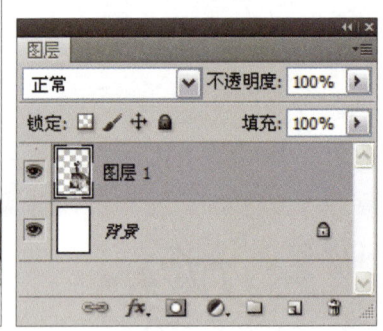

02 选择"背景"图层后单击"创建新图层"按钮，在"背景"图层上方新建"图层2"，然后按下快捷键D恢复默认的前景色，再单击画笔工具，并在选项栏中设置各项参数，最后在图像左右两侧进行涂抹，制作出淡淡的水墨效果。

03 运行Adobe Illustrator CS5，执行"文件>新建"命令，创建一个名称为"花纹"，尺寸为180mm×290mm的图形文件。单击矩形工具，在绘图页面中单击，在弹出的"矩形"对话框中输入数值，单击"确定"按钮新建矩形路径。

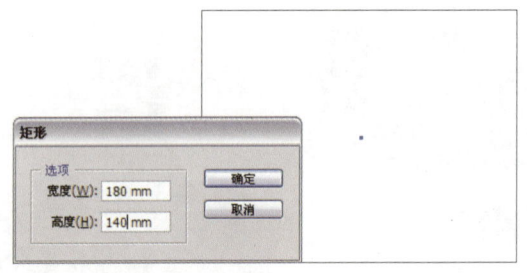

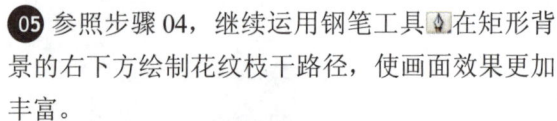

04 打开"外观"面板，设置该矩形路径的"填色"为黑色，作为花纹的背景。接着设置"填色"为白色，"描边"为"无"，然后单击钢笔工具，在黑色背景的右下角绘制花纹枝干路径。

05 参照步骤04，继续运用钢笔工具在矩形背景的右下方绘制花纹枝干路径，使画面效果更加丰富。

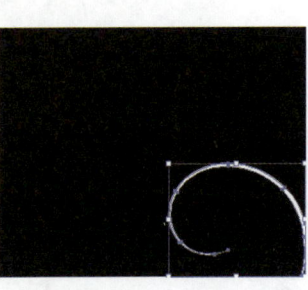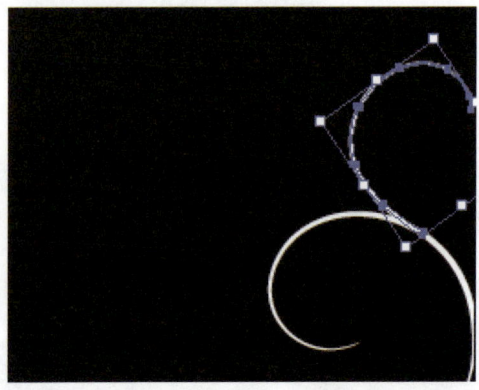

06 参照上述步骤继续运用钢笔工具 ,在画板中绘制更多的枝干路径，完善画面效果。

07 单击钢笔工具 ，在枝干顶端绘制花瓣路径，然后按下快捷键 Ctrl+C 复制该路径，再按下快捷键 Ctrl+F 将复制的路径贴到前面。接着运用选择工具 调整复制的路径的位置，使其组合成一个完整的花瓣。

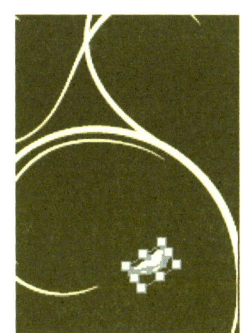
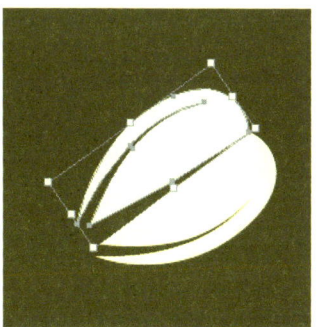

08 按住 Shift 键在"图层"面板中同时选中上一步骤中制作的花瓣路径，然后在画板中右击，在弹出的快捷菜单中选择"建立复合路径"命令，建立复合路径。多次复制建立的复合路径，并结合选择工具 调整复制出的花瓣路径的位置，使其拼合成一个完整的花朵形状。最后在"图层"面板中同时选中制作的所有花瓣路径并按下快捷键 Ctrl+G 将其编组。

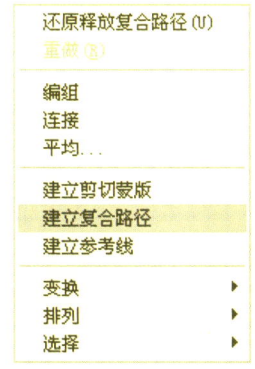

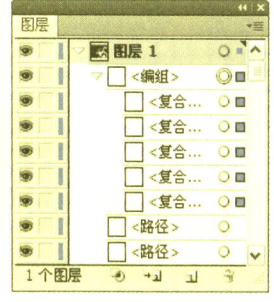

09 单击椭圆工具 ，按住 Shift 键在花瓣中央绘制白色正圆路径，然后复制该路径并将其贴到前面，再运用选择工具 结合快捷键 Alt+Shift 等比例缩小复制出的路径。最后在"图层"面板中同时选中这两条路径，在画板中右击，在弹出的快捷菜单中选择"建立复合路径"命令，制作白色圆环。

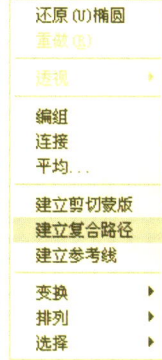

10 多次复制上一步骤制作的圆环效果，并结合选择工具 调整复制出的圆环的位置，使花瓣效果更加完善。

11 运用钢笔工具 ，在花蕊周围绘制路径，然后参照步骤 09 复制该路径，结合选择工具 和快捷键 Alt+Shift 等比例缩小图像，再将它们同时选中并在画板中右击，在弹出的快捷菜单中选择"建立复合路径"命令，建立复合路径，完成花朵效果制作。

12 对步骤 07 至步骤 11 制作的所有花朵路径进行编组。然后多次复制编组的花朵路径，并结合选择工具 调整各个花朵的位置和大小。

13 运用钢笔工具 在枝干的旁边绘制叶子的路径，然后对绘制的叶子路径进行编组。

14 多次复制编组的叶子路径组，并结合选择工具 调整复制出的路径的大小和位置，使画面效果更加丰富。

15 继续运用钢笔工具 在花纹各处绘制一些细小的茎干路径，进一步完善花纹效果。可适当对各个部分进行编组，从而更好地进行图层的管理。

16 全选花纹路径，单击选择工具，拖动选中的花纹路径至Adobe Photoshop CS5中相应位置，生成"矢量智能对象"图层，并将其移动到"图层1"和"图层2"之间。

17 复制"矢量智能对象"图层，得到"矢量智能对象 副本"图层，然后运用自由变换命令调整复制出的图像的位置和大小，再右击该图层，在弹出的快捷菜单中选择"栅格化图层"命令，将该图层转化为普通图层。

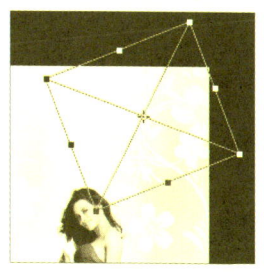 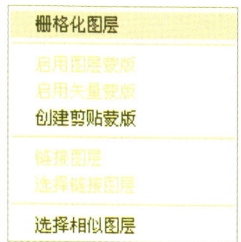

18 按住Ctrl键单击"矢量智能对象 副本"图层的缩览图将其载入选区，然后对选区填充黑色，使花纹效果更加明显。

19 返回Adobe Illustrator CS5，选择黑色背景路径，并结合选择工具调整路径大小与画板一致。设置"填色"为灰色（R88、G88、B88），"描边"为"无"，然后运用钢笔工具在画板下方绘制花纹路径。

20 单击椭圆工具，在花纹顶端绘制多个从小到大的正圆路径，使其排列成花蕊的形状。然后运用钢笔工具在正圆路径右侧继续绘制花蕊路径，使画面效果更加完善。最后对本步骤制作的所有花蕊路径进行编组。

 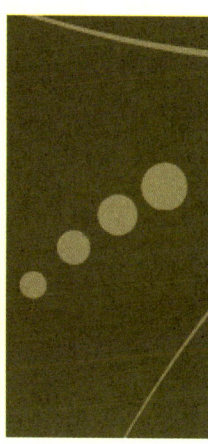 

㉑ 多次复制上一步骤制作的花蕊路径组,然后结合选择工具 调整复制出的路径的大小和位置。

㉒ 继续运用钢笔工具 在枝干的旁边绘制多个树叶路径。最后对绘制的所有树叶路径进行编组。

㉓ 继续运用钢笔工具 在枝干的两侧添加顺序排列的树叶效果,然后对绘制的树叶效果进行编组,再复制该路径组,结合选择工具 调整复制出的路径的位置和大小,最后对该步骤制作的所有树叶路径进行编组。

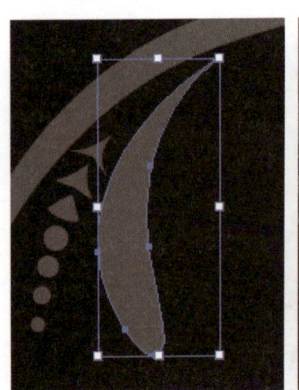

㉔ 运用钢笔工具 在花纹的各处再绘制一些细小的枝条路径,完善画面效果。最后对绘制的这些路径进行编组,方便管理。

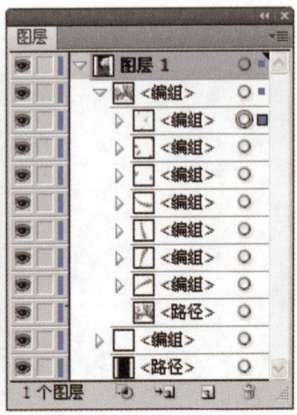

㉕ 设置"填色"为白色,"描边"为"无"。单击钢笔工具,根据蝴蝶的造型在画板下方绘制蝴蝶外形路径。

㉖ 运用钢笔工具,在上方翅膀绘制多条镂空的花纹路径,然后在"图层"面板中同时选中绘制的镂空花纹路径和上方的翅膀路径,再在画板中右击,在弹出的快捷菜单中选择"建立复合路径"命令,建立复合路径,完善蝴蝶翅膀。

㉗ 单击椭圆工具,在上方翅膀的中间间隙处绘制白色正圆小点,进一步完善蝴蝶翅膀。

㉘ 参照步骤26,运用钢笔工具,在下方翅膀处绘制镂空花纹,然后同时选中下方翅膀和花纹建立复合路径。对步骤25至此制作的所有蝴蝶路径进行编组,以易于管理。

㉙ 参照步骤25和步骤26，运用钢笔工具 和椭圆工具 结合各种编辑命令为蝴蝶制作更为丰富的翅膀效果。最后对此步骤制作的翅膀路径进行编组，然后对步骤25至此制作的所有路径进行编组。

㉚ 复制上一步骤制作的蝴蝶路径并将其贴到前面，然后运用选择工具 ，将复制出的路径移动到其他位置，再删除最上方的蝴蝶翅膀编组。

㉛ 复制上侧的蝴蝶翅膀，然后将其贴到前面，再选择复制出的翅膀路径，在画板中右击，在弹出的快捷菜单中选择"变换>对称"命令，在弹出的对话框中选中"水平"单选按钮并单击"确定"按钮，水平翻转路径并结合选择工具 调整路径组的位置，使两侧蝴蝶完美组合在一起。

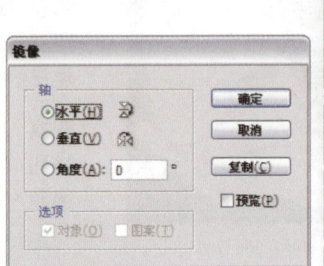 

㉜ 对步骤30和步骤31制作的蝴蝶路径进行编组。然后参照上述步骤运用钢笔工具 和椭圆工具 并结合各种编辑命令，继续制作丰富的蝴蝶效果，然后对制作的蝴蝶进行编组。

㉝ 运用椭圆工具 在画板中绘制大小不等的小圆，然后运用钢笔工具 在画板中绘制星光路径，再运用椭圆工具 并结合"复合路径>建立"命令制作圆圈效果，最后对这些制作出的元素分别进行编组。

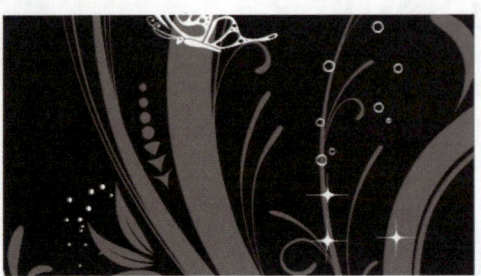

㉞ 多次复制上一步骤制作的各种修饰小元素，并结合选择工具 ▶ 调整复制出的路径组的位置和大小，制作出更加丰富的效果。

㉟ 单击选择工具 ▶ ，将步骤24编组的枝干路径组移动到Adobe Photoshop CS5中相应位置，生成"矢量智能对象"图层。

㊱ 栅格化上一步骤添加的"矢量智能对象"图层，将其转化为普通图层，然后将其载入选区并填充黑色，使纹理效果更加明显。

㊲ 将前面制作的各个蝴蝶路径组移动到Adobe Photoshop CS5中相应的位置，生成各自的"矢量智能对象"图层。

㊳ 将Adobe Illustrator CS5中制作的蝴蝶等修饰元素移动到Adobe Photoshop CS5中相应的位置，然后参照步骤36栅格化"矢量智能对象"图层，将其转化为普通图层，再分别将它们载入选区并填充黑色，使画面效果更加丰富。

㊴ 返回Adobe Illustrator CS5中，单击"创建新图层"按钮，新建"图层2"，然后隐藏"图层1"，再设置"填色"为黑色，"描边"为"无"，最后运用钢笔工具在画板下方绘制黑色花纹路径。

㊵ 运用钢笔工具在花纹的各个侧面绘制更为丰富的纹路效果，然后对"图层2"中所有绘制的纹路进行编组。

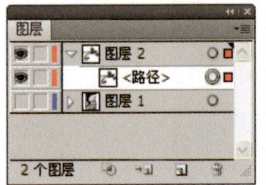 

㊶ 运用钢笔工具在画板中绘制心形路径，然后打开"渐变"面板，设置"类型"为"径向"，颜色从左到右依次为桃红色（R230、G33、B120）到红褐色（R117、G25、B60），为心形路径填充渐变色。复制制作的心形路径，更改其"填色"为红褐色（R117、G25、B60），然后结合选择工具调整路径的大小和位置，丰富画面效果。

 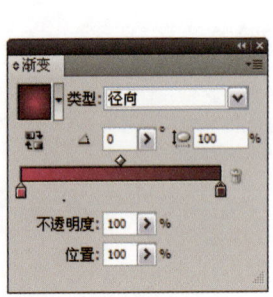  

㊷ 大量复制上一步骤复制出的小心形路径，然后结合选择工具调整路径的大小和位置，使画面效果更加丰富，最后对复制出的所有小心形路径进行编组，以易于管理。

㊸ 设置"填色"为红褐色（R117、G25、B60），"描边"为"无"，再运用钢笔工具在心形路径上方绘制树干路径和多条小的枝条路径，最后对这一步骤绘制的所有路径进行编组。

44 参照上一步骤，继续运用钢笔工具 ，绘制多条枝条路径和树叶路径，然后多次复制枝条路径和树叶路径，使树的效果更加完善，最后将所有树枝和树叶路径分别进行编组，以便于管理。

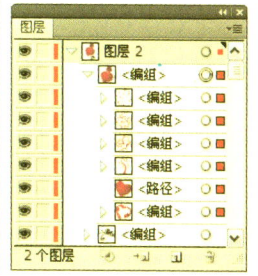

45 复制一个步骤41中制作的小心形，更改其"填色"为粉红色（R230、G33、B120），然后多次复制该心形路径并结合选择工具 ，调整路径的大小和位置，使树的效果更加丰富，最后将制作的所有心形路径进行编组。

46 打开素材"喷溅和花朵.ai"文件，然后选中"图层1"中的所有路径，再结合选择工具 ，将选择的路径移动到当前文档的相应位置。

47 复制步骤44中制作的树枝及树叶路径组和步骤45中的心形路径组，然后将复制出的路径组移动到当前图层的最上方，再删除该组内的树叶路径组，最后设置该路径的组内的所有路径"填色"为白色，并结合选择工具 将其移动到大的心形路径的右下侧。

48 将步骤41至步骤48制作的所有路径进行编组，然后运用选择工具，将步骤40编组的黑白花纹路径组和此处编组的花纹路径组分别拖动到 Adobe Photoshop CS5 中相应的位置。

49 复制上一步骤添加的黑白花纹图层，再按下快捷键 Ctrl+T 调出自由变换控制框，调整复制出的路径的位置和大小，使画面效果更加丰富。

50 选择步骤48中添加的另一个"矢量智能对象"图层，然后为该图层创建"亮度/对比度"和"色相/饱和度"调整图层，调整画面色调，最后按下快捷键 Ctrl+Alt+G 创建剪贴蒙版，使调整效果只作用于该图层。

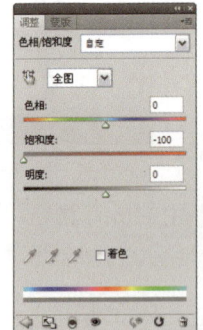
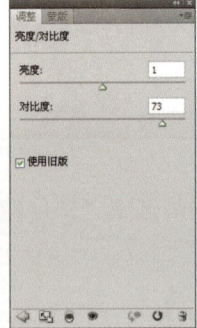

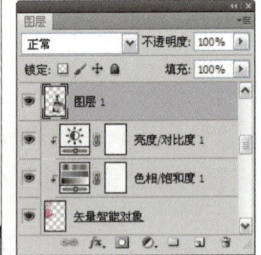

51 运用Adobe Illustrator CS5打开素材"喷溅和花朵.ai"文件，将该文件中"图层2"里的路径分别移动到Adobe Photoshop CS5中，然后结合自由变换命令调整添加的图像的大小和位置。

52 对上一步骤添加的所有花朵图层进行编组，得到"组1"图层。然后复制"组1"图层得到"组1 副本"图层，再右击该组，在弹出的快捷菜单中选择"合并组"命令合并该组，最后将该图层载入选区并填充黑色，并结合选择工具，调整该图层图像的位置，制作花朵的阴影。

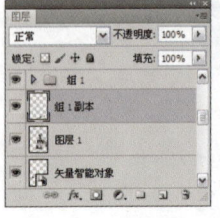

53 设置前景色为粉红色（R231、G142、B182），新建"图层3"，设置该图层的混合模式为"颜色"，然后使用画笔工具，在该图层的左右两侧轻轻涂抹，制作淡淡粉红色效果。

54 新建"图层4"，然后设置前景色为淡黄色（R237、G220、B200），继续使用画笔工具，在画面中涂抹，为画面添加黄色调。

55 新建"图层6"，设置前景色为红色（R243、G37、B110），再运用画笔工具，在顶部的蝴蝶和左侧的心形图形上进行涂抹，为它们添加颜色，丰富画面效果。

56 按住 Ctrl 键单击"组1副本"图层的缩览图，将其载入选区，然后创建"色相/饱和度"调整图层，调整花朵的色调，使其与画面更好地融合。

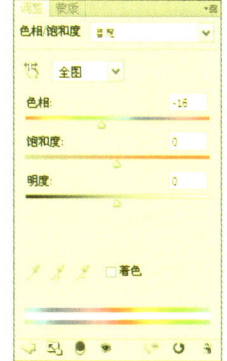

57 单击横排文字工具，在图像左下方输入文字效果，完善画面效果。然后单击"添加图层样式"按钮，在弹出的菜单中选择"渐变叠加"命令，打开"图层样式"对话框，设置颜色从左到右依次为深红色（R153、G0、B54）到粉红色（R249、G138、B177），再设置其他各项参数，为文字效果添加渐变效果，使画面效果更加丰富。至此，本案例制作完成。

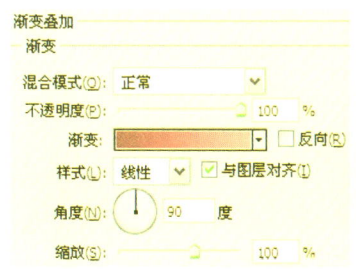

知识解析

画笔工具

画笔工具 是 Photoshop 中最为常用的图像绘制工具，前面已经对画笔工具进行了初步介绍，下面主要针对画笔工具的工作原理以及选项栏进行详细介绍。

画笔工具选项栏

编号	名称	说明
1	画笔选项	单击右侧的下拉按钮，在弹出的画笔预设面板中可以对画笔的笔触进行选择
2	"画笔面板"按钮	单击该按钮，将打开"画笔"面板，在其中可以对画笔样式进行多方位的设置
3	模式	单击右侧的下拉按钮，在弹出的下拉列表中可以选择系统预设的混合模式
4	不透明度	设置该参数值，将直接影响画笔绘制时颜色的浓度，参数值越小，绘制的颜色越透明
5	流量	用于设置画笔绘画时的压力大小，值越大，画笔涂抹的颜色越深，反之则越浅
6	启动喷枪模式	单击该按钮可以启动喷枪功能，绘制的线条会因停留的时间长短而产生变化，喷枪的功能与画笔相似

在画笔预设面板中单击右上角的扩展按钮，即可打开画笔样式菜单，在其中为用户提供了 15 类画笔样式组，每个组中包含了多个不同的画笔样式，通过选择不同的画笔样式，绘制出的图像也截然不同。在选择画笔组的时候，将弹出一个提示对话框，用户可以通过选择单击相应的按钮，完成对画笔的载入。其中"确定"按钮，表示对画笔预设面板中的画笔进行替换；"追加"按钮，表示在原有的画笔基础上进行画笔样式添加。

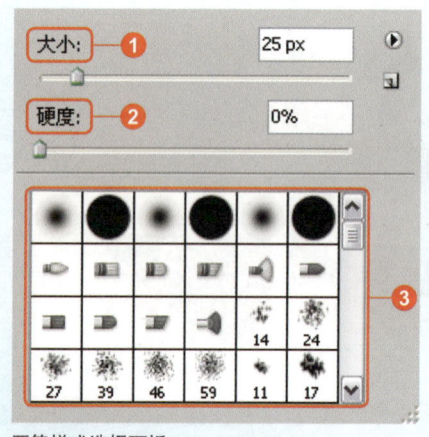

画笔样式选择面板

画笔样式菜单

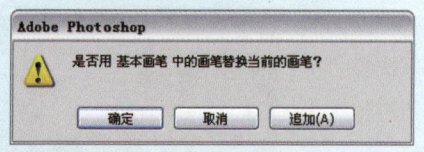

提示对话框

编号	名称	说明
1	大小	主要是指画笔笔触的大小，可以通过拖动下方的滑块调整画笔的大小，也可以在右侧的文本框中输入画笔大小的参数值
2	硬度	主要是针对画笔笔触边缘的清晰度进行调整，当该值为 100% 时边缘最清晰，当该值为 0% 时为柔边，笔触边缘呈现模糊的朦胧效果
3	画笔样式列表框	在该列表框中单击任何一个笔触样式，即表示对该笔触进行选择。Photoshop CS5 版本的画笔样式列表框中的前 3 排为新增画笔样式，这些新增的逼真笔刷样式，相较于之前的版本，提高了 Photoshop 的绘画艺术台阶，使画面效果更真实

Chapter 02

Photoshop 视觉创意设计

创意是指具有创造性的想法，同时也是视觉设计的灵魂所在，被应用于广告、出版、影视和游戏等各个领域。本章收录了3个视觉创意经典案例，通过对这些案例的学习，可以更加熟练地掌握 Photoshop 和 Illustrator 的混合模式、钢笔工具等功能，结合软件表达理想的创意效果。

▲ 绿色视觉创意文字

▲ 时尚摄影合成

▲ 人物炫光合成

绿色视觉创意文字

本实例通过强烈的明暗对比，使画面的视觉中心更加集中。在色调运用上以黄色和绿色为主，整个画面给人一种青春和激情的气息。在元素搭配上选择植物与文字的组合，这些植物以绿色调为主，金黄色为辅，能更好地表现主题，同时使画面色调更加丰富，然后在文字的变形上添加时尚的矢量花纹和类似的渐变效果，使文字效果更加自然和谐。

Photoshop
添加素材，结合图层混合模式和其他工具制作图像纹理背景

Illustrator
运用钢笔工具绘制路径，然后结合"渐变"面板和图层混合模式等制作树叶效果

Photoshop
运用文字工具，结合各种编辑命令和图层样式等制作文字效果

Photoshop
运用钢笔工具，同时结合图层样式、图层蒙版等制作文字上的各种修饰元素

主要使用功能：Illustrator 中的钢笔工具、渐变工具、图层混合模式、Photoshop 中的画笔工具、渐变填充、色相/饱和度命令

素材文件：Chapter 2\01\media\树叶和花纹.ai、纹理01.jpg ～ 纹理04.jpg

最终文件：Chapter 2\01\complete\绿色视觉创意文字.psd

制作难度评定：★★★☆

01 运行Adobe Photoshop CS5，执行"文件>新建"命令，创建一个尺寸为8cm×12.77cm的图形文件。然后打开本书配套光盘中的Chapter 2\01\media\纹理01.jpg图像文件，将其移动到当前图像中相应位置，生成"图层1"，然后按下快捷键Ctrl+T调出自由变换控制框，调整纹理图像的大小和位置。

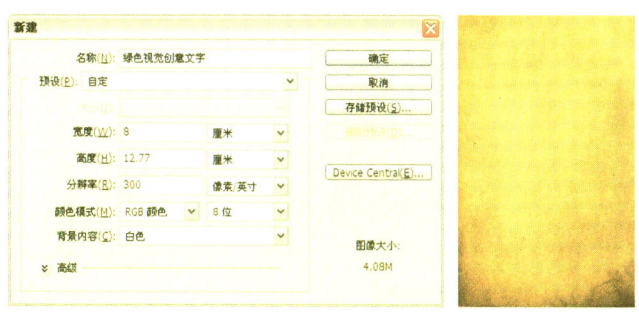

02 单击"创建新的填充或调整图层"按钮，在弹出的菜单中选择"色相/饱和度"命令，然后在弹出的"调整"面板中设置"饱和度"为-61，添加"色相/饱和度1"调整图层。

03 按下快捷键D恢复默认前景色并单击渐变工具，然后打开"渐变编辑器"对话框，选择"预设"中的"前景色到透明渐变"，完成后单击"确定"按钮。单击选项栏中的"径向渐变"按钮，在"色相/饱和度1"图层的蒙版上绘制，隐藏部分调整效果。

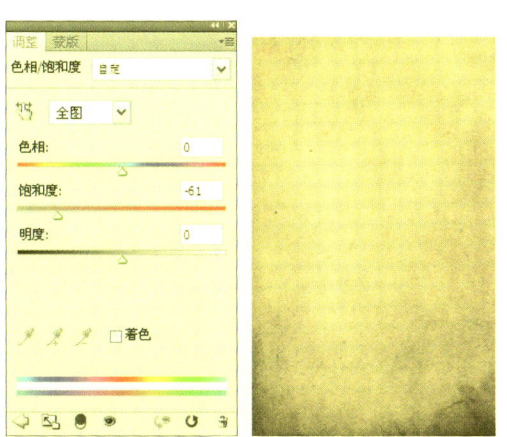
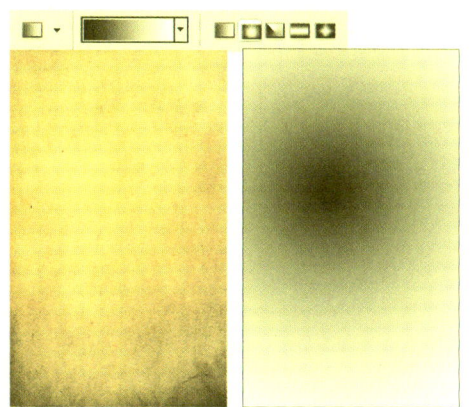

04 打开素材"纹理02.jpg"图像文件，并将其移动到当前图像中，生成"图层2"。然后运用自由变换命令调整图像的位置和大小，再设置该图层的混合模式为"正片叠底"，"不透明度"为70%，使纹理效果与背景更好地融合在一起。

05 为"图层2"添加图层蒙版，并设置前景色为灰色（R121、G121、B121）。单击渐变工具，继续使用步骤03中设置的渐变色，在图层蒙版上进行绘制，虚化纹理叠加效果。

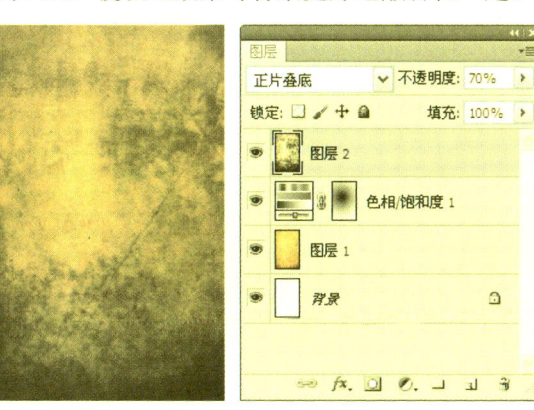

❻ 打开素材"纹理03.jpg"图像文件，并移动到当前图像中，生成"图层3"。然后设置该图层的混合模式为"正片叠底"，使纹理效果与背景融合。再为该图层添加图层蒙版，并结合画笔工具 虚化下方边缘过度生硬的部分。

❼ 单击"创建新的填充或调整图层"按钮 ，在弹出的菜单中选择"渐变"命令，在弹出的对话框中设置渐变为"前景色到透明渐变"，再设置其他各项参数，完成后单击"确定"按钮，得到"渐变填充 1"图层，最后利用画笔工具在该图层的蒙版上涂抹，适当隐藏或显示调整图层。

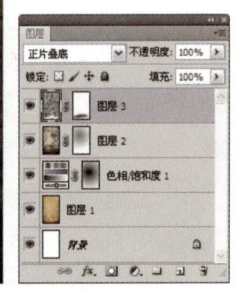

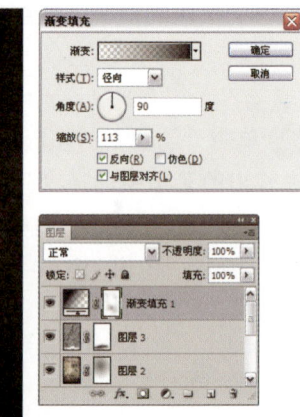

❽ 打开素材"纹理04.jpg"图像文件，将其移动到当前图像中，得到"图层4"。结合自由变换命令调整图像的位置和大小。

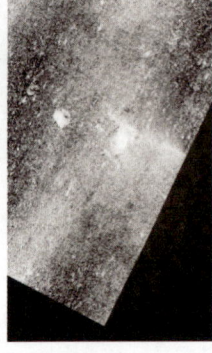

❾ 设置"图层4"的混合模式为"叠加"，"不透明度"为56%，使纹理与背景更好地融合。然后为该图层添加图层蒙版，并结合画笔工具 虚化纹理边缘。

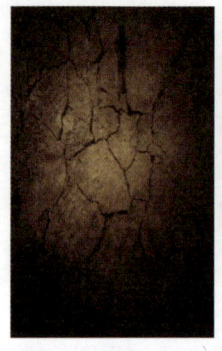
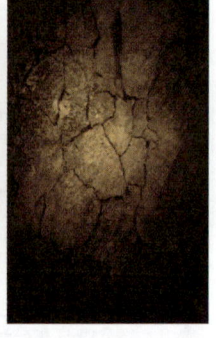

❿ 新建"图层5"，分别设置前景色为黄色（R236、G204、B58）和黄绿色（R201、G217、B17）的情况下，选择画笔工具 ，并在选项栏中设置各项参数，然后在图像中涂抹，为背景添加更为丰富的颜色，最后设置该图层的混合模式为"叠加"，使纹理与颜色更好地融合在一起。

⓫ 按下快捷键 Ctrl+Shift+Alt+E 盖印可见图层得到"图层 6",然后执行"滤镜 > 锐化 >USM 锐化"命令,在弹出的"USM 锐化"对话框中设置各项参数锐化图像,使图像精度进一步提高。

⓬ 单击"创建新的填充或调整图层"按钮,在弹出的菜单中选择"色相/饱和度"命令,然后在"调整"面板中设置"饱和度"为40,得到"色相/饱和度2"调整图层,增加画面整体的饱和度,使画面颜色更加艳丽。

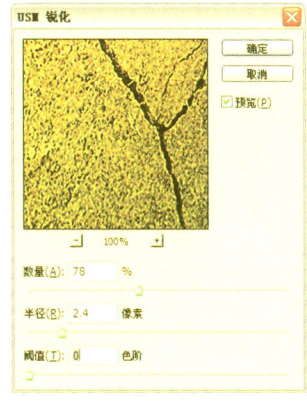
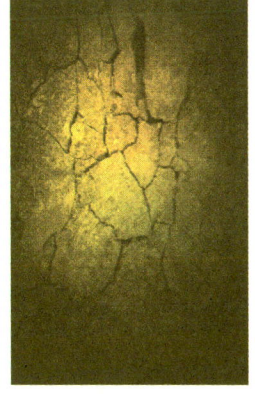
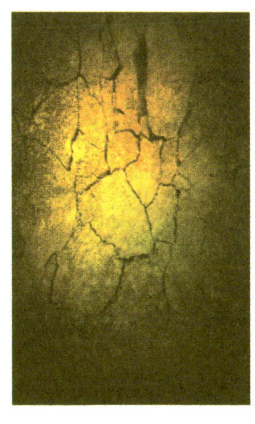

⓭ 打开 Illustrator CS5,执行"文件 > 新建"命令,弹出"新建文档"对话框并设置各项参数,完成后单击"确定"按钮,新建文档。然后单击钢笔工具,在画板中绘制树叶路径。

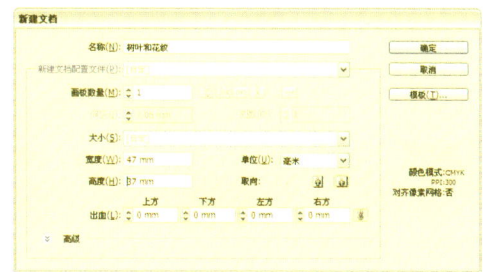
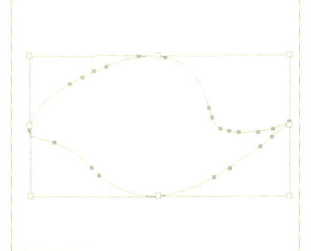

⓮ 打开"渐变"面板,设置"类型"为"线性",颜色从左到右依次为蓝灰色(R56、G75、B93)、淡黄色(R255、G255、B166)、蓝绿色(R66、G86、B91)、柠檬黄(R255、G255、B48)、深绿色(R41、G87、B49),为树叶路径填充渐变色。

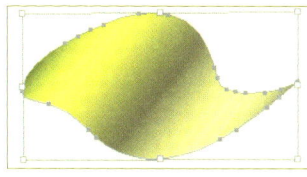
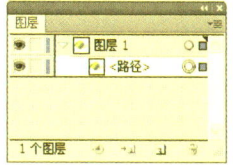

⓯ 按下快捷键 Ctrl+C 复制该路径,再按下快捷键 Ctrl+F 将复制的路径贴在前面,然后单击选择工具,将复制的路径向右上角移动少许。再次打开"渐变"面板,更改其渐变色从左到右依次为黑色、深绿色(R41、G87、B49)、草绿色(R186、G222、B60)、蓝绿色(R66、G86、B91)、橄榄绿(R137、G167、B72)、蓝灰色(R56、G75、B93)。

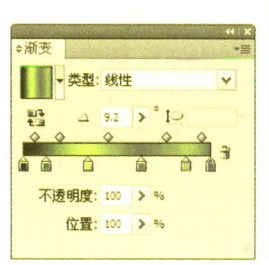

⓰ 复制上一步骤制作的路径并将复制出的路径贴在前面，然后打开"透明度"面板，设置该路径的混合模式为"叠加"，使树叶颜色更加鲜艳。

⓱ 复制上一步骤制作的路径并将其贴到前面，使叠加效果更加明显，树叶颜色更加鲜艳，对比更加强烈。

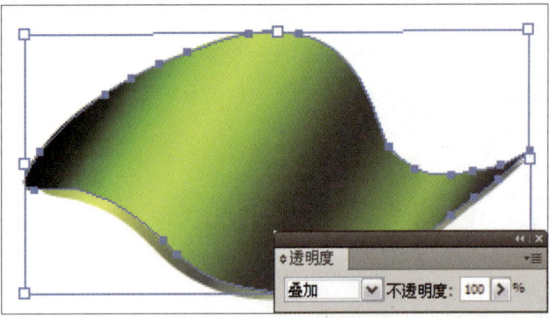
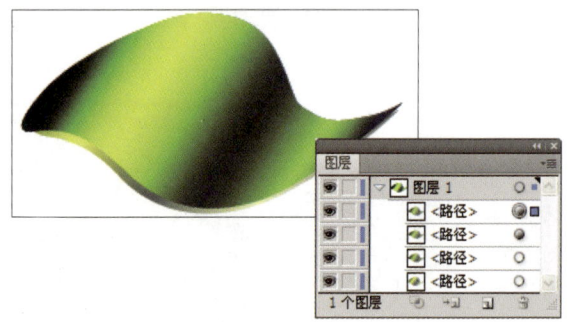

⓲ 运用钢笔工具 在树叶上绘制叶脉路径，然后打开"渐变"面板，设置"类型"为"线性"，渐变色从左到右依次为黄绿色（R190、G255、B48）、绿色（R18、G179、B48）、黑色，再设置该路径的混合模式为"叠加"，最后打开"外观"面板，选择"填色"并设置填色的混合模式为"叠加"，使画面效果更加完善。

⓳ 对制作的所有树叶路径进行编组并重命名为"大树叶"，然后多次复制该路径组并结合选择工具 调整路径的大小和位置，使其组合成花瓣的形状。

⓴ 设置"填色"和"描边"都为"无"，单击钢笔工具 ，在树叶的左下方绘制花纹路径，然后参照上述步骤继续运用钢笔工具 完善花纹路径。最后对绘制的所有花纹路径进行编组。

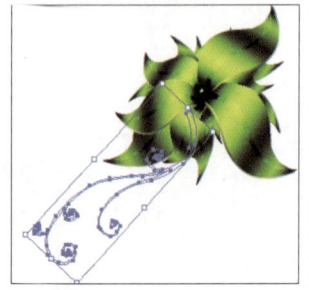

21 选择上一步编组的花纹路径,打开"外观"面板,单击下方的"添加新填色"按钮,然后打开"渐变"面板,设置"类型"为"线性",颜色从左到右依次为柠檬黄(R240、G255、B23)、黄绿色(R182、G231、B0)、紫色(R69、G0、B54)、黑色、柠檬黄(R240、G255、B23),为路径添加渐变色。

 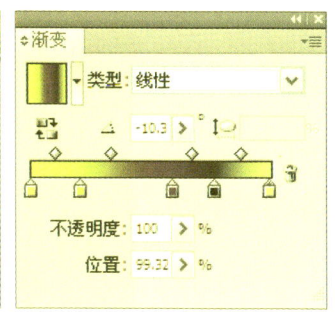 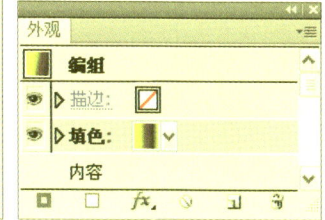

22 参照步骤 20 和步骤 21,继续运用钢笔工具在画板中绘制花纹路径,然后对绘制的所有花纹路径进行编组,再在"外观"面板中新建填色,打开"渐变"面板,设置"类型"为"线性",颜色从左到右依次为黄色(R252、G252、B3)、绿色(R10、G181、B25)、黑色,为路径填充渐变色,使花纹效果更加逼真。

 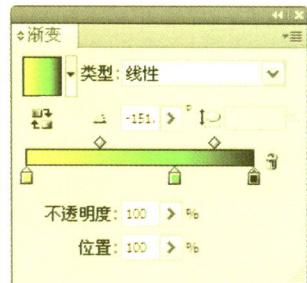 

23 多次复制上述步骤制作的花纹路径并进行编组,再运用选择工具调整复制出的路径组的位置和大小,然后再在"图层"面板中适当调整它们的位置,使画面效果更加丰富。

24 继续复制一些花纹路径组并运用选择工具调整复制的路径组的大小和位置并移动到树叶的上方,然后对这些复制出的花纹路径组再次进行编组,最后在"透明度"面板中设置该路径的混合模式为"叠加",使花纹路径效果叠加在树叶上,使树叶效果更加丰富。

❷❺ 运用钢笔工具 在树叶周围绘制一些小的枝条路径，然后为绘制的这些路径填充绿褐色（R62、G72、B23）和黄绿色（R199、G215、B0），完善画面效果。

❷❻ 在"图层"面板中选中中间树叶对应的所有路径组和上方的叠加花纹路径组，然后运用选择工具 将其拖动到 Photoshop CS5 中，生成"矢量智能对象"图层。

❷❼ 复制该图层得到"矢量智能对象 副本"图层，然后将其移动到"矢量智能对象"图层下方，再右键单击"矢量智能对象 副本"图层，在弹出的快捷菜单中选择"栅格化图层"命令，将智能对象图层转化为普通图层。

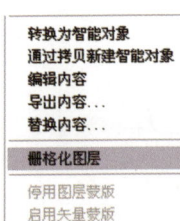
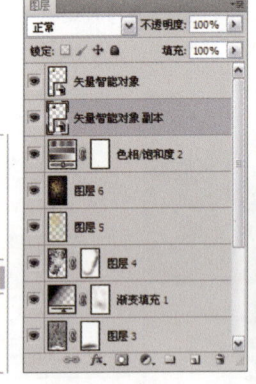

❷❽ 按住 Ctrl 键单击"矢量智能对象 副本"图层的缩览图，将其载入选区并填充黑色。然后结合移动工具 ，将该图层图像向右下角移动少许，制作树叶的阴影，使树叶立体感更加强烈。再对这两个图层进行编组得到"组 1"，最后多次复制"组 1"，并结合自由变换命令调整复制出的图层组所对应的图像的位置。

㉙ 返回 Illustrator CS5 中，选中一片树叶路径组将其拖动至 Photoshop CS5 中，生成"矢量智能对象"图层，再参照上一步制作出树叶阴影，使其立体感更强烈，然后对树叶和阴影进行编组得到"组 2"。

㉚ 多次复制该图层组，然后运用自由变换命令调整复制出的图层组所对应图像的位置和大小，使画面效果更加丰富。

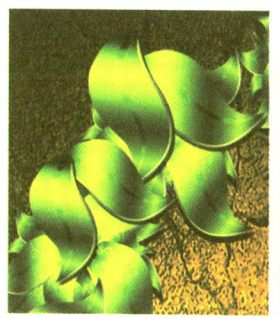 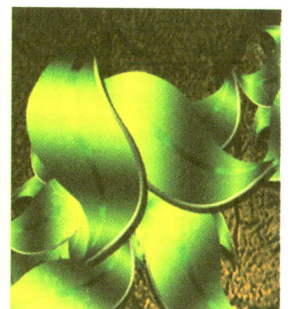

㉛ 复制步骤 26 中添加的"矢量智能对象"图层，并将复制出的图层移动到"图层"面板中的最上方，然后运用自由变换命令放大图像并调整其位置，再参照上述步骤为该图层对应的图像制作阴影，使其立体感更加强烈。

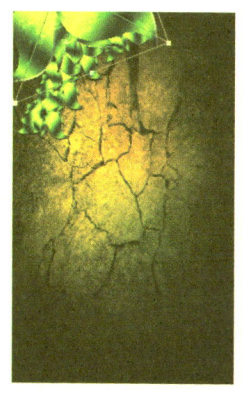  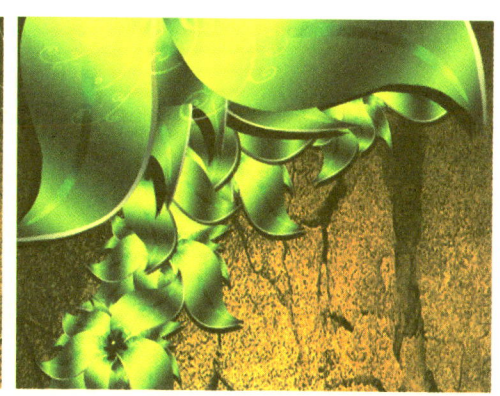

㉜ 选择上一步骤放大的树叶图层，单击"创建新的填充或调整图层"按钮，在弹出的菜单中选择"色相/饱和度"命令，然后在"调整"面板中设置各项参数，调整树叶的色调，使画面更有层次感。最后创建剪贴蒙版，使调整效果只作用于该图层。

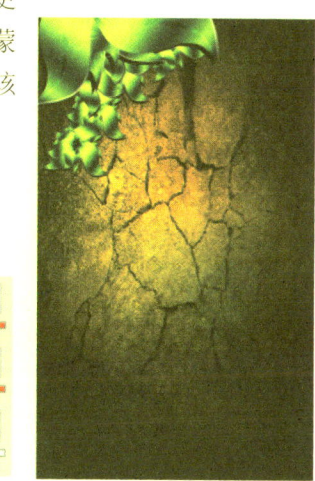

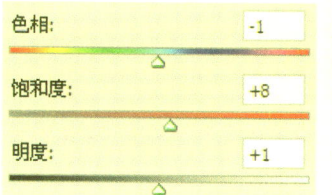

㉝ 对步骤 31 和步骤 32 中所有的图层进行编组，得到"组 3"。然后多次复制该组，并运用自由变换命令调整复制出的图层组所对应图像的位置和大小。最后双击复制出的组内的色相/饱和度调整图层，在"调整"面板中适当调整各项参数，调整树叶的色调，使画面更有层次感。

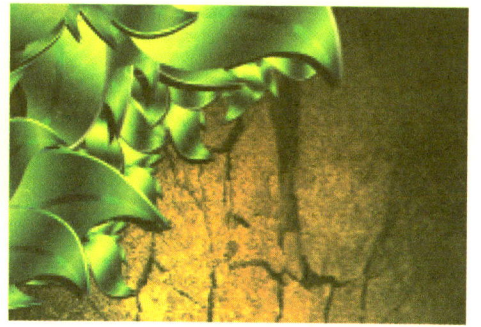

34 多次复制"组1",然后结合自由变换命令调整复制出的图层组对应的图像的位置和大小,完善画面效果。再多次复制"组3"并结合自由变换命令调整对应图像的位置和大小,最后再适当调整图层组内色相/饱和度调整图层的各项参数,使画面色调更加丰富。

35 参照上述步骤继续复制一些树叶图层组,然后运用自由变换命令调整其位置和大小,再适当结合快捷键 Ctrl+E 合并图层,加快软件运行速度。最后对所有树叶图层和图层组进行编组,得到"组4"。

36 在"组4"上方新建"图层7",然后运用渐变工具■对该图层填充渐变色,使画面效果更有层次感。

  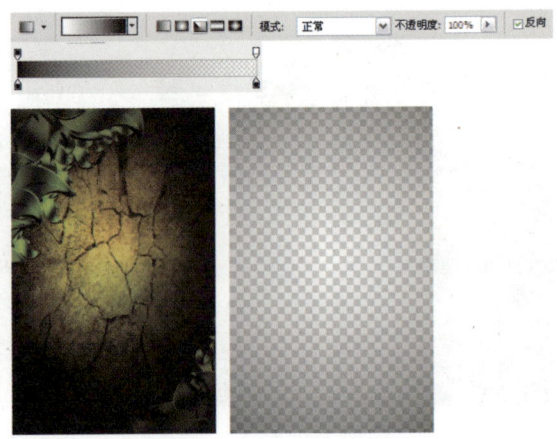

37 为上一步骤制作的渐变图层添加图层蒙版,并结合画笔工具■虚化隐藏一些颜色太灰暗的图像,使画面效果更加丰富。

38 在"组4"和"色相/饱和度2"图层之间新建"图层8",单击矩形选框工具■,在图像中绘制长条形选区并为该选区填充白色,然后运用自由变换命令调整该图像的位置。多次复制该图层并结合自由变换命令调整图像的大小和位置,制作更多的条纹效果。

❸❾ 对上一步骤制作的所有条纹图层进行编组，得到"组5"。复制"组5"得到"组5副本"，然后在该图层组上右击，在弹出的快捷菜单中选择"合并组"命令，合并"组5副本"得到图层"组5副本"，然后多次复制该图层，并结合自由变换命令调整复制出的图层所对应图像的位置和大小。

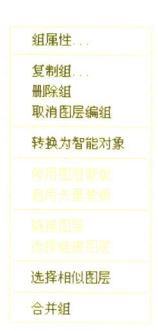
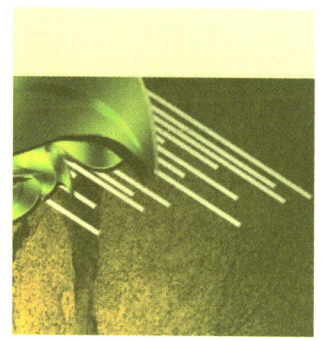
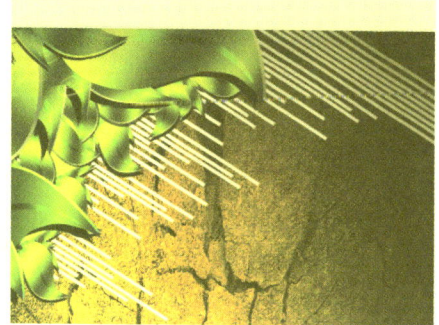

❹⓿ 对上一步骤多次复制"组5副本"图层得到的所有条纹图层进行编组，得到"组6"，然后设置"组6"的混合模式为"叠加"，使条纹与背景更好地融合。

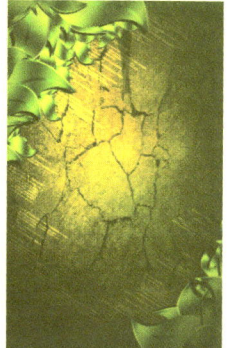

❹❶ 选择"组6"，然后返回 Illustrator CS5 中，将制作的两个花纹路径组分别移动到 Photoshop 中，生成各自的"矢量智能对象"图层。然后参照上述步骤分别为它们制作阴影，使其立体感更加强烈，最后对它们分别进行编组，得到"组7"和"组8"。

❹❷ 多次复制"组7"和"组8"，然后运用自由变换命令调整复制出的图层组对应的图像的位置和大小，并根据情况适当调整阴影的位置，使其更加真实。最后将所有的花纹图层组选中，再次进行编组，得到"组9"。

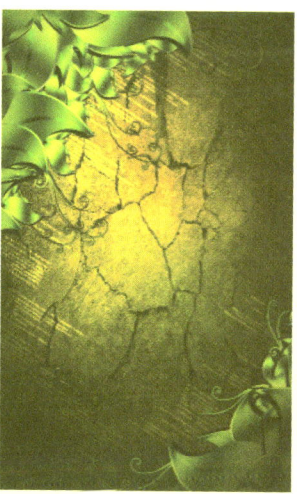
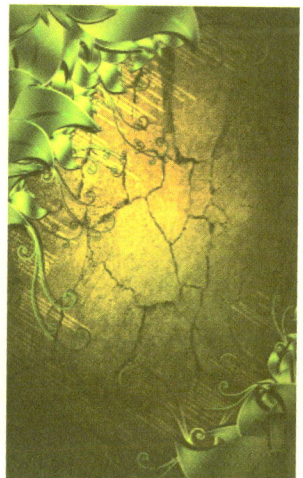
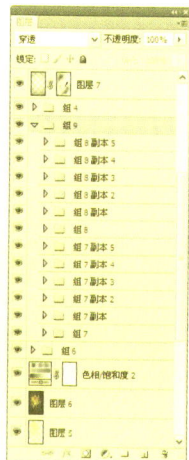

❹❸ 单击"创建新的填充或调整图层"按钮，在弹出的菜单中选择"纯色"命令，弹出"拾取实色"对话框，设置颜色为砖红色（R115、G32、B0），完成后单击"确定"按钮，得到"颜色填充 1"调整图层。

❹❹ 设置该调整图层的混合模式为"色相"，再选择该调整图层的图层蒙版并填充黑色，隐藏调整效果。最后设置前景色为白色，再单击画笔工具，在图层蒙版上涂抹，显示部分调整效果，使画面色调更加丰富。

❹❺ 参照步骤 43 和步骤 44 继续创建红色（R255、G0、B24）和蓝色（R107、G0、B252）的颜色填充调整图层，然后设置它们的混合模式分别为"柔光"和"叠加"，并为相应的图层蒙版填充黑色，隐藏调整效果，最后再运用白色的画笔在图层蒙版上涂抹，显示出部分调整图层的调整效果，为画面添加更多的颜色，使画面效果更加丰富。

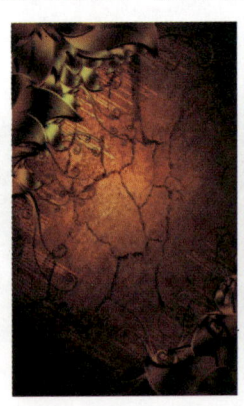   

❹❻ 单击横排文字工具，在图像中输入文字，再右击该文字图层，在弹出的快捷菜单中选择"栅格化文字"命令，将文字图层转化为普通图层。

❹❼ 单击"添加图层样式"按钮，在弹出的菜单中选择"渐变叠加"命令，弹出"图层样式"对话框，设置颜色从左到右依次为草绿色（R171、G219、B4）、柠檬黄（R239、G254、B0）、淡黄色（R253、G244、B96），为文字添加渐变色。

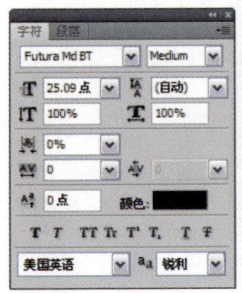  

48 参照上述步骤，单击"添加图层样式"按钮 fx，在弹出的菜单中选择"投影"命令，设置各项参数，为文字添加"投影"图层样式，使文字效果更具立体感。

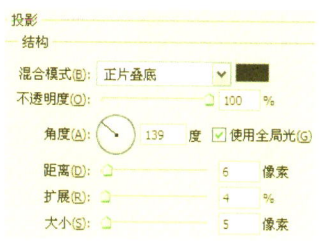

49 为文字图层添加图层蒙版，再单击矩形选框工具，在文字上绘制矩形选区，然后对文字图层蒙版填充黑色，隐藏部分文字效果。

50 按住 Ctrl 键单击文字图层的图层蒙版，将其载入选区，然后按下快捷键 Ctrl+Shift+I 反选选区，再选择文字图层并按下快捷键 Ctrl+J 复制选区内图像，得到"图层 9"并清除图层样式。将选区内的文字效果复制出来，最后设置该图层的混合模式为"叠加"，"不透明度"为 67%，丰富文字效果。

51 继续运用横排文字工具 T.在图像中输入文字，然后为该文字图层添加"渐变叠加"和"投影"图层样式，丰富文字效果。再右击文字图层，在弹出的快捷菜单中选择"转换为形状"命令，将文字图层转化为形状图层，最后运用矩形选框工具结合图层蒙版等隐藏部分文字效果。

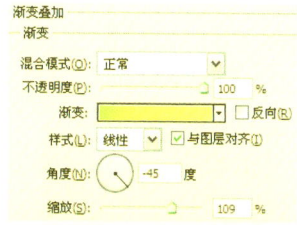

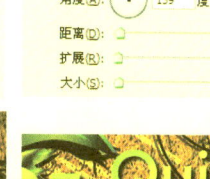

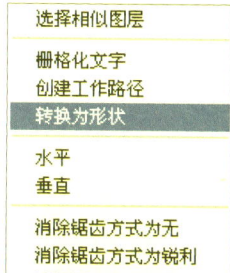

52 继续运用横排文字工具 T.在图像中输入文字,然后为该文字图层添加"投影"和"渐变叠加"图层样式,使文字效果更加丰富。其中"渐变叠加"的渐变颜色从左到右依次为草绿色(R171、G219、B4)、绿黄色(R239、G254、B0)和淡黄色(R253、G244、B96)。

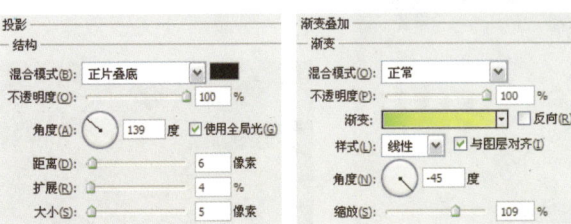

投影

渐变叠加

53 继续运用横排文字工具 T.在图像中输入更多的文字效果,再将文字图层转化为形状图层,然后为它们添加"投影"和"渐变叠加"图层样式,使画面效果更加丰富。

54 继续运用横排文字工具 T.在图像下方输入文字效果,完善画面效果。

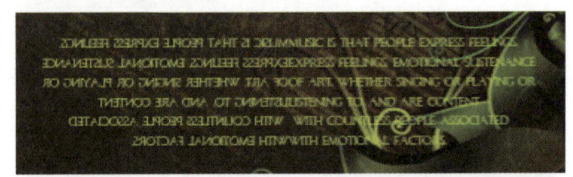
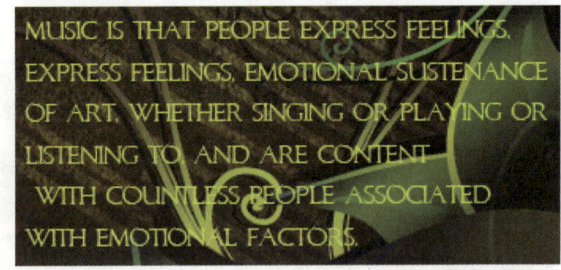

55 对上一步骤的文字图层进行编组,得到"组10"。单击"添加图层蒙版"按钮 ◻,为该组添加图层蒙版,然后运用画笔工具 ✎虚化四周的文字效果,使文字效果与画面整体更好地融合。

56 对步骤46至步骤55制作的所有文字效果进行编组,然后复制步骤41中添加的花纹效果,再将复制出的图层移动到"图层"面板的最上方,最后运用自由变换命令调整这些花纹的大小和位置,使画面效果更加丰富。

㊄ 多次复制上一步骤复制出的花纹图层，然后运用自由变换命令调整复制出的图层所对应图像的大小和位置。为这些花纹图层添加图层蒙版，并结合画笔工具，在花纹与文字相交的位置进行涂抹，对相交的部分进行虚化，使文字效果与花纹更好地融合。

㊅ 分别复制花纹图层，然后栅格化这些复制出的"矢量智能对象"图层，将它们转化为普通图层。将栅格化的图层移动到对应花纹图层的下方，然后将其载入选区并填充黑色，最后运用自由变换命令调整这些图层所对应图像的位置，为花纹效果添加阴影，使花纹更有立体感。

㊆ 对步骤 56 至步骤 58 添加的花纹图层和制作出的花纹阴影图层进行编组，得到"组 12"。新建"图层 10"，单击钢笔工具，在图像中绘制树叶的路径，然后将路径转化为选区并填充黑色。再为该图层添加"渐变叠加"图层样式，为树叶添加渐变颜色。

 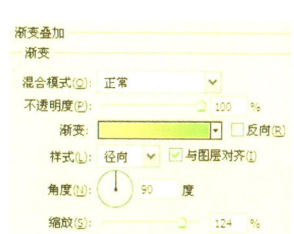 

㊇ 多次复制制作的树叶效果，并结合自由变换命令调整复制出的树叶的大小和位置，丰富画面效果，然后参照步骤 58 为这些花纹添加投影效果，使其更具立体感，最后再运用横排文字工具，在图像下方添加文字效果。至此，本案例制作完成。

色相/饱和度命令

知识解析

所谓色相是由原色、间色和复色来构成的，用于形容各类色彩的样貌特征，如橘红、柠檬黄等。饱和度又称纯度，指色彩的浓度，由色彩中所含的相同亮度的中性灰度的多少来衡量。"色相/饱和度"命令主要用于对图像颜色、饱和度以及明暗进行调整，从而使图像色彩效果更丰富。

"色相/饱和度"对话框的主要选项讲解如下。

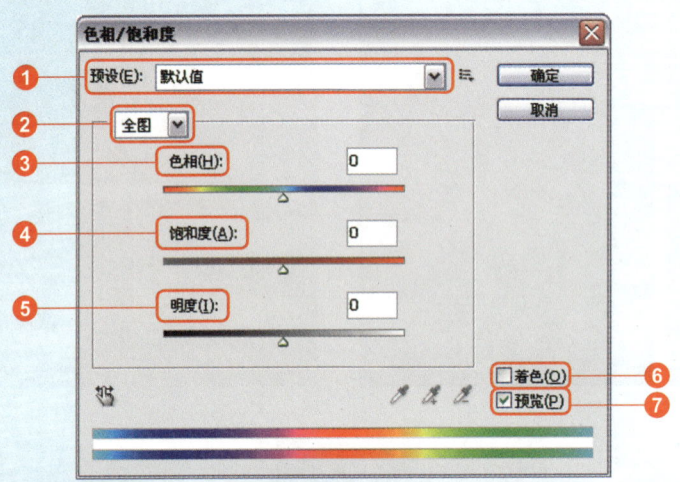

"色相/饱和度"对话框

编号	名称	说明
1	预设	在下拉列表中可以选择系统预设的模式。单击右侧的 按钮，从弹出的菜单中可以选择载入预设，也可以对当前预设进行存储和删除
2	颜色选择下拉列表	单击右侧的下拉按钮，在弹出的下拉列表中可以选择一次调整所有颜色，也可以对指定的颜色进行调整
3	色相	主要对图像的整体色调进行调整，可以通过拖动滑块进行设置，也可以直接在文本框中输入参数值进行设置
4	饱和度	主要对图像的颜色饱和度进行设置。参数值为正数，图像颜色浓度越高；参数值为负数，图像颜色浓度越低，图像效果越接近黑白
5	明度	主要对图像的明暗进行设置，参数值为正数，图像越亮；参数值为负数，图像越暗
6	着色	勾选该复选框后，图像自动调整为双色调图像
7	预览	勾选该复选框后可以随时对图像的调整效果进行观察，取消勾选该复选框后设置参数值，在图像上不能实时看到所产生的变化，需要单击"确定"按钮以后才能看到效果

原图　　　　　　　　　　设置参数值　　　　　　　　　调整后效果

时尚摄影合成

本实例展示了西方时尚商业摄影与合成的制作,在本实例中,将人物的皮肤和背景处理为灰白色可以跟人物的黑色头发和黑色睫毛形成强烈的对比关系,而画面中的红色花朵和嘴唇起到了画龙点睛的作用,使整个画面色调不再单调,人物头上的网状装饰更使整个画面充满了无序与有序的对比,白色条纹与绿色条纹相搭配,更能体现出条纹的亮丽感。

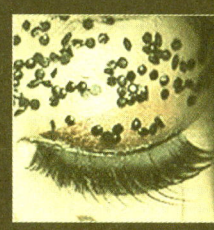

Photoshop
运用调整图层并结合混合模式制作眼影效果

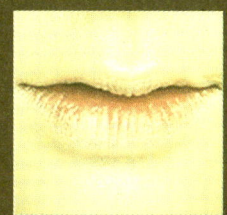

Photoshop
绘制选区并结合调整图层调整人物局部色调

Photoshop
添加素材并结合图层混合模式为人物添加纹身效果

Illustrator
运用钢笔工具并结合渐变工具等制作真实的矢量花朵效果

主要使用功能: Illustrator中的钢笔工具、"渐变"面板、编组、创建复合路径等,Photoshop中的图层混合模式、图层蒙版、色相/饱和度命令、渐变填充命令、曲线命令、投影图层样式

素材文件: Chapter 2\02\media\树叶和花朵.ai、人物.png、花纹.png

最终文件: Chapter 2\02\complete\时尚摄影合成.psd

制作难度评定: ★★☆☆☆

01 运行Adobe Photoshop CS5，执行"文件>新建"命令，创建一个尺寸为8cm×11.28cm的图像文件。然后打开本书配套光盘中的Chapter 2\02\media\人物.png图像文件，并移动到当前图像中相应位置生成"图层1"，然后按下快捷键Ctrl+T，调出自由变换控制框调整人物图像的大小和位置。

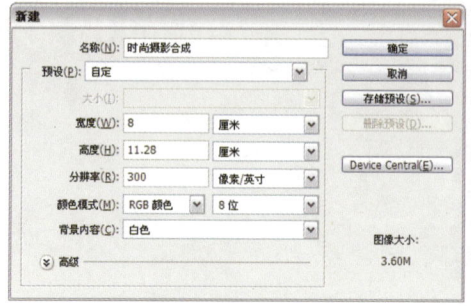

02 单击"创建新的填充或调整图层"按钮，在弹出的菜单中选择"色相/饱和度"命令，然后在弹出的"调整"面板中设置各项参数，得到"色相/饱和度1"调整图层，调整人物的颜色和饱和度。

03 单击套索工具，在人物嘴唇处绘制选区，完成后按下快捷键Shift+F6，弹出"羽化选区"对话框，设置"羽化半径"为20像素后单击"确定"按钮，羽化选区，然后参照步骤02创建"色相/饱和度2"调整图层，改变嘴唇的颜色和饱和度，丰富画面效果。

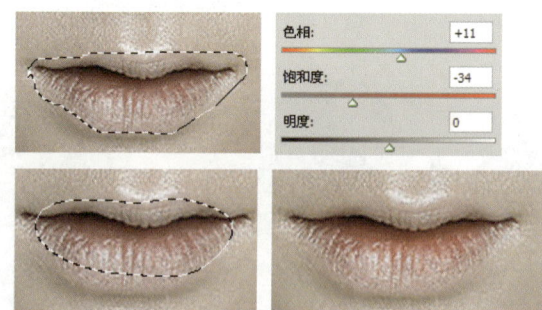

04 继续运用套索工具在人物眼睛的上眼睑绘制眼影选区，然后按下快捷键Shift+F6，弹出"羽化选区"对话框，设置"羽化半径"为20像素后，单击"确定"按钮，羽化选区。最后参照上述步骤创建"色相/饱和度3"调整图层，调整人物眼影的色调和饱和度。

05 单击钢笔工具 ，在人物眼睛上眼睑绘制眼影的路径，按下快捷键Ctrl+Enter将路径转化为选区，然后单击"创建新的填充或调整图层"按钮 ，在弹出的菜单中选择"渐变"命令，弹出对应的对话框，设置各项参数后单击"确定"按钮，得到"渐变填充1"图层，最后设置该图层的混合模式为"柔光"，使其与人物更好地融合，完成人物眼影效果的制作。

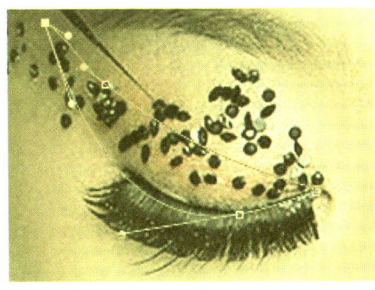
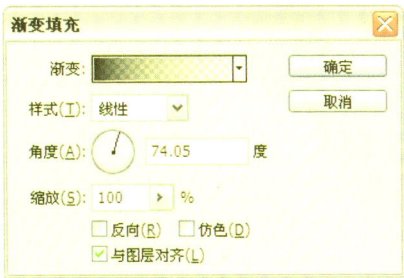
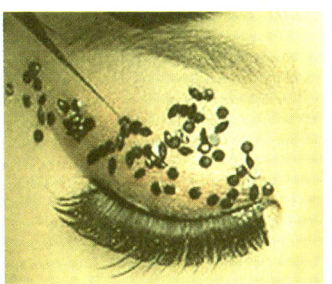

06 复制"渐变填充1"图层得到"渐变填充1副本"图层，按下快捷键Ctrl+T调出自由变换控制框，再在图像中右击，在弹出的快捷菜单中选择"水平翻转"命令，然后将其调整到人物左眼的相应位置。

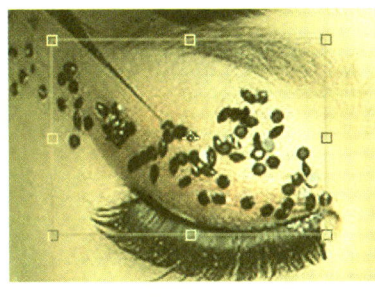
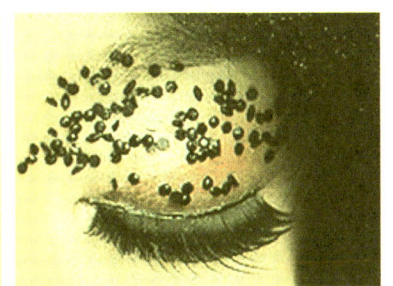

07 参照上述步骤，创建"色相/饱和度4"和"曲线1"调整图层，调整整个画面的饱和度和亮度，使画面效果更加完善。

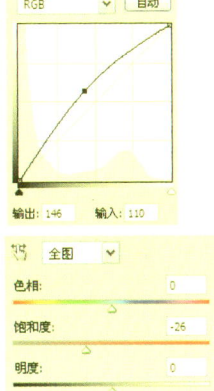

08 打开素材"花纹.png"图像文件，并将其移动到当前图像中，生成"图层2"。然后运用自由变换命令将其调整到人物脸部，再设置该图层的混合模式为"叠加"，使花纹效果与人脸更好地融合。再单击"添加图层蒙版"按钮 ，为该图层添加图层蒙版，设置前景色为黑色，结合画笔工具 虚化下方和右侧的花纹，使合成效果更加真实。

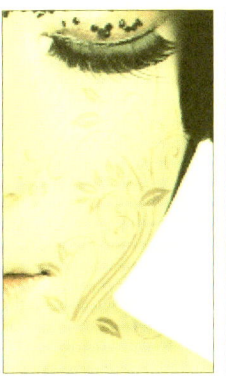
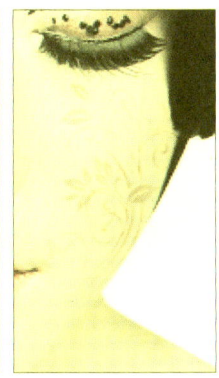

09 按下快捷键Ctrl+J，复制"图层2"得到"图层2 副本"，然后更改该图层的混合模式为"柔光"，使叠加效果更加明显，画面效果更加丰富。

10 选择"图层2"，单击套索工具，在花纹左侧的花蕾处绘制选区，再按下快捷键Ctrl+J复制选区内的图像，得到"图层3"，然后调出自由变换控制框调整"图层3"所对应图像的位置和大小，完善花纹效果。

  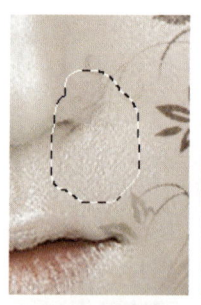  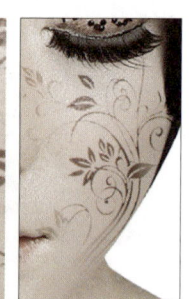

11 按住Shift键在"图层"面板中全选步骤08至步骤10制作的所有花纹图层，再将选中的图层拖动到"创建新图层"按钮上，复制选中的图层。然后按下快捷键Ctrl+T调出自由变换控制框，调整花纹到人物的右肩处，最后对步骤08至此制作的所有花纹图层进行编组，得到"组1"。

 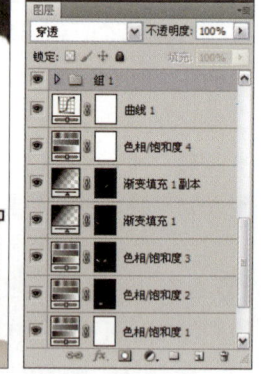

12 打开Illustrator CS5，执行"文件>新建"命令，弹出"新建文档"对话框，设置文档尺寸为150mm×75mm，然后设置其他各项参数，完成后单击"确定"按钮。

13 单击钢笔工具，在图像画板中绘制花瓣的路径，然后打开"渐变"面板，设置"类型"为"线性"，颜色从左到右依次为粉红色（R230、G155、B164）到红色（R211、G79、B93），为路径填充颜色，使花瓣更加真实。

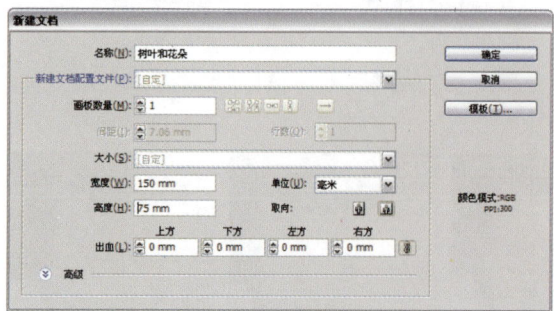 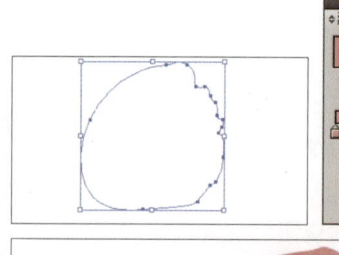 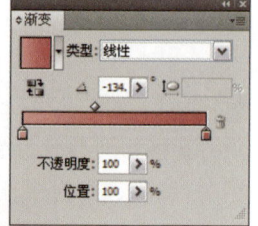

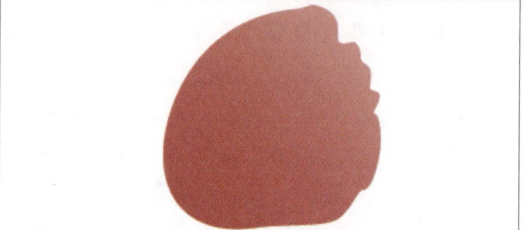

⑭ 选择上一步骤绘制的花瓣路径，按下快捷键 Ctrl+C 复制该路径，再按下快捷键 Ctrl+F 将复制的路径贴在前面。单击自由变换工具，同时按住 Shift+Alt 键将复制出的路径等比例、同中心地缩小，再打开"渐变"面板，更改"类型"为"径向"，调整渐变滑块的位置，表现花瓣的层次感。

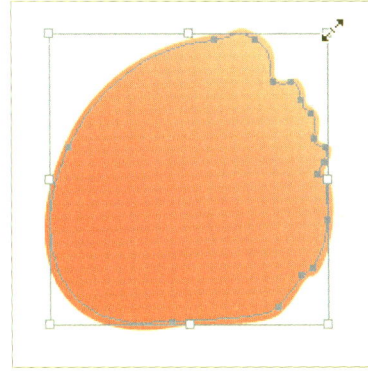
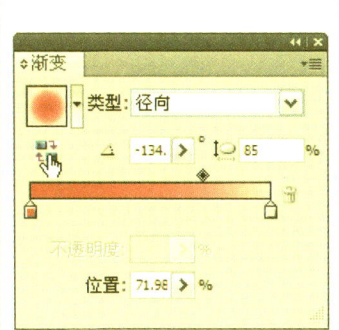
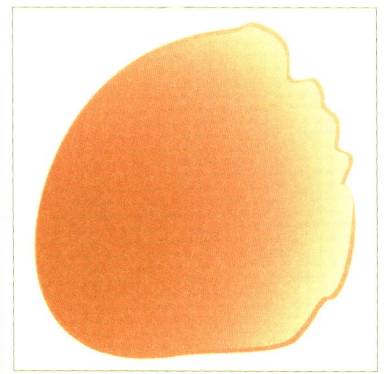

⑮ 继续运用钢笔工具，在花瓣左侧绘制路径，然后打开"渐变"面板，设置"类型"为"径向"，渐变颜色从左到右依次为红色（R192、G29、B44）和粉白色（R236、G177、B183），使花瓣更有层次感。

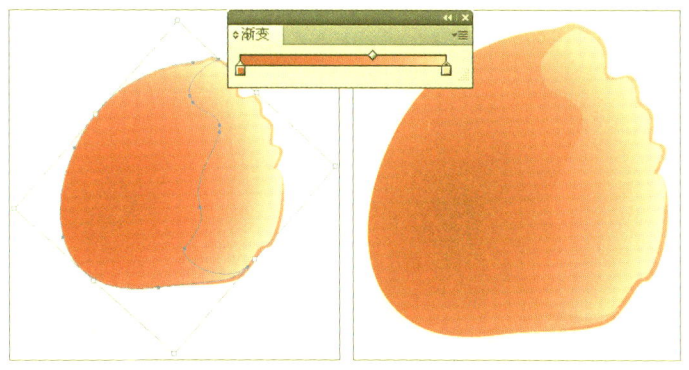

⑯ 运用钢笔工具绘制另一个花瓣的路径，打开"渐变"面板，设置与步骤13中一样的渐变色。参照步骤14复制该花瓣路径并将其贴到前面，再结合自由变换工具等比例、同中心地缩小复制出的路径，最后打开"渐变"面板，更改渐变类型为"径向"，渐变色设置为与步骤14中的一致，制作出另一个花瓣。

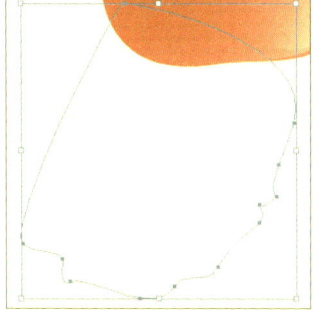
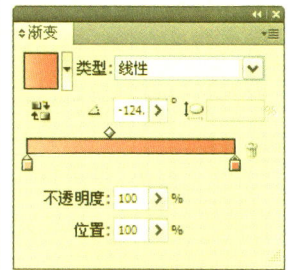

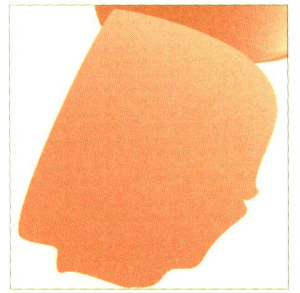
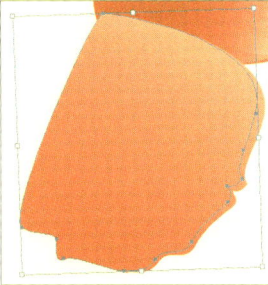
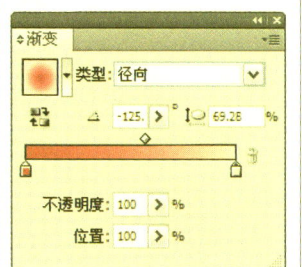
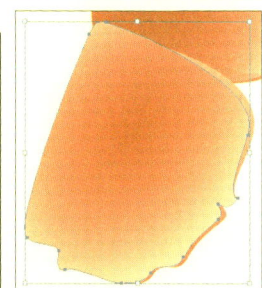

17 参照步骤 15，运用钢笔工具 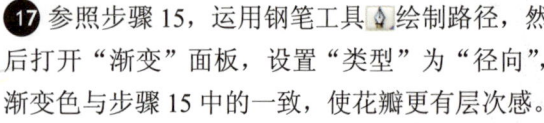 绘制路径，然后打开"渐变"面板，设置"类型"为"径向"，渐变色与步骤 15 中的一致，使花瓣更有层次感。

18 参照步骤 13 至步骤 15，将每个花瓣分为 3 层来绘制，制作出更多的花瓣，使其拼合成花朵的最底层。

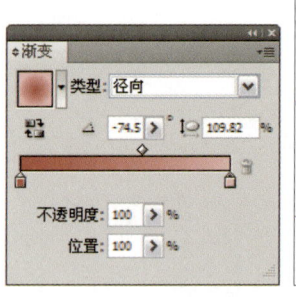
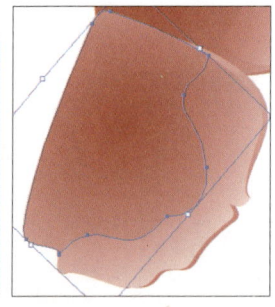

19 参照上述步骤，继续运用钢笔工具 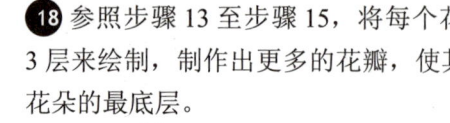 将每个花瓣分为多个层进行绘制，然后为其填充渐变色，使花朵效果更加完善。

20 运用钢笔工具 绘制路径，再打开"渐变"面板，设置"类型"为"径向"，颜色从左到右依次为褐红色（R94、G41、B47）、淡红色（R219、G95、B110）、粉白色（R251、G235、B237），为路径填充渐变色，制作花蕊部分。

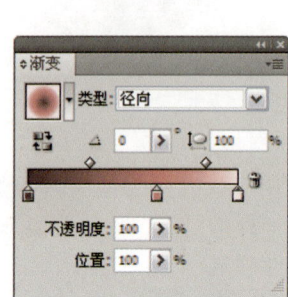
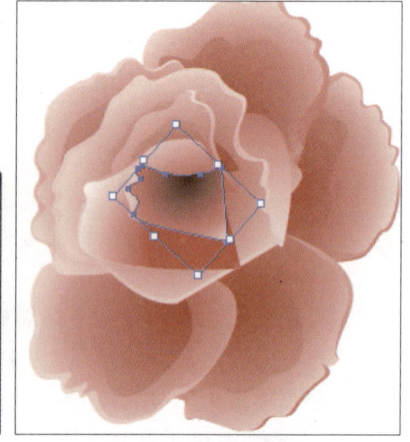

21 参照步骤 20，继续运用钢笔工具 在花朵中心绘制花蕊部分的路径，再为其填充与步骤 20 一致的渐变色，最后调整"渐变"面板中的角度和长宽比的参数，丰富花朵效果。

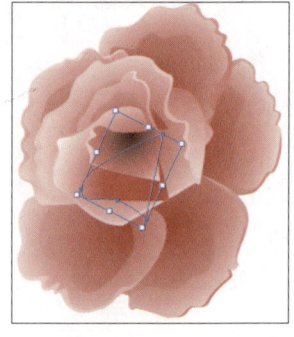

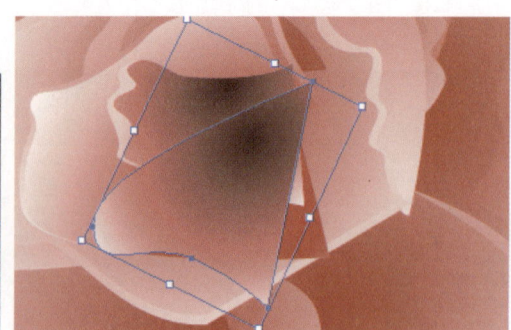

❷❷ 参照步骤 21 继续运用钢笔工具，绘制花蕊部分的路径，然后为其填充相同的渐变色并适当更改"渐变"面板中的各项参数，使画面效果更加丰富。

❷❸ 继续绘制花蕊路径，然后打开"渐变"面板，设置"类型"为"径向"，渐变色从左到右依次为红色（R199、G35、B52）和粉红色（R245、G212、B216），完善花朵花蕊部分。

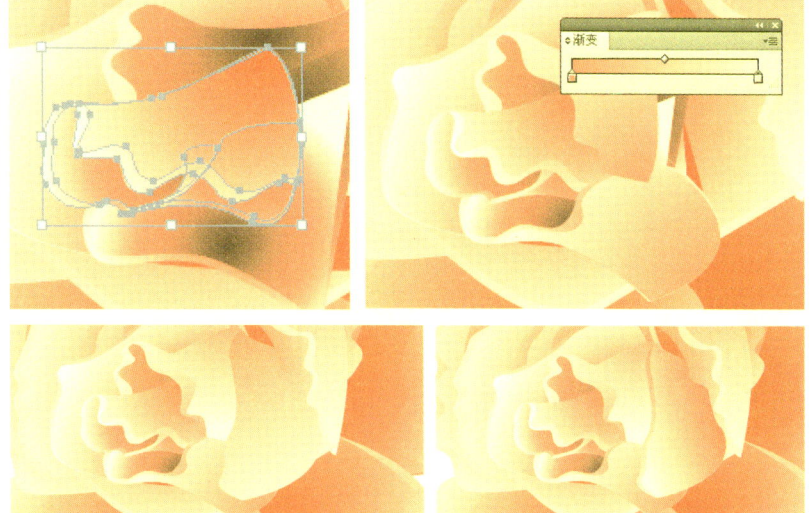

❷❹ 继续运用钢笔工具在花蕊的周围绘制花瓣路径，然后为这些路径填充与上一步骤一致的渐变色，完成花朵的制作。最后对步骤 13 至步骤 24 制作的所有花朵路径进行编组，以便于管理。

❷❺ 单击钢笔工具，在画板中绘制花蕾的路径，然后打开"渐变"面板，设置"类型"为"径向"，渐变色从左到右依次为红色（R199、G35、B52）和粉红色（R236、G177、B183），为路径填充渐变色，制作花蕾。

❷❻ 运用钢笔工具在花蕾上绘制受光部分的路径，然后打开"渐变"面板，设置"类型"为"径向"，渐变色从左到右依次为红色（R207、G42、B61）和白色，为路径填充渐变色，表现出花蕾受光照的效果。

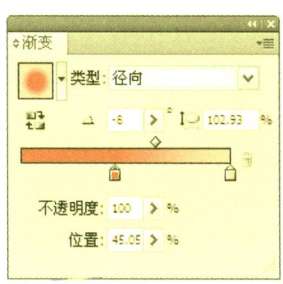
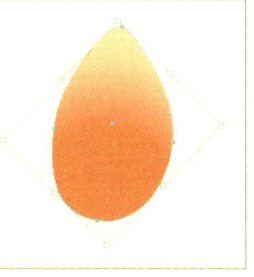
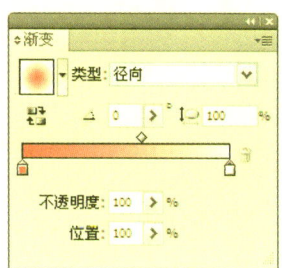

㉗ 运用钢笔工具 ,在花蕾左上角绘制高光部分的路径,然后打开"渐变"面板,设置"类型"为"线性",渐变色从左到右依次为粉红色(R237、G175、B183)和白色,为路径填充渐变色,制作花蕾高光,使其立体感更加强烈。

㉘ 运用钢笔工具 在花蕾的下方绘制花柄路径,然后打开"渐变"面板,设置"类型"为"线性",渐变色从左到右依次为青绿色(R115、G122、B2)和深绿色(R65、G69、B1),为花柄填充渐变色。

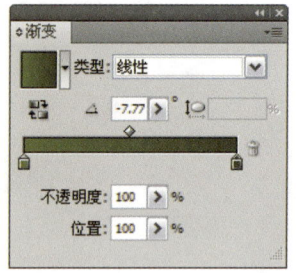

㉙ 继续运用钢笔工具 在花蕾的右上角绘制叶子路径,然后设置该路径的"填色"为绿色(R80、G85、B1)。

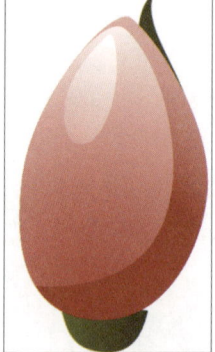

㉚ 继续运用钢笔工具 在花蕾的周围绘制叶子效果,然后对绘制的路径填充与上一步骤一致的颜色。

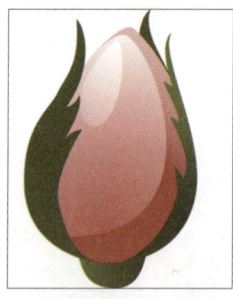

㉛ 运用钢笔工具 在叶子上绘制路径,然后打开"渐变"面板,设置"类型"为"线性",渐变色从左到右依次为青绿色(R115、G122、B2)和深绿色(R65、G69、B1),为路径填充渐变色,使叶子效果更加完善,更有立体感。

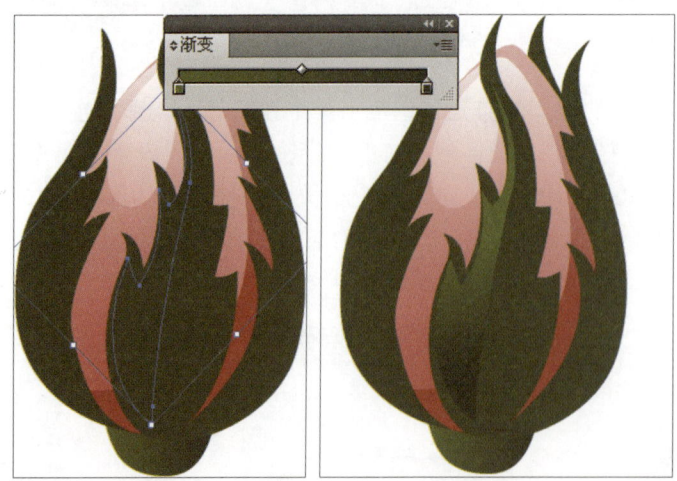

32 运用钢笔工具，在树叶上绘制中央叶脉路径，然后打开"渐变"面板，设置"类型"为"线性"，渐变颜色从左到右依次为绿黄色（R163、G173、B2）和绿色（R97、G103、B1），为叶脉填充渐变色，完成花蕾的制作。最后将步骤 25 至此制作的所有花蕾路径进行编组。

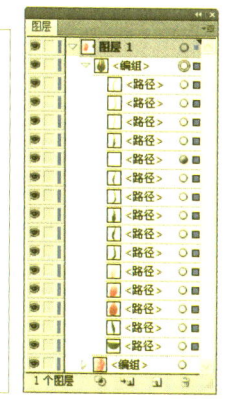

33 单击钢笔工具，在画板中绘制大树叶的枝干路径，然后打开"渐变"面板，设置"类型"为"线性"，渐变颜色从左到右依次为绿色（R115、G122、B2）和深绿色（R65、G69、B1），为路径填充渐变色，使枝干更加真实。

34 继续运用钢笔工具，在枝干右侧绘制树叶路径，然后打开"渐变"面板，设置"类型"为"线性"，渐变色从左到右依次为黄绿色（R184、G184、B2）和绿色（R123、G123、B1），为树叶填充渐变色，使其更加真实。

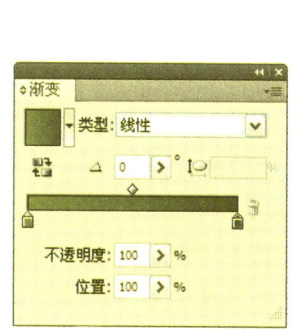

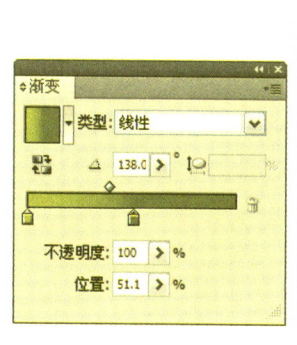

35 复制步骤 33 中制作的枝干路径并将其贴在前面，然后结合选择工具将复制出的路径调整并移动到树叶上，作为树叶的枝干。

36 运用钢笔工具，在树叶上绘制细小的叶脉路径，然后打开"渐变"面板，设置"类型"为"线性"，渐变色从左到右依次为橄榄绿（R188、G188、B101）和深橄榄绿（R104、G104、B24），为路径填充颜色。

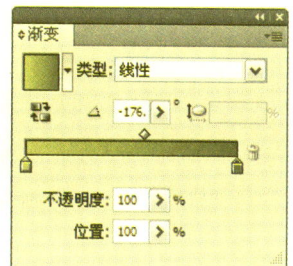
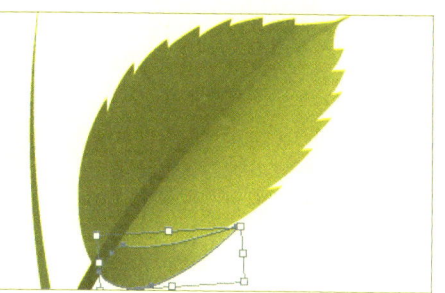

❸❼ 参照步骤36，继续运用钢笔工具 在树叶上绘制其他细小的叶脉路径，然后为这些路径填充与步骤36中一致的渐变色，使树叶效果更加真实。

❸❽ 复制步骤35中的枝干路径并将其贴到前面，然后运用自由变换工具 并同时按住Shift键+Alt键等比例缩小路径，再打开"渐变"面板，更改渐变色从左到右依次为黄绿色（R174、G174、B90）和橄榄绿（R118、G118、B62），使枝干路径更加明亮。

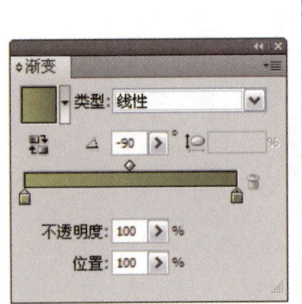

❸❾ 参照步骤34至步骤38，继续运用钢笔工具 结合"渐变"面板等，制作其他树叶效果，使画面效果更加完善，最后对制作出的所有大树叶路径进行编组。

❹⓿ 将 Illustrator CS5 中制作的花朵、花蕾和树叶路径组，分别拖动到 Photoshop CS5 中相应位置，生成各自的"矢量智能对象"图层，然后对这 3 个"矢量智能对象"图层进行编组，得到"组 2"。再选择花朵对应的"矢量智能对象"图层，为其创建"色相/饱和度"调整图层，调整花朵的饱和度，最后按下快捷键 Ctrl+Alt+G 创建剪贴蒙版，使调整效果只作用于花朵对应的"矢量智能对象"图层。

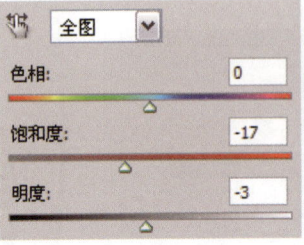

㊶ 复制"组2"得到"组2副本"，在"图层"面板中的"组2副本"上右击，在弹出的快捷菜单中选择"合并组"命令，将"组2副本"合并为一个图层，得到图层"组2副本"。

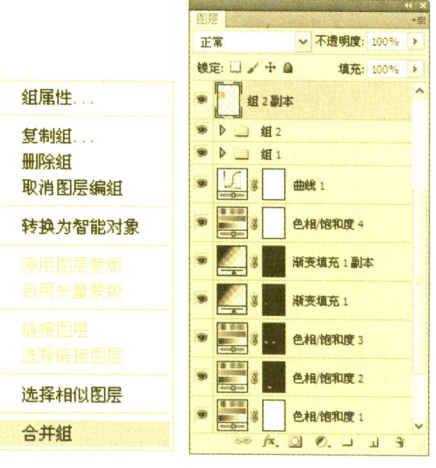

㊷ 复制图层"组2副本"得到图层"组2副本2"，再按下快捷键Ctrl+Shift+U为该图层对应的图像去色，然后设置该图层的混合模式为"叠加"，增加花朵的对比度。

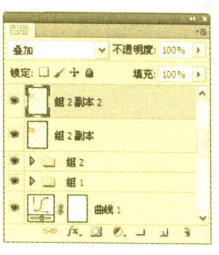

㊸ 为图层"组2副本2"添加图层蒙版，再单击渐变工具，由花朵左上角向花朵右下角填充黑色到白色的线性渐变，隐藏左上角的图层混合模式的叠加效果，使花朵色调更加丰富。

㊹ 复制图层"组2副本2"，使叠加效果更加明显。对步骤41至步骤43制作的所有图层进行编组，得到"组3"，然后复制该组并合并复制出的图层组，得到图层"组3副本"，最后隐藏所有的花朵和树叶图层及图层组。

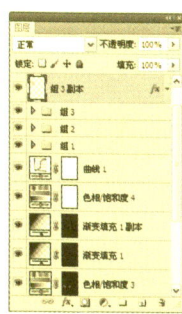

㊺ 在"组1"上方新建"图层4"，运用钢笔工具在人物头部绘制弧形路径，然后将路径转化为选区，再运用渐变工具由选区右上角向左下角填充白色到透明白色的线性渐变色，最后多次复制该图层并结合自由变换命令，调整复制出的图层对应的图像的位置和大小，丰富画面效果。

㊻ 对上一步骤制作的所有路径进行编组，得到"组4"，然后多次复制"组4"并结合自由变换命令调整复制出图像的位置和大小，进一步完善画面效果，最后对复制出的所有图层进行编组，得到"组5"。

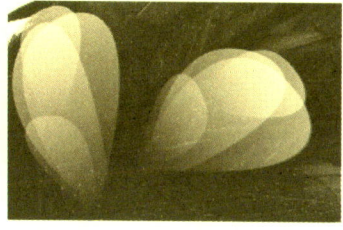

47 复制"组5"得到"组5副本"并合并该图层组,得到图层"组5副本"。然后设置"组5"的混合模式为"实色混合",使制作的图像与羽毛相混合,再设置图层"组5副本"的"不透明度"为23%,使图像效果更加明显,最后显示出图层"组3副本"。

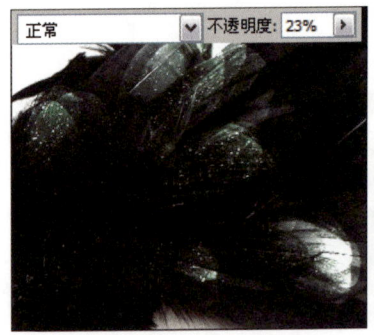  

48 选择图层"组3副本",单击"添加图层样式"按钮 fx ,在弹出的菜单中选择"投影"命令,弹出"图层样式"对话框并设置各项参数,为花朵添加投影效果,使花朵更有立体感。

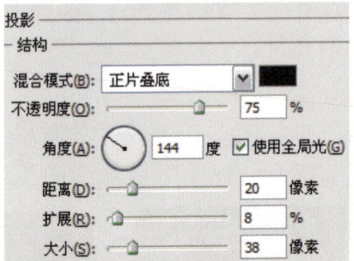 

49 返回 Illustrator CS5 中,设置"填色"为绿色(R79、G95、B43),"描边"为"无",再单击钢笔工具 ,在画板中绘制细小花纹路径。

50 参照上述步骤,设置"填色"为绿色(R79、G95、B43),"描边"为"无",运用钢笔工具 在画板中绘制更多的花纹效果。

51 将步骤49和步骤50绘制的花纹路径分别移动到 Photoshop CS5 中相应位置,生成各自的"矢量智能对象"图层。设置前景色为黑色,再结合图层蒙版和画笔工具 隐藏部分花纹效果。

 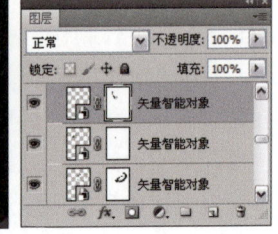

52 多次复制上一步骤添加的花纹"矢量智能对象"图层，然后运用自由变换命令调整图层对应图像的位置和大小，再设置前景色为黑色/白色，并结合图层蒙版和画笔工具 隐藏或显示花纹效果，使画面效果更加丰富。

53 对步骤51和步骤52制作的所有花纹对应的"矢量智能对象"图层进行编组，得到"组6"。新建"图层5"，设置前景色为白色，单击画笔工具 ，并在选项栏中设置各项参数，然后单击钢笔工具 ，在图像中绘制弧线路径，完成后在图像中右击，在弹出的快捷菜单中选择"描边路径"命令，弹出"描边路径"对话框并设置各项参数，进行路径描边。

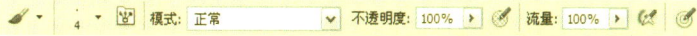

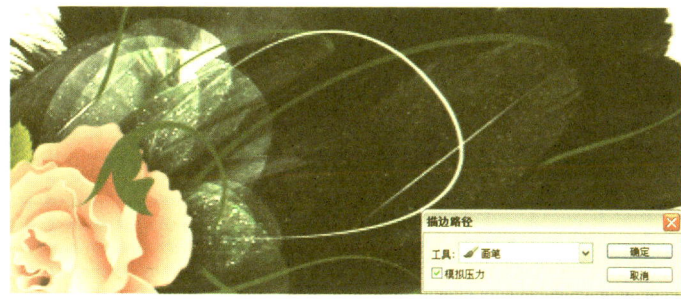
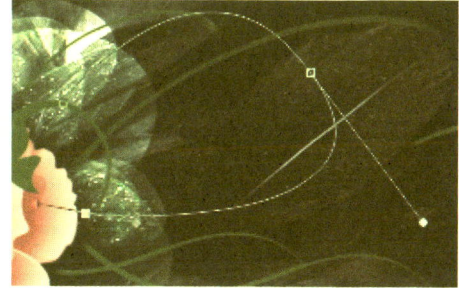

54 多次复制上一步骤制作的弧线图像，再运用自由变换命令调整复制出的图像，使效果更加丰富。然后对上一步骤和这一步骤制作的弧线图像进行编组，得到"组7"。设置该图层组的混合模式为"叠加"，使图像与背景更好地融合。最后多次复制该图层组，使叠加效果更加明显。至此，本案例制作完成。

知识解析

图层

图层是 Photoshop 中的重要功能之一，它承载了几乎所有的编辑操作。在 Photoshop 中，文件是由一张张具有透明度的图像层叠起来组成的，在实际的操作中我们可以单独对某一图像进行操作。图层的种类有很多种，可以分为普通图层、形状图层、调整图层、文字图层、填充图层、剪贴蒙版图层等，而图层所包含的范围又包括了图层蒙版、图层混合模式和图层组等。

编号	名称	说明	图层面板
❶	蒙版图层	单击"添加图层蒙版"按钮，为当前图层创建图层蒙版	
❷	剪贴蒙版图层	执行"图层 > 创建剪贴蒙版"命令，将当前图层创建为剪贴蒙版，使其作用于下一个图层	
❸	填充图层	单击"图层"面板下方"创建新的填充或调整图层"按钮，在弹出的菜单中选择"纯色"、"渐变"或"图案"命令，可在"图层"面板中生成填充图层	
❹	文字图层	运用文字工具在图像中单击后，生成文字图层	
❺	调整图层	单击"图层"面板下方"创建新的填充或调整图层"按钮，在弹出的菜单中选择调整命令，生成调整图层	
❻	形状图层	使用形状工具，在选项栏中单击"形状图层"按钮，在图像中绘制，自动生成形状图层	
❼	普通图层	单击"图层"面板下方的"创建新图层"按钮，自动生成普通图层	

在"图层"面板中，可以对图层的上下位置进行调整，改变图像整体显示效果。常见的调整图层上下位置的方法有以下两种。

方法 1：在"图层"面板中选择需要调整的图层，按住鼠标左键不放对图层进行拖动，调整图层的上下位置。

方法 2：结合键盘上的 [和] 键，上下移动图层。

原图　　　　　　　　　　　　　调整图层上下位置

人物炫光合成

本实例是运用Photoshop完成的一幅炫光特效案例，画面中运用强烈的黑白对比关系来突出人物及炫光特效，背景的纹理则更好地体现出沧桑感以及黑暗与光明的对比关系。画面中人物本身也存在着亮部和暗部的强烈对比，在暗部添加炫光特效不仅能更好地突出画面的重点，更能使画面不沉闷。

Photoshop
添加素材并结合图层混合模式和图层蒙版等制作背景纹理

Photoshop
运用钢笔工具并结合画笔工具等制作炫光效果

Photoshop
添加素材并结合图层蒙版，丰富画面效果

Photoshop
运用画笔工具并结合各种滤镜，制作绚丽光效

主要使用功能：图层蒙版、画笔工具、钢笔工具、高斯模糊滤镜、照片滤镜命令、曲线命令、渐变填充命令、图层混合模式

素材文件：Chapter 2\03\media\人物.png、头发.png、纹理01.jpg

最终文件：Chapter 2\03\complete\人物炫光合成.psd

制作难度评定：★★★★☆

01 运行Adobe Photoshop CS5，执行"文件>新建"命令或按下快捷键Ctrl+N，创建一个尺寸为14.8cm×8.52cm的图像文件。

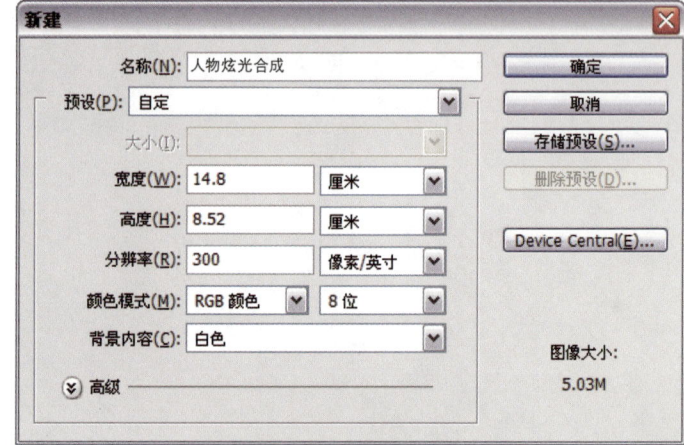

02 单击"创建新的填充或调整图层"按钮，在弹出的菜单中选择"渐变"命令，弹出"渐变填充"对话框，设置渐变色从左到右依次为黑灰色（R23、G23、B36）、深蓝灰色（R51、G48、B62）、蓝灰色（R109、G125、B148）、淡蓝色（R133、G160、B188）、淡蓝色（R127、G172、B206）、蓝灰色（R75、G78、B112）、深蓝色（R32、G23、B47）和各项参数，制作背景渐变。

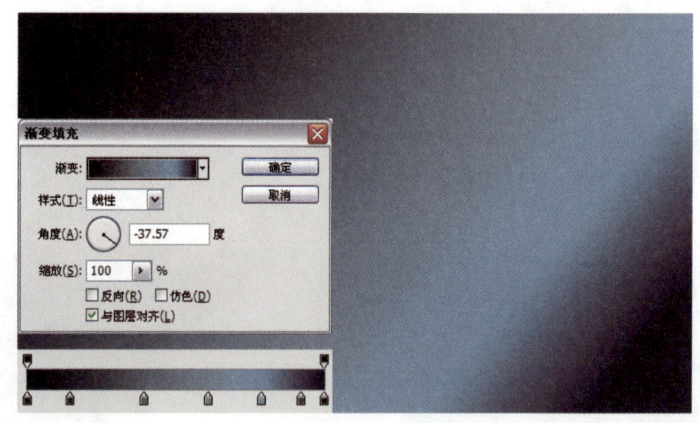

03 单击"创建新图层"按钮，新建"图层1"。单击矩形选框工具，在图像右上角绘制一个矩形选区，然后单击渐变工具，并在选项栏中设置渐变色从左到右依次为红灰色（R185、G170、B170）、淡黄色（R237、G229、B215）、淡蓝色（R169、G198、B199）、白色，设置完成后由选区右下角向选区左上角填充"径向"渐变色。

 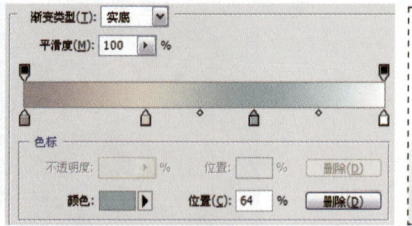 

04 按下快捷键Ctrl+T调出自由变换控制框，调整"图层1"对应的图像的大小，使其完全覆盖整个图像。然后按住Alt键为该图层添加图层蒙版，设置前景色为白色并结合画笔工具，在图层蒙版上涂抹，将制作的渐变色显示出来，丰富图像背景。

 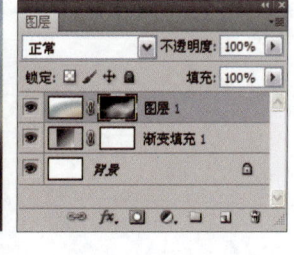

05 新建"图层2",设置前景色为白色,单击画笔工具,并在选项栏中设置各项参数,在图像的右上角进行涂抹,然后设置该图层的混合模式为"叠加",提亮背景图像。

06 打开本书配套光盘中的Chapter 2\03\media\纹理01.jpg图像文件,并将其移动到当前图像中的相应位置,生成"图层3",然后设置该图层的混合模式为"叠加","不透明度"为62%,叠加纹理效果,丰富图像背景。

07 为"图层3"添加图层蒙版,单击渐变工具,设置渐变色从左到右依次为黑色到透明黑色,然后对添加的图层蒙版填充由左上方向右下方的线性渐变色,虚化该图层的纹理叠加效果,丰富图像背景。

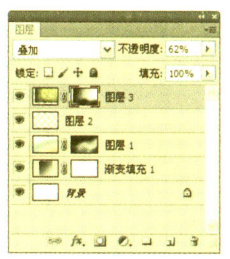

08 选择"图层3",运用移动工具,向右上方移动对应的图像。然后设置前景色为黑色,结合画笔工具,在该图层蒙版上涂抹,虚化边缘明显的部分,使纹理过渡更加自然。

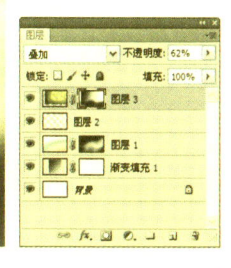

09 打开素材"纹理02.jpg"图像文件,并移动到当前图像中生成"图层4"。设置该图层的混合模式为"柔光","不透明度"为39%,使纹理和背景更好地融合。

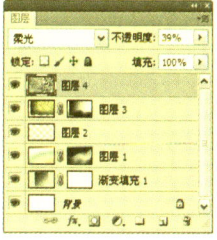

⑩ 选择"图层4",执行"滤镜>模糊>高斯模糊"命令,弹出"高斯模糊"对话框,设置各项参数后单击"确定"按钮,模糊纹理。

⑪ 单击"创建新的填充或调整图层"按钮,在弹出的菜单中选择"曲线"命令,再在弹出的"调整"面板中向上拖动曲线,调整背景的亮度。

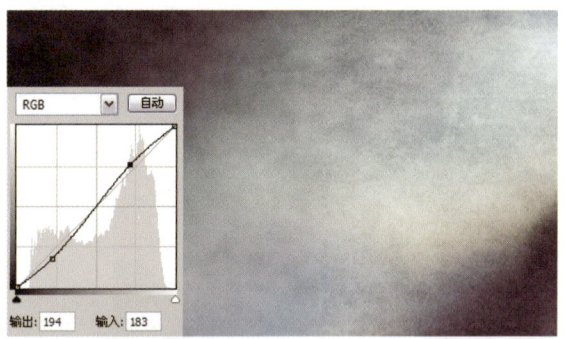

⑫ 创建"照片滤镜1"调整图层,调整背景的整体颜色倾向,其中颜色设置为柠檬黄(R255、G210、B0)。然后设置该调整图层的混合模式为"变亮",使背景色调更加亮丽。最后将步骤01至步骤12的所有图层进行编组并重命名为"背景"。

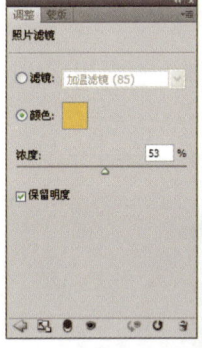

⑬ 打开素材"人物.png"图像文件并移动到当前图像中的相应位置,生成"图层5"。运用套索工具,在人物头发处绘制大致的选区,然后按下快捷键Shift+F6,弹出"羽化选区"对话框,设置各项参数后单击"确定"按钮,羽化选区。再创建"曲线2"调整图层,调整人物头发亮度。

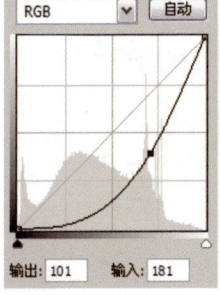

14 按下快捷键 Ctrl+Alt+G 创建剪贴蒙版，使调整效果只作用于"图层 5"。参照上述步骤继续运用套索工具，在人物左侧头发处绘制选区，然后羽化选区并创建"曲线 3"调整图层，调整头发亮度，使画面色调更加统一，最后创建剪贴蒙版，使调整效果只作用于"图层 5"。

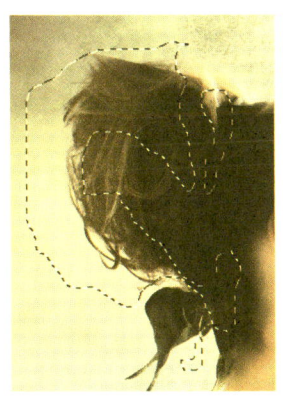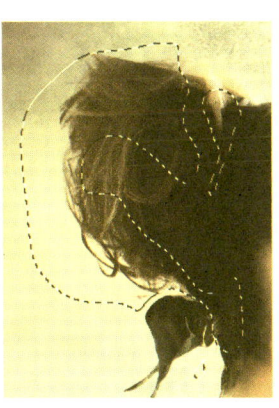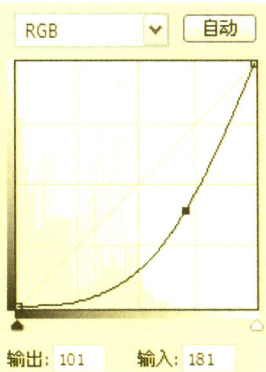

15 继续创建"照片滤镜 2"和"曲线 4"调整图层，调整整个人物的颜色倾向和亮度，其中"照片滤镜"的"颜色"设置为柠檬黄（R236、G217、B0）。然后创建剪贴蒙版，使调整效果只作用于"图层 5"，使人物效果更加完善。

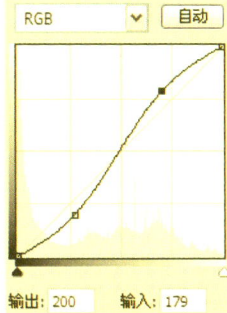

16 打开素材"头发.png"图像文件并移动到当前图像中相应位置，生成"图层6"。然后为该图层添加图层蒙版，设置前景色为黑色，结合画笔工具，虚化头发与头发的结合处，使合成更加自然。

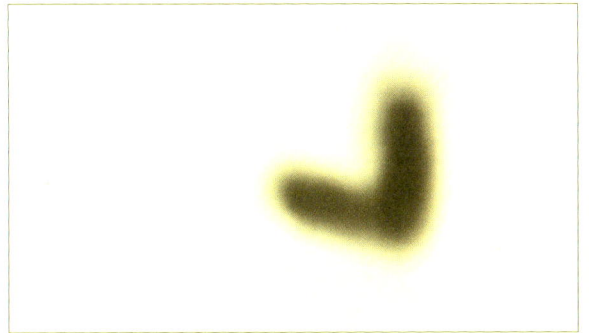

❶❼ 单击"创建新的填充或调整图层"按钮 ，在弹出的菜单中选择"曲线"命令，再在弹出的"调整"面板中向下拖动曲线压暗图像亮度，然后按下快捷键Ctrl+Shift+G创建剪贴蒙版，使调整效果只作用于"图层6"。

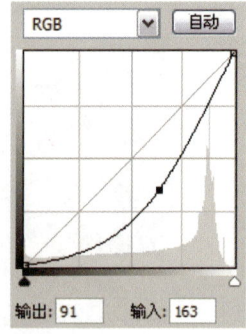  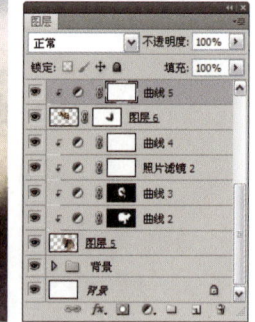

❶❽ 创建"色相/饱和度1"和"照片滤镜3"调整图层，将头发的色调调整成与人物头发颜色基本一致，其中"照片滤镜"的"颜色"设置为深褐色（R72、G39、B23）。最后为这两个调整图层创建"剪贴蒙版"，使调整效果只作用于"图层6"。

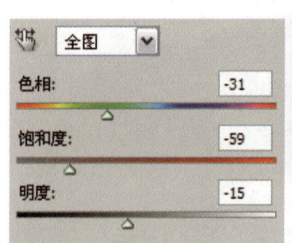  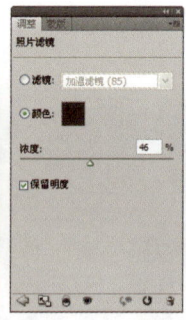 

❶❾ 将"图层5"至"照片滤镜3"图层选中，将其编组并重命名为"人物"，在图层组"背景"与"人物"之间新建"图层7"，然后运用钢笔工具 ，在图像右下角绘制路径，完成后按下快捷键Ctrl+Enter将路径转化为选区，再结合渐变工具 ，对选区右下角到左上角填充由深蓝色（R51、G65、B85）到蓝色（R94、G140、B174）的线性渐变色，最后对该图层执行"滤镜>模糊>高斯模糊"命令，弹出"高斯模糊"对话框，设置各项参数后单击"确定"按钮，模糊图像。

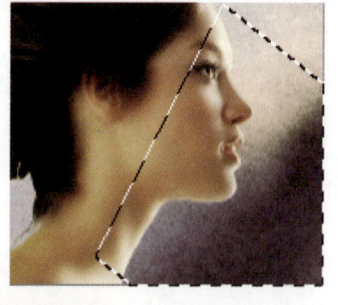

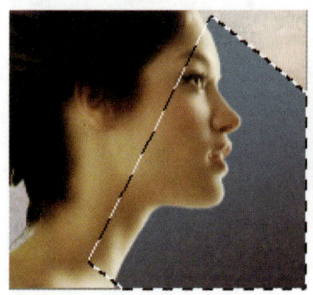   

20 在"图层7"上方新建"图层8",然后运用矩形选框工具,在图像中绘制矩形选区,再运用渐变工具,对选区由右至左填充与上一步相同的渐变色。

21 按下快捷键 Ctrl+T 调出自由变换控制框,再按住 Ctrl 键拖动自由变换控制框的各个控制手柄,调整"图层8"所对应图像的外形和位置。

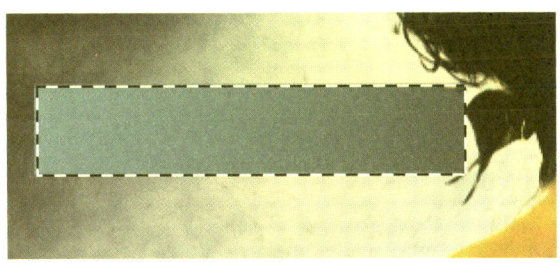

22 对"图层8"执行"滤镜>扭曲>波浪"命令,弹出"波浪"对话框,设置各项参数后单击"确定"按钮,扭曲图像。再执行"滤镜>模糊>高斯模糊"命令,在弹出的对话框中设置相应参数后单击"确定"按钮,模糊图像。

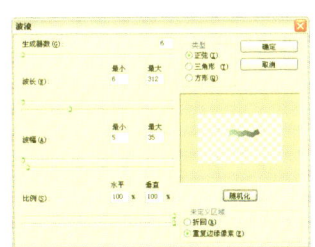

23 设置"图层8"的混合模式为"线性减淡(添加)",制作蓝色炫光效果。然后运用自由变换命令调整条纹的大小并将其放置在图像的右下角。

24 多次复制上一步制作的图像效果,然后结合自由变换命令调整其大小和位置,使图像效果更加丰富,在复制的过程中可适当降低图像的"不透明度",使效果更加自然,还可以设置前景色为黑色并结合画笔工具和图层蒙版,隐藏效果过于强烈的图像,使效果更加完善。

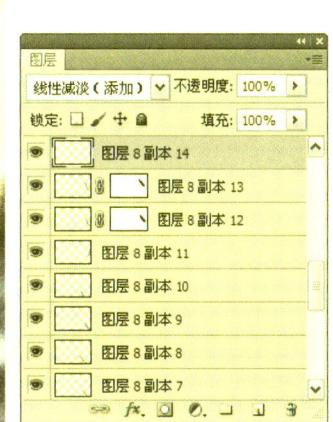

㉕ 新建"图层9"，设置前景色为天蓝色（R150、G207、B254），单击画笔工具，并在选项栏中设置各项参数，然后在图像中绘制大小不等的蓝色线段。再执行"滤镜>模糊>高斯模糊"命令，弹出"高斯模糊"对话框，设置各项参数后单击"确定"按钮，模糊线段。

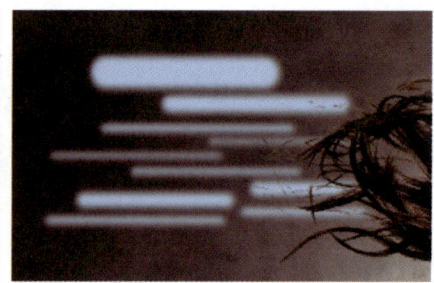

㉖ 运用自由变换命令调整"图层9"所对应图像的大小和位置，然后对该图层执行"滤镜>扭曲>极坐标"命令，弹出"极坐标"对话框并设置各项参数，完成后单击"确定"按钮，扭曲图像。

㉗ 设置"图层9"的混合模式为"线性减淡（添加）"，然后运用自由变换命令调整"图层9"所对应图像的大小并将其移动至图像的右下角，多次复制该图层并结合自由变换命令调整其位置，在复制过程中可以适当降低图层的"不透明度"。

㉘ 继续复制上一步复制出的图层，设置图层混合模式为"正片叠底"，"不透明度"为"67%"，再运用自由变换命令调整其位置和大小，制作光晕深色部分。然后设置前景色为黑色，运用画笔工具结合图层蒙版，虚化右侧的深色叠加效果，丰富画面效果，最后将步骤20至步骤28制作的所有图层进行编组并重命名为"右下光线"。

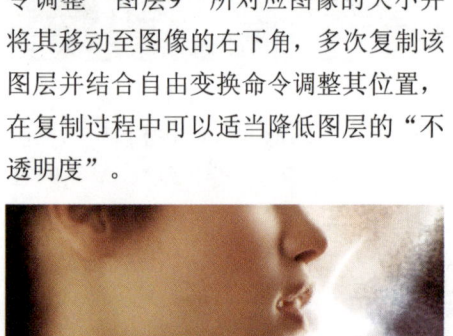

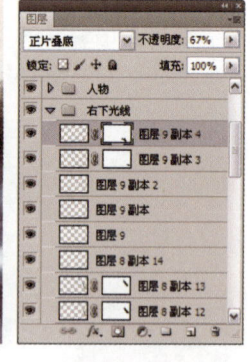

㉙ 复制图层组"右下光线"，得到图层组"右下光线 副本"，然后适当调整该图层组内的各个图层的位置，再参照上一步骤适当复制光线图层并结合自由变换命令调整其位置，使光线效果更加明显。

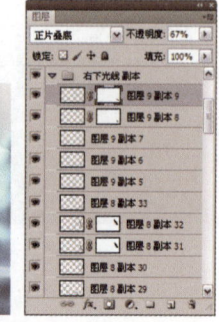

30 复制图层组"右下光线 副本"得到"右下光线 副本2",在复制出来的图层组上右击,在弹出的快捷菜单中选择"合并组"命令,将该图层组中的图层合并为一个图层,然后对该图层执行"滤镜>扭曲>波浪"命令,在弹出的"波浪"对话框中设置各项参数后单击"确定"按钮,扭曲图像。

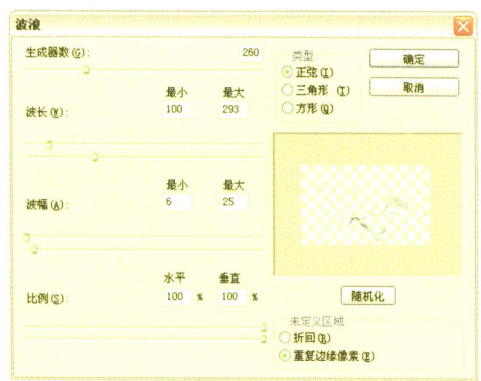 

31 设置"右下光线 副本2"图层的混合模式为"叠加",使光效与背景更好地融合。然后设置前景色为黑色,单击画笔工具,结合图层蒙版,隐藏人物脸部右上角和人物头部左上角的光效,使光效更加自然。

  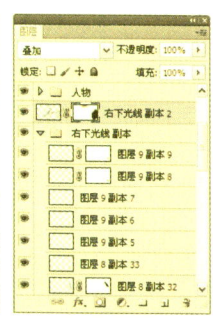

32 复制步骤30中制作的光效图层,得到"右下光线 副本3"图层。然后运用自由变换命令调整其位置和大小,再选择该图层的图层蒙版并填充白色,最后设置前景色为黑色,结合画笔工具,编辑图层蒙版,虚化右下角和左下角的光效。

 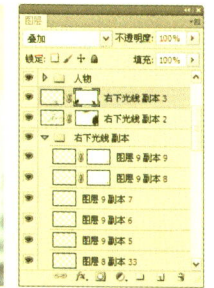

33 参照上述步骤继续复制步骤30中的光效图层,然后运用自由变换命令调整复制出的图像的位置和大小,再删除原有的图层蒙版,使画面效果更加完善。

㉞ 新建"图层 10",设置前景色为白色,单击画笔工具,并在选项栏上设置各项参数,再单击钢笔工具,在人物脑后绘制路径,绘制完成后在画面中右击,在弹出的快捷菜单中选择"描边路径"命令,弹出相应的对话框,勾选"模拟压力"复选框,完成后单击"确定"按钮,进一步完善光效。

  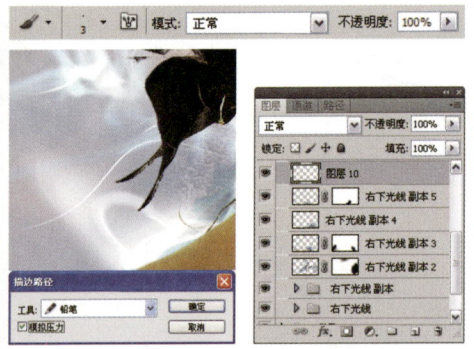

㉟ 选中图层组"右下光线"至"图层10",再按下快捷键 Ctrl+G 将选中的图层进行编组并重命名为"光线"。新建"图层 11",设置前景色为白色,再设置选项栏上的各项参数。然后单击钢笔工具,在图像中绘制路径,最后参照上一步进行路径描边,制作光晕效果。

㊱ 对"图层 11"执行"滤镜>模糊>高斯模糊"命令,弹出"高斯模糊"对话框,设置参数后单击"确定"按钮,模糊图像,使光晕效果更加真实。

㊲ 设置前景色为白色,然后在选项栏上设置各项参数,再继续运用钢笔工具,在光晕上绘制光线路径,最后参照上述步骤进行路径描边,制作更为丰富的光晕效果。

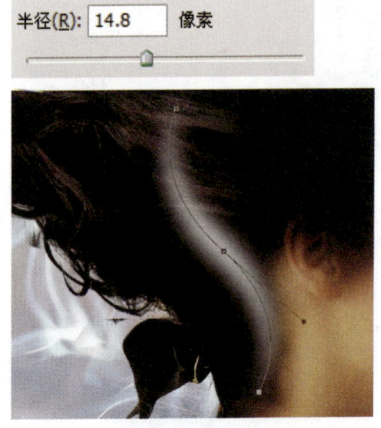 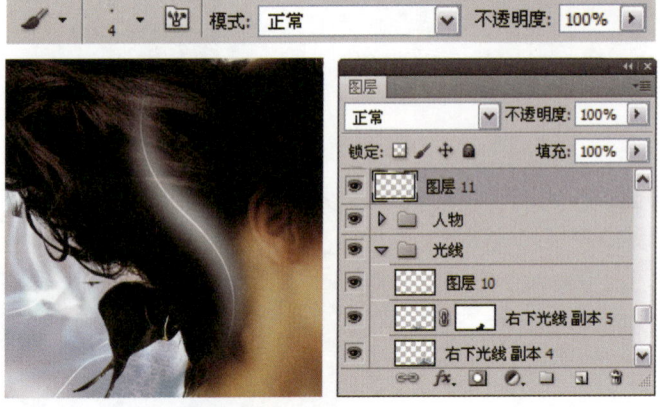

❸❽ 参照上述步骤设置前景色为白色，然后在选项栏上设置各项参数。再新建多个图层，运用钢笔工具，在光晕上绘制路径，最后再进行"描边路径"，制作更为丰富的光线效果。

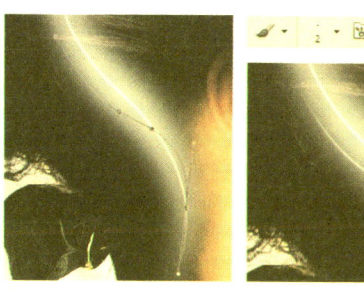
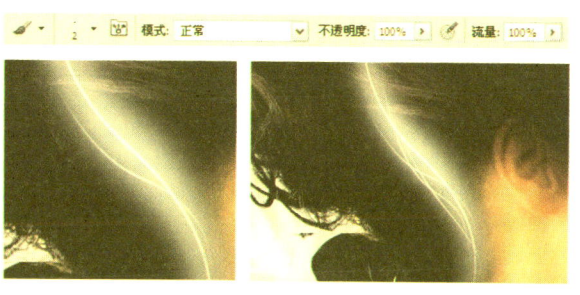

❸❾ 将步骤 36 至步骤 38 制作的所有光线图层选中并编组，得到"组 1"。多次复制"组 1"，然后运用自由变换命令调整复制出的图层组对应的图像的大小和位置，为人物头发添加更多的光晕效果。

❹⓿ 将上一步复制出的所有图层组再次进行编组，得到"组 2"。复制"图层 12"至"图层 14"，然后将复制的图层进行编组，得到"组 3"并将其移动到"组 2"的上方。合并"组 3"后再参照上述步骤多次复制图层"组 3"并结合自由变换命令调整复制出的图像的大小和位置，使画面效果更加丰富，最后将"组 3"和所有"组 3"的副本进行编组得到"组 4"。

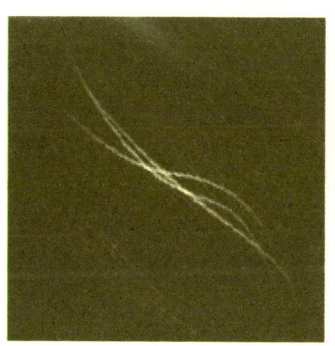

❹❶ 复制"组 4"得到"组 4 副本"，加强炫光效果。然后合并图层组"组 4"，得到图层"组 4"，再设置前景色为黑色，单击画笔工具，结合图层蒙版，虚化人物头发暗部的炫光叠加效果，使炫光效果更加真实。

㊷ 将"组2"至图层"组4副本"进行编组,得到"组5"。复制"组5"得到"组5副本",再合并"组5副本",得到图层"组5副本"。然后隐藏"组5",在图层"组5副本"上方新建"图层15"。

㊸ 设置前景色为红色(R245、G118、B111),再按下快捷键 Alt+Delete 为"图层 15"填充前景色,然后按下快捷键 Ctrl+Alt+G 创建剪贴蒙版,使红色只叠加在头部的炫光效果上。

㊹ 分别设置前景色为水蓝色(R35、G237、B237)、蓝色(R76、G144、B184)、柠檬黄(R211、G213、B64)、玫瑰红(R242、G32、B94)、紫红色(R250、G55、B188)、粉红色(R250、G132、B180),然后单击画笔工具,在选项栏上设置各项参数,再在"图层15"上进行涂抹,为人物头部的炫光效果添加其他色调,使画面效果更加丰富。

㊺ 设置前景色为白色,单击画笔工具,在选项栏上设置各项参数,再在"图层15"上进行涂抹,为炫光效果添加高光效果,使炫光效果更加完善。

㊻ 将图层"组5副本"和"图层15"进行编组,得到"组6副本",然后将"组6副本"移动到"组6"下方,再合并该图层组,得到图层"组6副本"。最后对图层"组6副本"执行"滤镜>模糊>高斯模糊"命令,模糊图像,使炫光效果的光晕感更加强烈。

47 设置前景色为黑色，运用画笔工具 ✎，结合图层蒙版，虚化人物头发暗部的光晕效果，使炫光效果更加真实。

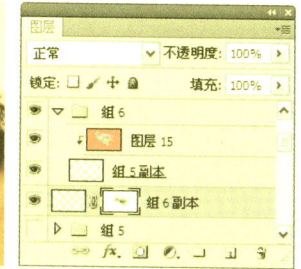

48 复制图层"组5副本"得到图层"组5副本2"，然后将其移动到"图层15"的上方，设置图层混合模式为"叠加"，加强炫光效果，使光线更加绚丽。再设置前景色为黑色，结合画笔工具 ✎和图层蒙版，虚化图像左下角过强的叠加效果，使其更加自然。最后将"组5"至图层"组5副本2"进行编组并重命名为"头发光线"。

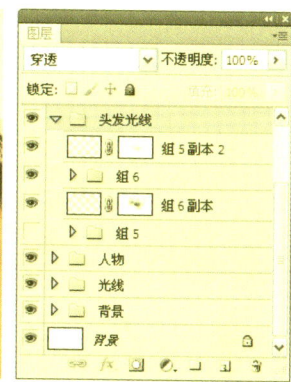

49 在图层组"背景"上方新建"图层16"，单击画笔工具 ✎，在选项栏上设置各项参数后按下快捷键F5打开"画笔"面板，选择"粉笔17像素"笔刷，再设置各项参数。完成后关闭面板，在人物头发的右上角和左下角进行涂抹，制作尘埃的效果。

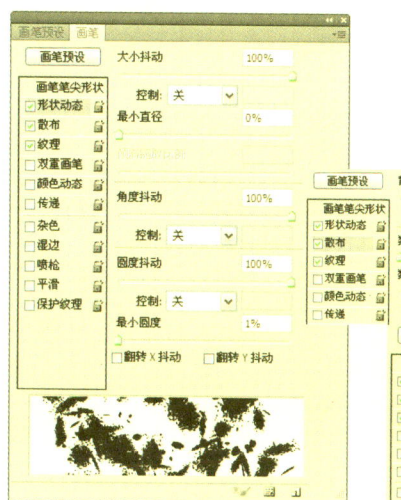
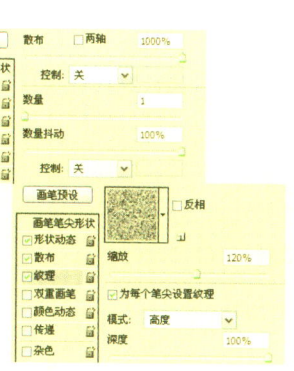

50 设置前景色为黑色，再为该图层添加图层蒙版并运用上一步制作的笔刷，在图层蒙版上进行涂抹，虚化尘埃效果，使其更加真实。

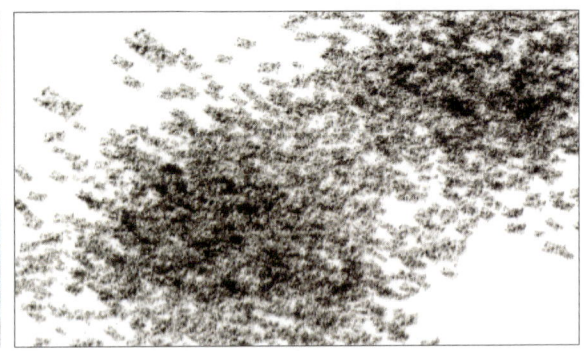

51 复制"图层16"得到"图层16副本"，选择该图层的图层蒙版并为其执行"滤镜>渲染>云彩"命令，虚化尘埃效果。最后适当降低"图层16"和"图层16副本"的不透明度，使尘埃更加真实。

52 将"图层16"和"图层16副本"进行编组并重命名为"尘埃"。打开素材"素材.psd"文件，然后运用移动工具，将"图层1"移动到当前图像中相应位置，生成"图层17"。然后将其移动到图层组"人物"的上方。

53 复制"图层17"得到"图层17副本"，然后设置该图层的混合模式为"叠加"，再设置"图层17"的"不透明度"为35%，使花朵的光影效果更加真实。

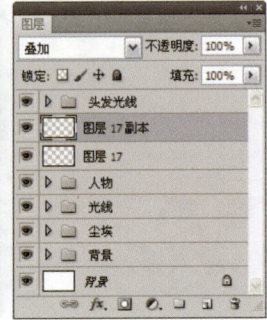

54 按住 Ctrl 键单击"图层 17 副本"的缩览图，将其载入选区并创建"渐变填充 2"和"色相/饱和度 2"调整图层，调整花朵的色调，使其与图像更好地融合，图像效果更加真实。其中"渐变填充"的渐变色从左到右依次设置为黑色和透明黑色。

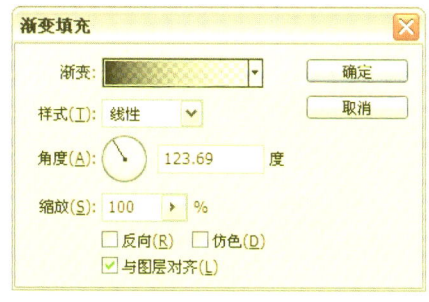
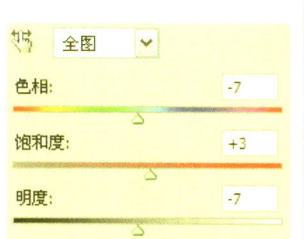

55 选中"图层 17"至"色相/饱和度 2"图层并将其编组，得到"组 7"。然后为该图层组添加图层蒙版，再设置前景色为黑色并结合画笔工具，隐藏右上角和左下角的花朵效果。

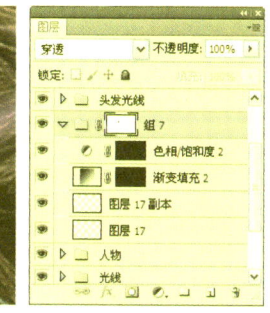

56 继续将"素材.psd"中的"图层2"移动到当前图像中的相应位置，生成"图层18"。然后为其创建"照片滤镜"调整图层，其中"颜色"为褐黄色（R236、G138、B0），调整乌鸦的整体色调，使其与整个画面更好地融合。

57 复制上一步骤添加的素材和调整图层，然后选中调整图层按下快捷键 Ctrl+E 向下合并，将调整图层合并到"图层 18 副本"，再运用自由变换命令调整乌鸦的位置和大小，使画面更加丰富。

58 继续将"素材.psd"中的"图层3"移动到当前图像中的相应位置，生成"图层19"。然后设置前景色为黑色，运用画笔工具，结合图层蒙版，隐藏部分树枝和花朵效果。

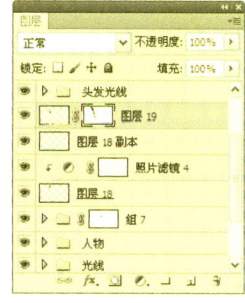

59 新建"图层20",设置前景色为黑色,单击画笔工具 并在选项栏上设置各项参数,然后运用自由钢笔工具 ,在人物头发的左下侧和上侧绘制藤状路径,再进行"路径描边",制作藤状效果,使画面效果更加丰富。

60 将"组7"至"图层20"进行编组并重命名为"素材"。在"头发光线"图层组上方新建"图层21"。参照上述步骤,设置前景色为黑色,再单击画笔工具 并在选项栏上设置各项参数,然后运用自由钢笔工具 ,在图像的左下角绘制藤状路径,再进行"路径描边",制作藤状效果。

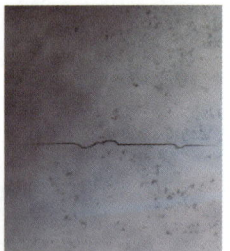

61 设置前景色为黑色,单击横排文字工具 ,在上一步制作的线条上方输入文字效果,然后设置该文字图层的混合模式为"柔光",使文字效果更加生动。

62 创建"渐变填充3"调整图层,为图像左下侧添加从黑色到透明黑色的线性渐变,使画面主体更加突出,画面效果更加完善。至此,本案例制作完成。

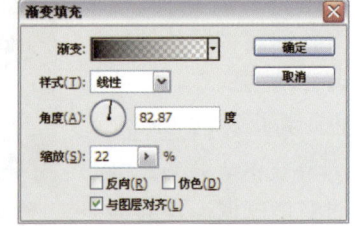

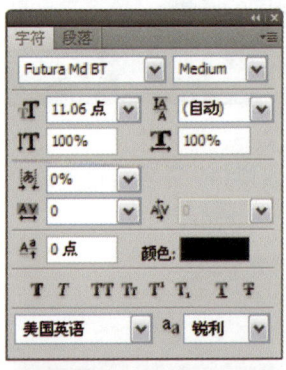

照片滤镜调整图层

知识解析

在Photoshop中可以通过调整命令或调整图层对图像的颜色、色调以及明暗对比度进行调整。这里主要针对"照片滤镜"调整图层命令进行介绍。

"照片滤镜"命令的工作原理是通过颜色的冷暖色调来调整图像，单击"图层"面板下方的"创建新的填充或调整图层"按钮，在弹出的菜单中选择"照片滤镜"命令，打开"照片滤镜"调整面板，在其中设置相应参数，即可完成"照片滤镜"调整图层的添加。

编号	名称	设置方式	图层面板
❶	"滤镜"选项	单击右侧的下拉按钮，可以对滤镜进行选择	
❷	"颜色"选项	单击右侧的颜色缩览图，可以对照片滤镜的颜色进行设置	
❸	"浓度"选项	设置参数值调整颜色的浓度效果	
❹	"保留明度"复选框	勾选该复选框可以在对图像添加照片滤镜的同时，保留图像亮度	
❺	"返回到调整列表"按钮	单击该按钮可以切换到调整图层列表面板	
❻	"将面板切换到展开的视图"按钮	单击该按钮可以对"调整"面板的宽度进行调整	
❼	"此调整影响下面的所有图层（单击可剪切到图层）"按钮	单击该按钮可以将该调整图层创建为剪贴蒙版图层	
❽	"切换图层可见性"按钮	单击该按钮可以对调整图层进行隐藏	
❾	"删除此调整图层"按钮	单击该按钮可删除当前调整图层	

"照片滤镜"调整面板中，单击颜色缩览图，可以打开"选择滤镜颜色"对话框，在该对话框中，可以随意地设置颜色参数值，改变照片整体颜色叠加效果。

原图

"选择滤镜颜色"对话框

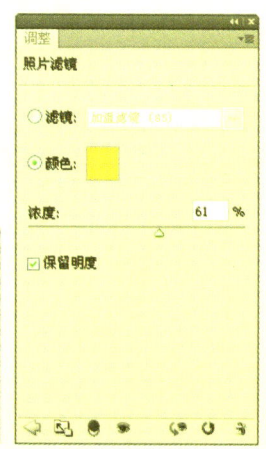
"照片滤镜"调整面板

最终效果

Chapter
03

海 报 设 计

Chapter 03
Photoshop

海报设计是平面设计中非常具有代表性的领域，它能将商品相关信息通过画面和文字有效地传达给消费者。本章共收录了3个具有代表性的海报设计，通过这些实例的学习可以更加深入地理解海报设计的要素与设计技巧，更能掌握Illustrator中的路径编辑和Photoshop中的调整图层等各种知识。

▲ 商业画廊海报

▲ 环境保护海报

▲ 商业杂志封面

Works
Photoshop works

商业画廊海报

本实例是典型的 Photoshop 合成案例，制作时将很多素材图像有机地结合起来，表现出一种特有的绘画韵味。整个画面以橙色为主调，再搭配以其他高纯度的颜色，可以将整个画面的色调明显地区分开来；画面中奔腾的骏马和各种动物，为静止的画面注入了动感的元素，使画面富有活力。

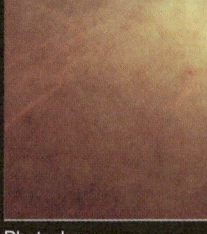

Photoshop
添加素材并结合图层混合模式制作背景

Photoshop
添加素材并结合画笔工具、图层蒙版等制作草地

Photoshop
添加素材并结合调整图层、画笔工具等添加动感元素

Photoshop
添加素材文件丰富画面效果

主要使用功能： 柔光图层混合模式、叠加图层混合模式、图层蒙版、色相/饱和度命令、曲线命令、色彩平衡命令、画笔工具

素材文件： Chapter 3\01\media\素材.psd

最终文件： Chapter 3\01\complete\商业画廊海报.psd

制作难度评定： ★★☆☆☆

① 运行 Adobe Photoshop CS5，执行"文件>新建"命令或按快捷键 Ctrl+N，创建一个尺寸为 8cm×11.28cm 的图像文件。

② 单击渐变工具，再单击选项栏上的渐变条，弹出"渐变编辑器"对话框，设置渐变色从左到右依次为黄灰色（R211、G204、B168）和褐色（R107、G65、B40）。然后运用渐变工具，对"背景"图层填充由中心向四周的径向渐变色，制作图像背景。

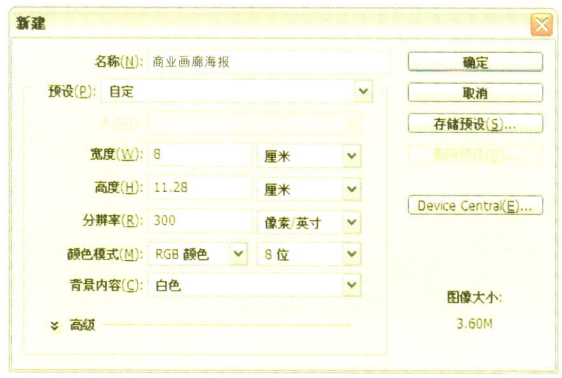

③ 打开本书配套光盘中的Chapter 3\01\media\素材.psd文件，然后运用移动工具，将"图层1"移动到当前图像中，生成"图层1"。再设置该图层的混合模式为"柔光"，叠加纹理效果。

④ 复制"图层1"得到"图层1副本"，更改该图层的混合模式为"叠加"，再按下快捷键 Ctrl+Shift+U 为该图层对应的图像去色，然后运用自由变换命令垂直翻转图像，继续为背景叠加纹理效果，丰富图像背景。

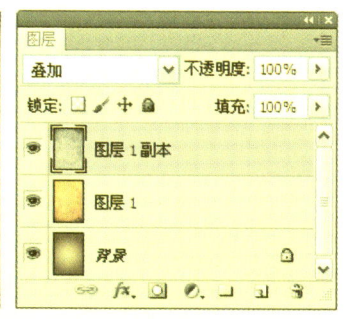

⑤ 单击"创建新的填充或调整图层"按钮，在弹出的菜单中选择"色相/饱和度"命令，弹出"色相/饱和度"调整面板，设置各项参数后关闭面板，得到"色相/饱和度1"调整图层，调整图像的颜色和饱和度。

⑥ 按下快捷键 Ctrl+Shift+Alt+E 盖印可见图层得到"图层2"，然后设置该图层的混合模式为"柔光"、"不透明度"为59%，增加图像的饱和度和对比度。

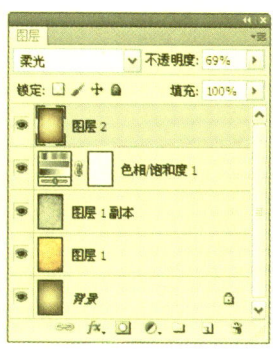

07 将"图层1"至"图层2"进行编组并重命名为图层组"背景"。然后新建"图层3"并运用画笔工具，在图像中涂抹，绘制白色放射状图像效果。

08 设置"图层3"的混合模式为"叠加"，提高图像的亮度。设置前景色为黑色，结合图层蒙版和画笔工具，隐藏左侧叠加效果太过的图像。

09 复制"图层3"得到"图层3副本"，然后删除其图层蒙版，再运用自由变换命令调整图像的位置，为背景叠加更为丰富的图像效果。最后更改该图层的"不透明度"为21%。

10 参照上述步骤继续复制"图层3副本"，然后运用自由变换命令调整图像的大小和位置，再适当更改复制出的图层的"不透明度"，最后适当结合图层蒙版和画笔工具，隐藏部分叠加效果。

11 继续复制"图层3副本3"，然后按住Ctrl键单击"图层3副本4"的缩览图，将其载入选区并填充黑色，再运用自由变换命令调整图像的位置，使画面背景更有层次感。

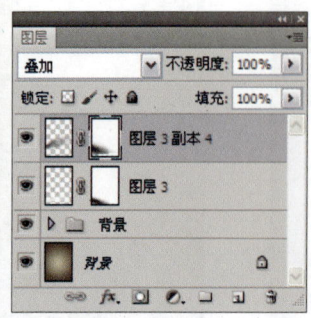

12 将"素材.psd"中的"图层2"拖动到当前图像中，得到"图层4"。然后运用自由变换命令调整其大小和位置，再设置该图层的"不透明度"为54%，为图像背景添加云朵效果。

⑬ 多次复制"图层4",然后设置复制出的图层的混合模式为"柔光",再适当更改图层的不透明度,最后运用自由变换命令调整图像的大小和位置,为图像背景添加更多云朵效果。

⑭ 单击套索工具,在图像右上方绘制选区,完成后按下快捷键Shift+F6弹出"羽化选区"对话框,在对话框中设置"羽化半径"为50像素并单击"确定"按钮,然后创建"曲线1"调整图层,调整选区内图像的亮度。

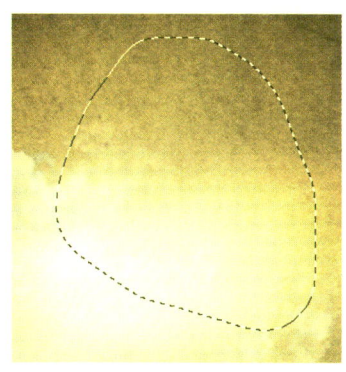
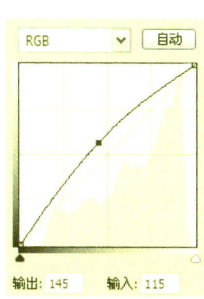

⑮ 将"曲线1"调整图层至"图层3"进行编组并重命名为"背景云朵"。然后将"素材.psd"中的"图层3"移动到当前图像中,生成"图层5"。再运用自由变换命令并结合Ctrl键对图像进行变形。

⑯ 复制"图层5"得到"图层5副本",然后设置该图层的混合模式为"叠加",增加相框的饱和度和对比度。再设置前景色为黑色,结合图层蒙版和画笔工具,隐藏部分叠加效果。

⑰ 再次复制"图层5"得到"图层5副本2",然后设置"图层5副本2"的混合模式为"柔光",使相框更加鲜艳。

⑱ 复制"图层1"并将"图层1副本"移动到"图层5"的下方,然后将混合模式更改为"正常",再运用自由变换命令调整图像的透视关系。

⑲ 为"图层1副本"创建"曲线2"调整图层,调整图像的亮度。然后为其创建剪贴蒙版,使调整效果只作用于"图层1副本"。

⑳ 将"图层1副本"至"图层5副本2"进行编组并重命名为"相框01"。然后复制该图层组并合并复制出的图层组,得到图层"相框01副本",再隐藏图层组"相框01"。

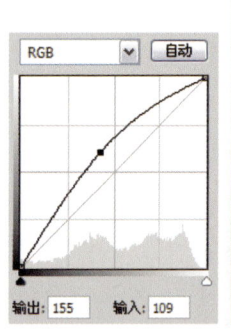

㉑ 为图层"相框01副本"添加"投影"图层样式,制作相框的立体感。

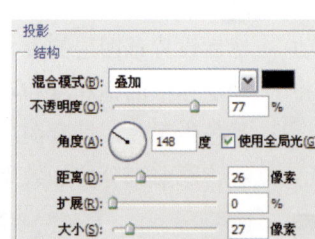

㉒ 复制"相框01副本"得到"相框01副本2",再将复制出的图层移动到"相框01副本"的下方,然后将"相框01副本2"载入选区并填充黑色。完成后运用自由变换命令调整图像的大小和位置,最后设置该图层的混合模式为"叠加",制作相框的阴影。

23 将"素材.psd"文件中的"图层4"移动到当前图像中的相应位置,生成"图层6"。完成后按下快捷键Ctrl+J复制"图层6"得到"图层6副本",然后设置"图层6副本"的图层混合模式为"叠加",增加相框的饱和度和对比度,完善画面效果。

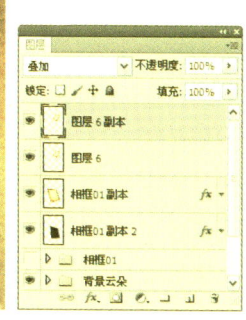

24 将"素材.psd"文件中的"图层5"移动到当前图像中的相应位置,生成"图层7"。然后将"图层1副本"载入选区,再按下快捷键Ctrl+Shift+I将选区反选,完成后为"图层7"添加图层蒙版,使其只显示选区内的图像效果。

25 设置前景色为黑色,单击画笔工具,在选项栏上选择"柔边圆"画笔,设置"不透明度"为30%,完成后运用画笔工具在图层蒙版上进行涂抹,虚化下方图像边缘效果,使过渡更加自然。

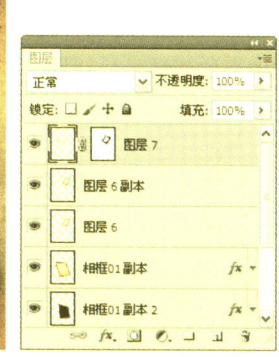
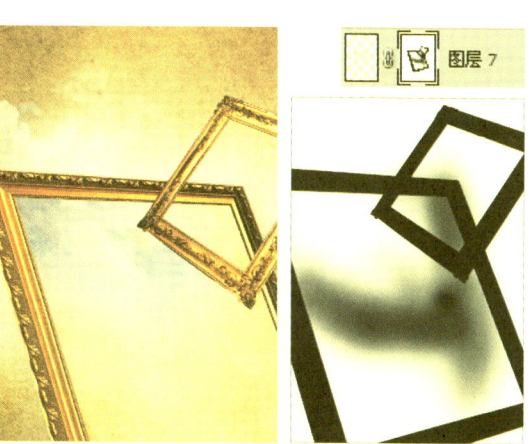

26 新建"图层8",将"图层5"载入选区,再按下快捷键Ctrl+Shift+I将选区反选。然后单击渐变工具,单击选项栏上的渐变条,选择"渐变编辑器"对话框"预设"中的"黑,白渐变",完成后在选区内由下至上进行渐变填充,最后设置该图层的混合模式为"叠加",加深下方图像效果。

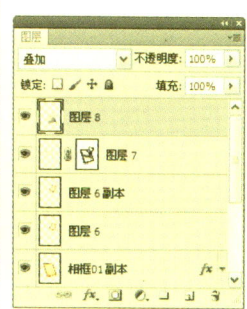

㉗ 将"素材.psd"文件中的"图层6"移动到当前图像中的相应位置,得到"图层9",设置该图层的混合模式为"叠加"。然后设置前景色为黑色,再为该图层添加图层蒙版,完成后结合画笔工具,编辑图层蒙版虚化图像边缘,使过渡更加自然。

㉘ 新建"图层10",将"图层1副本"载入选区,然后运用渐变工具,在选区内从左上角到右下角填充由橘红色到透明橘红色的线性渐变色,最后设置该图层的混合模式为"叠加",为图像左上角添加红色调。

   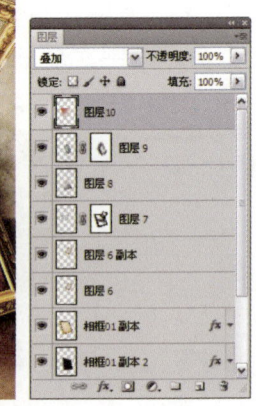

㉙ 新建"图层11",然后将"图层1副本"载入选区,再运用渐变工具,在选区内从左上角到右下角填充由黑色到透明黑色的线性渐变色,加深图像边缘效果。

㉚ 将"素材.psd"文件中的"图层7"至"图层11"移动到当前图像中的相应位置,生成"图层12"至"图层16",为画面添加云朵和各种动物,使画面效果更加丰富。

31 复制蜥蜴对应的图层"图层14",然后将复制出的图层移动到"图层14"的下方。再运用自由变换命令,调整图像的位置,完成后将该图层载入选区,并填充黑色。最后设置该图层的"不透明度"为76%,并运用橡皮擦工具 ,使阴影效果更加真实。

32 参照上述步骤继续为蝴蝶对应的图层"图层16"制作投影效果,使其立体感更加真实。

33 将"素材.psd"文件中的"图层12"和"图层13"移动到当前图像中的相应位置,生成"图层17"和"图层18"。然后运用橡皮擦工具 ,擦除与相框相叠加的部分。

34 复制"图层18",然后将复制出的图层移动到"图层18"的下方,然后运用自由变换命令调整复制出的图像的位置,完成后设置该图层的混合模式为"正片叠底"、"不透明度"为80%,制作下方画笔的投影效果,使其更有立体感。

35 将"图层7"至"图层18"进行编组并重命名为图层组"装饰01"。完成后将"素材.psd"文件中的"图层14"和"图层15"移动到当前图像中的相应位置,得到"图层19"和"图层20",为画面添加绿色植物效果。

㊱ 运用套索工具 ，为植物部分绘制出大致选区，完成后按下快捷键 Shift+F6 弹出"羽化选区"对话框，设置各项参数后单击"确定"按钮，羽化选区。

㊲ 根据上一步制作的选区，创建"色彩平衡 1"调整图层，调整选区内图像的颜色，使画面效果更加丰富。

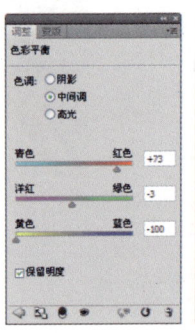

㊳ 将"素材.psd"文件中的"图层16"移动到当前图像中的相应位置，然后参照步骤31为该图层对应的图像制作投影效果，使其立体感更加突出，最后设置该图层的"不透明度"为47%。

㊴ 新建"图层 22"，再设置该图层的混合模式为"柔光"。然后设置前景色为黑色，完成后运用画笔工具 ，在大相框的左下角进行涂抹，加深涂抹处的图像效果。

㊵ 将"素材.psd"文件中的"图层17"和"图层18"移动到当前图像中，生成"图层23"和"图层24"。

㊶ 复制"图层23"，并将复制出的图层移动到"图层23"的下方，完成后运用自由变换命令对图像进行变形，然后设置该图层的混合模式为"正片叠底"，制作树的阴影。最后参照上述步骤为蘑菇对应的图层"图层24"制作投影效果，丰富画面效果。

42 设置前景色为白色,新建"图层25",再运用画笔工具，在图像中随意绘制一些散落的白色线条,完成后对该图层执行"滤镜>扭曲>波浪"命令,弹出"波浪"对话框,设置各项参数后单击"确定"按钮,对图像效果进行扭曲。

 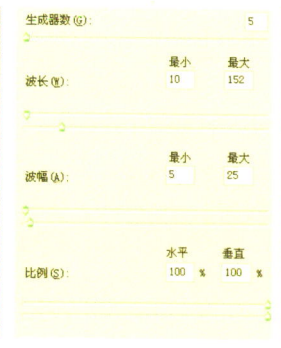 

43 继续对"图层25"执行"滤镜>扭曲>切变"命令,打开"切变"对话框,添加并调整各个锚点,完成后单击"确定"按钮,对图像进行扭曲。

44 对"图层25"执行"滤镜>扭曲>极坐标"命令,弹出"极坐标"对话框,设置各项参数后单击"确定"按钮,对图像进行扭曲变形。

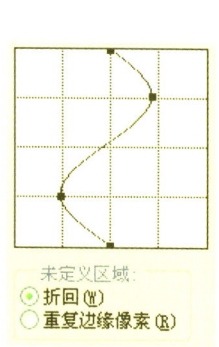   

45 在"图层25"上方新建"图层26"并填充褐红色(R76、G22、B2),完成后按下快捷键Ctrl+Shift+G创建剪贴蒙版,使颜色只作用于"图层25"。然后设置前景色为黑色,再结合图层蒙版和画笔工具，虚化部分图像效果,丰富画面的气氛。

46 按下快捷键Ctrl+E合并"图层26"和"图层25"为"图层25",再设置该图层的混合模式为"叠加",然后多次复制该图层并运用自由变换命令,调整复制出的图像的位置,丰富画面效果,至此,本实例制作完成。

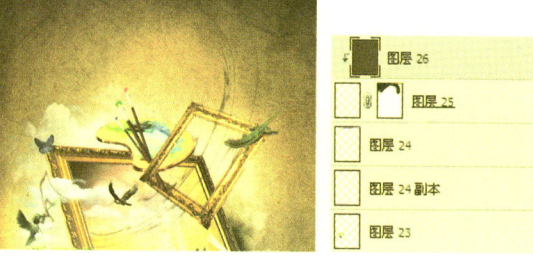

图层蒙版

知识解析

蒙版是Photoshop中引入的概念，它的作用是运用蒙版来隐藏对应图层的图像效果，达到运用橡皮擦擦除图像的效果。它的优势在于不是直接在图像上进行操作，因此图像不会有任何损失，当需要修改时再次编辑蒙版即可。

图层蒙版具有很强的可编辑性，能够结合软件中的各种工具和命令制作出很好的蒙版效果，通常用于图像的合成，使制作出的图像与图像之间平滑地过渡，合成效果更加自然。单击"图层"面板下方的"添加图层蒙版"按钮，即可为当前图层添加图层蒙版。图层蒙版的编辑方法有以下三种。

1. 通过工具编辑图层蒙版

在一般的图像合成中一般运用柔角低不透明度画笔在图层蒙版上进行涂抹，这样可以使图像之间融合得更好。除了运用画笔工具外，还可以运用工具箱中的大部分工具，比如运用移动工具调整蒙版的位置；运用选框工具在蒙版中绘制规则的选区并填充颜色，制作规则的蒙版隐藏效果；运用橡皮擦工具擦除部分灰色和黑色效果；运用渐变工具在蒙版中绘制平滑过渡的隐藏效果；运用钢笔工具绘制精确路径再将其转化为选区后进行相应处理等。

2. 通过调整命令编辑图层蒙版

除了运用工具编辑图层蒙版外，还可以通过各种调整命令编辑图层蒙版的亮度、对比度、阈值和色阶等。比如当图层蒙版编辑完成后，发现图层蒙版遮盖的图像过多，那么可以运用"曲线"命令调整图层蒙版的亮度，弱化图层蒙版的隐藏效果。不过，因为在图层蒙版中没有颜色只有灰度，所以在编辑处理图层蒙版时，大部分的调整命令都不可用。

添加图层蒙版后的图像

运用"曲线"命令调整图层蒙版

运用"色阶"命令调整图层蒙版

3. 通过"蒙版"面板编辑图层蒙版

在Photoshop CS4及以后的版本中新添加了"蒙版"面板，在"蒙版"面板中可以更加方便快捷地调整蒙版的"浓度"、"羽化"和"蒙版边缘"等。执行"窗口>蒙版"命令，即可打开"蒙版"面板。

在"蒙版"面板中，"浓度"指代蒙版的不透明度；"羽化"效果与正常情况下的羽化和高斯模糊效果一致；单击"蒙版边缘"按钮会弹出"调整蒙版"对话框，其中的各项参数与"调整边缘"对话框中的各项参数设置一致，用于对蒙版边缘进行修改。

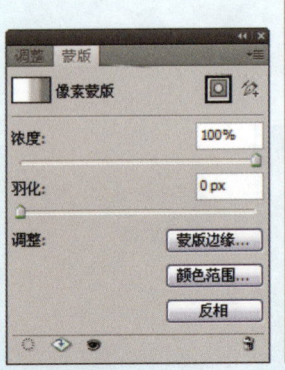
"蒙版"面板

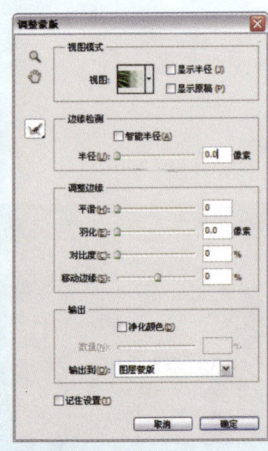
"调整蒙版"对话框

商业杂志封面

本实例是结合Illustrator和Photoshop制作的一本商业杂志封面效果，画面以蓝绿色为主色调，透着一种休闲、健康和时尚的气息。制作时，在Illustrator中完成了人物的头饰效果，通过矢量的元素和线条的结合表现出另类的时尚气息；在颜色上以黑白色为主，然后再添加以玫瑰红和天蓝色等纯度较高的颜色，丰富画面的颜色效果。

Illustrator
运用钢笔工具绘制路径，然后结合路径查找器面板制作复杂的花纹效果

Illustrator
运用椭圆工具绘制不同颜色的正圆，以丰富画面图像效果

Photoshop
运用调整图层调整图像的颜色，完善画面效果

Photoshop
运用形状图层并结合横排文字工具，为画面添加文字

主要使用功能：Illustrator 中的钢笔工具、路径查找器面板、编组、复合路径、Photoshop 中的色相/饱和度命令、图层蒙版、画笔工具、横排文字工具、自定形状工具

素材文件：Chapter 3\02\media\花纹.ai、人物.png

最终文件：Chapter 3\02\complete\商业杂志封面.psd

制作难度评定：★★☆☆☆

01 运行Adobe Illustrator CS5，执行"文件>新建"命令，弹出"新建文档"对话框，设置"名称"为"花纹"、"宽度"和"高度"分别为21cm和28.8cm，设置完成后单击"确定"按钮新建文件。

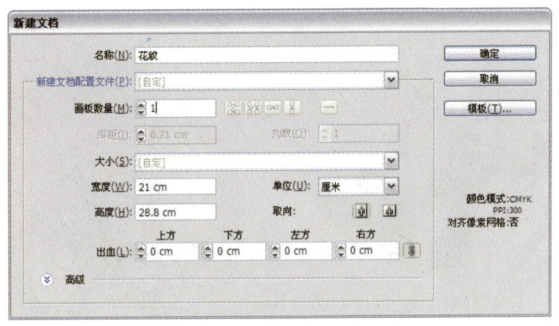

02 设置"填色"为蓝绿色（R167、G199、B169），"描边"为无，再运用矩形工具，在画板中绘制与画板完全重合的矩形路径，添加背景颜色。然后执行"文件>打开"命令，打开本书配套光盘中的Chapter 3\ 02\media\人物.png图像文件，再运用选择工具，将素材图像拖动到当前文档中的相应位置。

03 设置"填色"为蓝绿色（R167、G199、B169），"描边"为无，完成后单击钢笔工具，在人物头部绘制路径，隐藏人物与绘制的路径重叠部分的图像效果，制作出人物头饰的显示范围。

04 设置"填色"和"描边"均为无，然后运用钢笔工具，在画板的右上角绘制底装饰路径，完成后在"外观"面板中设置该路径的"填色"为白色，为路径填充颜色。

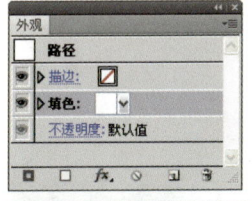
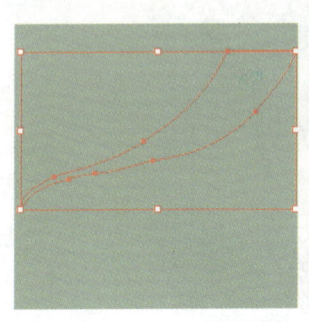 

05 参照上一步骤继续设置"填色"和"描边"为无，然后运用钢笔工具，在人物头部的右上角继续绘制头发的剪影效果。完成后在"外观"面板中设置该路径的"填色"为白色。

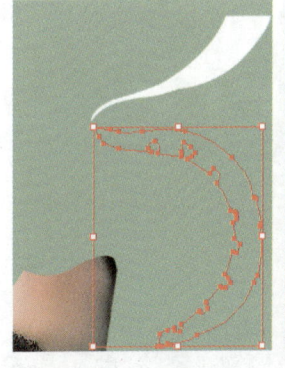  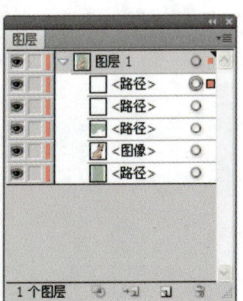

06 参照上述步骤继续运用钢笔工具，在图像中绘制人物头发的路径，完成后在"外观"面板中设置绘制的路径的"填色"为白色，为人物添加更为丰富的头发剪影效果。

07 单击选择工具，框选步骤 02 和步骤 03 制作的所有路径和图像，再按下快捷键 Ctrl+2 锁定选中的对象。

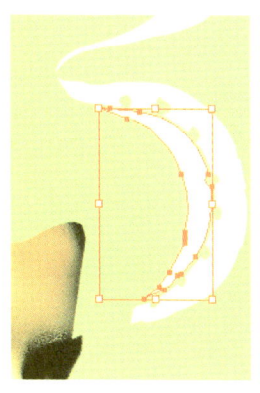  

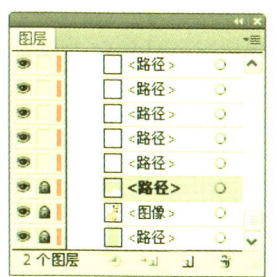

08 继续运用选择工具，框选步骤 04 至步骤 06 绘制的所有的白色路径，然后按下快捷键 Ctrl+G 将选中的路径进行编组，最后锁定该路径组，使后面选择路径更加便捷。

09 参照上述步骤，继续运用钢笔工具，在人物头部绘制头发的路径，完成后在"外观"面板中设置绘制的路径的"填色"为白色，完善头发剪影效果。

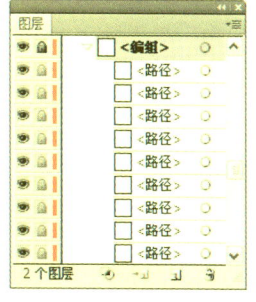

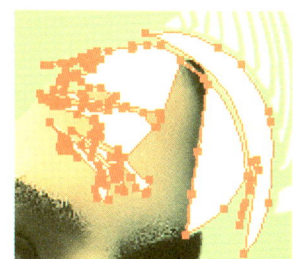 

10 参照步骤 08 将上一步绘制的所有路径进行编组，然后再锁定该路径组。完成后继续运用钢笔工具，在人物头部上绘制更多的白色头发剪影路径效果，完成后分别将各个部分的路径进行编组并将编组的路径组锁定，以易于管理和选择。在绘制的过程中可先隐藏路径的"填色"，完成后再将路径的"填色"显示出来，使绘制的路径更加精确。

⑪ 设置"填色"为红色（R237、G41、B105）、"描边"为"无"，然后运用椭圆工具◎，在图像中绘制正圆红色路径，为画面添加红色小圆效果。

⑫ 设置"填色"为蓝灰色（R75、G118、B130）、"描边"为无，再运用椭圆工具◎，在图像中绘制蓝灰色正圆路径，丰富图像效果。

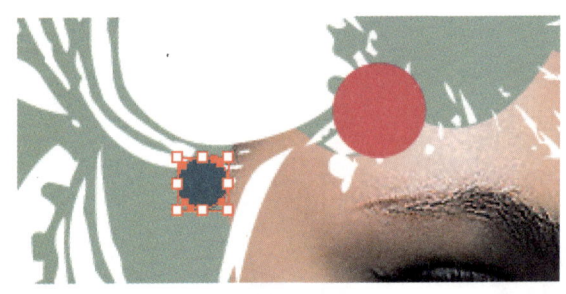

⑬ 设置"填色"为水蓝色（R125、G215、B193）、"描边"为无，再参照上述步骤继续运用椭圆工具◎，在图像中绘制水蓝色正圆路径，使画面效果和颜色更加丰富。

⑭ 参照上述步骤，继续运用椭圆工具◎，在图像中绘制褐黄色（R192、G185、B142）、黑色、深褐黄色（R153、G142、B75）的正圆路径，使画面效果更加丰富。

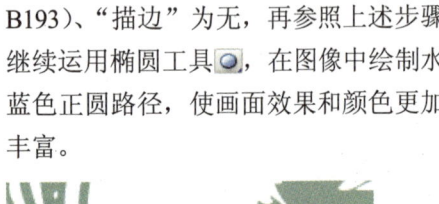

⑮ 复制上一步制作的深褐黄色正圆路径并将复制出的路径贴在前面，然后运用选择工具▶结合Shift键等比例放大复制出的正圆路径，完成后选中一大一小两个深黄褐色的正圆路径，再单击"路径查找器"面板中的"差集"按钮◻，减去两个路径相交的部分，制作圆环状路径。

⑯ 继续运用椭圆工具◎，在上一步制作的复合路径中间镂空部分绘制蓝色（R125、G215、B193）的正圆路径，使画面效果更加丰富。

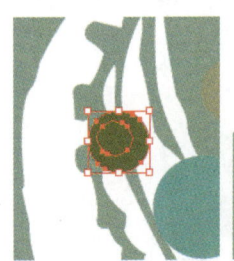
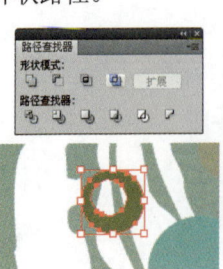

⓱ 多次复制上述步骤制作的正圆路径，然后运用选择工具，调整复制出的路径的大小和位置，为画面添加更为丰富的小圆效果。

⓲ 运用椭圆工具，在图像中最大的水蓝色正圆路径的左上角绘制另一个小的水蓝色正圆路径。完成后将一大一小两个水蓝色正圆路径同时选中，再单击"路径查找器"面板中的"分割"按钮，将路径进行分割。

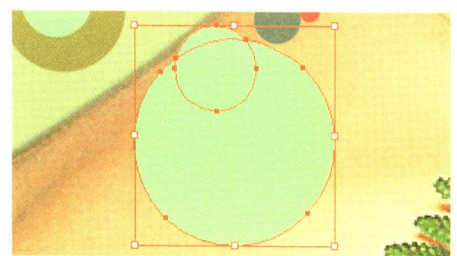

⓳ 运用直接选择工具，选中上一步分割的中间相交的路径，然后在"外观"面板中设置该路径的"填色"为白色。

⓴ 多次复制上述步骤中制作的所有正圆路径，然后结合选择工具和 Shift 键调整复制出的路径的大小和位置，为画面添加更为丰富的装饰效果。

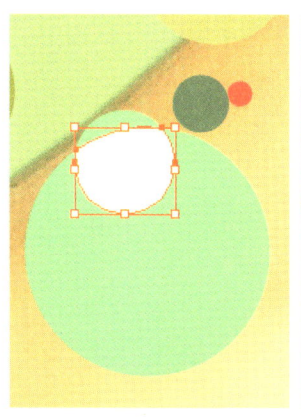

㉑ 将步骤 11 至步骤 20 制作的所有路径进行编组，使管理更加快捷。设置"填色"为灰绿色（R109、G155、B112）、"描边"为无，再运用钢笔工具，在图像的右下角绘制花纹路径。

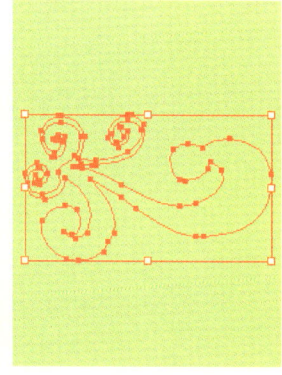

㉒ 继续运用钢笔工具 ✎，在上一步绘制的花纹内部绘制镂空部分的路径，完成后将上一步和这一步骤绘制的所有花纹路径全部选中，然后在画板中右击，在弹出的快捷菜单中选择"建立复合路径"命令，建立复合路径，制作镂空的花纹效果。

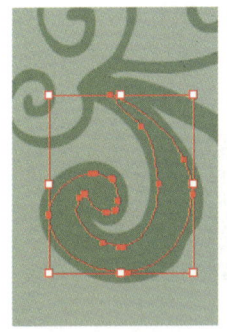 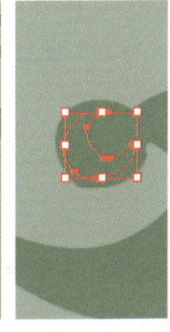   

㉓ 参照上述步骤继续运用钢笔工具 ✎，在花纹的右下方绘制花纹路径，完成后再运用钢笔工具 ✎，继续绘制花纹镂空部分的花纹路径，然后将这一步骤绘制的所有的路径选中并在画板中右击，在弹出的快捷菜单中选择"建立复合路径"命令，制作更为丰富的镂空花纹效果。

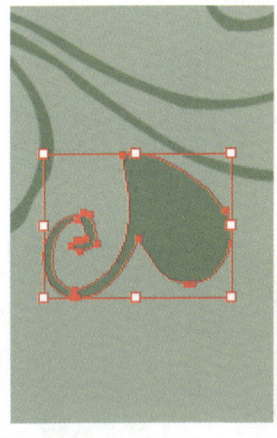 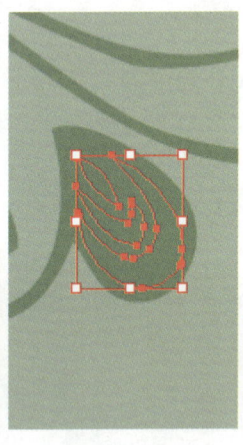 

㉔ 参照上述步骤，继续运用钢笔工具 ✎，在图像中绘制花纹路径，再建立复合路径，制作出更为丰富的花纹，使画面效果更加丰富。

㉕ 设置"填色"为淡绿色（R206、G225、B208）、"描边"为无。然后运用钢笔工具 ✎，在绘制的镂空花纹处绘制底色路径，完成后将绘制的底色路径移动到绘制的镂空花纹的下方。

㉖ 将步骤21至步骤25绘制的所有的花纹路径进行编组，然后锁定绘制的所有路径。再设置"填色"为黑色，"描边"为无，完成后运用钢笔工具，在人物的头部绘制一块头发范围的路径。

㉗ 设置"填色"为白色、"描边"为无。然后运用钢笔工具，在绘制的黑色范围内绘制细致而零散的白色镂空部分的路径，完成后将步骤26和本步骤绘制的所有路径选中并在画板中右击，在弹出的快捷菜单中选择"建立复合路径"命令，建立复合路径，制作黑色的发丝路径效果。

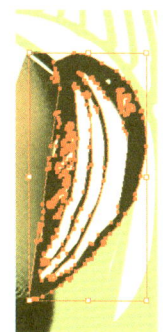

㉘ 参照步骤26和步骤27，先运用钢笔工具，在画板中绘制出一块头发的范围路径，然后再运用钢笔工具，在画板中继续绘制中间镂空部分的白色路径，完成后将它们全部选中并建立复合路径，为画面制作更多的复合路径效果。

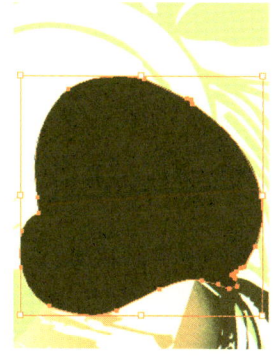

㉙ 参照上述步骤，继续运用钢笔工具绘制更多的头发路径并建立复合路径，为人物添加更加完善的发丝效果，使画面效果更加完整。

㉚ 设置"填色"为无、"描边"为黑色，单击画笔工具，在图像的左下角绘制黑色的花朵路径，完成后运用选择工具，选中所有的路径并进行编组。

㉛ 参照上述步骤，继续运用画笔工具，在图像中绘制更多的花朵路径，使画面效果更加丰富。在绘制的过程中，将各个部分的花朵分别进行编组，使后期的修改与调整更加方便快捷。

㉜ 设置"填色"为白色、"描边"为无，再运用钢笔工具，在绘制的花朵路径上绘制白色的底色路径，完成后在"图层"面板中将绘制的白色底色移动到花朵路径的下方。

㉝ 参照上述步骤继续运用画笔工具，绘制更多的黑色花朵路径，完成后将绘制的路径进行编组，然后继续运用钢笔工具，绘制白色底色路径，使画面效果更加完善。

㉞ 运行Adobe Photoshop CS5，执行"文件>新建"命令，弹出"新建"对话框，设置"名称"为"商业杂志封面"，再设置其他各项参数，设置完成后单击"确定"按钮。

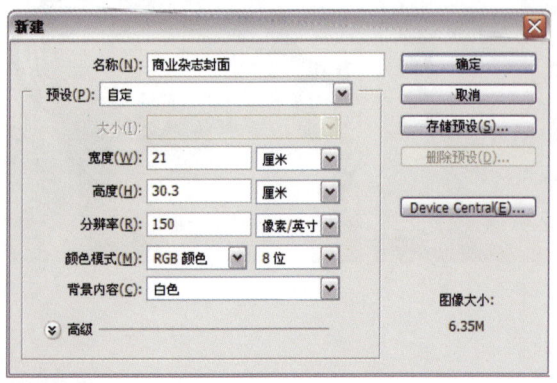

㉟ 切换回 Illustrator 中，执行"对象 > 全部解锁"命令，解除所有锁定的路径和路径组。接着隐藏"图层"面板最下方的路径，再运用选择工具，框选制作的所有路径，然后将其移动到上一步在 Photoshop 中新建的"商业杂志封面"图像的相应位置，生成"矢量智能对象"图层。

36 设置前景色为淡绿色（R166、G199、B177），按下快捷键Alt+Delete对"背景"图层填充前景色，制作图像背景。

37 设置前景色为深绿色（R43、G75、B25），然后单击横排文字工具，在图像的顶端输入文字内容，使画面效果更加丰富。

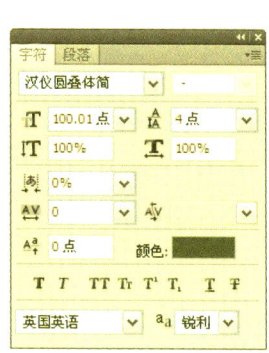

38 选择"矢量智能对象"图层，再单击"创建新的填充或调整图层"按钮，在弹出的菜单中选择"色相/饱和度"命令，弹出"色相/饱和度"调整面板，设置参数调整图像的色相，得到"色相/饱和度1"调整图层。

39 在"图层"面板最上方新建"图层1"，然后运用矩形选框工具在图像中绘制矩形选区并填充灰色（R106、G106、B106）。

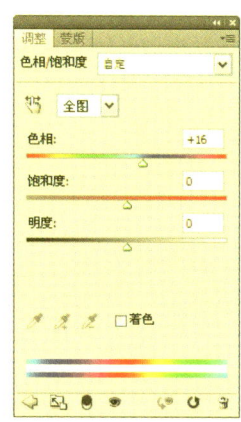

40 设置前景色为白色，然后运用横排文字工具，在灰色图像的右上方输入文字内容。

41 继续运用横排文字工具，在灰色图像上输入白色的文字内容，使画面效果更加完善。

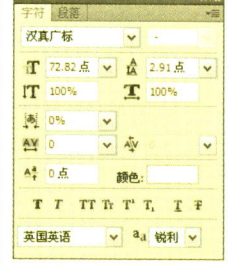

42 设置前景色为深绿色（R2、G57、B35），然后运用横排文字工具，在图像的右侧添加深绿色文字效果。

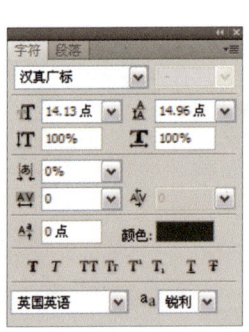

43 继续运用横排文字工具，在图像中输入白色的文字内容，丰富图像效果。

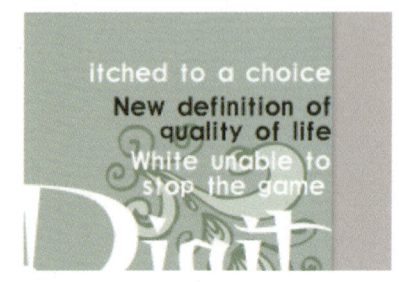

44 设置前景色为深黑色（R63、G63、B63），然后继续运用横排文字工具，在图像中输入文字内容，为画面添加更多的文字效果。

45 参照上述步骤，继续运用横排文字工具，为图像添加更为丰富的文字效果，使画面效果更加完整。

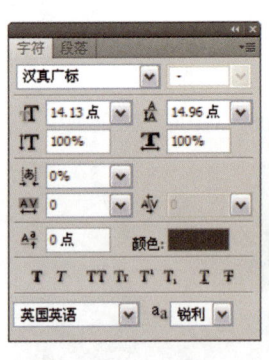

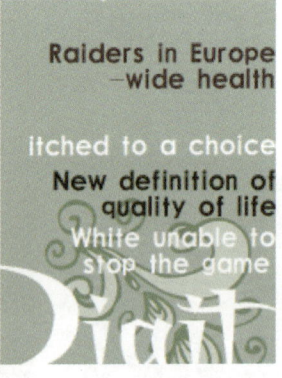

46 设置前景色为黑色，然后为"矢量智能对象"图层添加图层蒙版，再运用画笔工具，在图层蒙版上进行涂抹，隐藏人物下方的部分。

47 设置前景色为绿色（R21、G107、B11），然后运用自定形状工具，在图像的左下角绘制图标效果。接着运用横排文字工具，在绘制的图标效果上输入白色的文字内容，完成后结合自由变换命令调整文字的方向，为画面添加倾斜的文字效果。至此，本实例制作完成。

知识解析

自定形状工具选项栏

自定形状工具是 Photoshop 中绘制图形时的常用工具，前面实例中已经对自定形状工具进行了初步介绍，这里主要对该工具的选项栏进行详细介绍。单击自定形状工具后，会出现如下图所示的自定形状工具选项栏。

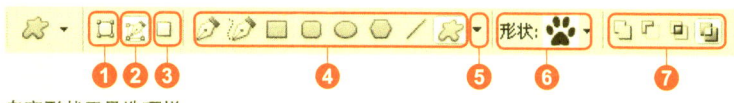

自定形状工具选项栏

编号	名称	说明
❶	"形状图层"按钮	单击该按钮后在图像上绘制形状路径，将在"图层"面板中自动生成一个形状图层，路径颜色以前景色为准
❷	"路径"按钮	单击该按钮后在图像上绘制形状路径，路径将不会被填色，也不会在"图层"面板中生成新的图层
❸	"填充像素"按钮	单击该按钮后在图像上进行绘制，将不会出现路径边缘，而是直接以前景色绘制图像至当前图像中
❹	工具按钮组	在该工具组中可以对路径工具进行选择，单击任何一个工具按钮，将对该工具进行选择，与此同时，选项栏也会随之变化
❺	"几何选项"下拉按钮	单击该按钮，在弹出的面板中可以对相应形状工具的路径大小与比例等参数进行设置
❻	"形状"选项	单击该按钮右侧的下拉按钮，在弹出的形状预设面板中，可以任意选择系统预设的路径形状
❼	路径绘制模式	路径绘制模式主要包括"添加到路径区域"按钮、"从路径区域减去"按钮、"重叠路径区域除外"按钮、"交叉路径区域"按钮，单击任意一个按钮，将设置其形状路径绘制的模式

在形状预设面板中，单击右上角的扩展按钮，在弹出的扩展菜单中，可以对当前形状进行替换、载入以及选择系统预设的多种形状样式。当选择任何一个形状样式命令时，将自动弹出一个提示对话框，用户可以根据需要在弹出的对话框中单击"确定"按钮或"追加"按钮。

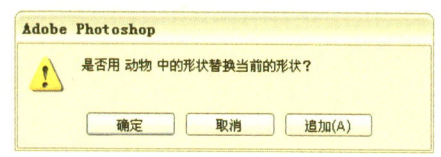

提示对话框

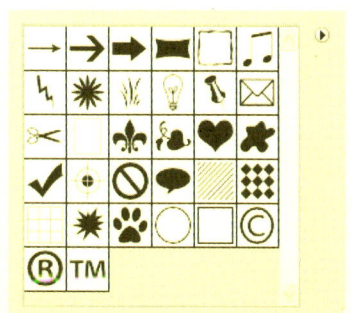

形状样式预设面板

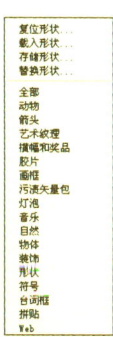

扩展菜单

追加形状

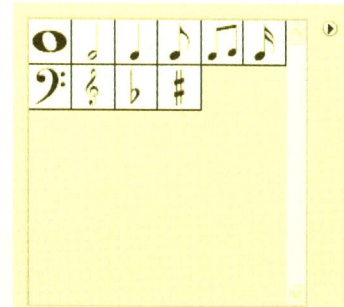

替换形状

环境保护海报

本实例通过大片的绿色来寓意生命力，黄色背景和地面干裂的纹理寓意环境恶化，这与绿色形成了很强的对比，强调了视觉中心。制作时通过背景琐碎的绿色纹理效果体现出一种向上的张力且极大地丰富了画面的效果，而为画面添加各种元素不仅丰富了画面的布局，也丰富了画面的色调，最终制作出一幅极富视觉冲击力的创意海报作品。

Illustrator
运用3D效果并结合钢笔工具和渐变工具，制作矢量文字效果

Photoshop
运用素材图像并结合图层混合模式和调整图层，制作图像背景

Photoshop
添加素材图像并结合图层蒙版和橡皮擦工具，丰富画面背景

Photoshop
添加素材和文字并结合图层混合模式，丰富画面效果

主要使用功能： Illustrator中的3D效果、钢笔工具、渐变工具，Photoshop中的柔光图层混合模式、图层蒙版、画笔工具、橡皮擦工具、色相/饱和度命令、曲线命令、渐变填充命令

素材文件： Chapter 3\03\media\文字.ai、花朵.png、裂痕.png、纹理.jpg、叶子.png、郁金香.png、树叶样本.png、蝴蝶.png

最终文件： Chapter 3\03\complete\环境保护海报.psd

制作难度评定： ★★★★☆

01 运行 Adobe Illustrator CS5，执行"文件 > 新建"命令，创建一个尺寸为 210mm×297mm 的 A4 图形文件。单击文字工具 T.，在绘图页面中单击并输入文字。

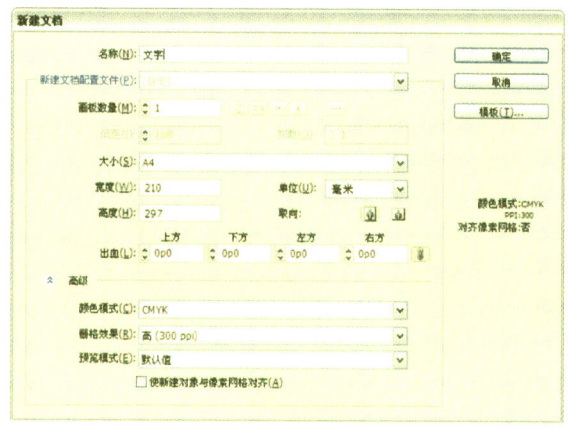

02 选择输入的文字，然后打开"渐变"面板，设置渐变的类型为"线性"、渐变颜色从左至右依次为绿黄色（R182、G210、B45 和绿色（R94、G181、B41），为文字填充渐变颜色。

03 单击选择工具 ▸ ，选择输入的文字。执行"效果 >3D> 凸出和斜角"命令，在弹出的"3D 凸出和斜角选项"对话框中设置各项参数，完成后单击"确定"按钮，制作 3D 文字效果。

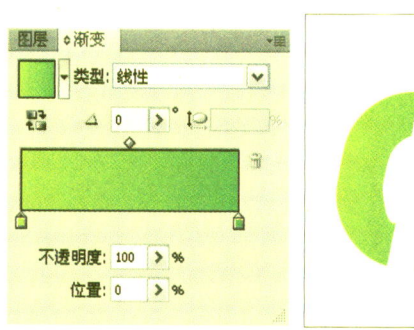

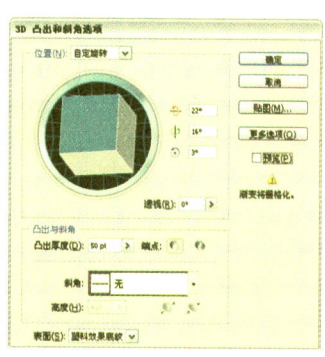

04 单击钢笔工具 ▸ ，按照制作出的 3D 模型轮廓，分面绘制路径。绘制完成后参照步骤 02 添加渐变效果，可适当切换渐变方向、调整渐变滑块，使渐变颜色更加自然。

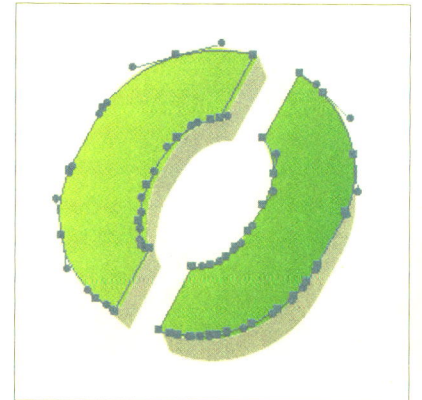
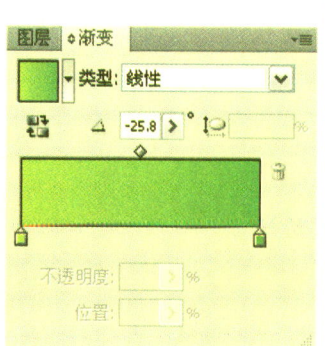
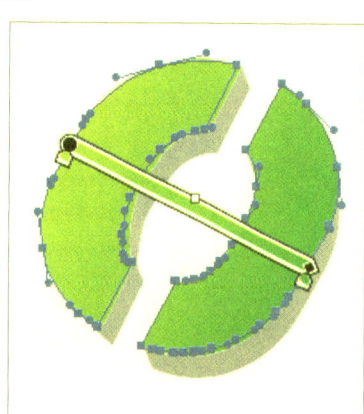

05 参照步骤04运用钢笔工具,根据制作出的3D模型轮廓绘制文字右侧面路径,再按下快捷键Ctrl+]将路径移到下一层后参照步骤02打开"渐变"面板,设置渐变样式为"线性"、渐变颜色从左至右依次为墨绿色(R6、G4、B4)、绿色(R94、G181、B48)、墨绿色、深绿色(R19、G113、B48)、墨绿色。

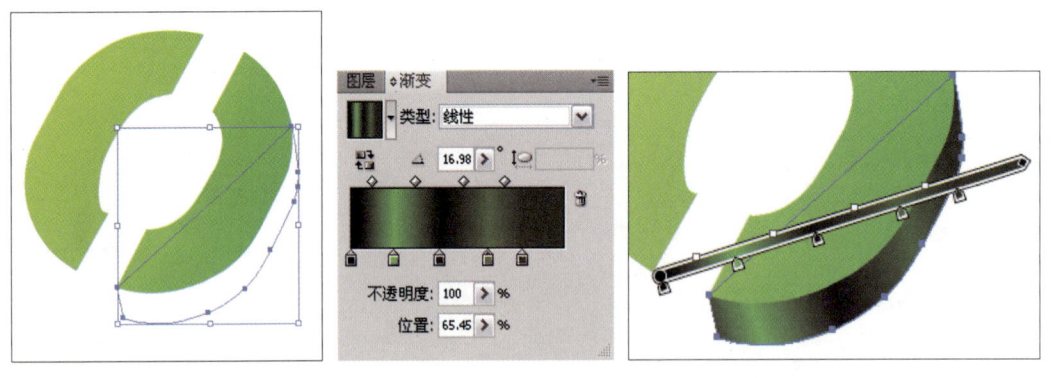

06 参照上述步骤运用钢笔工具为各个侧面绘制路径,然后在"渐变"面板中设置渐变颜色并结合渐变工具为各个侧面填充渐变色,使文字效果更加完整。

07 单击"创建新图层"按钮新建"图层2"并将其移动到"图层1"的下方,然后参照步骤01~步骤06制作更多的文字效果,使画面效果更加丰富。

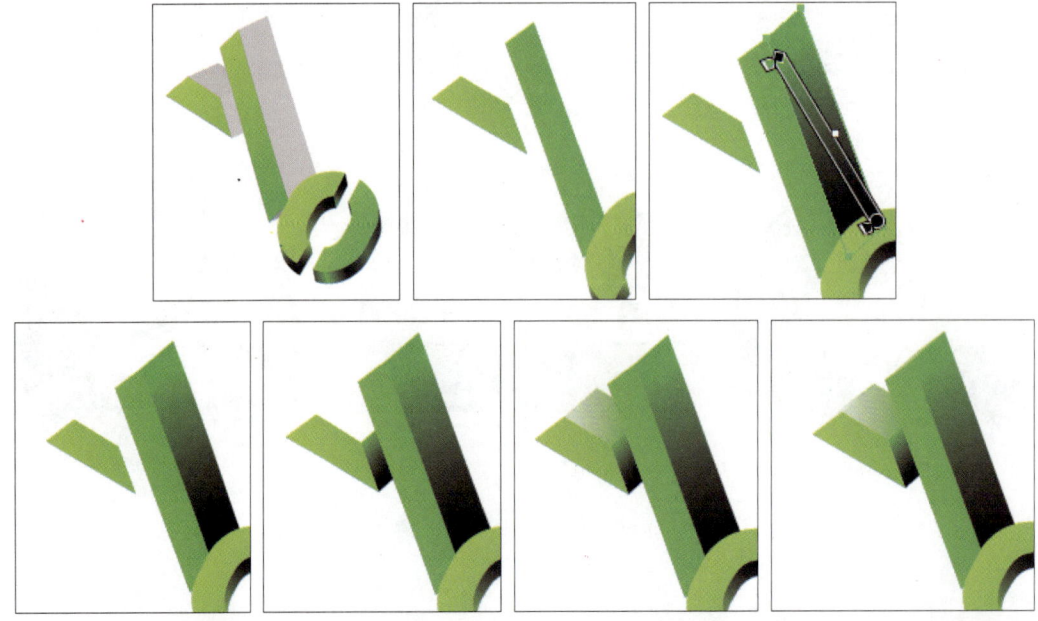

08 参照上述步骤新建图层后，继续运用文字工具输入文字并结合 3D 效果、钢笔工具和渐变工具等制作更多的文字效果，使画面效果更加完善。

09 新建"图层 5"后，运用钢笔工具在绘图页面中绘制花纹路径。选择绘制的路径并进入"渐变"面板，设置渐变类型为"径向"、渐变颜色从左至右依次为白色、淡黄色（R178、G210、B75）、绿色（R103、G184、B46）、黑色，制作矢量花纹。

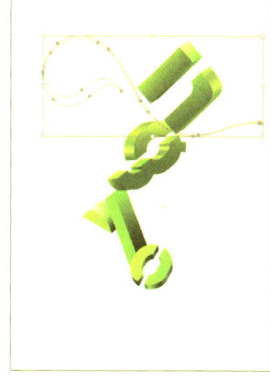 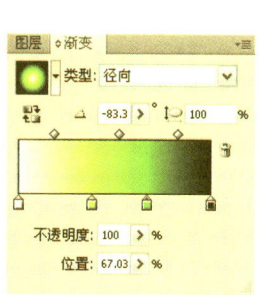 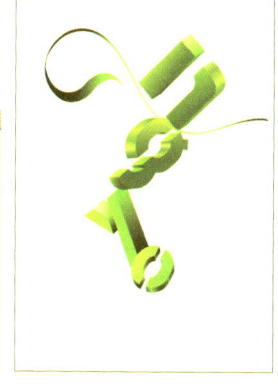

10 参照步骤 09，继续结合钢笔工具和渐变工具为画面添加更为丰富的矢量花纹效果，使画面效果更加完善。

11 运行 Photoshop CS5，执行"文件 > 新建"命令，在弹出的"新建"对话框中设置各项参数，完成后单击"确定"按钮新建图像文件。返回 Adobe Illustrator CS5，按下快捷键 Ctrl+A 全选图像，然后将其拖动到 Photoshop CS5 中，生成图层"矢量智能对象"。

 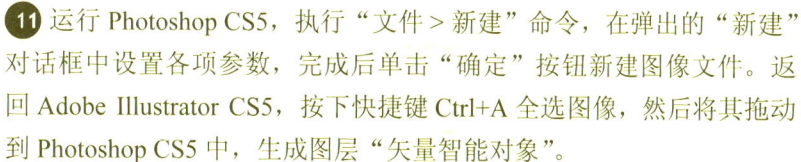 

⓵² 选择"背景"图层，单击"创建新的填充或调整图层"按钮，在弹出的菜单中选择"渐变"命令，弹出"渐变填充"对话框，设置"样式"为"径向"、渐变颜色从左至右依次为黄色（R244、G247、B160）、褐色（R132、G92、B49）、深褐色（R49、G29、B18），完成后单击"确定"按钮，生成图层"渐变填充1"，制作图像背景。

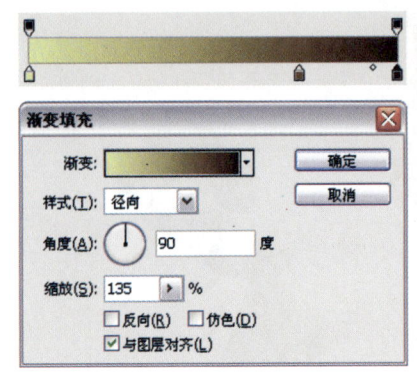

⓵³ 打开本书配套光盘中的Chapter 3\03 \media\纹理.jpg图像文件，并将其移动到当前图像中，生成"图层1"。设置"图层1"的混合模式为"柔光"，使纹理与背景色更好地融合。

⓵⁴ 单击"创建新的填充或调整图层"按钮，在弹出的菜单中选择"曲线"命令，弹出"曲线"调整面板，向上拖动曲线，调整图像亮度，生成"曲线1"调整图层。

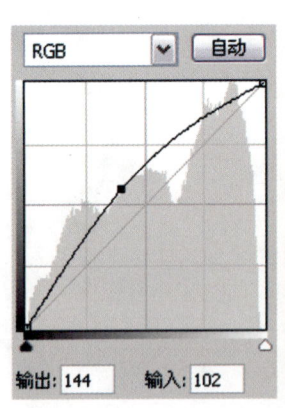

⓵⁵ 按下快捷键Ctrl+J复制"曲线1"调整图层得到"曲线1副本"图层。选择"曲线1副本"图层的图层蒙版并填充黑色，隐藏"曲线1副本"图层的调整效果。运用渐变工具在"曲线1副本"图层的图层蒙版中央偏左上填充由中心向四周、由白色到透明的径向渐变，平滑地显示出中央偏左上的调整效果。

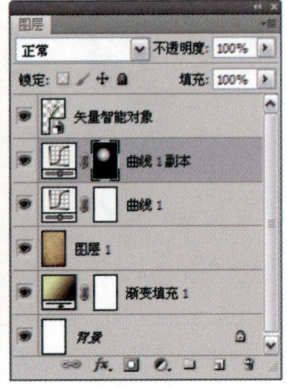

16 选择图层"矢量智能对象",单击"创建新的填充或调整图层"按钮 ,在弹出的菜单中选择"曲线"命令,弹出"曲线"调整面板,调整曲线增加文字效果的对比度,得到"曲线2"调整图层。按下快捷键Ctrl+Alt+G创建剪贴蒙版,使调整效果只作用于图层"矢量智能对象"。

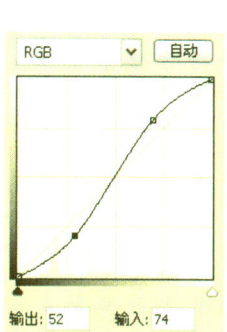

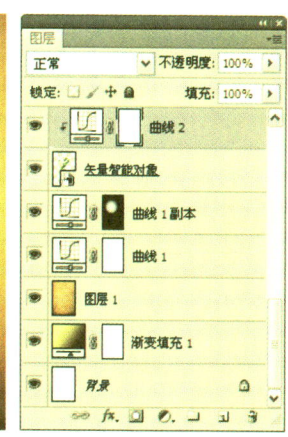

17 打开叶子.png素材文件并将其移动到当前图像中,生成"图层2"。按下快捷键Ctrl+T调出自由变换控制框,调整图像大小和方向并移动到图像的下方。单击"添加图层蒙版"按钮 ,为"图层2"添加图层蒙版,然后根据图像的大小使用合适的画笔在图层蒙版上涂抹,隐藏右边叠加在文字上的部分和下面泥土的一部分,使合成更加真实。

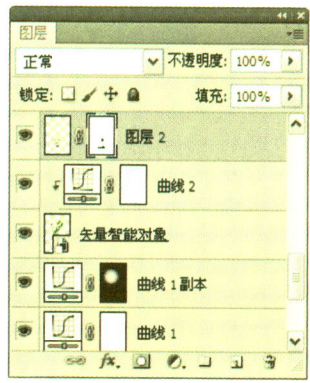

18 复制"图层2"得到"图层2副本"并删除"图层2副本"的图层蒙版,运用自由变换命令调整"图层2副本"所对应图像至图像的左上角位置,接着单击"在自由变换和变形模式之间切换"按钮 ,进入变形模式并拖动各控制手柄变形图像。

19 单击橡皮擦工具 ,根据图像大小使用合适的画笔在"图层2副本"图像的右边和右上角涂抹,擦除泥土和右上角的树叶,使画面效果更加丰富。

20 参照上述步骤多次复制"图层 2",再运用自由变换命令或移动工具调整图像位置,然后运用橡皮擦工具或者图层蒙版结合画笔工具隐藏叠加在文字上的部分。

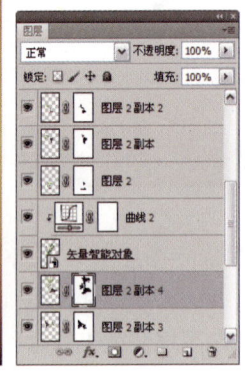

21 单击"创建新组"按钮,在"图层 2 副本 2"上方新建图层组并重命名为图层组"茎干"。复制"图层 2"得到"图层 2 副本 5"并将其移动到图层组"茎干"中,再运用橡皮擦工具擦除叶子部分,只保留茎干部分。运用自由变换命令调整图像至文字下方,丰富画面效果。

22 多次复制"图层 2 副本 5"并运用自由变换命令调整图像位置,可适当结合橡皮擦工具擦除布局不够合理的部分,使画面效果更完善。

23 在调整图层"曲线 1 副本"上方新建图层组并重命名为"琐碎背景"。复制"图层 2"得到"图层 2 副本 10"并将其移动到该组中,然后使用橡皮擦工具擦除泥土部分,再运用自由变换命令调整图像位置。

24 单击橡皮擦工具,根据需要的纹理大小使用合适的画笔在"图层 2 副本 10"图像上涂抹,擦除大部分图像,制作出比较琐碎的背景效果。多次复制"图层 2 副本 10"并使用移动工具调整图像位置,再结合橡皮擦工具制作更为丰富的背景肌理效果。

㉕ 右击图层组"琐碎背景",在弹出的快捷菜单中选择"合并组"命令,将图层组"琐碎背景"合并为图层"琐碎背景"。为图层"琐碎背景"创建"色相/饱和度1"调整图层,在弹出的"调整"面板中稍微调整纹理的色相,使画面效果更加完善。最后再创建剪贴蒙版,使调整效果只作用于"琐碎背景"图层。

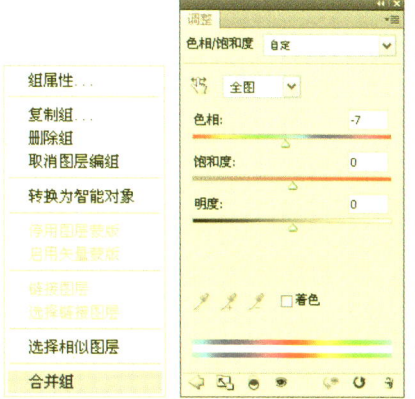

㉖ 右击调整图层"色相/饱和度1",在弹出的快捷菜单中选择"向下合并"命令,合并图层"琐碎背景"和调整图层"色相/饱和度1",得到图层"琐碎背景"。按下快捷键 Ctrl+G 将图层"琐碎背景"进行编组并重命名为图层组"背景纹理"。

㉗ 为图层"琐碎纹理"添加图层蒙版,并根据图像大小使用合适的画笔在图像四周涂抹,隐藏虚化四周的纹理效果,使画面效果更加自然。

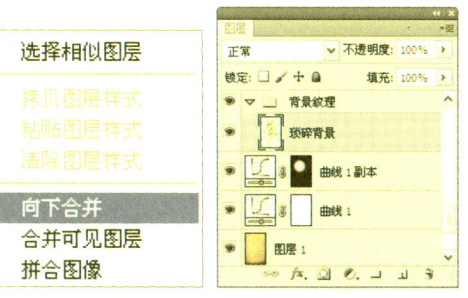
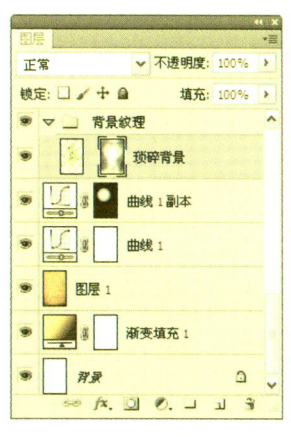

㉘ 复制图层"琐碎背景"得到图层"琐碎背景 副本",设置该图层的混合模式为"柔光",稍微加亮纹理效果并增加其对比度。

㉙ 复制图层"琐碎背景 副本"得到图层"琐碎背景 副本2"。为该图层创建"色相/饱和度"调整图层,在"调整"面板中设置相关参数调整纹理颜色。

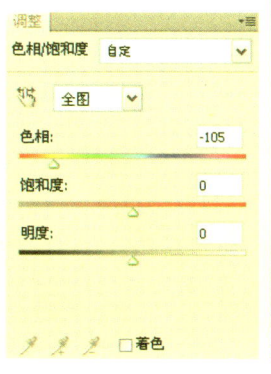

㉚ 选择图层"琐碎背景 副本 2"的图层蒙版，然后根据需要的纹理大小使用合适的画笔在图层蒙版上涂抹，隐藏大部分的红色纹理效果，使画面效果更加自然。

㉛ 为图层组"背景纹理"添加图层蒙版，并根据图像的大小使用合适的画笔在图层蒙版中涂抹，虚化图像中纹理过于密集的部分，使纹理效果更好地和背景融合。

 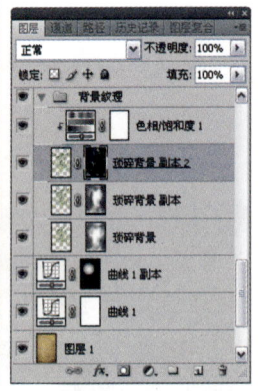  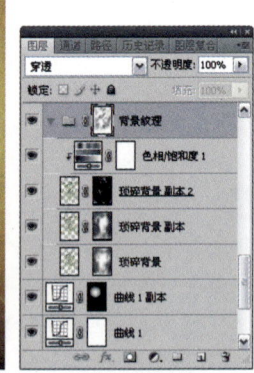

㉜ 打开裂痕.png素材图像并拖入到当前图像中，得到"图层3"，然后将其移动到图层组"背景纹理"的下方。为"图层3"添加图层蒙版，再根据图像的大小使用合适的画笔在图层蒙版上涂抹，虚化周围的裂痕效果，使图像融合得更加自然。

  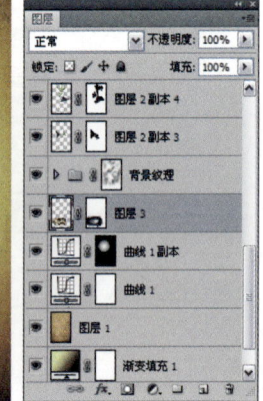

㉝ 在图层组"茎干"上方新建图层组并重命名为"花朵"，然后打开花朵.png、郁金香.png素材文件，将其拖入到当前图像中，生成"图层4"和"图层5"，再将这两个图层移动到图层组"花朵"中。运用自由变换命令调整花朵和郁金香图像的大小和角度，并将其分别移动到图像的左上角和右上角，丰富画面效果。

34 为"图层4"添加图层蒙版,并根据图像大小使用合适的画笔在图层蒙版上涂抹,隐藏叠加在右边树叶的部分,使花朵更有空间感。为"图层4"创建"色相/饱和度2"调整图层,在弹出的"调整"面板中设置相关参数,调整花朵的色相。

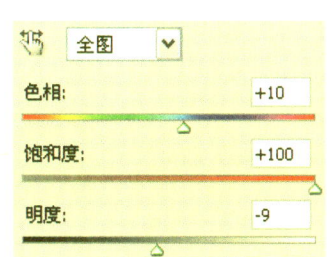

35 多次复制"图层4"和"图层5",再运用自由变换命令调整图像,使画面效果更加丰富。参照步骤34适当为各个花朵创建"色相/饱和度"调整图层,调整花朵的色调,使画面色调更鲜艳。

36 复制"图层2副本"得到"图层2副本10",并将其移动到图层组"花朵"中的最下方。运用自由变换命令调整树叶大小和角度并移动到右上角花朵处后,为其创建"色相/饱和度"调整图层,调整树叶的饱和度。

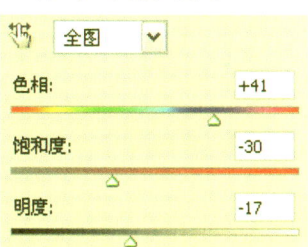

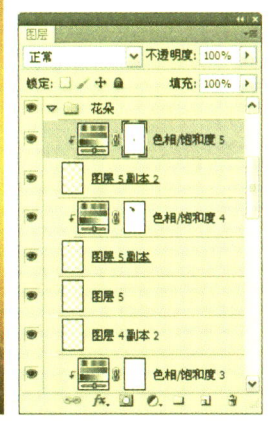

37 合并"色相/饱和度6"和"图层2副本10"得到图层"图层2副本10"。打开树叶样本.png素材文件,执行"编辑>定义画笔预设"命令,将图像定义为画笔。返回文档"环境保护海报",按下快捷键F5打开"画笔"面板,并设置各项参数,调整画笔。

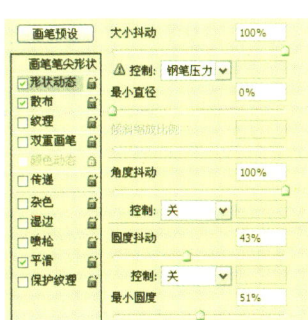
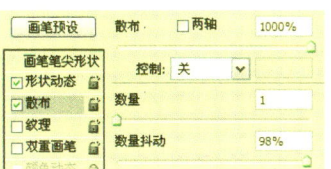

㊳ 新建图层并重命名为"叶子",然后设置前景色为深绿色(R52、G101、B0),再根据图像的大小使用上一步中定义的画笔以及合适的画笔大小在图像中绘制树叶。连续两次复制图层"叶子"并设置复制出的图层的图层混合模式为"正片叠底",压暗图像亮度,增加叶子的厚实感和真实感。

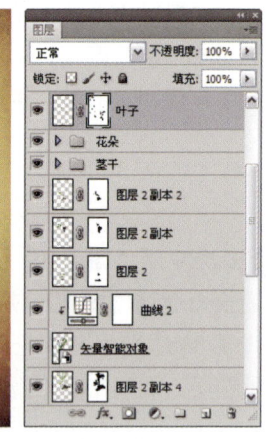

㊴ 分别向下合并图层"叶子 副本"和"叶子 副本2"得到图层"叶子",然后为该图层添加图层蒙版,再根据图像的大小使用合适的画笔在图层蒙版上涂抹,制作叶子的肌理效果。

㊵ 打开蝴蝶.png素材文件并将其移动到当前图像中,生成"图层6"。复制"图层6"得到"图层6副本",然后运用自由变换命令调整"图层6"和"图层6副本"对应的图像,并设置"图层6 副本"混合模式为"明度",调整其在画面中的位置,使画面效果更加丰富。

㊶ 运用横排文字工具 在图像下方输入文字,然后设置文字图层的图层混合模式为"叠加",统一画面色调,再复制文字图层加强叠加效果。至此,本案例制作完成。

知识解析

通过"渐变填充"填充图层

通过"渐变填充"填充图层可以为图像添加渐变颜色。单击"图层"面板下方的"创建新的填充或调整图层"按钮，在弹出的菜单中选择"渐变"命令，将弹出"渐变填充"对话框，设置各项参数值后，单击"确定"按钮，将在"图层"面板中自动生成一个"渐变填充"填充图层。

下面对"渐变填充"对话框中的各项参数进行介绍。

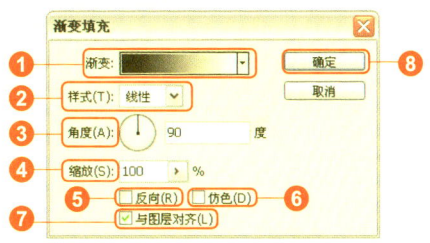

"渐变填充"对话框

编号	名 称	说 明
❶	"渐变"选项	该选项主要用来设置渐变填充的具体颜色。单击渐变颜色条可以打开"渐变编辑器"对话框，在其中对渐变颜色进行设置；也可以单击右侧下拉按钮，在弹出的渐变预设面板中选择系统预设的渐变色
❷	"样式"选项	该选项主要用于对渐变的填充样式进行设置，单击右侧的下拉按钮，在弹出的下拉列表中可以选择"线性"、"径向"、"角度"、"对称的"、"菱形"5个选项
❸	"角度"选项	该选项主要用于对渐变填充的角度进行设置，可以通过在圆形角度盘上拖动鼠标设置角度，也可以直接在右侧的文本框中直接输入角度值
❹	"缩放"选项	该选项主要用于对渐变的范围进行设置，设置的参数值将直接影响渐变叠加效果
❺	"反向"复选框	勾选该复选框，将以该对话框中的渐变颜色的反向对图像进行渐变颜色填充
❻	"仿色"复选框	勾选该复选框，使渐变颜色过渡更平滑
❼	"与图层对齐"复选框	勾选该复选框，可以使渐变效果与小于画布的图层对齐
❽	"确定"按钮	单击该按钮将在"图层"面板中自动生成一个"渐变填充"填充图层

打开任意一张图片，单击"图层"面板下方的"创建新的填充或调整图层"按钮，在弹出的菜单中选择"渐变"命令，弹出"渐变填充"对话框，单击"渐变"选项右侧的下拉按钮，选择系统预设的"色谱"渐变样式，然后单击"确定"按钮，在"图层"面板中会自动生成一个"渐变填充1"填充图层，再结合图层混合模式可使渐变与背景效果混合。

原图　　　　　　　　　　设置渐变色

最终效果

Chapter
04

插画艺术设计

Chapter 04

Photoshop

Photoshop 具有出色的调整处理图像的能力，能绘制出不同类型、多种风格的插画效果。通过本章的学习可以更深入地学习了解 Illustrator 的绘画流程和绘画技巧，同时学习如何结合 Photoshop 强大的画笔工具、图层蒙版、混合模式等绘制出优秀的插画作品。

▲ 日式卡通漫画

▲ 可爱卡通矢量画

▲ 写实CG插画

日式卡通漫画

本实例是运用Photoshop制作的日式卡通漫画。画面以绿色调为主基调，然后搭配以高纯度的黄色和红色，能够使画面达到色彩冷暖的平衡，也能够突出画面的视觉中心。画面的布局以人物为主，背景采用相对比较简单的层次关系，从而能够使观者的视线集中在比较复杂的人物部分。

Photoshop
运用图层样式并结合画笔工具，涂抹刻画人物面部

Photoshop
运用渐变工具并结合选区和自由变换命令，制作人物头发

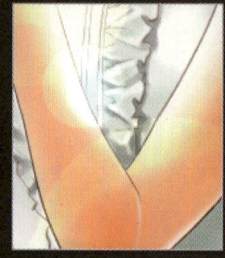

Photoshop
运用选区并结合画笔工具，刻画人物手部效果

Photoshop
运用图层蒙版并结合画笔工具和图层混合模式，制作层次丰富的衣服效果

主要使用功能：外发光图层样式、渐变叠加图层样式、选区、自由变换命令、画笔工具、图层蒙版
素材文件：Chapter 4\01\media\ 线稿 .png
最终文件：Chapter 4\01\complete\ 日式卡通漫画 .psd
制作难度评定：★★★★☆

01 在Photoshop中执行"文件>新建"命令，弹出"新建"对话框，设置"名称"为"日式卡通漫画"、"宽度"和"高度"分别为21.17厘米和28.22厘米、"分辨率"为250像素/英寸。设置完成后单击"确定"按钮，新建图像文件。

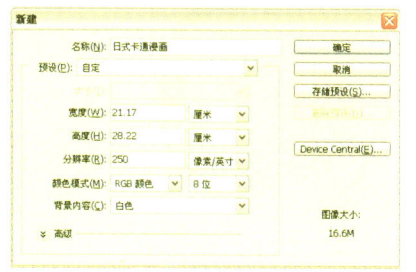

02 打开本书配套光盘中的Chapter 4\01\media\线稿.png图像文件，然后运用移动工具，将图像移动到当前图像中的相应位置，生成"图层1"。然后将"图层1"重命名为"线稿"。

03 在图层"线稿"上方新建"图层1"并对其填充褐色（R155、G121、B101），再按下快捷键Ctrl+Alt+G将该图层创建成剪贴蒙版，使该图层效果只作用于图层"线稿"。

04 在图层"线稿"下方新建"图层2"，然后单击"添加图层样式"按钮，在弹出的菜单中选择"渐变叠加"命令，弹出"图层样式"对话框，设置各项参数后单击"确定"按钮，为该图层添加图层样式，制作图像背景。其中渐变色从左到右依次设置为白色、淡绿色（R163、G249、B196）、黄绿色（R108、G180、B107）。

05 单击钢笔工具，在人物边缘绘制精确的路径，完成后按下快捷键 Ctrl+Enter 将路径转化为选区，再按下快捷键 Ctrl+Shift+I 将选区反选，最后单击"添加图层蒙版"按钮，为该图层添加图层蒙版，使其只显示选区显示范围内的图像效果。

06 在"图层1"上方新建"图层3"。再设置前景色为黑色（R24、G18、B19），然后打开"画笔"面板，选择"尖角30"笔刷，并设置"形状动态"和"传递"中的各项参数，完成后关闭"画笔"面板。

07 运用上一步设置的画笔在人物的眼睛上进行涂抹，加深人物眼睛效果。然后设置前景色为紫灰色（R82、G78、B99），完成后继续运用画笔工具，在人物的眼睛内部继续涂抹，绘制眼球底色。最后运用画笔工具，在眼睛下眼眶绘制深绿色（R34、G52、B40）眼球边缘。

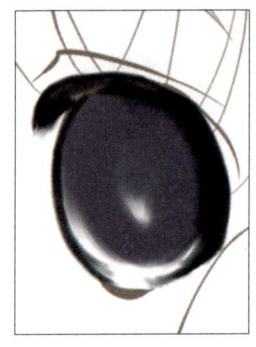

08 设置前景色为蓝灰色（R73、G104、B107），再设置该笔刷的"不透明度"和"流量"皆为75%，最后运用设置后的笔刷在眼球上进行涂抹，丰富眼球层次效果。

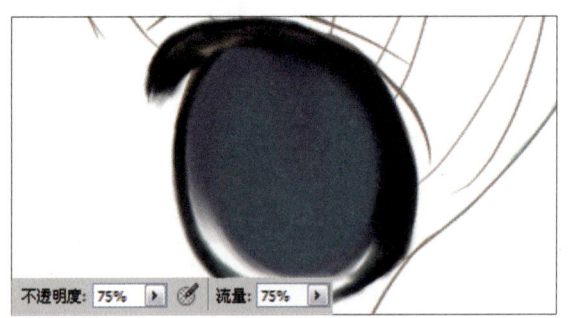

09 设置前景色为水蓝色（R102、G196、B186），然后运用画笔工具，在眼球下方进行涂抹。继续丰富眼球层次效果。

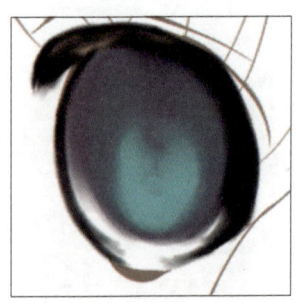

10 新建"图层4"，然后选择"柔角30"笔刷，并参照步骤06在"画笔"面板中设置相同的参数，完成后运用设置的画笔在眼球上进行涂抹，使各个颜色之间的过渡更加自然。在绘制的过程中可按下Alt键将画笔工具暂时切换为吸管工具，吸取绘制附近的颜色。

11 按下键盘上的[键缩小画笔，再在眼球下边缘外涂抹蓝灰色（R177、G183、B184），丰富眼睛层次关系。然后新建"图层5"，运用椭圆选框工具，在图像中绘制选区并对选区填充白色，最后运用自由变换命令调整图像的大小和位置，制作人物眼睛高光效果。

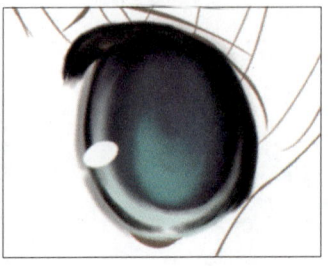

12 继续切换柔角画笔，然后结合[和]键缩小和放大画笔后，在人物眼睛上继续绘制高光效果，使人物眼睛效果更加完善。

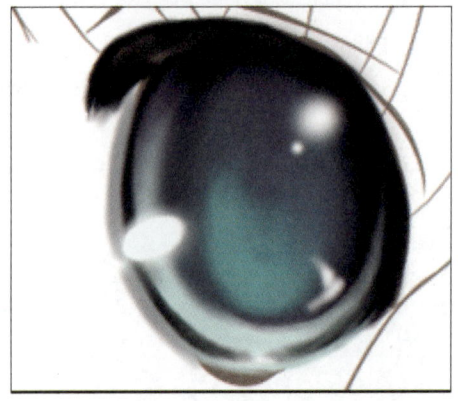

⑬ 单击"添加图层样式"按钮，在弹出菜单中选择"外发光"命令，然后在弹出的"图层样式"对话框中设置各项参数，其中外发光颜色设置为水蓝色（R0、G252、B255），之后单击"确定"按钮，为该图层对应的图像添加外发光效果。

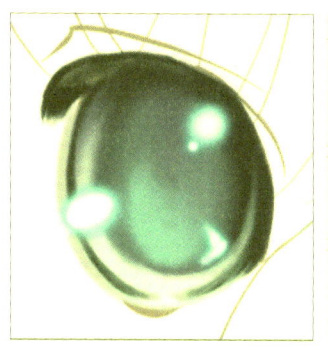
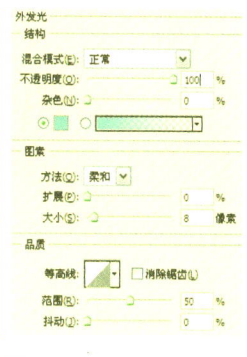

⑭ 新建"图层6"并设置该图层的混合模式为"颜色减淡"。再设置前景色为蓝绿色（R143、G221、B210），运用画笔工具在眼睛的右下角进行涂抹，提高涂抹处图像亮度的同时改变图像的色相。

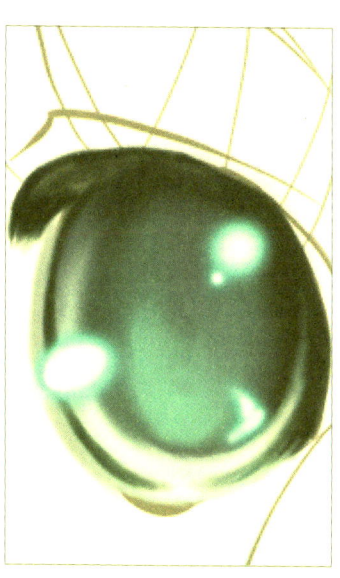

⑮ 复制"图层3"至"图层6"，然后运用自由变换命令调整复制出的图像的大小和位置，制作人物右眼效果，使画面效果更加完善。

⑯ 设置前景色为水蓝色（R0、G240、B255），再新建"图层7"并设置该图层的混合模式为"滤色"，然后运用柔角画笔在人物眼珠下侧进行涂抹，提高涂抹处图像的亮度并改变图像的色相，使人物眼睛更加有神。

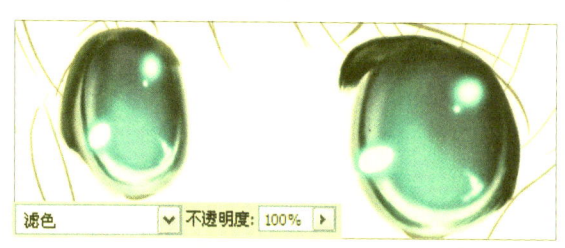

⑰ 将"图层3"至"图层7"进行编组并重命名为"眼睛"。新建"图层8"并运用钢笔工具，在人物头部绘制范围路径，完成后将路径转化为选区并对其填充白色。

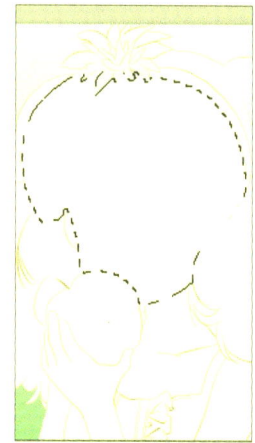

⑱ 为"图层8"添加"渐变叠加"图层样式，制作头部范围的渐变色，其中"渐变叠加"的渐变色从左到右依次为淡黄色（R254、G253、B189）、淡红色（R255、G179、B168）、褐红色（R254、G211、B175）。

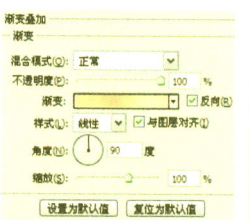

⑲ 在"图层8"上右击，在弹出的快捷菜单中选择"转换为智能对象"命令，然后继续在该图层上右击，在弹出的快捷菜单中选择"栅格化图层"命令，将其转化为普通图层，最后设置该图层的混合模式为"正片叠底"，为人物面部叠加颜色。

⑳ 运用橡皮擦工具，擦除人物眼睛上的叠加图像效果，只为人物面部和前面的头发添加渐变色，完善画面效果。

㉑ 在"图层8"上方新建"图层9"并为该图层创建剪贴蒙版，使该图层上的效果只作用于"图层8"。选择画笔工具并选择柔角画笔，结合Alt键在人物面部吸取颜色，再在图像中进行涂抹，打破渐变色的规律感，使画面效果更加自然。

㉒ 新建"图层10"并为该图层创建剪贴蒙版，然后设置前景色为淡黄色（R255、G252、B185、），完成后单击画笔工具，选择柔角笔刷并设置画笔大小等参数，最后运用设置的画笔在人物面部进行涂抹，制作面部亮部效果。

㉓ 设置前景色为白色，再继续运用上一步设置的画笔工具，在人物面部进行涂抹，制作脸部高光效果。然后按住Alt键吸取面部左侧的红色，再结合[键缩小画笔，最后在人物嘴唇上侧绘制，制作淡淡的鼻底阴影效果。

㉔ 新建"图层11"并为其创建剪贴蒙版,然后运用画笔工具,结合Alt键吸取人物面部附近的黄色,再降低画笔的"不透明度"和"流量"为50%,完成后运用设置的画笔在人物面部轻轻地涂抹,制作层次更为丰富的面部效果。

㉕ 设置前景色为白色,然后结合[键缩小画笔,再设置画笔的"不透明度"和"流量"为75%。完成后运用画笔在人物鼻子左右两侧进行涂抹,制作鼻子的高光和反光,使鼻子更有立体感。

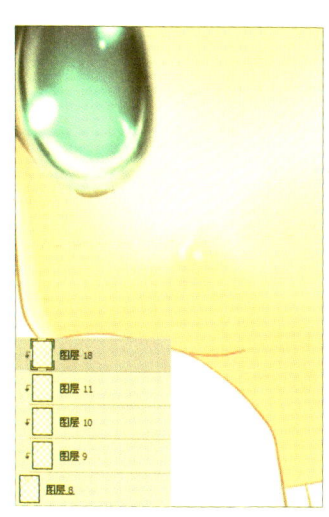

㉖ 新建"图层13"并为该图层创建剪贴蒙版,然后设置该图层的混合模式为"正片叠底",再单击画笔工具,并结合Alt键吸取人物面部的颜色,完成后运用画笔在人物的面部两腮、鼻底和嘴唇上进行涂抹,加深涂抹处的图像亮度和颜色的饱和度,使画面效果更加完善。

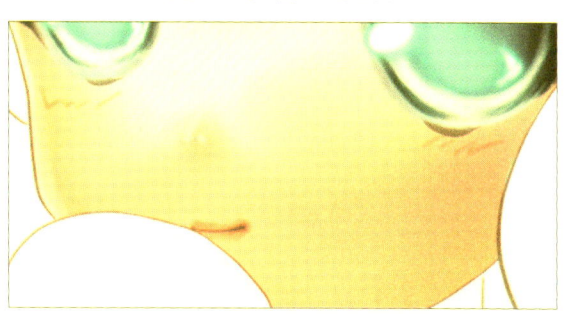

㉗ 新建"图层14"并为该图层创建剪贴蒙版,然后运用画笔工具,在人物面部右下边缘涂抹白色,制作人物面部反光效果,增加画面的立体感。最后运用柔角画笔,在人物的面部绘制更多的高光效果。

㉘ 继续运用画笔工具,在人物头发处绘制一些白色发丝效果,使人物效果更加完善。然后运用钢笔工具,在人物头发上绘制高光路径,完成后将路径转化为选区并填充淡黄色(R255、G255、B217),使人物头发效果更加完善。

㉙ 将图层组"眼睛"至"图层 14"进行编组并重命名为"脸"。新建"图层 15"，然后运用钢笔工具，在人物头部头发边缘绘制精确的范围路径，完成后将路径转化为选区并填充白色。

㉚ 单击"添加图层样式"按钮，在弹出的菜单中选择"渐变叠加"命令，然后在"图层样式"对话框中设置各项参数后单击"确定"按钮，为图像添加渐变叠加效果。其中"渐变叠加"的渐变色从左到右依次为粉红色（R255、G168、B164）、褐黄色（R255、G219、B172）、柠檬黄（R255、G252、B164）。

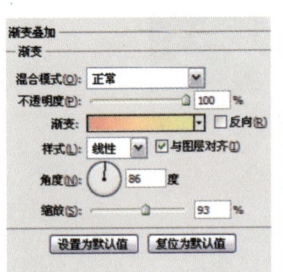

㉛ 参照上述步骤将"图层 15"转化为普通图层，然后设置该图层的混合模式为"正片叠底"，为人物头发添加颜色的同时透出下方的线稿。

㉜ 设置前景色为紫红色（R212、G163、B169），然后运用柔角画笔在人物脸部右下角的头发处绘制深色头发，使头发更有立体感。

㉝ 新建"图层 16"并运用钢笔工具，在头发各个圆弧处绘制高光范围路径，完成后将路径转化为选区并运用渐变工具，对选区由左至右填充白色到透明白色的线性渐变色。

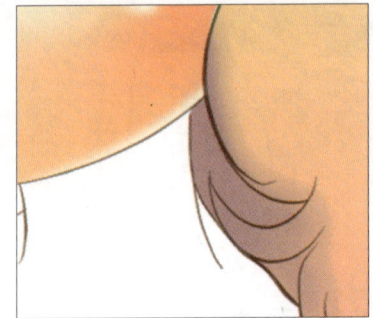
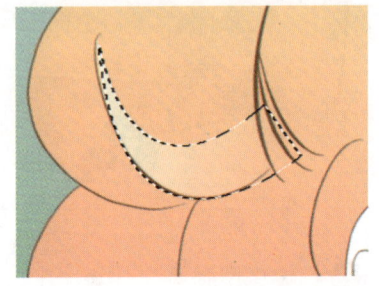

㉞ 多次复制"图层 16"并运用自由变换命令调整复制出的图像的大小和位置，为其他头发添加高光效果，使画面效果更加完善。

35 将上一步复制的所有的头发高光图层进行编组并重命名为"头发高光",然后新建"图层17",单击画笔工具,设置笔刷为"柔边圆"、大小为14px、"不透明度"和"流量"为100%,完成后按住Alt键吸取人物头发上的颜色,在人物头发上绘制各种凌乱的发丝效果。

36 新建"图层18"并设置该图层的混合模式为"叠加",然后运用白色柔角画笔在头发上进行涂抹,添加大小不一的白色发光小点效果,使人物头发效果更加丰富。

37 将"图层15"至"图层18"进行编组并重命名为"头发",新建"图层19"并设置该图层的混合模式为"正片叠底",然后运用钢笔工具,在图像中绘制苹果的路径,完成后将路径转化为选区并填充深红色(R158、G22、B13)。

38 新建"图层20"并为该图层创建剪贴蒙版,然后设置前景色为红色(R207、G25、B13),再运用柔角画笔在苹果上进行涂抹,增加苹果的层次感。

39 新建"图层21"并为该图层创建剪贴蒙版,然后设置前景色为橙红色(R245、G109、B44),再单击画笔工具,设置笔刷为"柔边圆"、"不透明度"和"流量"为65%,完成后运用画笔在苹果上进行涂抹,丰富苹果的层次关系。

40 设置前景色为黄色(R253、G216、B146),然后继续运用上一步设置的画笔在苹果上绘制黄色的高光效果,使其更有立体感。在绘制的过程中注意各个高光的排列及线条的粗细一定要有疏有密、有长有短、有大有小。

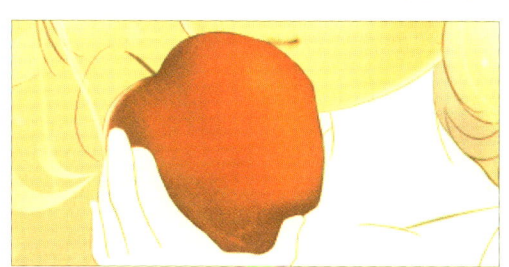
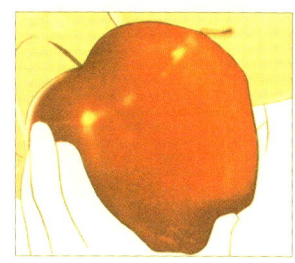

① 新建"图层22"并设置该图层的混合模式为"叠加",然后设置前景色为白色,再单击画笔工具,设置笔刷为"柔角"、"不透明度"为70%、"流量"为63%,完成后运用画笔在苹果的右上角进行涂抹,提高涂抹处的图像的亮度,进一步丰富苹果的立体感。

② 将"图层19"至"图层22"进行编组并重命名为"苹果"。新建"图层23"并运用钢笔工具,在人物的颈部绘制范围路径,完成后将路径转化为选区并填充白色。

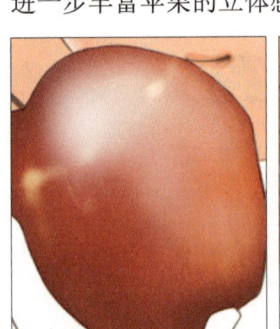
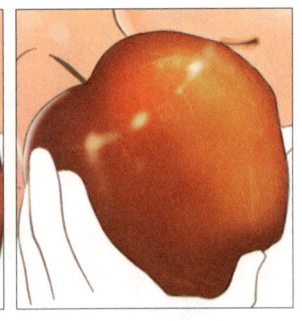
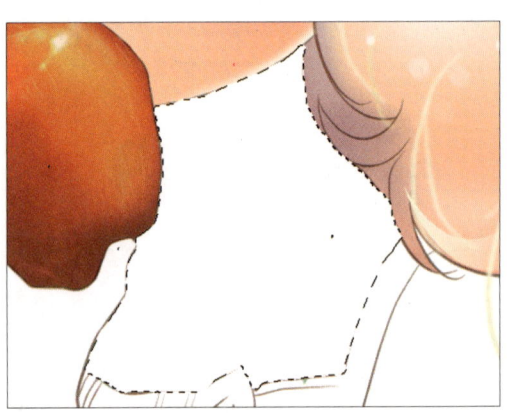

③ 为"图层23"添加"渐变叠加"图层样式,制作图像的立体感。其中"渐变叠加"的渐变色从左到右依次为褐红色(R232、G144、B113)、淡黄色(R254、G230、B190)、白色(R255、G255、B241)、淡黄色(R254、G230、B190)。

④ 将"图层23"转化为普通图层,然后再设置该图层的混合模式为"正片叠底",透出下方的线稿。

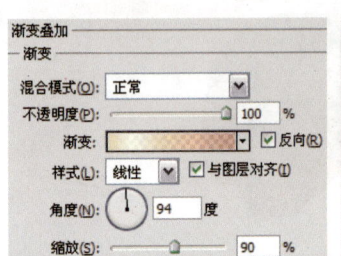
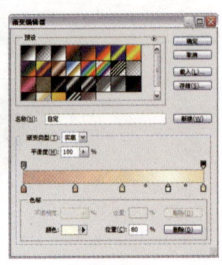

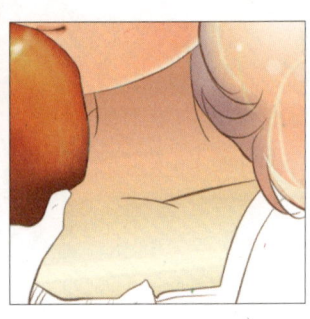

⑤ 运用柔角画笔在人物颈部左侧绘制粉红色(R236、G208、B203)反光效果,在右侧锁骨处绘制淡黄色(R253、G240、B202)的高光效果,然后在左侧锁骨处绘制褐红色(R253、G202、B167)的深色效果,使人物颈部更有立体感。

⑥ 新建"图层24"并为该图层创建剪贴蒙版,然后运用画笔工具并吸取人物颈部附近的颜色,在锁骨下方进行涂抹,继续完善图像的立体感。

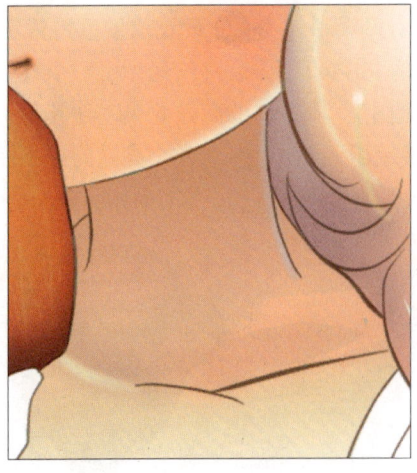
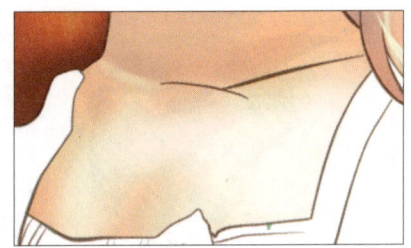

47 将"图层23"和"图层24"进行编组并重命名为"脖子",然后新建"图层25",再运用钢笔工具,在人物的手部绘制范围路径,完成后将路径转化为选区并填充褐红色(R255、G204、B171)。

48 设置"图层25"的混合模式为"正片叠底",透出下方线稿。然后新建"图层26"并为该图层创建剪贴蒙版,再设置前景色为淡黄色(R255、G247、B207),最后运用柔角画笔在手臂的左侧受光面进行绘制,制作手臂的立体感。

49 继续新建"图层27"并为该图层创建剪贴蒙版,然后设置前景色为白色,再单击画笔工具,设置笔刷为"柔边圆"、"不透明度"为80%、"流量"为75%,完成后运用画笔继续在手部的受光部分进行涂抹,制作手部的高光效果。

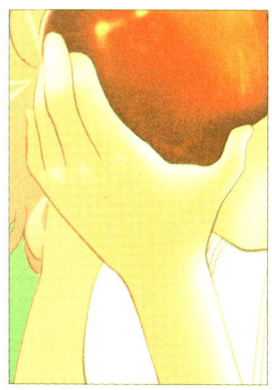

50 新建"图层28"并为其创建剪贴蒙版,然后设置该图层的混合模式为"正片叠底",再运用画笔工具,并吸取人物手部皮肤颜色,完成后运用柔角画笔在手部的各个关节处进行涂抹,加深涂抹处图像的亮度和饱和度。

51 将"图层25"至"图层28"进行编组并重命名为"手"。新建"图层29",然后运用钢笔工具,在人物裙子边缘绘制范围路径,完成后将路径转化为选区并填充浅绿色(R215、G232、B223)。

52 设置"图层29"的图层混合模式为"正片叠底",透出下方的线稿,然后按住Alt键单击"添加图层蒙版"按钮,为该图层添加黑色蒙版。

53 单击画笔工具并打开"画笔"面板,选择"柔角"笔刷,再设置"形状动态"和"传递"中的各项参数,调整画笔的属性,完成后关闭"画笔"面板,然后在选项栏上设置画笔的大小为40px、"不透明度"为60%、"流量"为43%。

54 设置前景色为白色,然后运用画笔工具,在"图层29"的图层蒙版上进行涂抹,将隐藏的图像显示出来,制作衣服大体的色调。

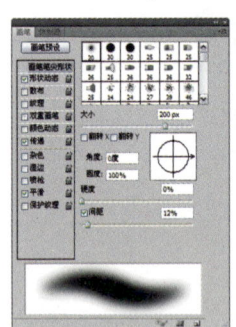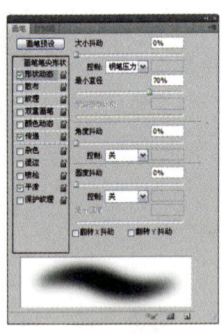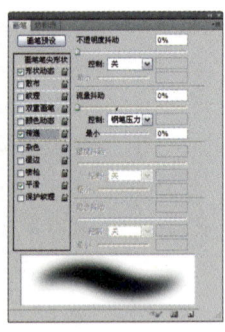

55 单击画笔工具,选择"尖角"笔刷,然后参照步骤53设置画笔的各项参数。完成后设置前景色为白色,再在"图层29"的图层蒙版上进行涂抹,将涂抹处的图像显示出来,继续细化衣服颜色。在涂抹的过程中可切换前景色为黑色在图像中进行涂抹,隐藏弱化涂抹处的图像效果。

56 参照上述步骤继续运用画笔工具,在"图层29"的图层蒙版上进行涂抹,在涂抹的过程中可适当切换前景色为黑色或白色,同时要注意用笔的轻重,以制作出更为丰富的层次效果,使画面更加完善。

(57) 新建“图层30”并设置该图层的混合模式为“正片叠底”，然后按住Ctrl键单击“图层29”的缩览图将其载入选区，再为“图层30”添加图层蒙版，使图像只显示选区内的部分。

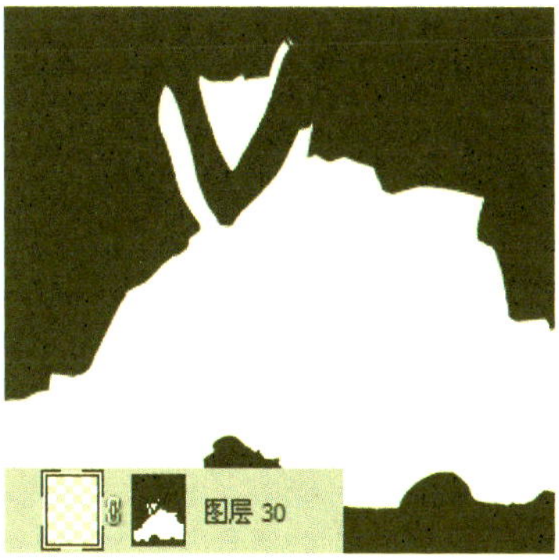

(58) 单击画笔工具，设置与步骤 53 一致的画笔参数，然后按住 Alt 键吸取衣服上的颜色，再在人物衣服上进行涂抹，加深涂抹处的图像亮度和饱和度，使衣服层次更加丰富。

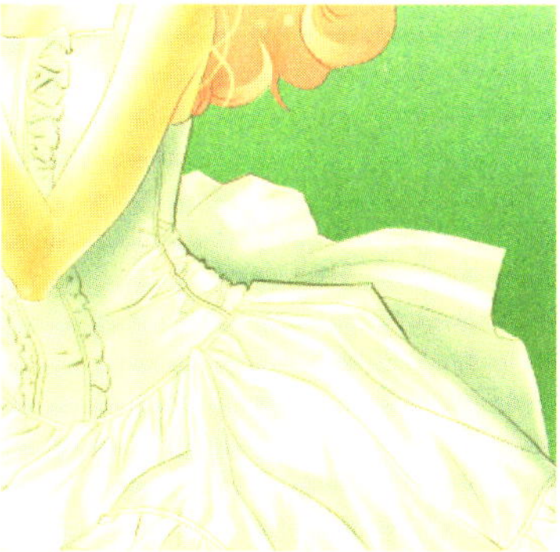

(59) 新建“图层31”，设置前景色为蓝灰色（R141、G153、B168），然后单击画笔工具，并在“画笔”面板中设置与步骤55一致的画笔参数，完成后在裙子的上方皱褶处进行涂抹，加深图像。

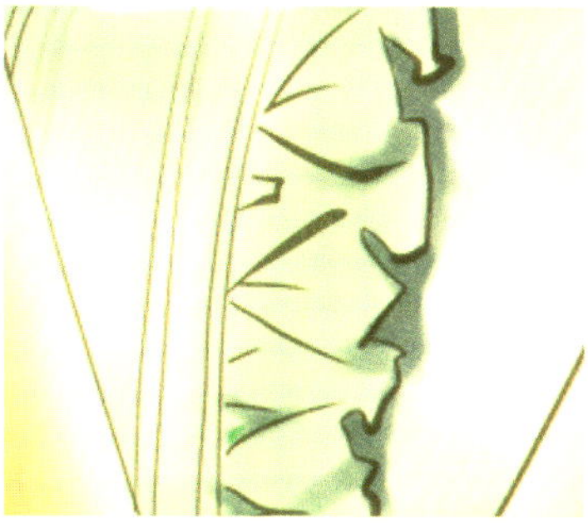

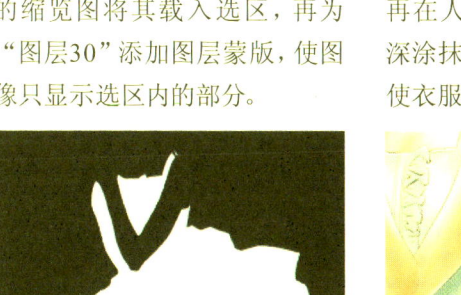

(60) 参照上一步骤，继续运用画笔工具，在裙子的各个皱褶处进行涂抹，加深涂抹处的图像效果，增大裙子的对比度，增加其立体感。

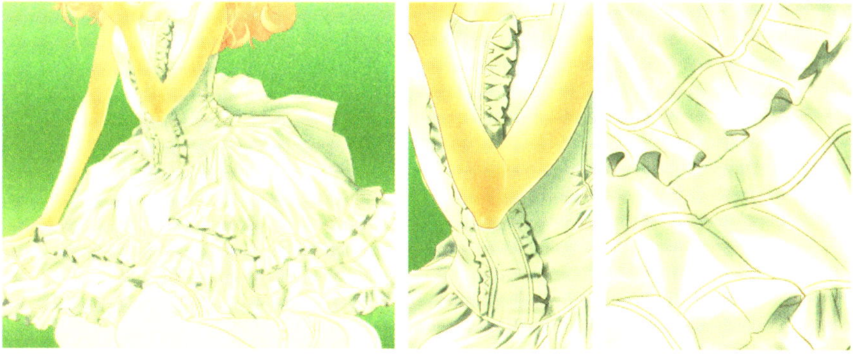

(61) 新建“图层32”并设置该图层的混合模式为“正片叠底”，然后继续运用画笔工具，在裙子的各个背光部分进行涂抹，加深图像效果，增加其立体感。

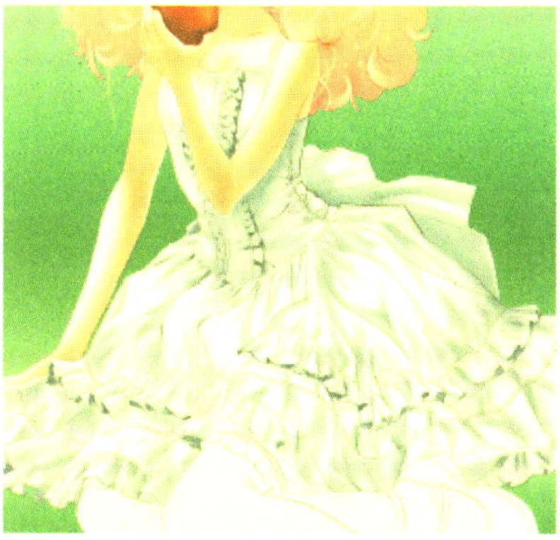

(62) 新建“图层33”，然后将“图层29”载入选区并对“图层33”填充淡绿色（R237、G248、B235），丰富裙子的颜色。

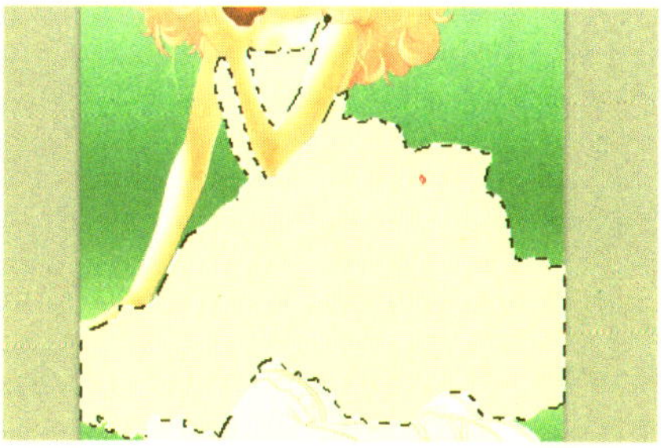

❻❸ 按住Alt键单击"添加图层蒙版"按钮 ，为"图层33"添加黑色图层蒙版，然后设置前景色为白色，再运用与步骤53设置一致的画笔在该图层蒙版上进行涂抹，将涂抹处的图像显示出来，为裙子添加淡绿色调，使裙子颜色更加丰富。

❻❹ 新建"图层34"，将"图层29"载入选区并为"图层34"添加图层蒙版，然后对该图层填充白色（R255、G255、B247）。

❻❺ 设置"图层34"的"不透明度"为19%，为裙子添加少量的淡黄色。

❻❻ 选择图层"线稿"，单击魔棒工具 ，再单击选项栏上的"添加到选区"按钮 ，然后在人物裙子横向花边上多次单击，将其创建为选区，完成后在"图层"面板最上方新建"图层35"并对选区填充粉红色（R246、G185、B186）。

❻❼ 单击"图层"面板上方的"锁定透明像素"按钮 ，锁定"图层35"的透明像素。然后运用画笔工具 ，在各个条纹的下侧面涂抹红灰色（R186、G147、B148），在人物右手下方的线条上涂抹紫红色（R165、G126、B133）和淡紫色（R203、G169、B194），制作条纹立体感的同时，丰富图像的颜色。

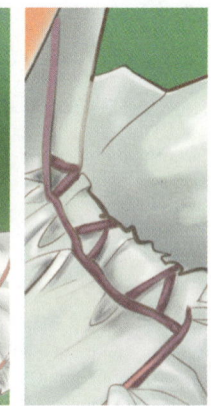

68 参照上述步骤继续运用画笔工具，在裙子下方的各个花边背光面绘制紫红色（R165、G126、B133）的暗部效果，使其更有立体感。

69 新建"图层36"，然后运用白色的画笔在人物衣服的各个皱褶亮部绘制白色的高光效果。

70 将"图层29"至"图层36"进行编组并重命名为"裙子"。然后新建"图层37"并运用钢笔工具，在人物头部发夹处绘制范围路径并将其转换为选区，完成后对选区填充绿灰色（R215、G227、B217）。

71 单击"锁定透明像素"按钮，锁定"图层37"的透明像素，然后运用柔角画笔在发夹左侧受光面绘制高光效果，然后运用尖角画笔在发夹右侧的背光面绘制蓝灰色（R180、G194、B197）和中蓝灰色（R108、G119、B121），制作发夹的层次感。

72 解除对"图层37"透明像素的锁定，设置前景色为黄灰色（R191、G173、B144），然后运用尖角画笔在发夹两侧绘制花边效果，使图像效果更加丰富。在绘制的过程中要适当调整画笔的"不透明度"、"流量"和画笔的大小，使绘制出的线条更加利落。

❼❸ 在"图层37"下方新建"图层38",然后运用白色的尖角画笔,在花边的下方进行涂抹,制作花边的高光和镂空效果,使画面效果更加丰富。

❼❹ 将"图层37"和"图层38"进行编组并重命名为"发夹"。然后新建"图层39"并设置该图层的混合模式为"正片叠底",再设置前景色为淡红褐色(R244、G218、B194),完成后运用尖角画笔在头发花朵的各个花瓣边缘进行涂抹,为花朵添加颜色。

❼❺ 首先设置前景色为淡黄绿色(R237、G247、B220),然后运用柔角画笔在花瓣内绘制,增加花瓣的色调。

❼❻ 新建"图层40",再设置前景色为白色,然后运用尖角画笔在花瓣的各个边缘进行涂抹,制作花瓣的厚度和高光,完善画面效果。

❼❼ 设置前景色为黄色(R252、G208、B82),然后运用尖角画笔在花蕊上涂抹,再运用同色系的其他颜色绘制深色和浅色的部分,丰富图像。

❼❽ 新建"图层41"并设置该图层的混合模式为"叠加",然后运用尖角画笔在花瓣的下方涂抹黑色,加深图像。再运用画笔工具,在花瓣的上方绘制白色,提高绘制处图像的亮度,使画面效果更加完善。

79 在"图层39"下方新建"图层42",然后设置该图层的混合模式为"正片叠底"。再设置前景色为黄绿色(R224、G226、B154),完成后运用柔角画笔在花朵的下方进行涂抹,制作花朵的阴影效果,使其更有立体感。

80 在"图层42"上方新建"图层43",然后设置前景色为绿色(R53、G124、B14),再运用尖角画笔在花朵的左下角绘制树叶效果。

81 首先设置前景色为黄绿色(R133、G206、B20),然后运用设置的尖角画笔在树叶上进行涂抹,为树叶添加更为丰富的颜色。

82 新建"图层44"并设置该图层的混合模式为"叠加",然后运用设置的尖角画笔在树叶的亮部进行涂抹,提高涂抹处图像的亮度。

83 新建"图层45",运用白色的尖角画笔绘制树叶的高光效果。

84 参照上述步骤运用画笔工具,在树叶右侧绘制树藤效果,然后在树藤两侧添加少量的树叶效果,使画面更加完善。

85 将"图层42"至"图层41"进行编组并重命名为"花朵"。选择图层"线稿"并运用魔棒工具,为袜子上的条纹创建选区,完成后新建"图层46"并对选区填充淡粉色(R250、G185、B178)。

❽❻ 新建"图层47"并为其创建剪贴蒙版，然后设置前景色为淡紫色（R211、G180、B215），再运用设置的柔角画笔在袜子的背光面进行涂抹，制作出暗部效果。

❽❼ 新建"图层48"并设置该图层的混合模式为"正片叠底"，然后设置前景色为灰色（R178、G165、B171），再运用设置的柔角画笔在袜子的暗部进行涂抹，制作阴影。然后切换为设置的尖角画笔，在最下方的裙摆处进行涂抹，制作裙摆的阴影效果。

❽❽ 将"图层46"至"图层48"进行编组并重命名为"袜子"。然后新建"图层49"，并设置该图层的混合模式为"正片叠底"，再运用钢笔工具，在鞋子外边缘绘制范围路径，完成后将路径转化为选区并填充暗红色（R196、G96、B107）。

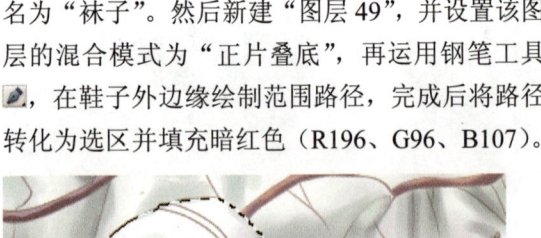

❽❾ 新建"图层50"并为该图层创建剪贴蒙版，然后设置前景色为暗红色（R84、G55、B60），再运用设置的柔角画笔在鞋子的背光面绘制背光效果。

❾⓪ 新建"图层51"并为该图层创建剪贴蒙版，然后设置前景色为紫红色（R153、G68、B107），再运用设置的柔角画笔在鞋子上进行涂抹，为鞋子添加更为丰富的层次效果。

91 新建"图层52"并为该图层创建剪贴蒙版,然后设置前景色为桃红色(R232、G100、B136),再运用设置的柔角画笔在鞋子的受光面和背光面绘制,丰富鞋子的层次。最后运用画笔工具 ✎,在鞋子上绘制高光效果。

92 将"图层49"至"图层52"进行编组并重命名为"鞋子"。选择"图层1"并运用画笔工具 ✎,按住Alt键吸取头发的颜色,再运用设置的柔角画笔在该图层上进行涂抹,改变线稿的颜色,使线稿与画面更加协调。

93 参照上一步骤继续运用画笔工具 ✎,按住Alt键吸取头发的颜色,再运用设置的柔角画笔在该图层上进行涂抹,改变其他地方线稿的颜色,使画面效果更加统一。

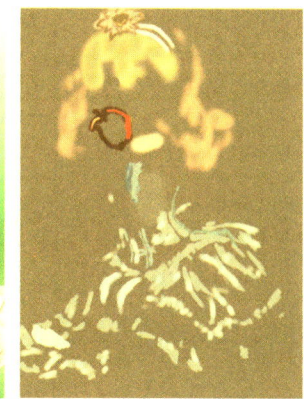

94 将"图层2"进行编组并重命名为"背景",然后将"图层2"的图层蒙版载入选区,再为图层组"背景"添加图层蒙版。

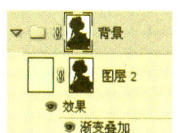

95 在"图层2"上方新建"图层53",然后运用画笔工具 ✎,按住Alt键吸取背景上的其他颜色后在背景上涂抹,使背景的渐变效果不再规律。

96 新建"图层54"并设置该图层的混合模式为"正片叠底",然后运用画笔工具并吸取背景上的颜色后,在裙子的左下侧和右下侧绘制裙子的投影效果。

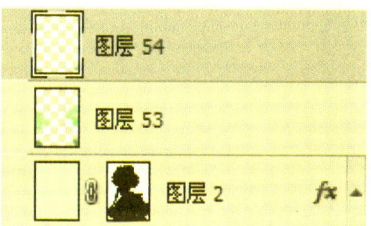

❾❼ 新建"图层 55"并设置前景色为绿色（R91、G155、B88），然后单击画笔工具 ![brush] 并打开"画笔"面板，选择 Grass 笔刷，再在"画笔"面板中设置其他各项参数。

❾❽ 运用上一步设置的画笔，在图像中进行涂抹，为画面添加小草效果。完成后设置"图层 55"的混合模式为"滤色"，然后为该图层添加图层蒙版并结合画笔工具 ![brush]，虚化部分小草效果，使图像效果更加自然。

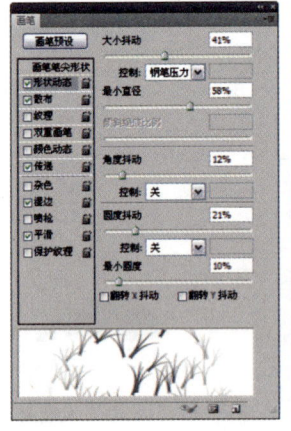
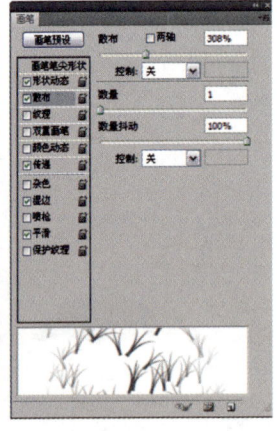

❾❾ 复制"图层55"，设置复制出的图层的混合模式为"正片叠底"，然后运用自由变换命令水平翻转该图层对应的图像。完成后对该图层的图层蒙版填充黑色，再运用白色的画笔在图层蒙版上进行涂抹，将隐藏的图像部分显示出来。

❿⓪ 在"图层"面板的最上方新建"图层 56"，然后运用白色柔角画笔在图像中绘制大小不一的白色发光小点。

❿❶ 新建"图层 57"并设置该图层的混合模式为"叠加"，然后运用黑色的柔角画笔在图像中的背光图像上进行涂抹，降低涂抹处的图像亮度、提高涂抹处的图像的饱和度，使图像效果更加完善。

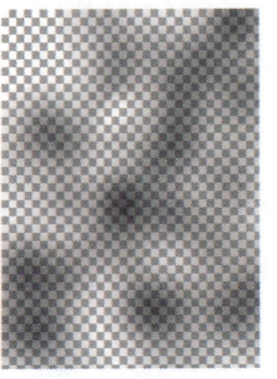

❿❷ 新建"图层 58"并对该图层填充黑色，再执行"滤镜 > 渲染 > 镜头光晕"命令，为图像添加光晕效果，完成后设置该图层的混合模式为"颜色减淡"。至此，本实例制作完成。

自由变换命令

知识解析

"自由变换"是Photoshop中用于旋转、扭曲、缩放图像的重要命令,通过"自由变换"命令可以对图像的大小与方向进行任意调整,下面对"自由变换"命令的具体操作进行介绍。

选择需要调整的图像后,执行"编辑 > 自由变换"命令或按快捷键 Ctrt+T,会调出自由变换控制框。按住 Shift 键拖动控制手柄,可以对图像进行等比例缩放;按住 Ctrl 键拖动控制手柄,则可以对图像的任意一个角进行移动,对图像进行任意变形;按住快捷键 Shift+Alt 拖动控制手柄,将对图像由中心向外进行等比例缩放。

按住 Shift 键拖动控制手柄

按住 Ctrl 键拖动控制手柄

按住 Shift+Alt 键拖动控制手柄

在使用"自由变换"命令调整图像大小与方向时,单击鼠标右键,在弹出的快捷菜单中,可以选择对图像进行缩放、旋转、斜切、扭曲、透视、变形、内容识别比例、旋转180°等操作的命令,以方便对图像进行任意调整,图像调整完成后,按下Enter键即可确认变换,结束自由变换操作。

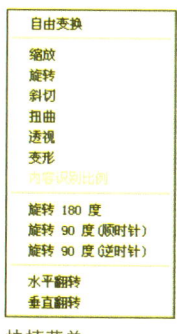
快捷菜单

执行"自由变换"命令

进行斜切变形

进行透视变形

垂直翻转图像

11 可爱卡通矢量画

本实例制作的是可爱卡通矢量画，画面以紫红色的背景和绿色主体人物构成，紫红色的背景可以与绿色人物形成强烈的冷暖对比，使人的视觉中心更加集中；图像中下方的密可以与上方的空形成很好的透气效果。而在画面上方点缀的星光效果，使整个画面看起来更具有气氛。

Illustrator
运用矩形工具和渐变工具制作背景

Illustrator
运用渐变工具，结合混合模式和蒙版，制作海面效果

Illustrator
运用渐变工具和混合模式制作路灯效果

Illustrator
运用钢笔工具和效果制作人物头部

Illustrator
运用矩形工具和混合模式制作围巾

Illustrator
运用渐变工具和椭圆工具制作光点效果

主要使用功能：钢笔工具、矩形工具、椭圆工具、渐变工具、叠加混合模式、正片叠底混合模式、滤色混合模式、不透明蒙版、剪切蒙版

素材文件：Chapter 4\02\media\ 房子 .ai

最终文件：Chapter 4\02\complete\ 可爱卡通矢量画 .ai

制作难度评定：★★☆☆☆

01 在Illustrator中执行"文件>新建"命令，弹出"新建文档"对话框，设置"名称"为"可爱卡通矢量画"、"宽度"为5.26cm、"高度"为3.94cm，设置完成后单击"确定"按钮新建文档。

02 设置"填色"和"描边"为无，单击矩形工具，在图像中绘制与画板大小一致的矩形，然后打开"渐变"面板，设置渐变类型为"线性"、渐变色从左到右依次为天蓝色（R166、G191、B214）、紫红色（R219、G110、B199）、深红色（R36、G0、B0），为路径添加渐变色。

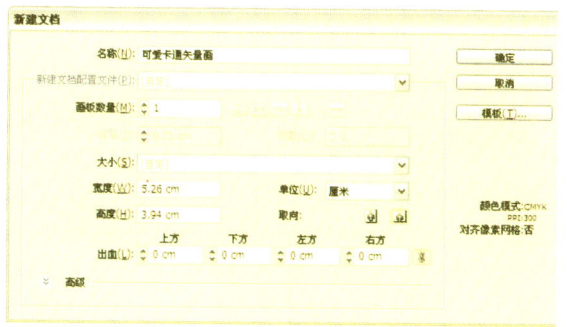

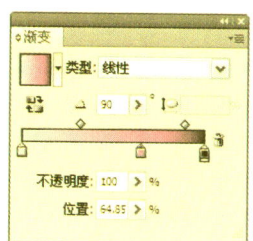 

03 设置"描边"为无、"填色"为深蓝色（R84、G58、B148），然后继续运用矩形工具，在画板下方绘制矩形路径，制作海面背景色。

04 设置"描边"为无、"填色"为蓝紫色（R124、G89、B208），然后单击钢笔工具，在图像的左下角绘制路径，丰富图像效果。

05 设置"描边"为无，然后在"渐变"面板中设置渐变色从左到右依次为蓝紫色（R210、G182、B255）、白色和蓝紫色（R210、G182、B255）。

 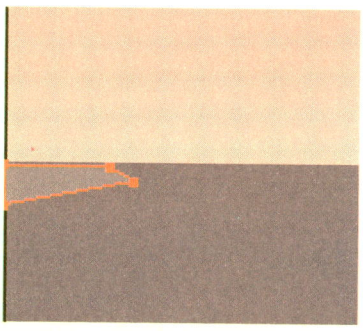 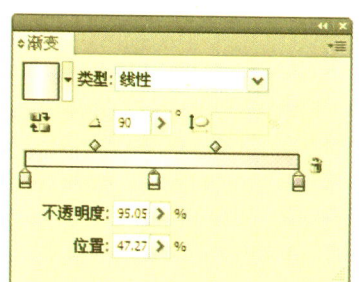

06 运用钢笔工具，在图像左下角绘制路径，丰富左下角图像效果。然后设置"描边"为"无"、"填色"为蓝色（R124、G89、B208），完成后继续运用钢笔工具，在图像的左下角绘制路径效果，完善海面的效果。

07 选择上一步绘制的路径，按下快捷键 Ctrl+C 复制该路径，再按下快捷键 Ctrl+F 将复制的路径贴在前面，再打开"渐变"面板设置该路径的颜色为蓝紫色（R210、G182、B255）到白色的循环渐变色。

 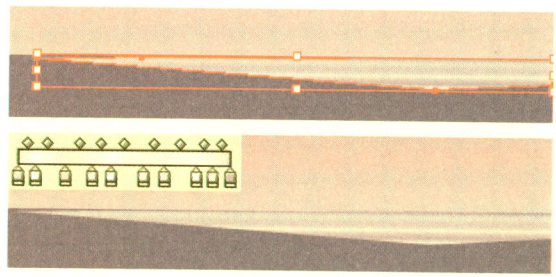

08 设置"描边"和"填色"皆为无，然后运用钢笔工具，在上一步绘制的路径的上方绘制路径，将上一步绘制的路径完全覆盖。完成后打开"渐变"面板，设置该路径的渐变色从左到右依次为黑色和白色。

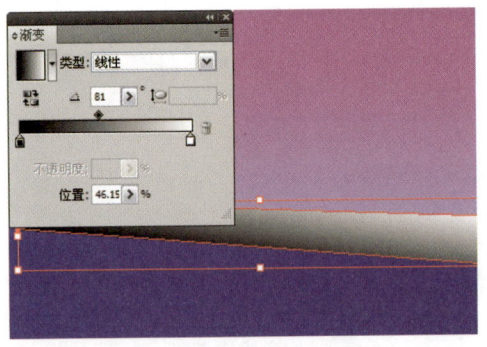

09 选中步骤07和步骤08绘制的两条路径，再单击"透明度"面板右上角的扩展按钮，在弹出的菜单中选择"建立不透明蒙版"命令，建立不透明蒙版，隐藏左侧部分效果，使其过渡更加自然。

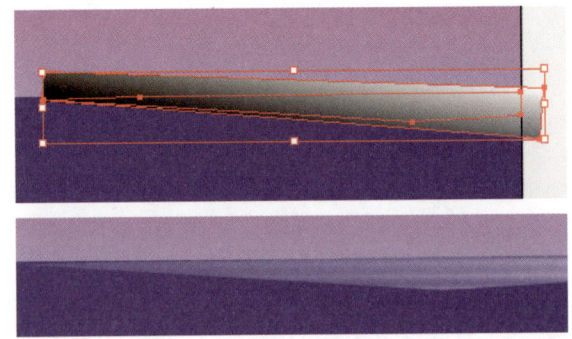

10 将上面绘制的所有路径选中，再按下快捷键Ctrl+G将选中的路径进行编组并重命名为"背景"。设置"描边"为无、"填色"为浅褐色（R205、G174、B164），然后运用钢笔工具，在图像的左下角绘制栏杆的路径。

11 设置"描边"为无，"填色"分别为褐色（R176、G126、B107）、中褐色（R204、G158、B143）和浅褐色（R225、G197、B186），再继续运用钢笔工具，在图像中分别绘制右侧的栏杆效果，使图像效果更加丰富。

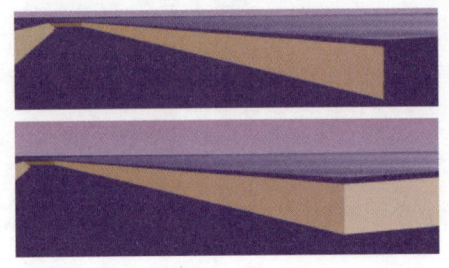

12 设置"描边"为无、"填色"为深褐色（R162、G116、B101），然后继续运用钢笔工具，在栏杆下方绘制深色图像效果，使栏杆更有立体感。

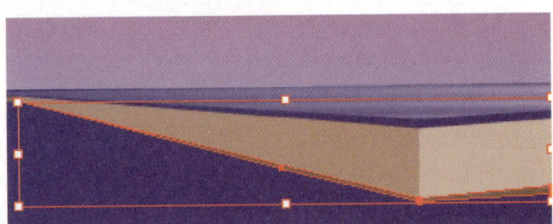

13 设置"描边"为无、"填色"为浅褐色（R225、G194、B185），然后运用钢笔工具，在栏杆的上方绘制亮部路径，使画面更加完善。

⑭ 设置"描边"为无、"填色"为淡黄色（R239、G227、B219），再运用钢笔工具，在所有的栏杆上绘制亮部路径，使图像更加完整。

⑮ 设置"描边"为无、"填色"为绿褐色（R133、G108、B0），然后运用钢笔工具，在栏杆上绘制横向的纹路效果。

⑯ 参照上一步骤继续运用钢笔工具，在栏杆的其他位置绘制，使画面效果更加丰富。

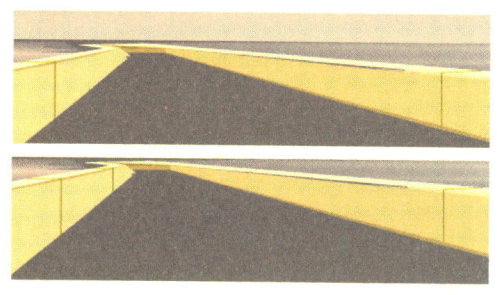

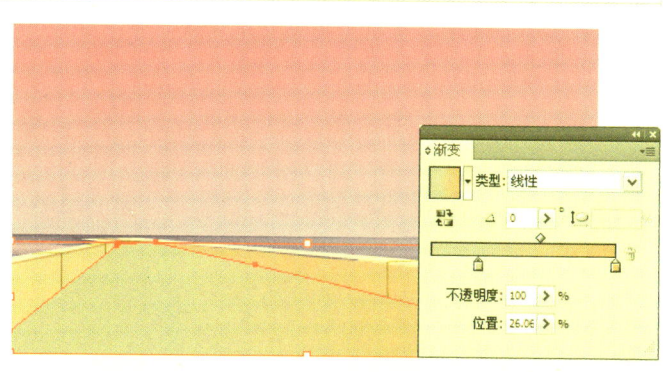

⑰ 将步骤10至步骤16绘制的所有路径进行编组并重命名为"栏杆"。然后设置"描边"和"填色"都为无，再运用钢笔工具，在图像下方绘制地面路径，完成后打开"渐变"面板，设置"类型"为"线性"、渐变色从左到右依次为灰色（R170、G170、B170）和浅褐色（R211、G151、B121）。

⑱ 设置"描边"为无、"填色"为灰褐色（R141、G125、B119），然后运用钢笔工具，在画面的左下角绘制地面路径。

⑲ 设置"描边"为无，"填色"为深灰色（R115、G99、B93），然后运用钢笔工具，在地面的左侧绘制深色图像，完善画面效果。

181

❷⓿ 参照上一步设置的"描边"和"填色",再运用钢笔工具 ,在地面上继续绘制深色图像,丰富图像效果。

❷❶ 设置"描边"为无、"填色"为灰色(R118、G115、B112),然后运用钢笔工具 ,在图像中绘制地面横向的条纹。

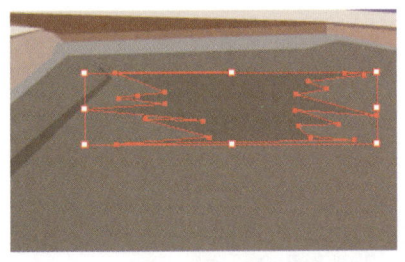

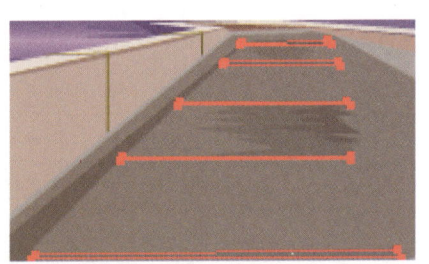

❷❷ 将步骤 17 至步骤 21 制作的所有路径进行编组并重命名为"地面",然后将"地面"路径组移动到"栏杆"路径组的下方。

❷❸ 设置"描边"为无、"填色"为绿褐色(R121、G106、B39),然后单击椭圆工具 ,在地面上绘制灯柱底座路径,完成后运用钢笔工具 ,在椭圆的下方绘制深色的路径,然后更改该路径的"填色"为深绿褐色(R92、G78、B27)。最后将该路径移动到椭圆路径的下方。

❷❹ 设置"描边"为无,"填色"分别为绿褐色(R98、G81、B24)和深绿褐色(R65、G50、B13)。然后运用椭圆工具 ,分别在图像中绘制椭圆路径,使图像效果更加丰富。

❷❺ 设置"描边"为无,"填色"为深褐色(R56、G46、B6)。然后运用矩形工具 ,在图像中进行绘制,完成后复制该路径并将复制出的路径贴到前面,再更改该路径的"填色"为绿褐色(R122、G105、B39),最后运用选择工具 ,调整路径的大小,制作灯柱的亮部。

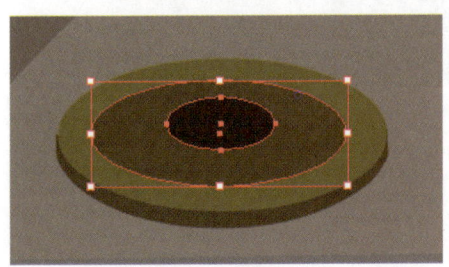

㉖ 设置"描边"为无、"填色"为褐色（R111、G91、B48），然后运用圆角矩形工具，在灯柱上绘制路径，然后参照上述步骤复制路径并结合选择工具，调整复制出的路径的大小，制作图像的立体感。

㉗ 将步骤23至步骤26绘制的路径进行编组并重命名为"灯柱"。设置"描边"为无、"填色"为深红褐色，然后运用椭圆工具，在灯柱顶端绘制正圆路径，完成后复制该路径并运用选择工具，调整复制出的路径的大小和位置，制作灯泡。最后打开"渐变"面板，设置"类型"为"线性"，渐变色从左到右依次为白色和橙黄色（R255、G166、B0），为灯泡路径添加渐变色。

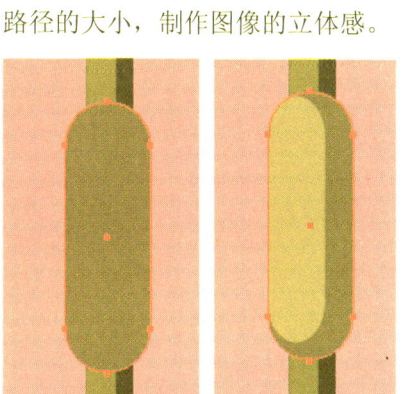

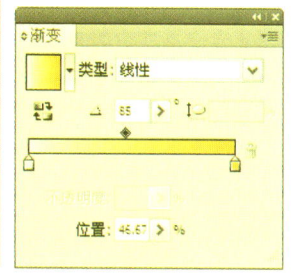

㉘ 复制上一步骤添加渐变的正圆路径，然后运用选择工具，调整复制出的路径的大小和位置。再在"渐变"面板中更改该路径的渐变色从左到右依次为淡黄色（R255、G244、B187）和透明橙色（R226、G138、B66）。

㉙ 设置"描边"为无、"填色"为橙红色（R254、G153、B38），然后运用钢笔工具，在灯泡的上方绘制深色图像路径，完善图像外形。

㉚ 设置"描边"为无、"填色"为淡黄色（R255、G238、B203），然后运用钢笔工具和椭圆工具，在图像中绘制高光路径。

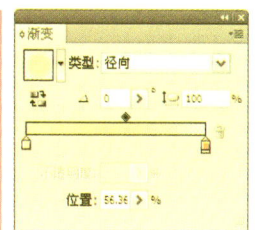
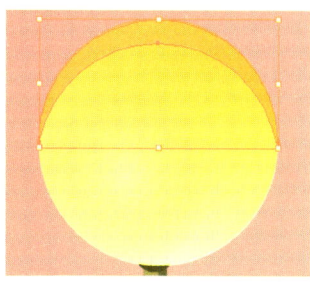
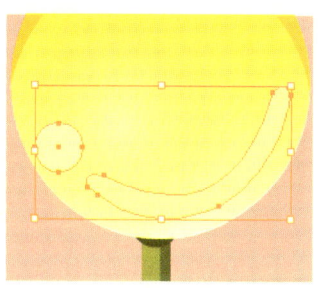

㉛ 将步骤27至步骤30制作的所有路径进行编组。设置"描边"为无、"填色"为绿褐色（R96、G68、B24），然后运用钢笔工具，在灯泡上方绘制灯帽。完成后更改"填色"为浅绿褐色（R132、G111、B46），最后运用钢笔工具，在灯帽上绘制亮部路径，使图像效果更加丰富。

32 将上一步制作的灯帽路径进行编组，然后同时选中步骤31和步骤32编组的两个路径组。复制选中的两个路径组，完成后将复制的路径组贴在前面。再对灯泡路径组执行"编辑>编辑颜色>调整色彩平衡"命令，弹出"调整颜色"对话框，设置参数后单击"确定"按钮，调整路径的颜色。

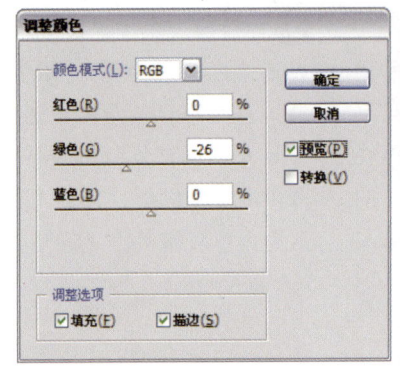
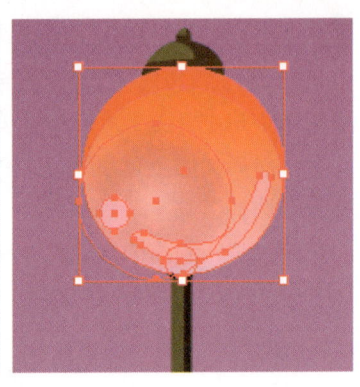

33 运用选择工具，调整上一步复制出的两个路径组对应路径的大小，并将其移动到原灯泡左侧。然后复制调整后的路径并将其贴在前面，然后结合选择工具，为灯泡右侧添加灯泡效果。

34 设置"描边"为无、"填色"为绿灰色（R96、G100、B102），然后运用钢笔工具，在灯泡上方绘制路径。完成后复制该路径并将其贴到前面。再在画板中右击，在弹出的快捷菜单中选择"变化>对称"，弹出"镜像"对话框，设置参数后单击"确定"按钮翻转路径。

35 将步骤23至步骤34制作的所有路径进行编组并重命名为"灯"，然后多次复制该路径组并结合选择工具，调整复制出的路径的大小和位置，得到一行路灯的效果。

36 设置"描边"为无、"填色"为白色，然后运用椭圆工具，在图像上方绘制正圆路径，完成后在"透明度"面板中设置该路径的"不透明度"为51%。

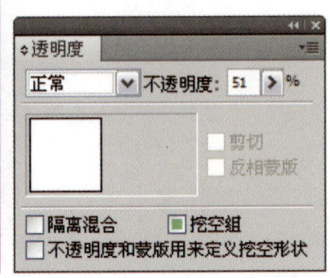

③ 多次复制上一步制作的正圆路径并将其贴在前面，然后结合选择工具，调整复制出的路径的大小和位置，为天空添加更为丰富的效果。

③ 设置"描边"为无、"填色"为白色，然后运用钢笔工具，在图像中绘制细长梭状路径，完成后多次复制该路径并将复制出的路径贴在前面，再单击旋转工具，调整复制出的路径的角度，使其组合成星光图像。

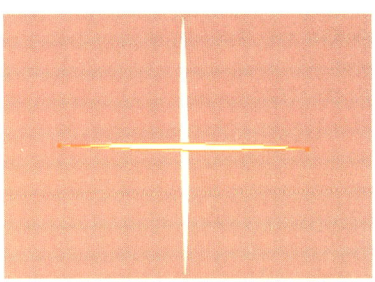

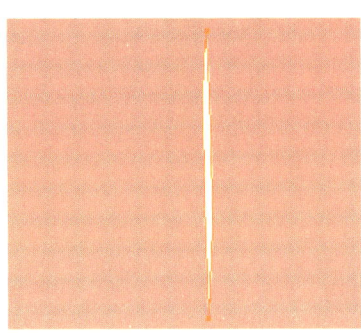

③ 将上一步制作的星光路径进行编组，然后在"透明度"面板中设置该路径的"不透明度"为50%。完成后多次复制步骤38中制作的星光路径，再结合选择工具，调整路径的大小和位置，丰富画面效果。

④ 将步骤37至步骤39制作的所有路径进行编组并重命名为"星光"。设置"描边"无、"填色"为水蓝色（R173、G220、B202），然后运用钢笔工具，在图像中绘制人物帽子最外围的路径。

④ 设置"描边"为无、"填色"为水蓝色（R139、G200、B175），完成后运用钢笔工具，继续在图像中绘制路径，丰富帽子的层次效果。

④ 设置"描边"为无、"填色"为蓝绿色（R96、G174、B138），然后运用钢笔工具，继续在图像中绘制帽子的路径效果，完善图像效果。

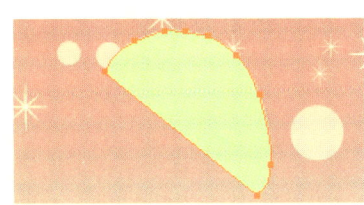

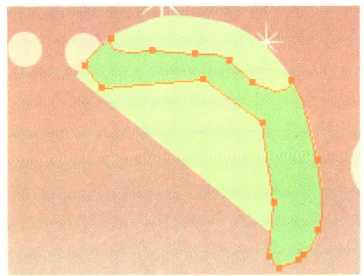

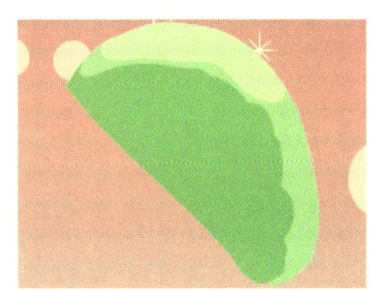

43 运用椭圆工具 ，在帽子的上方绘制高光路径，完成后设置"描边"为无，再打开"渐变"面板，设置"类型"为"径向"，渐变色从左到右依次为白色和透明白色。完成后在"透明度"面板中设置该路径的"不透明度"为52%。

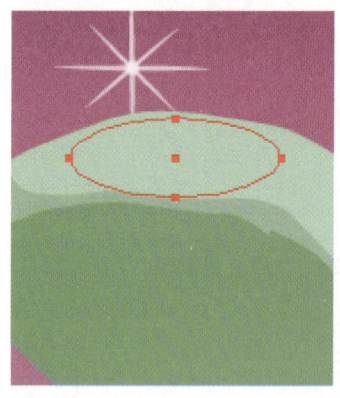
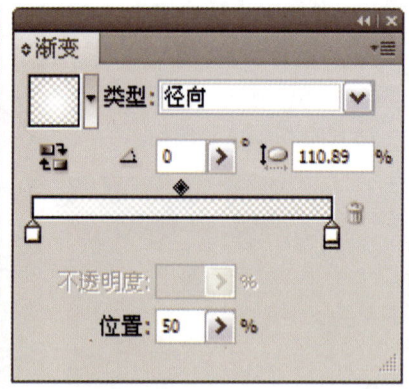
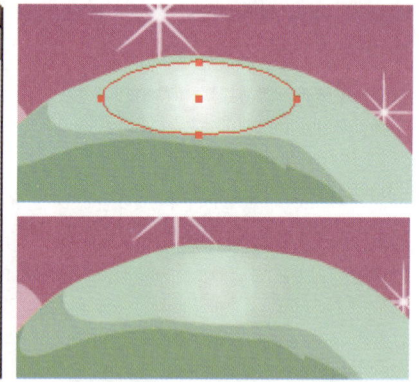

44 设置"描边"为无、"填色"为白色，然后运用钢笔工具 ，继续在图像中绘制帽子边缘的毛绒范围路径。

45 设置"描边"为无、"填色"为粉灰色（R234、G223、B219），完成后运用钢笔工具 ，在图像中绘制人物面部范围的路径。然后参照同样的方法运用钢笔工具 ，在毛绒另一侧边缘绘制深色部分路径，使画面效果更加丰富。

46 将步骤40至步骤45制作的所有路径进行编组并重命名为"帽子"，然后设置"描边"无、"填色"为褐色（R135、G78、B62），完成后运用钢笔工具 ，在帽子的左下角绘制脸庞的头发路径。

47 设置"描边"为无、"填色"为深褐色（R70、G26、B16），再继续运用钢笔工具 ，在图像中绘制头发路径，使其层次更加丰富。

❹⓼ 参照上一步设置的"描边"和"填色",继续运用钢笔工具,在头发的左下角绘制更为丰富的层次效果。

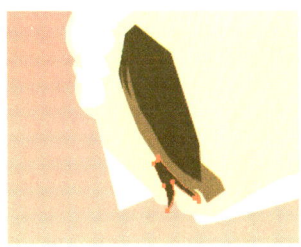

❹⓽ 将步骤46至步骤48制作的头发路径进行编组并重命名为"头发01"。然后设置"描边"为无、"填色"为橙色(R255、G199、B159),完成后运用钢笔工具,在人物面部绘制脸部的路径。

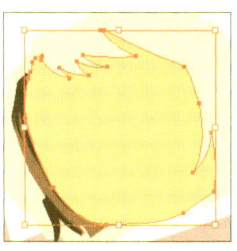
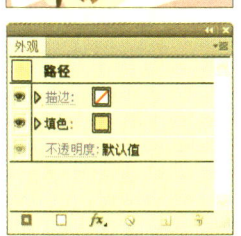

❺⓿ 运用钢笔工具,在人物面部上方绘制头发的投影路径。完成后设置该路径的"描边"为无,再打开"渐变"面板,设置"类型"为"线性"、渐变色从左到右依次为橙红色(R17、G155、B72)和透明橙红色。

❺❶ 参照上述步骤,继续运用钢笔工具,在人物面部的右侧和右下侧绘制阴影路径,完成后设置该路径的"描边"和"填色",使人物面部效果更加完善。

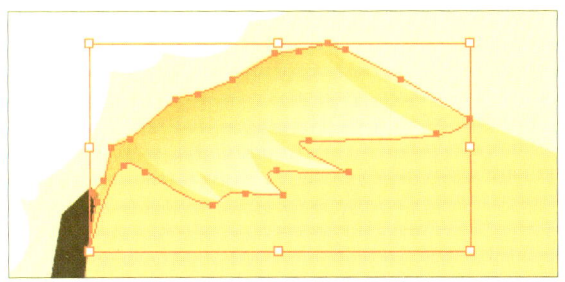
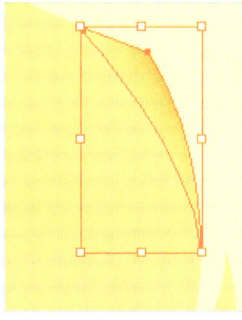
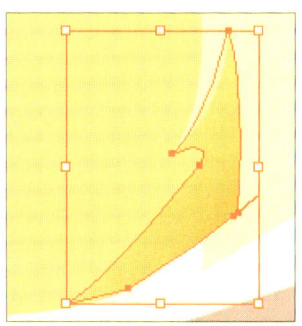

❺❷ 将步骤50和步骤51制作的所有脸部阴影路径进行编组并重命名为"脸部阴影"。再设置"描边"为无、"填色"为深褐色(R73、G28、B17),完成后运用钢笔工具,在人物面部的左侧绘制头发底色路径。

❺❸ 设置"描边"为无、"填色"为褐色(R134、G81、B63),完成后运用钢笔工具,在刘海处绘制更多层次的头发效果。

❺❹ 运用上一步设置的"描边"和"填色",再继续运用钢笔工具,在人物面部的左侧绘制头发效果。

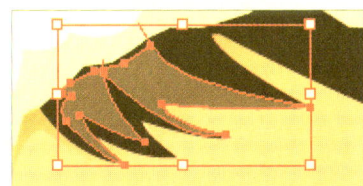

⑤ 参照上述步骤设置"描边"为无、"填色"为深褐色（R86、G41、B31），完成后运用钢笔工具，在左侧头发处绘制更多的发丝路径效果。

㊽ 设置"描边"为无、"填色"为褐色（R175、G116、B91），然后运用钢笔工具，在头发上绘制头发的高光效果。完成后参照上述步骤继续运用钢笔工具，在其他头发上绘制更多的发丝效果，使画面效果更加完善。

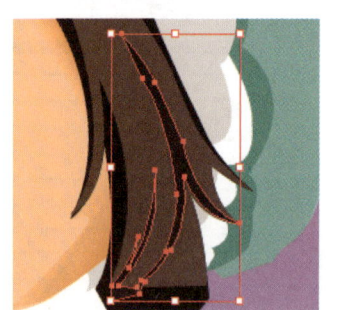 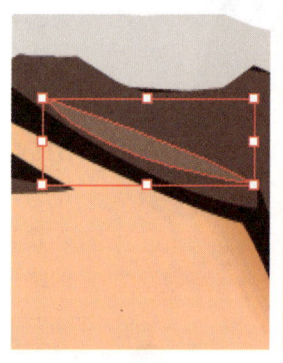 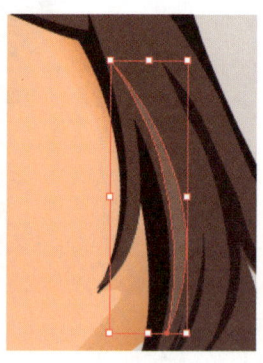 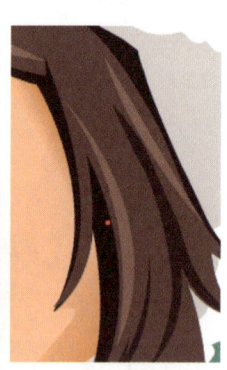

㊼ 将步骤52至步骤56制作的所有路径进行编组并重命名为"头发02"。设置"描边"为无、"填色"为淡褐色（R215、G195、B189），然后运用钢笔工具，在人物帽子毛绒的下边缘绘制更为丰富的细节效果，完善画面。

㊾ 设置"描边"为无、"填色"为褐红色（R171、G59、B79），然后运用钢笔工具，在人物面部左侧绘制眉毛的路径。完成后继续运用钢笔工具，绘制右侧的眉毛效果。

㊿ 运用钢笔工具，在人物眼睛处绘制眼窝深色部分的路径，完成后设置该路径的"描边"为无，并打开"渐变"面板，设置渐变色从左到右依次为透明土黄色（R247、G155、B72）和土黄色。

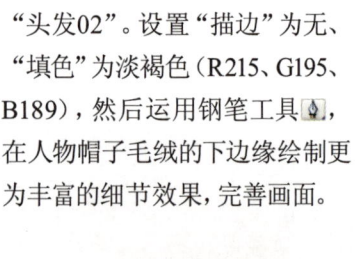 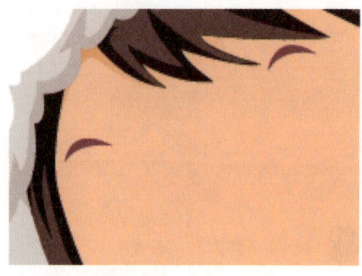 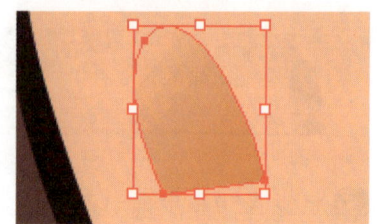

㊻ 参照上一步骤为另一侧的眼睛添加深色路径，然后设置"描边"为无、"填色"为白色，再运用椭圆工具，在人物脸部绘制眼睛的路径。完成后更改"填色"为紫红色（R124、G35、B72），最后运用椭圆工具，在眼睛上绘制眼珠路径。在绘制的过称中可结合旋转工具，调整绘制的路径的角度。

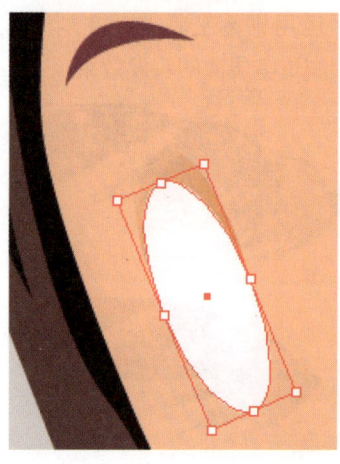 

❻❶ 参照上述步骤，设置"描边"和"填色"后，结合钢笔工具 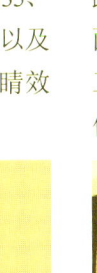，为眼睛绘制紫红色（R124、G35、B72）的上眼睑和睫毛路径，以及白色的眼球高光效果，使眼睛效果更完整。

❻❷ 将步骤60和步骤61制作的眼睛路径进行编组，然后复制该路径并将复制出的路径贴在前面，再运用选择工具 和旋转工具 ，调整复制出的路径的位置，制作左侧的眼睛效果。

❻❸ 将步骤58至步骤62制作的所有路径进行编组并重命名为"眼睛"。然后设置"描边"为无、"填色"为橙红色（R255、G155、B98），完成后运用钢笔工具 ，在图像中绘制鼻子效果。

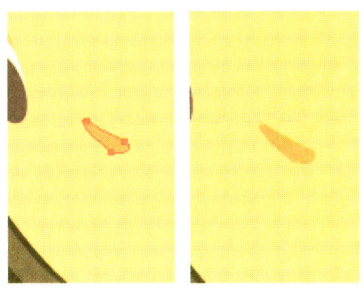

❻❹ 运用钢笔工具 ，在人物面部绘制嘴巴的路径，完成后设置"描边"为无，再打开"渐变"面板，设置"类型"为"线性"、渐变色从左到右依次为橙黄色（R247、G168、B72）和透明橙黄色。最后在"透明度"面板中设置该路径的混合模式为"正片叠底"。

❻❺ 参照上述步骤，运用钢笔工具 ，结合渐变工具 ，继续丰富人物的嘴巴效果。完成后设置"描边"为无、"填色"为粉红色（R255、G145、B149），然后运用钢笔工具 ，在人物脸部绘制腮红效果，使人物脸部效果更加完善。

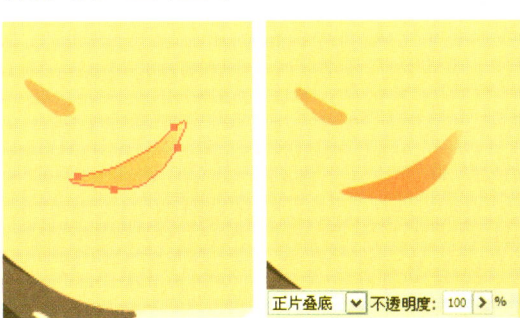
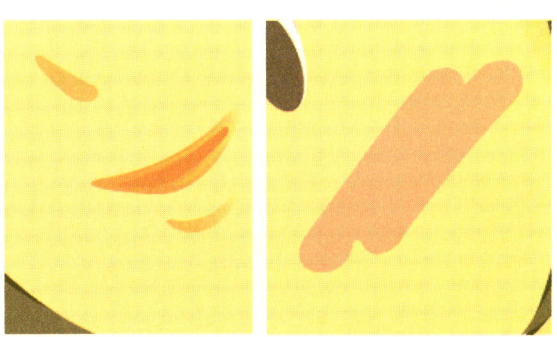

❻❻ 设置"描边"为无、"填色"为橙红色（R254、G174、B125），再运用钢笔工具 ，在鼻子上方绘制深色皮肤的路径。之后在"透明度"面板中设置该路径的混合模式为"正片叠底"，再对该路径执行"效果>风格化>羽化"命令，在弹出的对话框中设置参数并确定，羽化路径。

❻❼ 连续4次复制上一步制作的深色皮肤路径，加深叠加效果，制作出淡淡的叠加效果，使画面效果更加完善。

❻❽ 将步骤63至步骤67制作的所有路径进行编组并重命名为"鼻子和嘴"，再将路径组"帽子"至路径组"鼻子和嘴"的所有路径进行编组并重命名为"头部"。

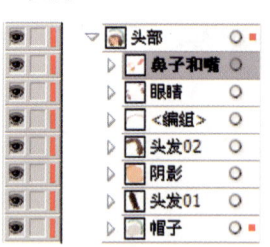

❻❾ 设置"描边"为无、"填色"为柠檬黄（R236、G212、B95），完成后运用钢笔工具，在画面下方绘制人物背后的围巾路径，使画面效果更加丰富。

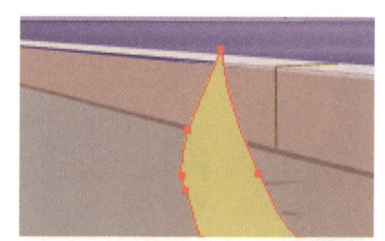

❼⓿ 设置"描边"为无、"填色"为橙黄色（R230、G117、B35），然后运用矩形工具，在围巾上绘制竖向的条纹效果，完成后在"透明度"面板中设置该路径的"不透明度"为50%。

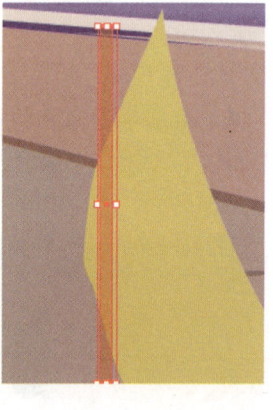

❼❶ 多次复制上一步制作的路径，再将复制出的路径贴在前面。然后结合选择工具，调整复制出的路径的位置，使其将围巾完全覆盖。

❼❷ 参照步骤70的"描边"和"填色"，继续运用矩形工具，在图像中绘制横向的条纹路径，完成后在"透明度"面板中设置该路径的"不透明度"为50%，再参照上述步骤多次复制该路径并结合选择工具，调整复制出的路径的位置。

❼❸ 将步骤70至步骤72制作的所有条纹路径进行编组，然后复制步骤69中制作的围巾路径并将复制出的路径移动到"图层"面板的最上方，再同时选中复制出的路径和本步骤编组的路径组，在画板中右击，在弹出的快捷菜单中选择"建立剪切蒙版"命令，建立剪切蒙版，使条纹路径组只显示与复制出的路径相交的部分。

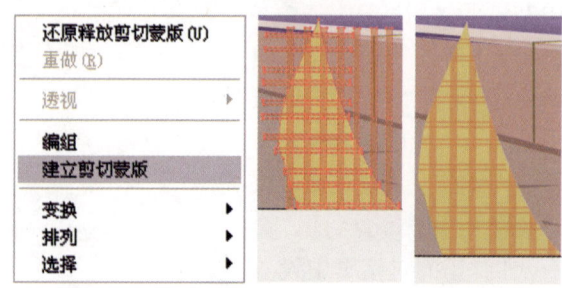

74 设置"描边"为无、"填色"为黑色，然后运用钢笔工具，在围巾上方绘制黑色的阴影路径，完成后在"透明度"面板中设置"不透明度"为24%，降低路径的不透明度。

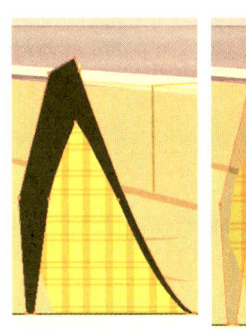 

75 继续运用钢笔工具，在围巾上绘制路径效果。完成后设置该路径的"描边"为无、"填色"为半透明黑色到透明黑色，继续丰富阴影效果。

76 将步骤69至步骤75制作的所有路径进行编组并重命名为"围巾01"。然后设置"描边"为无、"填色"为蓝灰色（R149、G176、B185），完成后运用钢笔工具，在图像中绘制衣服的路径。

77 复制上一步绘制的衣服路径并将复制出的路径贴在前面，然后打开"渐变"面板，设置"类型"为"线性"、渐变色从左到右依次为透明白色和水蓝色（R165、G229、B216），最后在"透明度"面板中设置该路径的"不透明度"为54%。

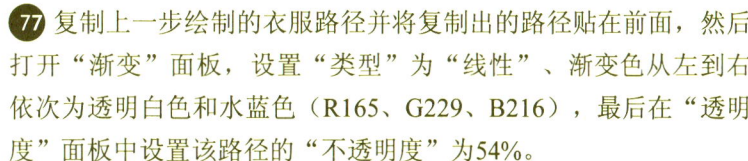

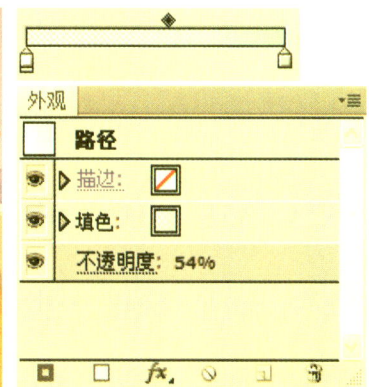

78 设置"描边"为无、"填色"为蓝紫色（R202、G208、B247），完成后运用钢笔工具，在衣服上绘制更多的层次路径。

79 运用矩形工具，在衣服上绘制一个可以将上一步绘制的路径完全覆盖的矩形路径，然后设置该路径的"描边"为无，再打开"渐变"面板，设置"类型"为"线性"、渐变色从左到右依次为白色、灰色（R223、G223、B223）、黑色。将本步骤绘制的矩形路径和上一步制作的路径同时选中，单击"透明度"面板右上角的按钮，在弹出的菜单中选择"建立不透明蒙版"命令，建立不透明蒙版，虚化部分路径效果。

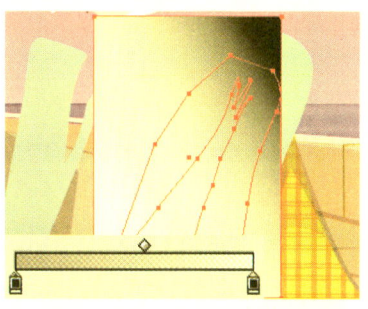

⑧⓪ 设置"描边"为无、"填色"为深蓝灰色（R127、G158、B161），然后运用钢笔工具 ◊，继续在衣服上绘制更多的层次路径，使画面效果更加丰富。

⑧① 设置"描边"为无、"填色"为天蓝色（R208、G216、B244），再运用钢笔工具 ◊，在衣服左侧绘制层次更为丰富的路径效果。

⑧② 运用钢笔工具 ◊，在衣服左侧绘制路径，然后复制步骤76中制作的衣服路径并将复制出的路径移动到"图层"面板的最上方。

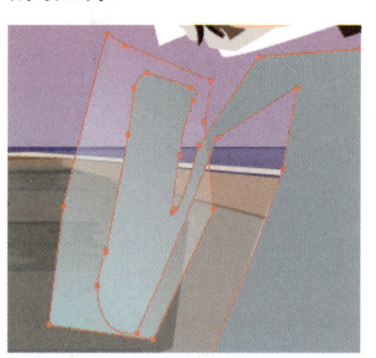

⑧③ 将上一步中的两个路径同时选中，再单击"路径查找器"面板中的"交集"按钮 ▣，制作两条路径相交的路径。

⑧④ 设置上一步制作的路径的"描边"为无，再打开"渐变"面板，设置"类型"为"线性"、渐变色从左到右依次为水蓝色（R165、G227、B229）和透明白色。完成后在"透明度"面板中设置该路径的混合模式为"滤色"、"不透明度"为37%，丰富衣服的效果。

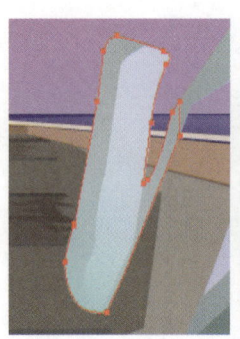
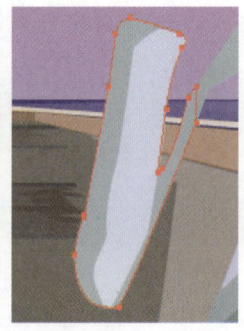
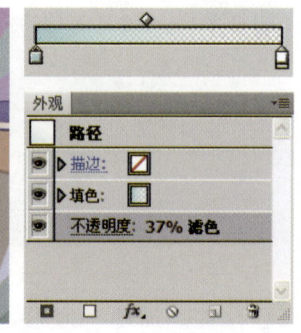

⑧⑤ 将步骤76至步骤84制作的所有路径进行编组并重命名为"衣服"。然后参照步骤69至步骤75制作胸前的围巾路径，使画面效果更加完善。制作完成后将本步骤绘制的所有路径进行编组并重命名为"围巾02"。

❽❻ 参照步骤52至步骤57，制作头部下方的头发效果，制作完成后将本步骤制作的所有头发路径进行编组并重命名为"头发02"。

❽❼ 参照上述制作围巾的方法，继续结合钢笔工具、剪切蒙版和"透明度"面板等制作颈部的围巾效果，完成后将本步骤绘制的所有路径进行编组并重命名为"围巾03"。

 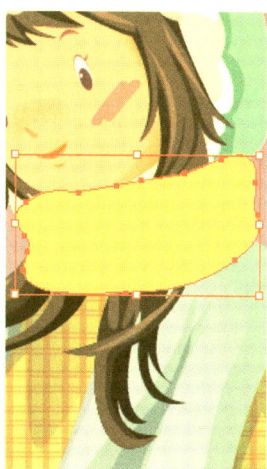  

❽❽ 运用椭圆工具，在围巾上绘制高光的路径，完成后设置该路径的"描边"为无，再打开"渐变"面板，设置"类型"为"线性"、渐变色从左到右依次为白色和透明白色。

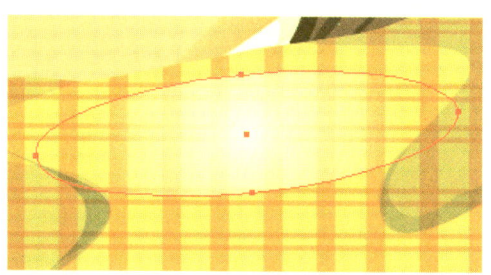

❽❾ 在"透明度"面板中设置上一步绘制的高光路径的"不透明度"为52%，使高光效果更加柔和。然后多次复制该路径并结合选择工具，调整复制出的路径的位置，为围巾的其他位置添加高光效果。

⑩ 将上一步制作的高光路径移动到路径组"围巾03"中,然后设置"描边"为无、"填色"为橙红色(R249、G180、B127),运用钢笔工具 ,在人物的右侧袖口处绘制手的外形路径。

⑨ 运用钢笔工具 ,在手部的上方继续绘制路径,完成后设置该路径的"描边"为无、"填色"为褐黄色(R245、G157、B88),然后运用矩形工具 ,在手部上绘制可以将手部完全覆盖的矩形路径,再设置该路径的"描边"为无、渐变色从左到右依次为黑色和透明黑色,最后同时选中这两个路径并为其创建不透明蒙版,虚化左侧的路径效果,使其过渡更加柔和。

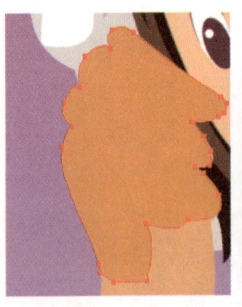
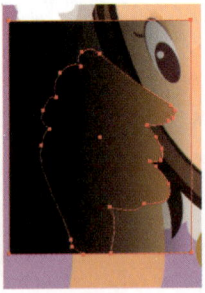
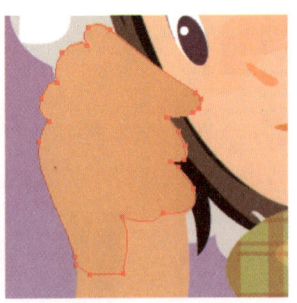

⑫ 设置"描边"为无、"填色"为淡黄褐色(R255、G199、B159),然后运用钢笔工具 ,在手部的受光面绘制亮部的路径,使其更有立体感。

⑬ 参照上一步继续运用钢笔工具 ,在其他的各个手指上绘制亮部的路径,使画面效果更加完善,最后将步骤90至步骤93制作的所有手的路径进行编组并重命名为"手"。

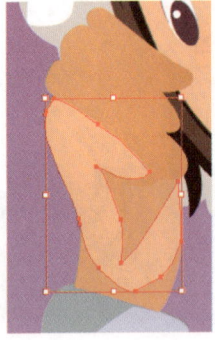

⑭ 单击椭圆工具 ,在图像中绘制正圆路径,完成后设置该路径的"描边"为无,再打开"渐变"面板,设置"类型"为"径向"、渐变色从左到右依次为白色和透明白色。然后多次复制该路径并结合选择工具 ,调整复制出的路径的大小和位置,为画面添加更多的发光点效果。

⑮ 打开本书配套光盘中的Chapter 4\02\media\房子.ai文件,然后将该文件中的所有路径移动到当前图像中相应位置,再将其移动到"图层"面板中最下方路径的上方。至此,本实例制作完成。

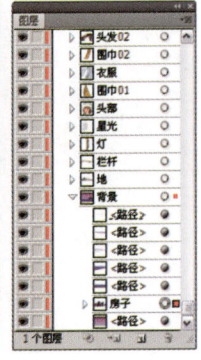

知识解析

Illustrator 渐变工具

Illustrator CS5 是 Adobe 公司推出的一款功能强大的专业矢量图像绘制软件。该软件具有较强的实用性和便捷性，绘制图像方便、绘图效果良好。在 Illustrator 中最为常用的工具之一便是渐变工具，同时也是该软件绘制图像时的重要工具，可以根据用户对渐变颜色的设置，绘制出颜色过渡自然、质感清晰的矢量图像。

使用渐变工具填充路径颜色，是将两种或两种以上颜色以渐进过渡的方式进行填充。Illustrator 软件中系统预设渐变颜色为自定义颜色、印刷色或纯黑色和纯白色。在使用渐变工具填充对象颜色时，在对象上双击鼠标，将自动将渐变颜色填充到对象中。填充渐变颜色后可以对渐变滑块进行调整，以调整渐变颜色过渡效果，同时还可以对渐变滑块进行旋转，以调整渐变细节。也可以通过"渐变"面板对渐变颜色以及角度、不透明度、位置进行调整。

可双击对象，并可直接调整对象上的渐变批注者以编辑对象颜色，也可通过结合使用"渐变"面板的方式让填充操作更加便捷。下图所示为"渐变"面板。

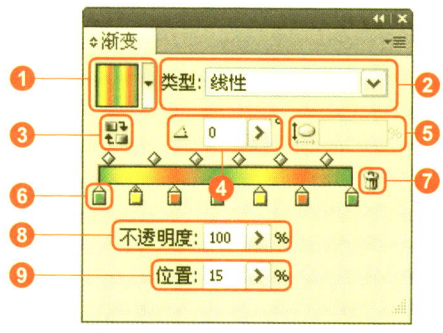

"渐变"面板

编号	名称	说明
❶	渐变填充缩览图	可预览当前设置的渐变效果，默认渐变颜色为黑白。单击右端的下拉按钮可对渐变颜色进行选择
❷	类型	单击右侧的下拉按钮，可在下拉列表中选择渐变类型为"线性"或是"径向"
❸	反向渐变	将当前渐变颜色的方向翻转
❹	角度	用于设置渐变颜色填充的角度
❺	长宽比	用于设置渐变颜色之间的比例
❻	渐变滑块	可拖动滑块调整渐变颜色之间的过渡位置；单击颜色条下方可添加渐变滑块；双击滑块可弹出颜色选取器
❼	删除色标	选择一个渐变滑块后单击该按钮可删除该渐变滑块
❽	不透明度	用于调整所选滑块颜色的不透明度
❾	位置	用于显示所选滑块的位置

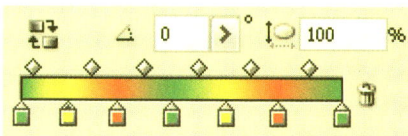

设置渐变颜色

线性渐变

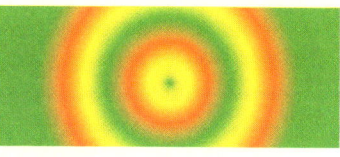

径向渐变

写实 CG 插画

本实例是运用 Photoshop 制作的一幅以塑造角色为主的人物半身像写实 CG 插画。画面中的人物以偏红的暖色调为主色调，与蓝色的背景形成比较强烈的视觉反差，使画面的视觉中心更加集中。精细刻画的人物与背景的粗略形成虚实对比，背景右侧大面积的留白使画面更加透气，飞翔的白鹤增添了画面的动感。

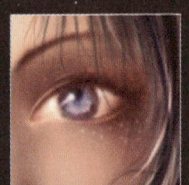

Photoshop
运用画笔工具并结合液化滤镜调整图像

Photoshop
运用画笔工具和图层混合模式制作嘴唇

Photoshop
运用画笔工具并结合图层混合模式制作头发

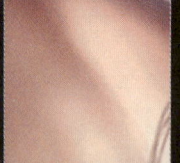

Photoshop
运用画笔工具并结合橡皮擦工具制作皮肤

Photoshop
运用画笔工具并结合图层样式制作衣服

主要使用功能：画笔工具、叠加图层混合模式、颜色减淡图层混合模式、柔光图层混合模式、橡皮擦工具、图层蒙版、照片滤镜命令、色相/饱和度命令、色彩平衡命令、外发光图层样式、斜面和浮雕图层样式

素材文件：Chapter 4\03\media\线稿.png 天空.png、纹理.png

最终文件：Chapter 4\03\complete\写实CG插画.psd

制作难度评定：★★★★☆

01 在Photoshop中执行"文件>新建"命令,弹出"新建"对话框,设置"名称"为"写实CG插画"、"宽度"为15.53cm、"高度"为9.95cm、"分辨率"为300dpi,设置完成后单击"确定"按钮。

02 单击画笔工具,再按下快捷键F5打开"画笔"面板,设置"形状动态"和"传递"中的各项参数,完成后关闭面板并设置前景色为黑色,然后在选项栏上设置画笔的大小、"不透明度"和"流量"。最后单击"创建新图层"按钮,新建"图层1",并设置该图层的混合模式为"正片叠底"。

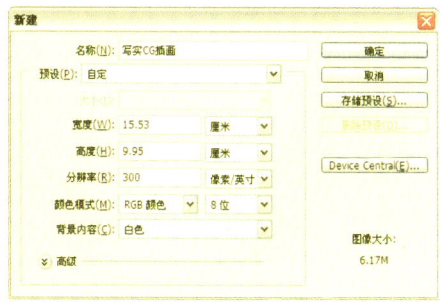
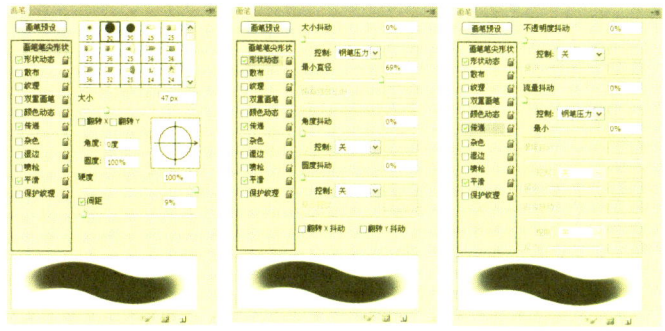

03 打开本书配套光盘中的Chapter 4\03\media\线稿.png,然后将其移动到当前图像中的相应位置,生成"图层2"。再将"图层2"重命名为"线稿"。

04 将"图层1"移动到图层"线稿"上方,然后设置前景色为黑色,单击画笔工具,并在选项栏上设置"不透明度"和"流量",完成后运用画笔工具,在"图层1"上进行涂抹,为头发制作大体的素描关系。

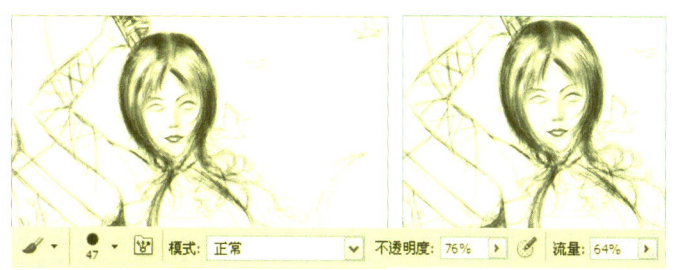

05 再次在选项栏上调整画笔工具的"不透明度"为43%、"流量"为45%,然后运用画笔工具,为人物的其他部位制作大致的素描效果。在涂抹的过程中可按下Alt键吸取附近的颜色后,再进行涂抹,使层次更加丰富。

06 新建"图层2"并设置该图层的混合模式为"正片叠底",然后继续运用画笔工具,适当更改画笔的"不透明度"和"流量",完成后运用画笔工具,在图像左下角的石碑上进行涂抹,制作图像的大体素描关系。在涂抹的过程中可适结合[键和]键缩小或放大画笔笔触的大小。

⑦ 新建"图层3"并设置该图层的混合模式为"正片叠底",然后在选项栏上设置画笔的各项参数,完成后运用画笔工具，在背景上进行涂抹,制作背景的大体素描关系。

⑧ 新建"图层4",再运用[键缩小画笔大小,然后继续运用黑色画笔工具，在人物面部的左侧、眼窝、鼻子侧面、鼻底进行涂抹,制作人物面部的素描关系,使其更有立体感。在涂抹的过程中,适当结合[、]、Alt等快捷键调整画笔的大小和颜色等,使涂抹的颜色更加均匀。

⑨ 按住Alt键吸取人物眼线的颜色并在眼睛内绘制眼球,然后继续吸取鼻底较淡的颜色在瞳孔处绘制出亮部,完成后设置前景色为白色并在选项栏上设置画笔的各项参数,再运用画笔工具，在瞳孔上绘制高光,增加其立体感和画面完整度。

 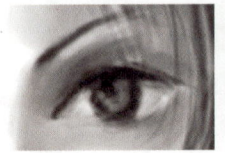

⑩ 将"图层1"至"图层4"进行编组并重命名为"素描关系",然后再单击"创建新图层"按钮，新建"图层5"。

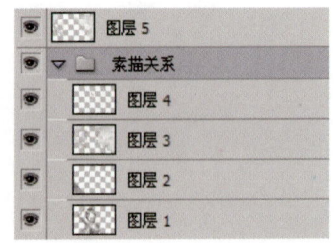

⑪ 单击画笔工具，并在选项栏上设置各项参数,然后按住Alt键吸取背景上的颜色,再结合[键和]键设置合适的画笔大小。完成后运用画笔工具，在背景上进行涂抹,继续细化背景的素描效果。

⑫ 新建"图层6",再参照上述步骤继续运用画笔工具，细化图像左下角石碑的素描关系,使画面效果更加完善。在涂抹的过程中注意结合Alt键、[键和]键,调整画笔的参数,使绘制的图像效果层次更加丰富。

⑬ 新建"图层7",然后运用黑色的画笔,在石碑上进行涂抹,绘制石碑上的植物效果,完成后切换前景色为白色,再在植物的受光面进行涂抹,制作植物的亮部。

  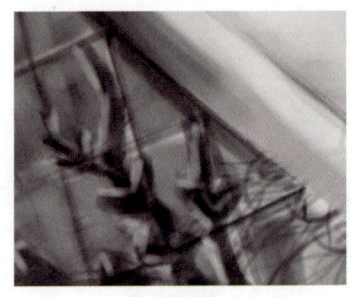

⑭ 将"图层5"至"图层7"进行编组并重命名为"背景"。新建"图层8",再参照上述步骤运用画笔工具，按住Alt键吸取人物面部的颜色,再结合[键和]键适当调整画笔的大小,细化人物面部的素描关系。在绘制的过程中按照光源的方向和人物面部结构进行涂抹。

⑮ 新建"图层9",然后单击画笔工具，并打开"画笔"面板,设置各项参数后关闭面板,再在选项栏上设置画笔参数。

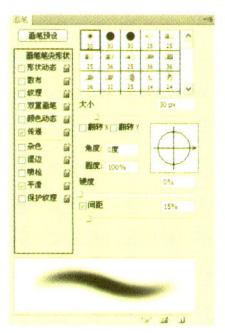 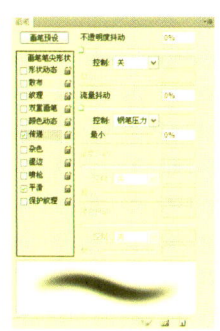

⑯ 运用上一步设置的画笔工具，在人物面部进行涂抹,继续细化人物面部的素描效果。在涂抹的过程中不断结合Alt键吸取人物面部的颜色,在人物面部绘制,细化素描效果。

⑰ 新建"图层10",再设置前景色为白色,然后选择画笔工具，并打开"画笔"面板,设置各项参数。然后运用设置的画笔在人物的各个暗部边缘进行涂抹,制作反光效果,增加其立体感。

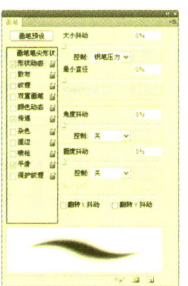  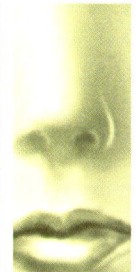

⑱ 打开"画笔"面板,关闭"形状动态"选项。新建"图层11",然后继续运用画笔工具，在人物面部涂抹,弱化人物面部右侧素描效果。

⑲ 将"图层8"至"图层11"进行编组并重命名为"脸",新建"图层12"并将该图层重命名为"皮肤"。参照步骤02 打开"画笔"面板,并设置各项参数,完成后运用画笔工具，在人物的其他皮肤部分进行涂抹,细化其他皮肤的素描效果。

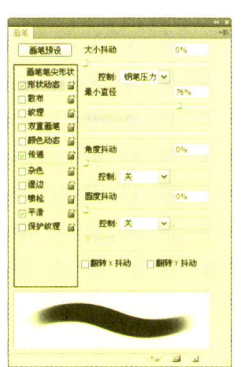  

⑳ 新建"图层12",然后运用上一步设置的画笔工具 ✐,在人物的衣服上绘制更加细腻的素描效果。在绘制的过程中不断地结合 Alt 键吸取附近的颜色,完成后更改"画笔"面板中"画笔笔尖形状"选项下的"硬度"为 0%,再运用设置后的画笔在衣服上进行涂抹,融合掉明显的笔触效果。

㉑ 新建"图层13",再运用尖角画笔并结合 Alt、[和]等键,在人物的手臂处绘制黑色丝线效果。

㉒ 将"图层12"和"图层13"进行编组并重命名为"衣服"。新建"图层14",单击画笔工具 ✐ 并在选项栏上设置各项参数,完成后运用画笔在人物的头发处进行涂抹,完善人物头发的素描效果。在涂抹的过程中要根据光源方向和头部的结构吸取不同的颜色进行绘制。

㉓ 参照上述步骤继续运用画笔工具 ✐,并结合各个快捷键调整画笔,然后运用其绘制下方的头发效果,使画面效果更加完善。

㉔ 新建"图层15"并设置该图层的混合模式为"颜色",然后单击画笔工具 ✐ 并打开"画笔"面板,设置各项参数后关闭面板。

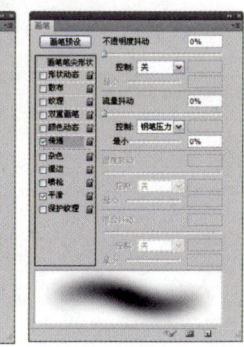

㉕ 运用柔角画笔在人物面部和皮肤暗面涂抹粉红色(R233、G190、B174),在人物面部和皮肤亮面涂抹淡黄色(R252、G231、B208),在头发上涂抹深褐色(R125、G79、B58),在衣服暗面涂抹橙色(R206、G126、B55),在衣服亮面涂抹淡黄色(R253、G247、B188),在天空亮部涂抹蓝色(R211、G217、B251),在天空暗部涂抹紫红色(R214、G197、B235),为图像添加大色调。

㉖ 新建"图层15"并设置该图层的混合模式为"颜色",然后参照上述步骤运用画笔工具，在人物面部的左侧、鼻底和上眼睑处涂抹粉红色（R224、G170、B159），在眼睛处涂抹天蓝色（R158、G179、B211），在嘴唇上涂抹橙红色（R248、G137、B102），在面部右侧涂抹淡黄色（R255、G246、B230），细化人物面部的颜色。

㉗ 新建"图层16",然后运用柔角画笔结合Alt键吸取人物眼部的颜色,在人物左眼的眼睑处进行绘制,使皮肤更加细腻光滑。

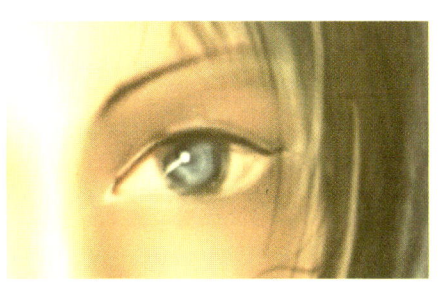

㉘ 参照上述步骤,运用画笔工具，在人物眼睛上下眼睑与眼球的交界绘制深红色（R131、G60、B62）。完成后继续运用画笔工具，在上下眼睑处绘制黑红色（R50、G17、B19）的睫毛效果,使画面效果更加完善。在绘制的过程中注意眼睛的结构走向、睫毛的疏密等。

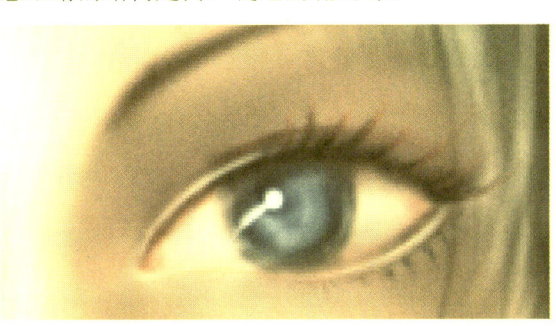

㉙ 按下快捷键Ctrl+Shift+Alt+E盖印可见图层得到"图层17",然后单击套索工具并单击选项栏上的"添加到选区"按钮,完成后在人物的左右眼睛周围绘制选区,再按下快捷键Shift+F6打开"羽化选区"对话框,设置参数后单击"确定"按钮,羽化选区。

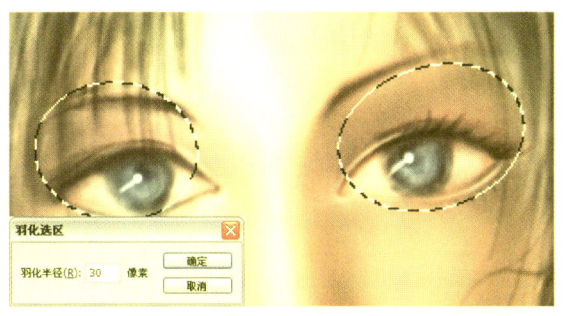

㉚ 按下快捷键Ctrl+L打开"色阶"对话框,在"通道"下拉列表中选择"红"并拖动中间的滑块,调整选区图像颜色,完成后单击"确定"按钮。

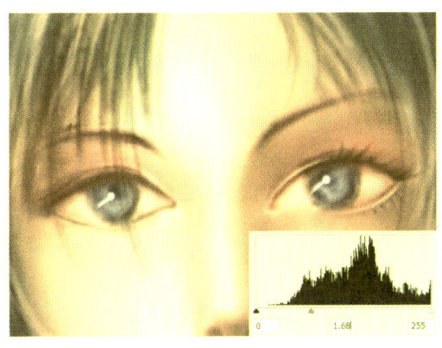

㉛ 参照步骤28,选择画笔工具并吸取眼睛附近的颜色,然后在人物右眼上绘制睫毛等,完善画面效果。完成后执行"滤镜>液化"命令,弹出"液化"对话框,运用向前变形工具调整五官的位置,使人物五官比例位置更加准确,最后单击"确定"按钮。在运用"液化"滤镜变形的过程中,根据调整图像的大小调整向前变形工具的画笔大小。

㉜ 选择"图层17"并按下快捷键 Ctrl+J,复制"图层17"得到"图层17副本",然后运用套索工具,在人物左脸边缘绘制选区,完成后按下快捷键 Shift+F6 打开"羽化选区"对话框,设置参数后单击"确定"按钮羽化选区。再按下快捷键 Ctrl+L 打开"色阶"对话框,选择"通道"下拉列表中的"红"通道,最后调整下方的色阶滑块,调整选区内图像的颜色。

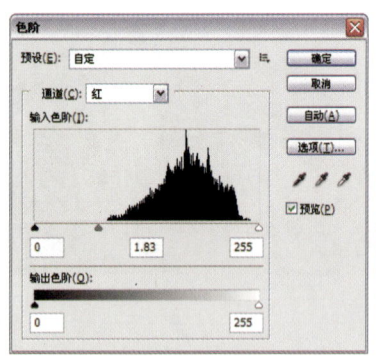

㉝ 参照上述步骤,继续运用套索工具在人物面部的右侧绘制选区,完成后按下快捷键 Shift+F6 打开"羽化选区"对话框,设置参数后单击"确定"按钮,羽化选区。然后按下快捷键 Ctrl+L 打开"色阶"对话框,调整"红"和"蓝"通道对应的色阶滑块,调整选区内图像的颜色,丰富画面效果。

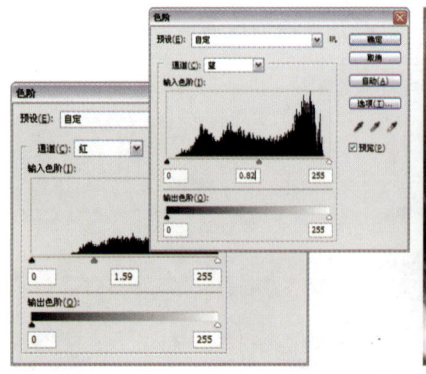

㉞ 单击画笔工具,再打开"画笔"面板并设置各项参数,完成后运用画笔工具并结合Alt键吸取嘴唇附近的颜色,再在嘴唇上进行绘制,细化嘴唇的效果。然后继续运用画笔工具,吸取皮肤的颜色后在人物脸部进行绘制。

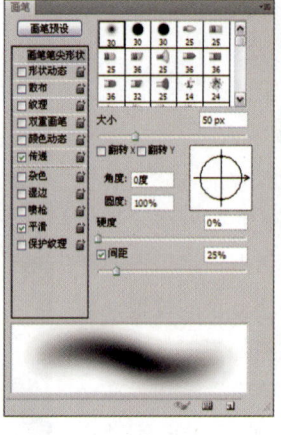
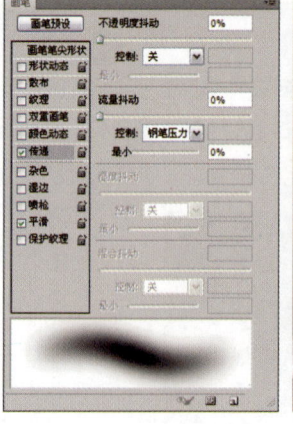

㉟ 单击"创建新的填充或调整图层"按钮，在弹出的菜单中选择"照片滤镜"命令，再在"调整"面板里的"滤镜"下拉列表中选择"橙"选项，统一画面的色调。

㊱ 按下快捷键Ctrl+Shift+Alt+E再次盖印可见图层，得到"图层18"。然后运用矩形选框工具，在人物的头部创建矩形选区。

㊲ 按下快捷键Ctrl+T调出自由变换控制框，再按住Alt键拖动右侧的调整手柄，对人物图像进行变形。完成后按下Enter键确认操作。

㊳ 运用步骤34中设置的柔角画笔，继续在人物的面部进行涂抹，进一步完善人物的面部，使其颜色更加丰富，过渡更加自然。在绘制的过程适当地调整画笔的参数，使绘制的效果更加理想。

㊴ 新建"图层19"并设置该图层的混合模式为"颜色"，然后运用柔角画笔在人物手臂及手部的暗部涂抹深红色（R202、G135、B124），在手臂及手部亮部涂抹淡红色（R244、G190、B177），为手臂及手部添加丰富的颜色。

㊵ 运用设置的柔角画笔工具，继续在人物手臂进行涂抹，制作更为细腻的手臂皮肤效果。在绘制的过程中要不断地结合Alt键吸取绘制的图像附近的颜色，使画面色调更加统一协调。

㊶ 新建"图层21"并设置该图层的混合模式为"颜色",然后运用柔角画笔在衣服带子的暗部绘制深褐色(R116、G32、B2)、带子的亮部绘制橙色(R224、G141、B47)、衣服的亮部绘制柠檬黄(R249、G222、B57),为衣服添加颜色,使画面效果更加完善。

㊷ 新建"图层22",然后运用设置的尖角画笔在人物衣服的带子上进行绘制,进一步完善画面的效果。

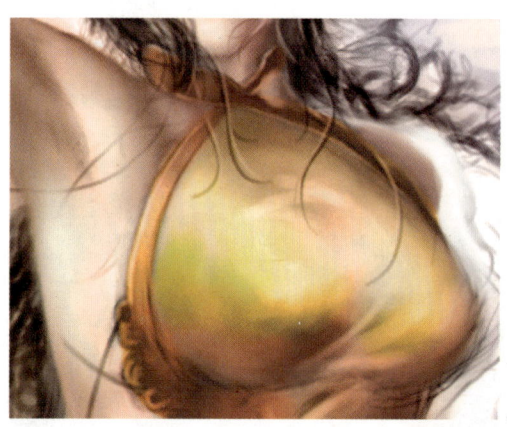

㊸ 将"图层19"至"图层22"进行编组并重命名为"衣服和皮肤"。单击画笔工具 并打开"画笔"面板,设置画笔的各项参数后关闭面板,最后新建"图层23"。

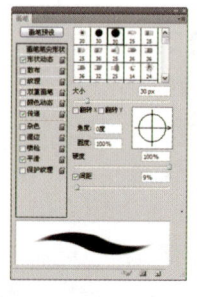 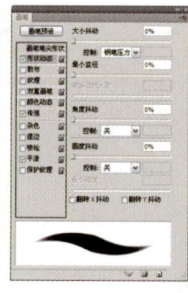 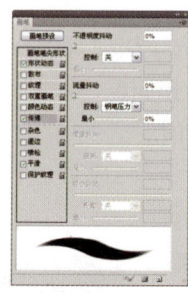

㊹ 运用上一步设置的画笔在人物的头发上进行涂抹,涂抹的过程中结合 Alt 键吸取附近头发的颜色,丰富头发的层次。然后继续运用画笔工具 在头发上绘制绿灰色(R138、G145、B148)和蓝色(R93、G126、B161)的头发效果,使头发的颜色更加丰富。在绘制的过程中可使用旋转视图工具 适当地旋转图像,使画出的头发更加流畅自然。

㊺ 参照上述步骤继续运用画笔工具 并结合各个快捷键,丰富头发的层次效果,使画面更加完善。

㊻ 多次新建图层,然后运用设置的画笔工具 ,绘制层次更为丰富、颜色更加多样的头发效果。在绘制的过程中,要注意光源的方向和人物的头部结构,理性地分析头发的明暗关系,绘制更加写实的头发效果。

❹❼ 将"图层25"至"图层32"所有绘制的头发的图层进行编组并重命名为"头发"。新建"图层33"并设置"画笔"面板的各项参数，然后运用设置后的画笔工具，在人物的右上角和左下角进行涂抹，隐藏原来设定的头发效果。

❹❽ 继续运用设置的画笔工具，并结合Alt键，在图像的左下角绘制植物效果，完成后继续运用画笔工具，完善上一步涂抹后的右侧头发效果，使图像效果更加完善。

❹❾ 盖印可见图层得到"图层35"，然后结合画笔工具和各个快捷键，涂抹掉画面右侧刚开始绘制时的线稿效果。

❺⓿ 新建"图层36"并将该图层重命名为"头发叠加"，然后设置该图层的混合模式为"叠加"。设置前景色为白色，再打开"画笔"面板，勾选"形状动态"选项。运用设置的画笔在头发上进行涂抹，提高涂抹处的头发的亮度，使头发效果更加完善。

❺❶ 新建"图层37"，单击画笔工具，打开"画笔"面板并设置各项参数，然后运用设置后的画笔工具结合Alt、[和]等快捷键，细化人物的衣服效果，使画面效果更加完善。

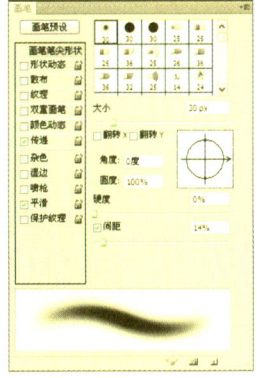
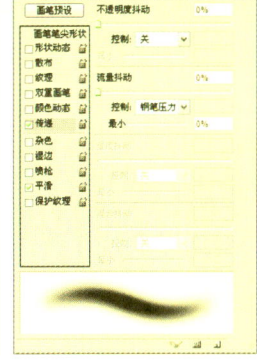

52 参照上述步骤，继续运用画笔工具 ✎，细化人物衣服效果。更改"画笔"面板中的参数，完成后运用设置后的画笔工具 ✎ 在衣服上绘制皱褶效果，使其更加真实。再运用设置的画笔工具 ✎ 并结合快捷键绘制衣服边缘的高光效果。

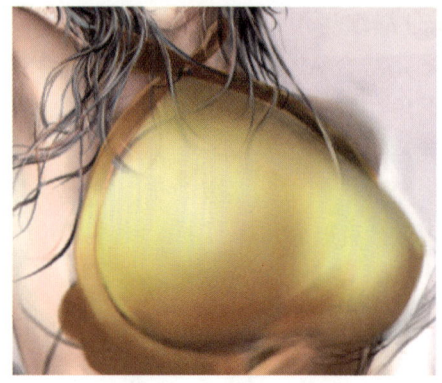
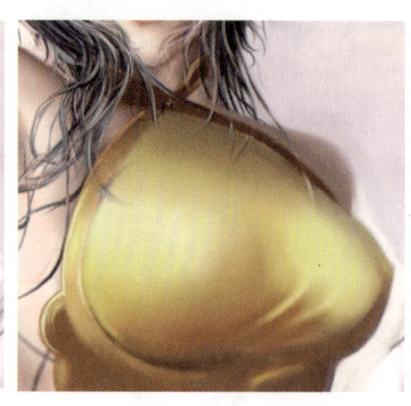

53 新建"图层38"并设置该图层的混合模式为"正片叠底"，然后单击画笔工具 ✎ 并打开"画笔"面板，设置各项参数后在衣服的左下角绘制红色（R189、G59、B12）的花纹效果。

54 单击"添加图层样式"按钮 fx．，在弹出的菜单中选择"斜面和浮雕"命令，然后在弹出的"图层样式"对话框中设置各项参数，再继续设置"外发光"图层样式的各项参数，完成后关闭对话框，为花纹添加"斜面和浮雕"与"外发光"效果。

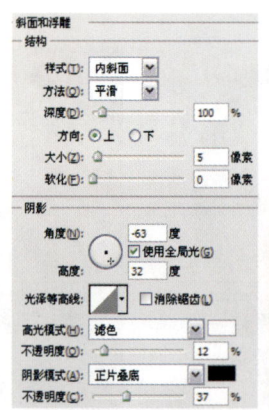
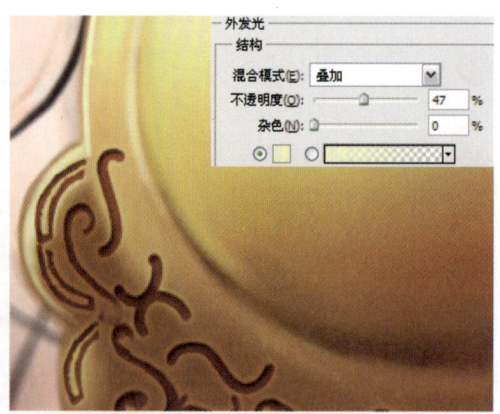

55 新建"图层39"并设置该图层的混合模式为"叠加"，然后运用尖角画笔在衣服上绘制深红色（R78、G0、B0）和黑色的花纹，完善衣服上的花纹效果。

56 新建"图层40"并设置该图层的混合模式为"叠加"，然后运用柔角画笔在衣服的背光处绘制黑色，压暗绘制处的图像亮度，然后运用白色的画笔在衣服的亮部进行绘制，提高涂抹处的图像亮度，使衣服质感更加强烈。

(57) 新建“图层41”，然后运用尖角画笔在衣服左侧的绳子处绘制红色（R174、G50、B37），完成后切换前景色为粉红色（R231、G139、B130），再在绳子上绘制高光效果，完善图像效果。

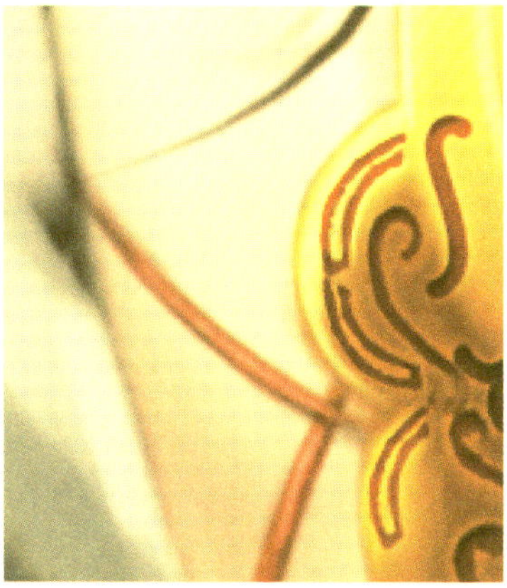

(58) 将“图层36”至“图层41”进行编组并重命名为“衣服细化”，然后单击“添加图层蒙版”按钮，为该图层组添加蒙版，然后运用黑色画笔在图层蒙版上涂抹，隐藏涂抹处的图像效果，将绘制的头发效果显示出来。

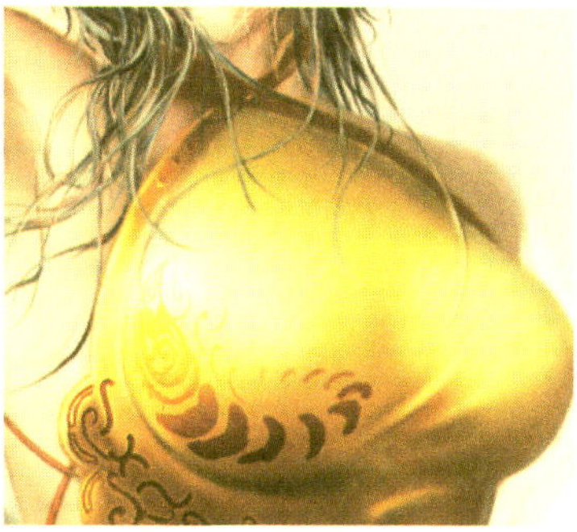

(59) 新建“图层42”，运用画笔工具在手部及手臂边缘外涂抹粉白色（R255、G233、B238），明确手部及手臂结构。再运用柔角画笔并结合各个快捷键细化手部及手臂效果。

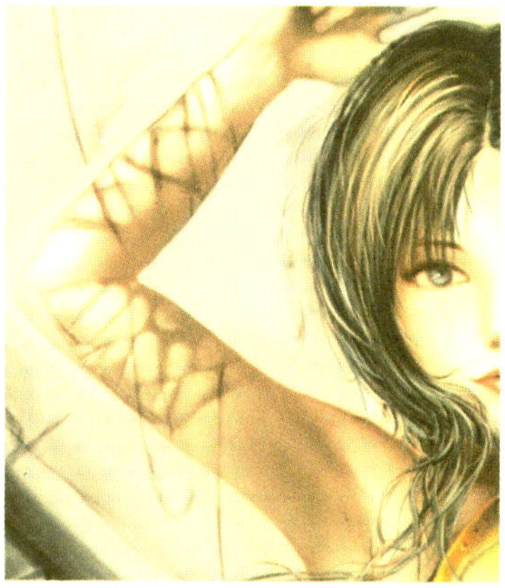

(60) 参照上一步骤，运用设置的柔角画笔并结合各个快捷键，继续细化人物的手部及手臂效果，完成后运用画笔工具在绳子上绘制红色（R200、G45、B37）。在绘制的过程中要正确地分析手部及手臂结构和光源的关系，绘制出正确的光影效果。

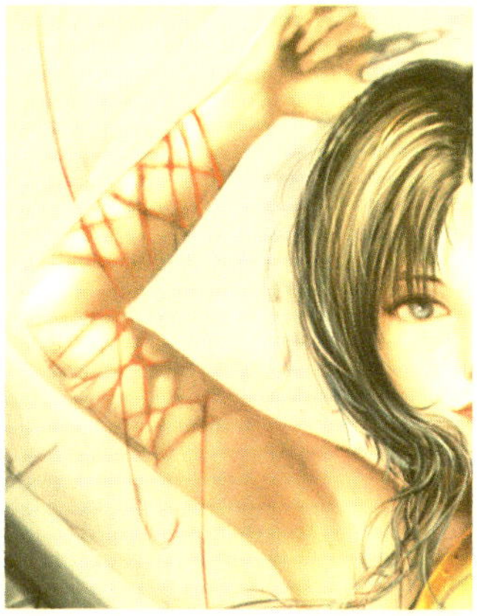

(61) 参照上述步骤，多次新建图层并继续结合柔角画笔和各个快捷键绘制人物手部及手臂的效果，使画面效果更加完善。

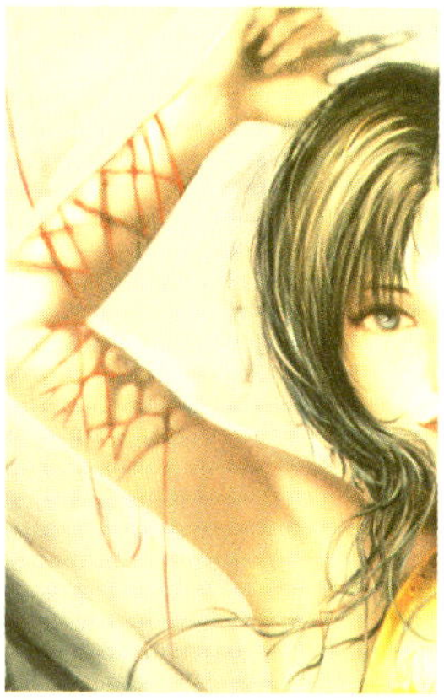

(62) 将“图层42”至“图层47”所有细化手部及手臂的图层进行编组并重命名为“手部细化”。新建“图层48”并设置该图层的混合模式为“颜色”，再对该图层填充蓝紫色（R186、G196、B232），完成后设置该图层的“不透明度”为58%。最后设置前景色为黑色，再结合图层蒙版和画笔工具，隐藏叠加在人物上的图像效果。

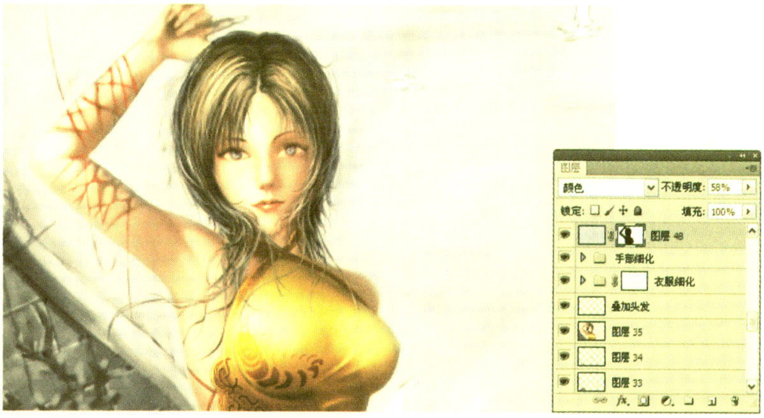

(63) 复制“图层48”得到“图层48副本”，然后设置复制出的图层的混合模式为“正片叠底”、“不透明度”为58%，继续加深背景的蓝色。

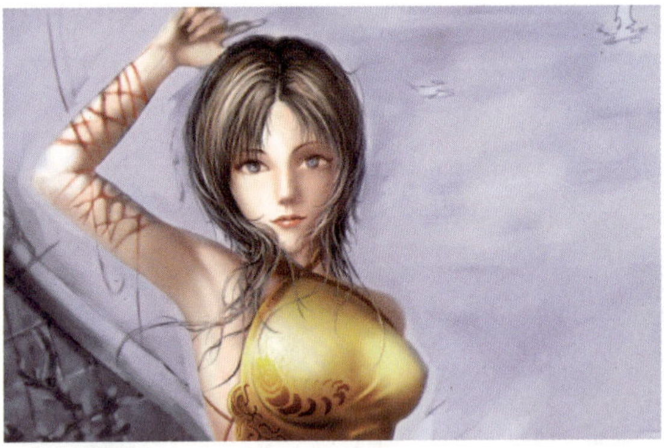

(64) 新建“图层 49”并设置该图层的混合模式为“正片叠底”，然后运用柔角画笔并结合 Alt 键吸取背景上的颜色，在该图层进行绘制，加深涂抹处的图像亮度。

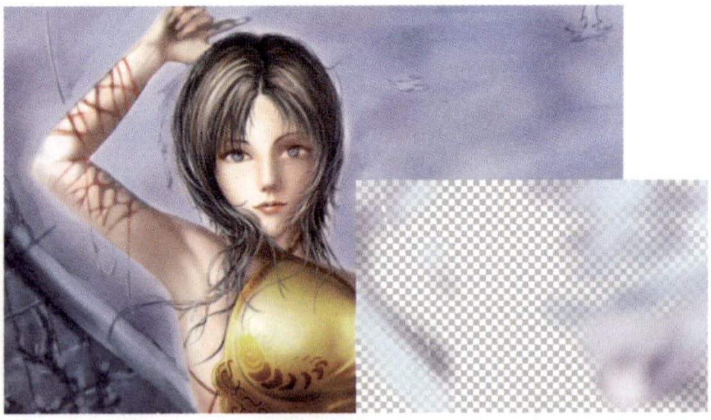

(65) 新建“图层 50”，然后运用尖角画笔在背景左下角的石碑上进行涂抹，完善石碑的效果。在涂抹的过程中要不断地吸取附近图像的颜色，使画面色调更加协调。

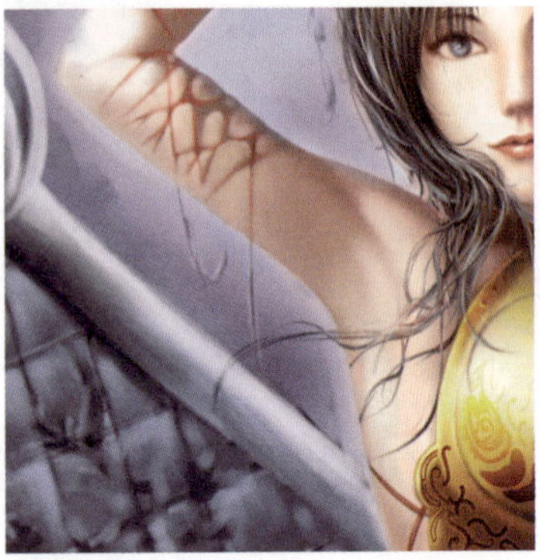

(66) 新建“图层 51”并设置该图层的混合模式为“叠加”，然后运用白色的画笔在石碑和树叶的亮部进行涂抹，提高涂抹处的图像亮度。

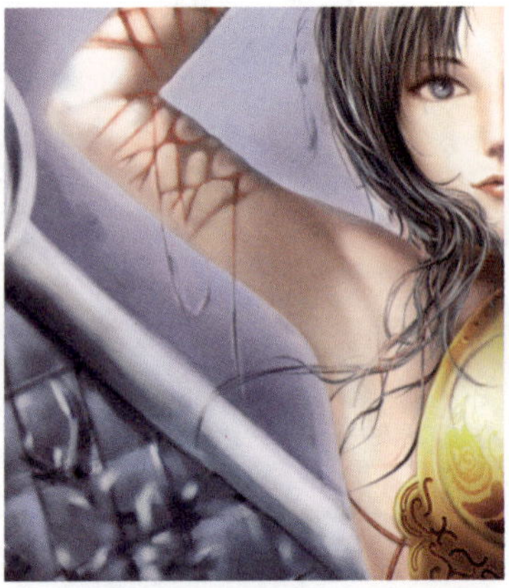

(67) 新建“图层 52”，然后运用柔角画笔并结合 Alt 键，在图像背景中不断地吸取和绘制颜色，柔化背景里明显的笔触效果，使画面效果更加完善。

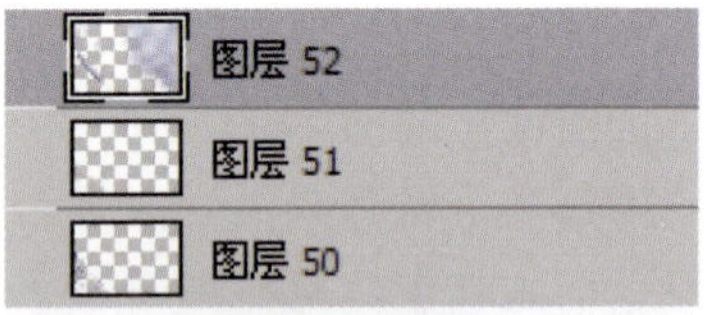

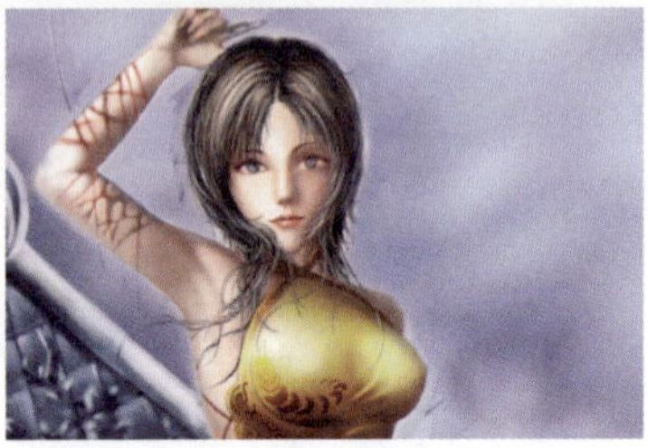

(68) 打开光盘中的 Chapter 4\03\media\天空.png 图像文件并将其移至当前图像中的相应位置，生成“图层 53”，设置该图层的混合模式为“叠加”。再将“图层 48”至“图层 53”进行编组并重命名为图层组“背景细化”，最后将“图层 48”的图层蒙版载入选区并为图层组“背景细化”添加图层蒙版，隐藏该组内图层所对应图像叠加在人物上的部分。

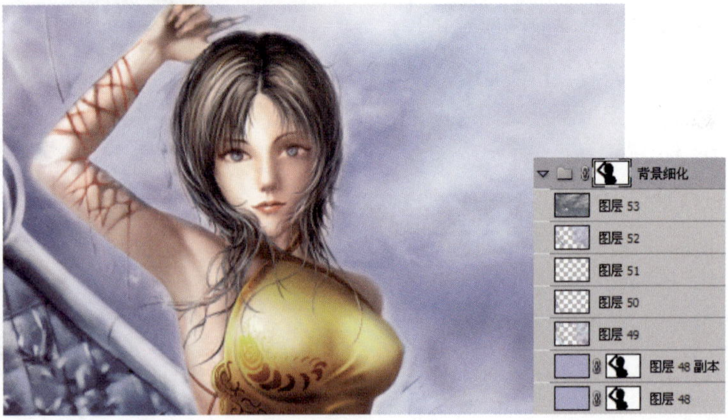

69 复制"图层53"得到"图层53副本",然后按下快捷键 Ctrl+Shift+U 为"图层53副本"对应图像去色。再为该图层添加图层蒙版,完成后运用渐变工具,对该图层蒙版由左至右填充黑色到白色的线性渐变色,虚化左侧的图像叠加效果。

70 再次复制"图层53副本"得到"图层53副本2",然后运用黑色的画笔在复制出的图层蒙版上进行涂抹,弱化右侧的蓝色天空部分。

71 新建"图层54",然后运用设置的尖角画笔在人物的右下角绘制白鹤效果,然后继续在白鹤的背部绘制淡蓝色(R238、G232、B242),制作其立体感。

72 继续运用画笔工具,在白鹤的嘴部绘制黄色(R240、G198、B208)和灰色(R208、G199、B194),完善白鹤的外形。

73 参照步骤71和步骤72,继续运用画笔工具在背景上绘制更多的白鹤效果。

74 复制"图层54"得到"图层54副本",然后运用套索工具,在该图层对应的各个白鹤上分别创建选区,再运用自由变换命令调整图像的大小和位置,为画面添加更为丰富的白鹤效果。最后参照上述步骤多次复制图层后,结合套索工具和自由变换命令,使画面更加完整。

75 打开素材"纹理.png"图像文件并移动到当前图像中的相应位置，生成"图层55"。然后设置该图层的混合模式为"柔光"、"不透明度"为42%，为图像叠加纹理效果。最后运用橡皮擦工具，擦除叠加在石碑图像以外的部分。

76 复制"图层55"并设置复制出的图层的混合模式为"线性减淡"，然后按住Alt键单击"添加图层蒙版"命令，再运用白色的画笔在图层蒙版上进行涂抹。

77 新建"图层56"，然后运用画笔工具并结合各个快捷键，吸取背景的颜色，然后覆盖人物左侧凌乱的线条效果，使画面更加干净。

78 新建"图层57"，然后运用设置的柔角画笔并结合Alt、[和]键完善人物手臂的效果，可以适当结合橡皮擦工具，擦除涂抹在手臂外的图像效果，使边缘更加干净。

79 新建"图层58"，然后参照上述步骤，运用画笔工具并结合各个快捷键，吸取手部的颜色，再在人物的手上进行绘制，完善人物手部效果。

⑧⓪ 参照上述步骤多次新建图层后，再运用设置的柔角画笔结合各个快捷键继续完善人物的手部和手臂，使效果更加丰富，画面更加完整。

⑧① 新建"图层63"，然后打开"画笔"面板中的"形状动态"，再运用设置的尖角画笔，在人物的手臂上绘制红色（R208、G81、B74）的丝线效果，完善画面效果。

⑧② 新建"图层64"设置图层混合模式为"叠加"，运用设置的柔角画笔制作头发边缘的反光效果。新建"图层65"并设置"正片叠底"模式，运用柔角画笔吸取人物面部的颜色后，在人物的眼角、鼻底和下巴处进行绘制。

⑧③ 新建"图层66"，然后运用设置的柔角画笔并结合Alt、[和]等键，继续细化眼睛的结构，使画面效果更加完整。在绘制的过程中注意分析眼睛的结构、光源和头发的投影等因素，使绘制效果更加逼真。

⑧④ 新建"图层67"并设置图层混合模式为"叠加"，运用白色的柔角画笔在人物眼角下方单击，添加精致的高光点效果。继续运用画笔工具结合各个快捷键，细化五官、增加五官的对比度制作鼻孔的反光等。调整整个画面的饱和度，得到"色相/饱和度1"调整图层。

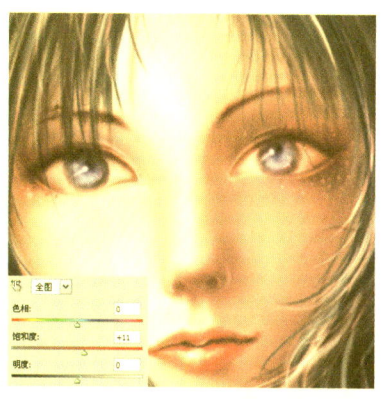

⑧⑤ 将图层组"背景细化"的图层蒙版载入选区并按下快捷键Ctrl+Shift+I反选，创建"色相/饱和度2"调整图层，调整人物饱和度。最后将"图层57"至"色相/饱和度2"调整图层进行编组并重命名为"人物调整"。

⑧⑥ 为画面创建"照片滤镜"调整图层，然后参照上述步骤新建图层并结合画笔工具、图层混合模式和各个快捷键继续调整画面。

⑧⑦ 继续创建"色彩平衡"调整图层，调整画面颜色，得到"色彩平衡1"调整图层。新建"图层73"并设置"叠加"模式，运用设置的柔角画笔结合各个快捷键，在人物的头发上进行涂抹，增大头发的对比度。

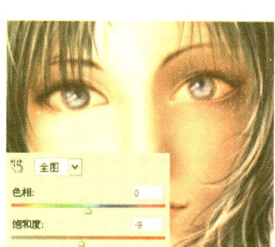

外发光图层样式

知识解析

"外发光"图层样式是从图像边缘添加发光效果，制作图像由内向外的发光效果。"外发光"图层样式的添加方法有三种，下面分别进行介绍。

方法1：在"图层"面板中，选择需要添加图层样式的图层，执行"图层 > 图层样式 > 外发光"命令，打开"图层样式"对话框，设置"外发光"面板参数值。

方法2：在"图层"面板中双击需要添加图层样式的图层进行设置。

方法3：选择需要添加图层样式的图层，单击"图层"面板下方的"添加图层样式"按钮 fx.，在弹出的菜单中选择"外发光"命令，打开"图层样式"对话框进行设置。

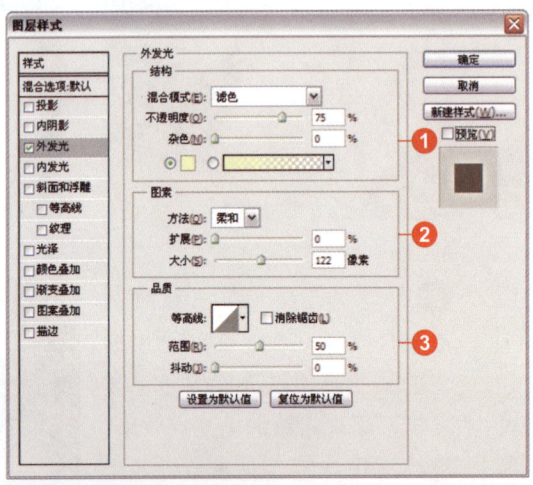

"外发光"图层样式设置面板

编号	名称	说明
①	"结构"选项组	该选项组主要对外发光的"混合模式"、"不透明度"、"杂色"和"颜色"进行设置。
②	"图案"选项组	该选项组主要包括"方法"、"扩展"和"大小"三个选项。"方法"是设置外发光的方式，单击下拉按钮，可以选择"柔和"和"精确"选项；"扩展"和"大小"与前面投影选项相同
③	"品质"选项组	该选项组主要包括"等高线"、"消除锯齿"、"范围"和"抖动"4个选项。"等高线"和"消除锯齿"与投影设置方法一致；"范围"是确定等高线作用的范围，范围越大，等高线处理区域就越大；"抖动"相当于对渐变添加杂色

原图

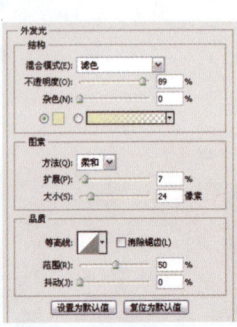

"外发光"参数设置

添加"外发光"图层样式后

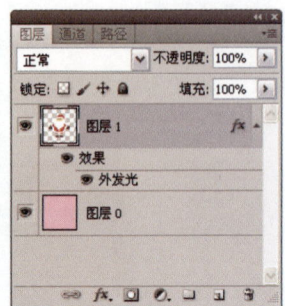

"图层"面板

Chapter 05
Photoshop
画册设计

宣传画册是商品宣传的重要手段之一，制作画册之前首先需要领会产品理念和特点，在此基础上将产品特性客观、全面地推荐给消费者。本章收录了3个较为经典的画册设计，通过这些实例的学习，可以更加深入地了解画册设计的要点，能更熟练地掌握 Photoshop 中各种功能的运用。

▲ 服饰画册

▲ 儿童书籍画册

▲ 故事绘本画册

Works
Photoshop works

儿童书籍画册

本实例是运用 Illustrator 并结合 Photoshop 制作的儿童书籍画册，运用 Illustrator 制作的封面和封底的矢量图像效果，能更加明显体现出儿童书籍的想象力与卡通感，深色的背景更加突出画面鲜艳的色调，丰富的颜色使整本画册充满童话般的感觉。

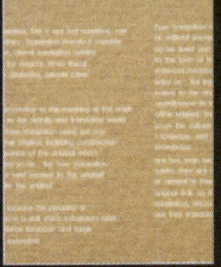

Illustrator
运用钢笔工具并结合渐变工具。制作立体字母效果

Illustrator
运用钢笔工具、描边和复合路径等制作鞋子

Photoshop
运用剪贴蒙版和自由变换命令为书籍添加图案效果

Photoshop
运用滤镜并结合图层混合模式制作纹理效果

相关内容

主要使用功能：Illustrator 中的钢笔工具、渐变工具、画笔工具、剪贴蒙版，Photoshop 中的渐变叠加图层样式、斜面和浮雕图层样式、投影图层样式、自由变换命令、剪贴蒙版

素材文件：Chapter 5\01\media\ 素材 .ai、图 .psd

最终文件：Chapter 5\01\complete\ 儿童书籍画册封面封底 .ai、儿童书籍画册内页（1-2）.ai、儿童书籍画册内页（3-4）.psd

制作难度评定：★★★★☆

01 在 Illustrator 中执行"文件 > 新建"命令,弹出"新建文档"对话框,设置"名称"为"儿童书籍画册封面封底"、"宽度"为 7.18cm、"高度"为 3.61cm,完成后单击"确定"按钮。

02 设置"填色"为黑红色(R16、G3、B5)、"描边"为无,然后单击矩形工具,在文档中绘制与画板完全重合的矩形路径,制作图像背景。

03 单击钢笔工具,在画板中绘制字母的外轮廓,然后设置该路径的"描边"为无,再打开"渐变"面板,设置"类型"为"线性"、渐变色从左到右依次为粉红色(R236、G115、B117)和大红色(R230、G0、B74),为路径填充渐变色。

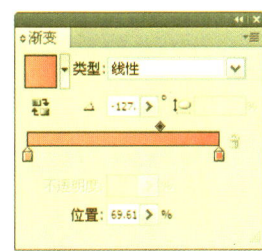
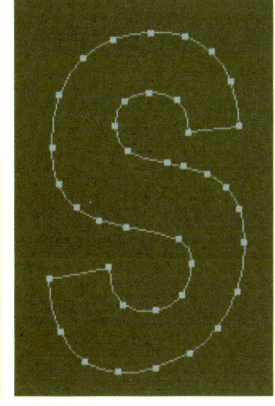
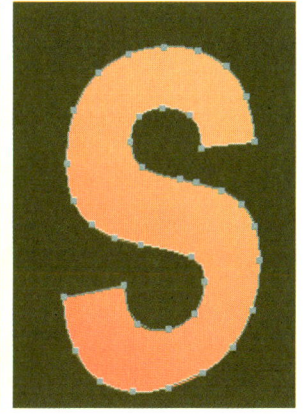

04 运用钢笔工具,在字母左下侧绘制字母侧面路径,完成后在"图层"面板中将绘制的路径移动到上一步绘制的字母路径的下方,然后打开"渐变"面板,更改路径的渐变色从左到右依次为粉红色(R234、G93、B105)、红黄色(R239、G133、B127)和暗紫红色(R195、G0、B77)。

05 继续运用钢笔工具,在字母路径左下侧绘制侧面的路径,完成后将绘制的路径移动到步骤03 中绘制的字母路径的下方,然后打开"渐变"面板,更改渐变色从左到右依次为粉红色(R234、G93、B105)、浅粉色(R239、G140、B148)和暗紫红色(R195、G0、B77),为路径添加渐变色,制作字母立体感。

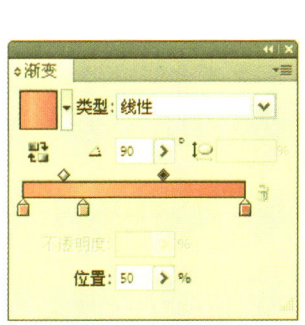
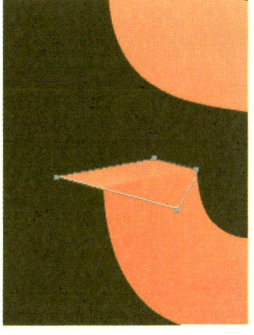

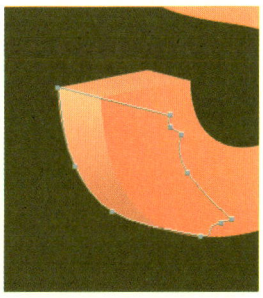

06 参照上述步骤，继续运用钢笔工具，在字母的侧面绘制侧面路径，完成后打开"渐变"面板，更改"角度"为68.2°、渐变色从左到右依次为红色（R228、G56、B94）、黄红色（R239、G133、B127）、黄红色（R239、G133、B127）和暗紫红色（R195、G0、B77）。

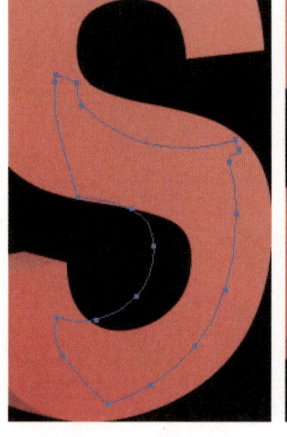
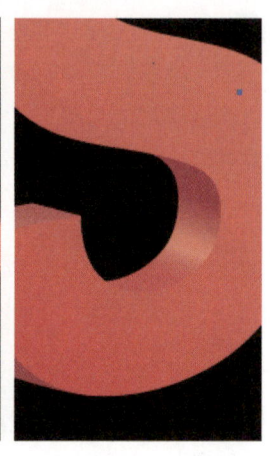

07 参照上述步骤，继续运用钢笔工具，在字母的侧面绘制路径，然后在"图层"面板中将该路径移动到字母正面路径的下方，再打开"渐变"面板，更改"角度"为-112.25°、渐变色从左到右依次为红色（R235、G102、B109）、红黄色（R240、G148、B146）和暗紫红色（R195、G0、B77）。

08 继续运用钢笔工具，在字母的右上角侧面绘制侧面路径，完成后将其移动到字母路径的下方，再在"渐变"面板中更改路径的渐变色中间的色块颜色为红黄色（R239、G133、B127）。

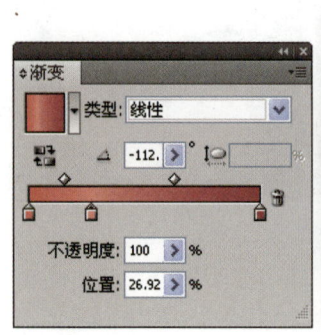
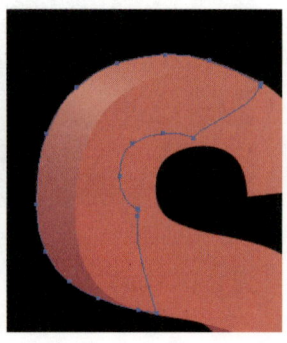
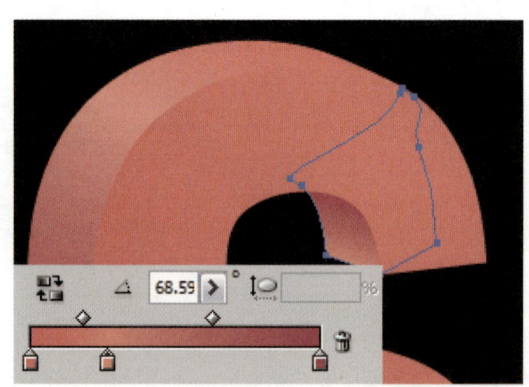

09 运用钢笔工具，在字母各个背光侧面上绘制阴影叠加路径，然后设置该路径的"描边"为无、"填色"为血红色（R215、G0、B15），在"透明度"面板中设置该路径的混合模式为"正片叠底"、"不透明度"为39%，叠加字母的阴影效果。最后参照上述步骤为下方的侧面添加阴影叠加效果。

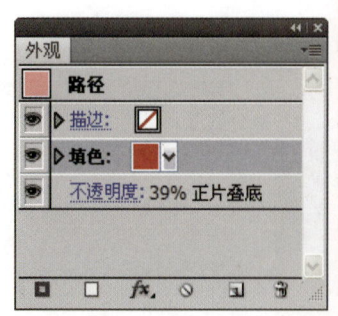
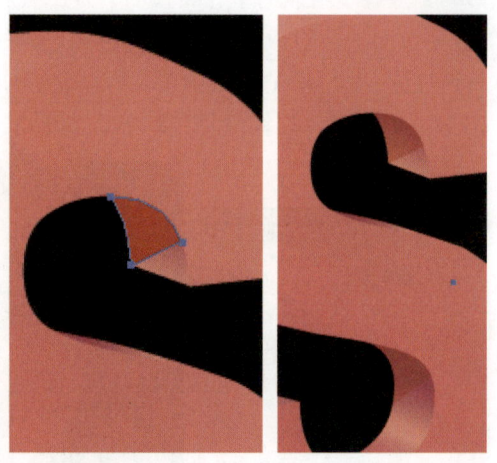

10 设置"描边"为无、"填色"为紫红色（R228、G0、B127），然后运用钢笔工具，在字母上的各个轮廓处绘制轮廓过渡路径，完成后在"透明度"面板中设置该路径的"不透明度"为40%。

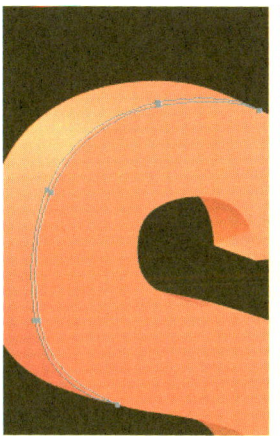

11 参照上述步骤，运用钢笔工具，在字母的其他各个轮廓处绘制路径，完成后设置绘制的路径的"不透明度"为40%，使文字效果更加丰富。最后将步骤03至步骤11制作的所有字母路径进行编组并重命名为"S"。

12 参照上述步骤，继续运用钢笔工具，结合"渐变"和"透明度"面板，制作"P"、"G"、"I"等字母效果，然后分别将它们进行编组，使画面效果更加丰富。

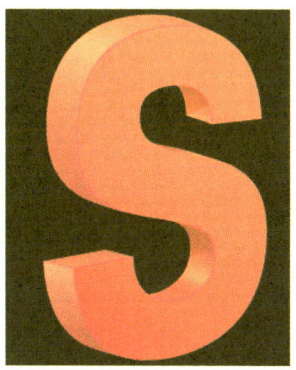

13 复制"S"和"G"等字母对应的路径，然后运用选择工具并结合旋转工具，调整复制出的路径组的大小和位置，再对复制出"S"路径组执行"编辑 > 编辑颜色 > 调整色彩平衡"命令，弹出"调整颜色"对话框，设置各项参数后单击"确定"按钮，调整路径的颜色。

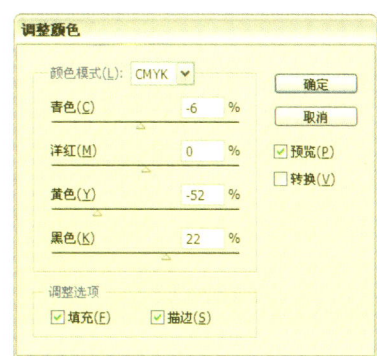
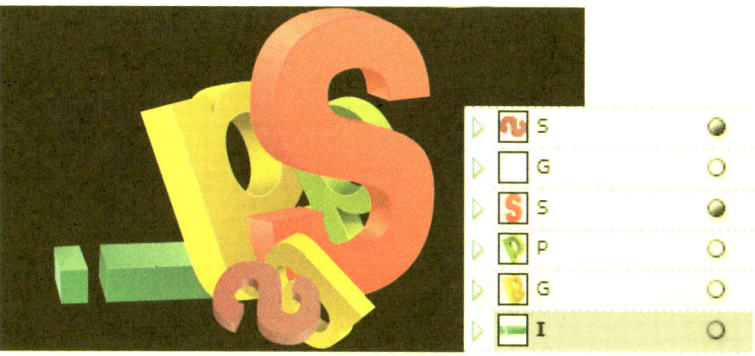

⓮ 将制作的所有字母路径组再次进行编组，以易于管理。然后复制编组后的路径组并将复制出的路径组贴在后面，再运用选择工具 ▶ 并结合旋转工具 ↻，调整复制出的路径组的大小和位置，完成后对该路径组执行"编辑 > 编辑颜色 > 调整色彩平衡"命令，在弹出的"调整颜色"对话框中设置参数后单击"确定"按钮，调整该路径组所对应路径的颜色。

⓯ 再次将制作的所有字母进行编组，然后设置"描边"为无、"填色"为土黄色（R245、G197、B32），再运用椭圆工具 ○，在图像中绘制正圆路径。完成后设置不同的填色并结合椭圆工具 ○，在图像中绘制更多的大小不一的正圆路径，使画面效果更加完善。最后将本步骤制作的所有路径进行编组并将该路径组移动到字母路径组的下方。

⓰ 复制上一步编组的路径组并将其贴在前面，然后运用选择工具 ▶，调整复制出的路径组的位置和大小，使画面效果更加完善。

⓱ 单击画笔工具 ✎，然后在选项栏上设置画笔工具 ✎ 的各项参数，再设置"描边"为白色、"填色"为无，完成后运用设置的画笔在图像中绘制条纹效果。

⓲ 单击画笔工具 选项栏上的"画笔定义"下拉列表，在弹出的面板中选择"菱形箭头画笔"，然后继续运用画笔工具，在图像的左上角绘制箭头效果。完成后将本步骤绘制的箭头路径进行编组，最后在"外观"面板中设置该路径组的"不透明度"为34%，降低路径的不透明度。

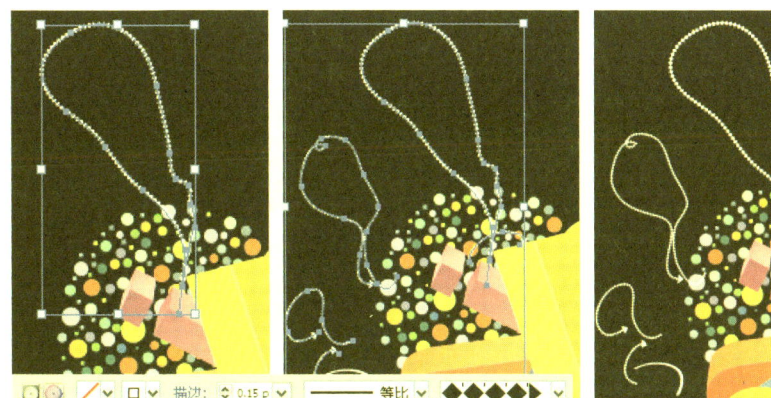

⓳ 将步骤17和步骤18绘制的所有路径进行编组，然后设置"描边"为无、"填色"为嫩绿色（R187、G213、B58），再运用钢笔工具，在图像右侧绘制水滴状的装饰路径，完成后单击网格工具，并在绘制的水滴上单击，创建渐变网格并结合直接选择工具，调整网格的位置。最后运用直接选择工具选择各个锚点，然后设置锚点的颜色为绿黄色（R218、G226、B64），制作路径的渐变色。

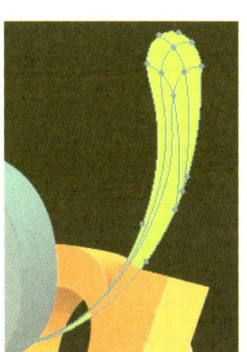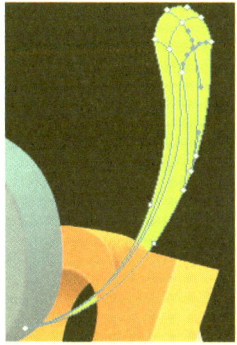

⓴ 设置"描边"为无、"填色"为黄绿色（R223、G220、B74），然后运用钢笔工具，在文档中绘制章鱼的路径效果。完成后将绘制的路径进行编组并在"图层"面板中将其移动到文字路径组的下方。

㉑ 设置"描边"为无、"填色"为黑色，然后运用钢笔工具，在章鱼头部绘制五官范围的路径。然后切换"填色"为白色，再继续运用钢笔工具，在章鱼嘴巴一圈绘制白色三角形的牙齿，使画面效果更加完善。

㉒ 打开本书配套光盘中的 Chapter 5\01\media\素材.ai 文件，然后将该文件中的各个路径移动到当前文档中的相应位置，继续完善画面效果。操作的过程中注意各个路径组上下的叠加关系，使画面效果更加完善。

㉓ 设置"描边"为无、"填色"为白色，然后运用文字工具，在图像的右侧输入文字效果。再设置输入文字的"不透明度"为 60%，制作丰富的文字效果。

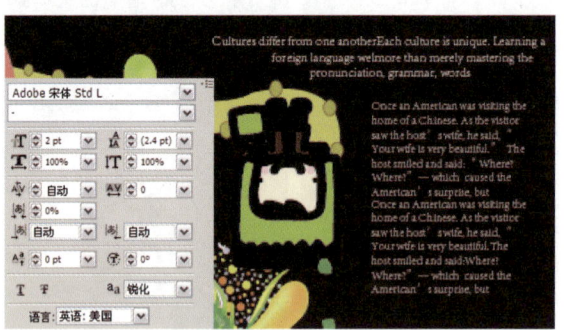

㉔ 继续运用文字工具，在图像右上角输入文字效果，使画面效果更加完善。然后将所有的路径进行编组，再复制"图层"面板最下方的路径，完成后将复制出的路径移动到"图层"面板的最上方。最后同时选中本步骤编组的路径组和复制出的路径，在画面中右击，在弹出的快捷菜单中选择"建立剪切蒙版"命令，只显示它们相交部分路径的图像效果。至此，本实例画册封面和封底制作完成。

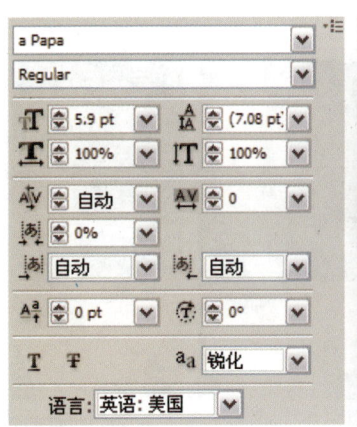

㉕ 保存制作的封面和封底，然后执行"文件>新建"命令，新建一个名称为"儿童书籍画册内页（1-2）"，尺寸与前面制作的封面和封底等大的文档。

㉖ 设置"描边"为无、"填色"为暗灰色（R43、G42、B47），然后运用矩形工具，在文档中绘制与画板完全重合的矩形路径，制作图像背景。

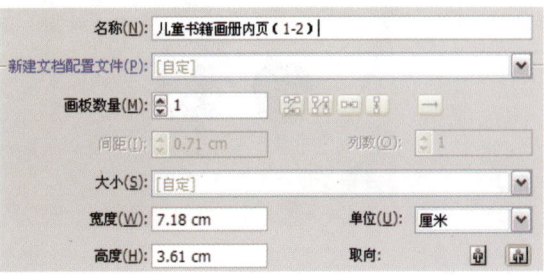

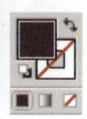

㉗ 更改"填色"为灰色（R162、G162、B166），再运用钢笔工具，在画板中绘制灰色的弧形路径效果，使画面效果更加完善。

㉘ 设置"描边"为无、"颜色"为深灰色（R137、G138、B142），再运用矩形工具，在画板下方绘制矩形路径。然后设置"描边"为无、"颜色"为浅灰色（R153、G154、B158），在矩形路径上绘制多个正圆小点。

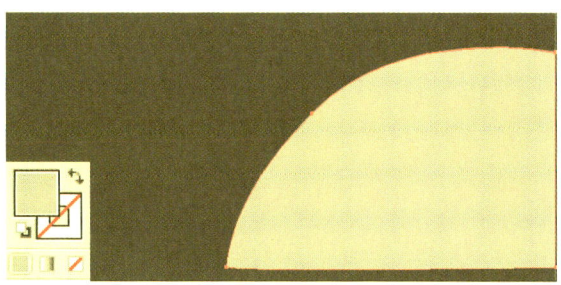

㉙ 复制上一步制作的各个正圆小点路径，然后运用选择工具，调整复制出的路径的位置，为下方的矩形路径添加更多的正圆小点效果。

㉚ 设置"描边"为无、"填色"为蓝灰色（R200、G213、B220），然后运用钢笔工具，在图像中绘制背景色路径效果。

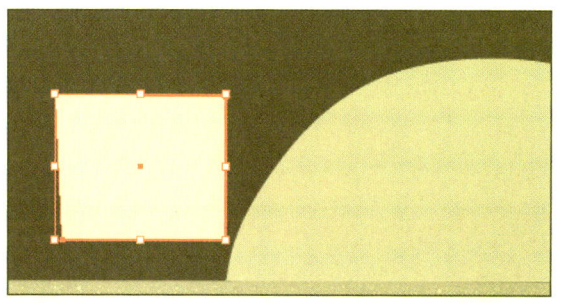

㉛ 设置"描边"为无、"填色"为绿灰色（R181、G179、B166），再运用椭圆工具，在图像中绘制正圆背景色路径。完成后更改"填色"为蓝灰色（R98、G122、B128），再运用钢笔工具，在图像中绘制人物衣服的路径。

㉜ 参照上述步骤，设置不同的前景色后，继续运用钢笔工具，在图像中绘制人物灰色（R178、G177、B181）的脸部、深灰色（R148、G148、B148）的头发、绿灰色（R109、G114、B108）的眼睛、绿黄色（R214、G228、B205）的眼球和黑色眼珠。

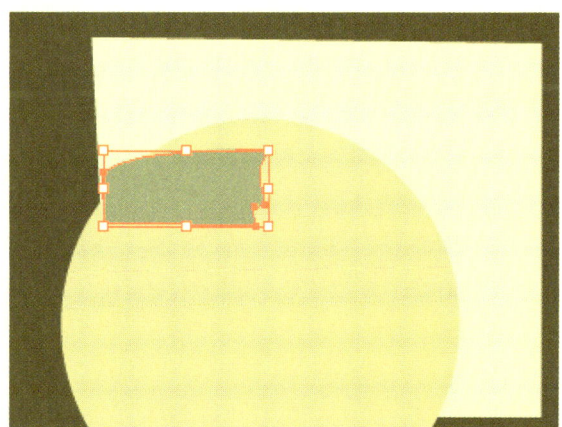

33 参照上述步骤，设置不同的"填色"，然后运用钢笔工具，绘制人物面部的嘴巴、牙齿，以及袖口、手等。

34 设置不同的"填色"，然后运用椭圆工具，在人物的手部绘制多个正圆小点，完成后继续运用椭圆工具，在人物手指上绘制指甲效果，使画面更加完善。

35 将制作的所有人物路径进行编组，然后参照上述步骤，继续设置不同的"填色"，然后运用钢笔工具，在图像中绘制更多的人物效果，使画面效果更加完善。绘制完成后将绘制的各个人物分别进行编组，以易于管理。

36 设置"描边"为无、"填色"为黄灰色（R231、G223、B213），然后运用钢笔工具，在图像中绘制门窗的路径，再继续在图像中绘制各个窗户的路径。

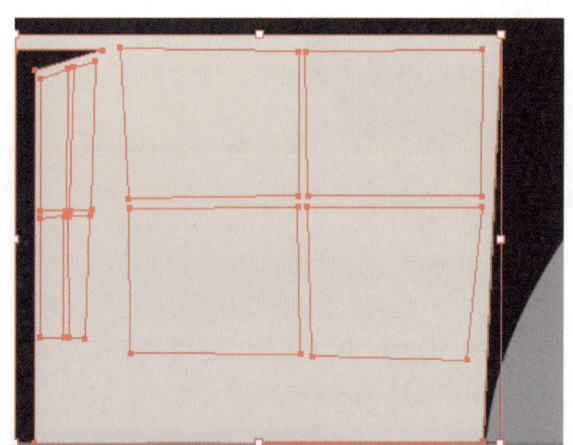

37 将上一步绘制的所有路径选中，然后在画面中右击，在弹出的快捷菜单中选择"建立复合路径"命令，建立复合路径，制作镂空的窗户。

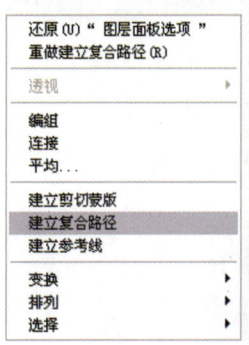

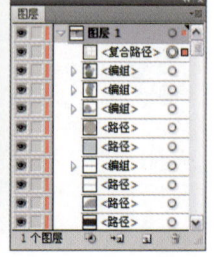

38 设置"描边"为无、"填色"为绿灰色（R173、G173、B161），然后运用矩形工具，在窗户下方绘制阴影的路径，然后复制该路径并将复制的路径贴在前面，再运用选择工具，调整路径的高度，最后设置该路径的"填色"为黄灰色（R224、G220、B207），制作窗台的立体感。

39 更改"填色"为淡黄色（R244、G239、B232），然后运用矩形工具，在窗台上绘制高光路径，使其立体感更加强烈。

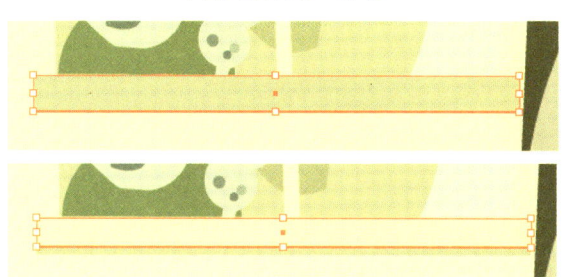

40 更改"填色"为黑色，再运用矩形工具，在窗户下方绘制深色路径效果，然后设置该路径的"不透明度"为50%，完成后多次复制该路径并结合选择工具，调整复制出的路径的大小和位置，为窗户的其他地方绘制阴影效果。

41 将步骤36至步骤40制作的所有门窗路径进行编组，然后运用钢笔工具，在图像中绘制白色字牌路径，完善画面效果。

42 单击文字工具，设置"填色"为黑色，然后在上一步绘制的白色字牌上添加黑色的文字。

43 参照上述绘制门窗的方法继续制作图像上方的门窗路径效果，使画面效果更加完善。

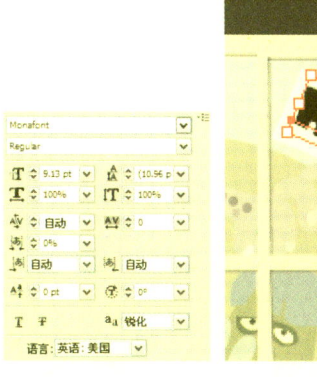

④ 参照上述步骤，运用钢笔工具 ◆、矩形工具 ▢ 和文字工具 T，在门窗上添加更多的细节效果，使画面更加丰富。

⑤ 参照上述制作门窗的方法，继续运用钢笔工具 ◆、矩形工具 ▢ 和各种编辑命令，制作椅子的效果。

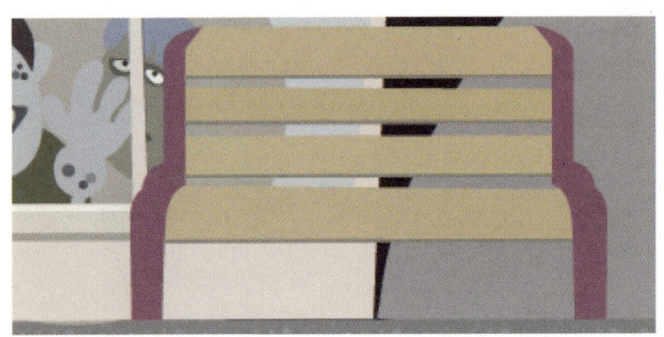

⑥ 参照上述制作人物的方法，设置不同的"填色"，再运用钢笔工具 ◆，绘制出人物各个部分的路径，制作出完整的人物效果。在制作的过程中按照各个路径的穿插关系来调整在"图层"面板中的位置。

⑦ 设置"描边"为绿色（R44、G130、B58）、0.2pt，"颜色"为草绿色（R98、G167、B73）。然后运用钢笔工具 ◆，在人物的脚部绘制鞋子的路径，完善人物的路径效果。

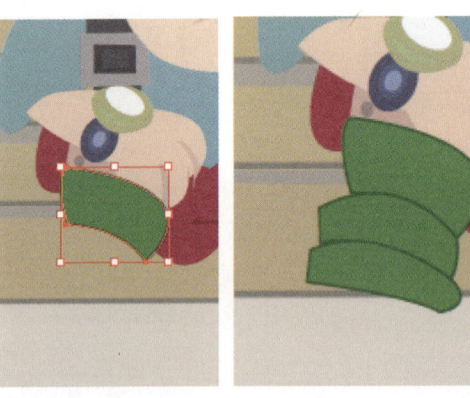

⑧ 参照上述步骤，继续运用钢笔工具 ◆，完善鞋子的路径效果。然后更改"描边"的颜色为灰色（R153、G153、B153）、"颜色"为白色，再运用钢笔工具 ◆，在图像中完善鞋底效果，最后将所有制作鞋子的路径进行编组。

⑨ 复制上一步编组的鞋子路径组并将复制的路径组贴在前面，然后在画板中右击，在弹出的快捷菜单中选择"变换>对称"命令，在弹出对话框中选中"垂直"选项，完成后单击"确定"按钮，水平翻转图像。结合选择工具 ▶，调整路径的位置，为左侧的脚添加鞋子效果。

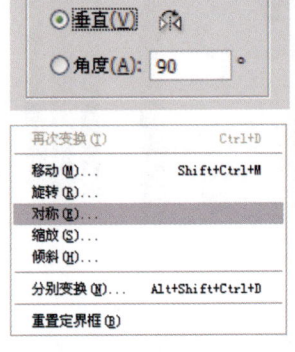

50 设置"描边"为深灰色（R119、G120、B122）、0.3pt，"填色"为灰色（R146、G147、B151），完成后运用钢笔工具，在人物的右侧绘制桶状路径。

51 更改"描边"为灰色（R124、G124、B124）、0.4pt，"填色"为黄绿色（R224、G212、B99），再运用椭圆工具，在图像中绘制正圆路径，然后复制绘制的正圆路径并将其贴在前面，最后运用选择工具等比例同中心地缩小复制出的路径。

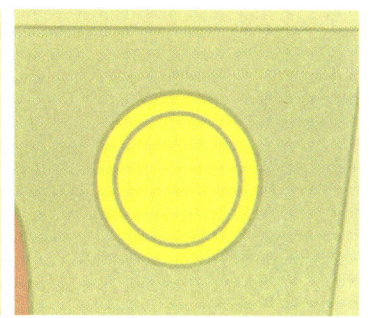

52 更改上一步设置的"描边"大小为0.2pt，然后运用钢笔工具，在图像中绘制修饰元素路径，使画面更加完整。

53 参照上述步骤，设置"描边"和"填色"后，再运用钢笔工具，在图像中绘制房子和其他人物路径，使画面效果更加丰富。

54 单击文字工具，设置"填色"为白色，然后在图像右侧输入文字效果。再更改字体和各项参数后，继续在图像右侧输入文字效果，使画面效果更加完善。至此，本实例画册内页（1-2）制作完成。

55 打开Photoshop CS5，执行"文件>新建"命令，弹出"新建"对话框，设置"名称"为"儿童书籍画册内页（3-4）"、"宽度"为15厘米、"高度"为7.54厘米、"分辨率"为300像素/英寸，完成后单击"确定"按钮，新建一个图像文件。

56 新建"图层 1"并对该图层填充前景色。再单击"添加图层样式"按钮 fx.，在弹出的菜单中选择"渐变叠加"命令，弹出"图层样式"对话框，设置各项参数后单击"确定"按钮，制作渐变图像背景。其中"渐变叠加"的渐变色从左到右依次为褐黄色（R178、G123、B41）和淡褐黄色（R204、G166、B105）。

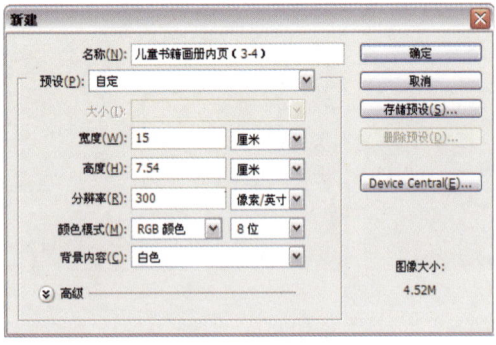
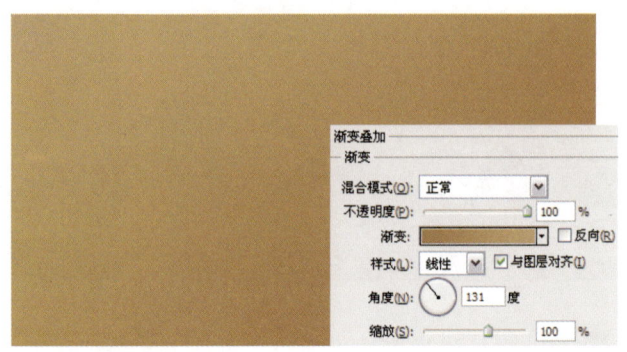

57 新建"图层2"，然后对该图层填充黑色，再对该图层执行"滤镜>杂色>添加杂色"命令，在弹出的"添加杂色"对话框中设置参数后单击"确定"按钮，为该图层图像添加杂色。

58 进入"通道"面板，按住 Ctrl 键单击"红"通道，将其载入选区，然后返回"图层"面板，按下快捷键 Ctrl+J 复制选区内图像到新图层，得到"图层 3"，最后隐藏"图层 2"。

59 设置"图层 3"的混合模式为"柔光"、"不透明度"为47%，为图像背景叠加纹理效果。然后单击"添加图层样式"按钮 fx.，在弹出的菜单中选择"斜面和浮雕"命令，弹出"图层样式"对话框，设置各项参数后单击"确定"按钮，为该图层对应的图像添加立体效果，制作纹理的高低起伏。

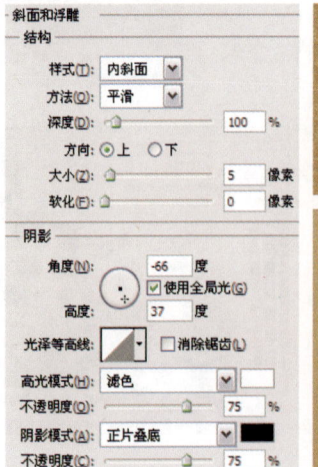

60 复制"图层3",然后在该图层上右击,在弹出的快捷菜单中选择"清除图层样式"命令,清除为该图层添加的图层样式,再为该图层添加"渐变叠加"图层样式,制作图像渐变效果。完成后在该图层上右击,在弹出的快捷菜单中选择"转换为智能对象",最后在该图层上右击,在弹出的快捷菜单中选择"栅格化图层"命令,将智能对象图层转化为普通图层。

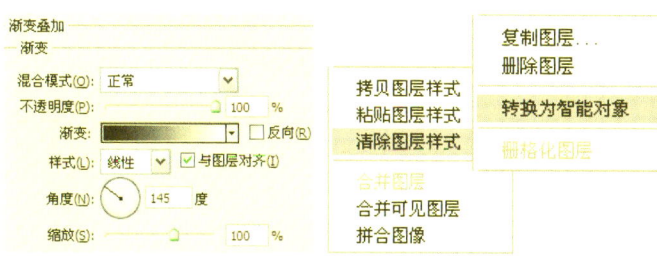 

61 设置"图层3副本"的混合模式为"柔光"、"不透明度"为50%,使纹理效果与背景更好地叠加。

62 新建"图层4"并对该图层填充黑色,然后对该图层执行"滤镜>渲染>纤维"命令,在弹出的"纤维"对话框中设置参数后单击"确定"按钮,为图像添加纤维效果。

 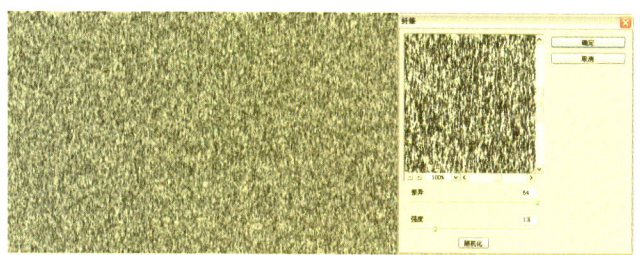

63 运用自由变换命令将"图层4"对应的图像旋转90°,然后调整各个控制手柄,使图像与整个画面完全重合。完成后设置该图层的混合模式为"柔光",继续为背景叠加纹理效果,丰富图像背景。

64 设置"图层4"的"不透明度"为20%,降低纹理图像的不透明度。

65 创建"色相/饱和度1"调整图层,调整整个画面的饱和度,使颜色更加艳丽。

66 将"图层1"至"色相/饱和度1"调整图层进行编组并重命名为"背景",然后新建"图层5",再运用钢笔工具，在图像下方绘制书外形的路径,完成后将路径转化为选区并填充前景色。最后为该图层添加"渐变叠加"图层样式,制作书的渐变效果。其中"渐变叠加"的渐变色从左到右依次为淡黄色(R255、G244、B228)和白色(R250、G249、B245)、白色。

67 参照上述步骤继续为上一步制作的图像添加"投影"图层样式,制作图像的投影效果,使其立体感更加强烈。

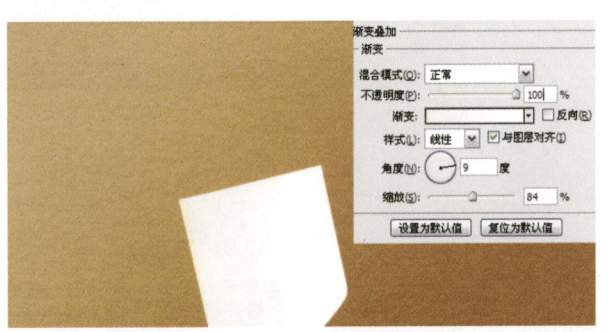

68 新建"图层6",然后运用钢笔工具，继续在图像下方绘制书的外形路径。完成后将路径转化为选区并对选区填充黑色,再参照上述步骤为该图层对应的图像添加"渐变叠加"和"投影"图层样式,制作书籍的立体感,使画面效果更加丰富。其中"渐变叠加"的渐变色从左到右依次为蓝灰色(R188、G217、B214)、青色(R209、G238、B237)、浅青色(R173、G196、B196)、蓝白色(R225、G244、B246)、灰色(R176、G217、B210)和灰色(R176、G217、B210)。

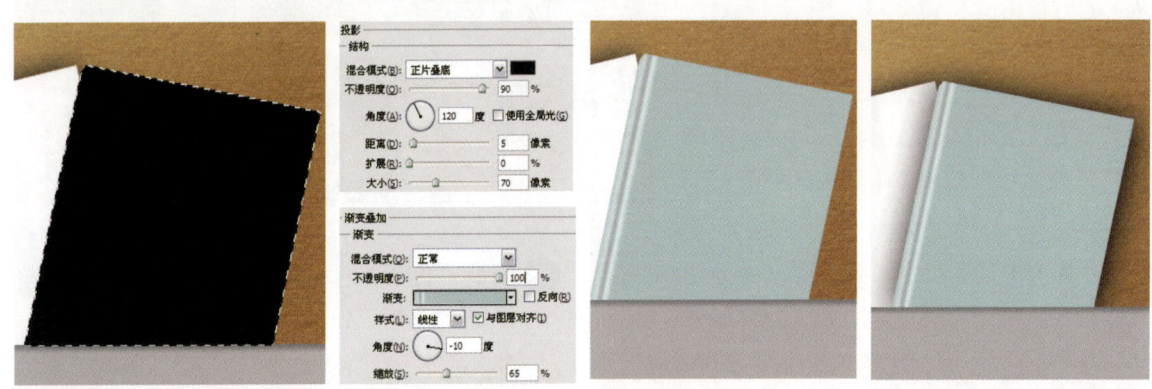

69 参照上述步骤,运用钢笔工具，在图像下方绘制更多的书籍路径,然后对图像添加"渐变叠加"图层样式为图像添加渐变色,再为图层添加"投影"图层样式,为图像添加投影效果,完善画面。

70 将"图层5"至"图层10"进行编组并重命名为"书"。然后打开本书配套光盘中的Chapter 5\01\media\图.psd文件,然后将该文件中的"图层1"移动到当前图像中,生成"图层11"。再运用自由变换命令调整图像的大小和透视关系,为图书封面添加图像效果。

71 将图像左下角的蓝色书籍对应的图层载入选区,再按下快捷键 Ctrl+Shift+I 将选区反选,然后选择"图层11"并单击"添加图层蒙版"按钮,为"图层11"添加图层蒙版,使其只显示选区内的图像效果。

72 将图.psd中的"图层2"移动到当前图像中的相应位置,生成"图层12",再运用自由变换命令调整图像的位置,为淡蓝色封面的书籍添加图像效果。然后参照上述步骤并结合图层蒙版和选区为该图层添加蒙版,隐藏部分图像效果,使画面更加完善。

 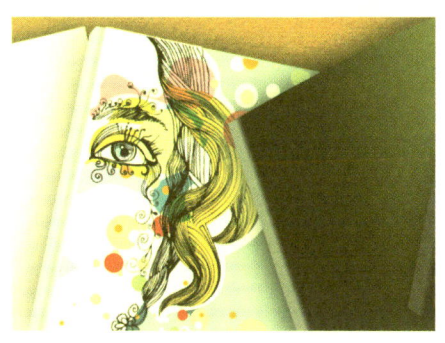

73 参照上述步骤继续将图.psd文件中的"图层3"至"图层5"移动到当前图像中的相应位置,然后结合自由变换命令,调整图像的大小和位置。

74 将"图层11"至"图层15"进行编组并重命名为"图"。然后新建"图层16",再运用钢笔工具,在最左下角的蓝色书籍上绘制图案路径,完成后将路径转化为选区并填充黑色和白色。

⑮ 设置前景色为白色，然后单击横排文字工具，在书籍上输入文字效果。然后运用自由变换命令调整输入的文字的位置，最后参照上述步骤设置前景色后运用横排文字工具，多次在图像中输入文字效果。

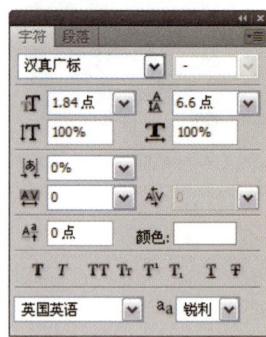 

⑯ 参照上述步骤，设置前景色为白色，再运用横排文字工具，在图像中输入更多的文字效果，然后设置输入的小字文字图层的"不透明度"为70%。

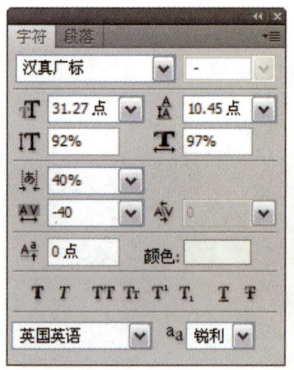 

⑰ 将步骤75和步骤76制作的所有的文字效果进行编组并重命名为"字"，然后复制图层组"书"至图层组"字"，得到图层组"字副本"、"图 副本"和"字副本"，完成后合并复制出的所有图层组，得到图层"字 副本"，再运用自由变换命令调整该图层对应图像的位置，为图像的左上角添加书籍效果。最后参照上述步骤，为画面右上角添加书籍效果。至此，本实例画册内页（3-4）制作完成。

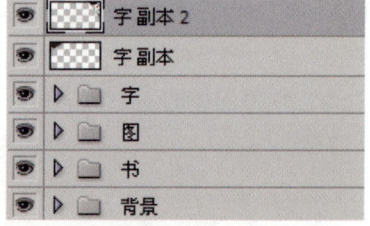

知识解析

渐变叠加图层样式

"渐变叠加"图层样式是运用渐变颜色填充图层内容,在"图层样式"对话框的"渐变叠加"选项面板中,可选择渐变的类型、设置渐变色,并通过调整"缩放"选项调整渐变的范围。"渐变叠加"的作用效果与新建图层结合剪贴蒙版、渐变工具和图层混合模式的效果是一致的,它的优势在于可调整性。渐变叠加图层样式常用于为界面设计、产品设计和包装设计等制作规则渐变效果。

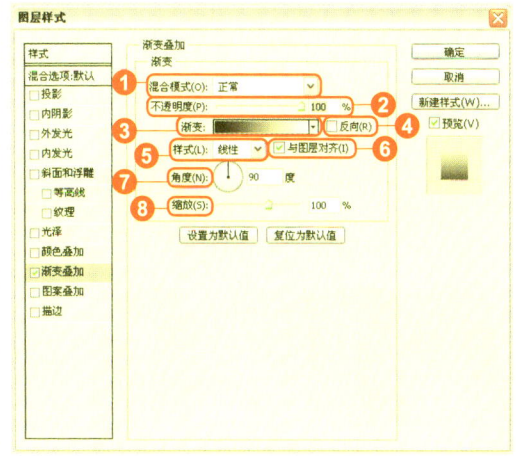

"渐变叠加"图层样式设置界面

编号	名称	说明
❶	"混合模式"选项	用于对渐变叠加的混合模式进行设置,单击右侧的下拉按钮,在弹出的下拉列表中可以对混合模式进行指定
❷	"不透明度"选项	用于设置渐变颜色的透明效果,可以通过拖动滑块或直接输入参数值来设置透明度的效果
❸	"渐变"选项	用于设置渐变的颜色,单击渐变颜色缩览图,可以打开"渐变编辑器"对话框,对渐变颜色进行设置,单击右侧的下拉按钮,可以选择系统预设的渐变颜色
❹	"反向"复选框	勾选该复选框可对渐变颜色进行反向填充
❺	"样式"选项	用于设置渐变的填充样式,单击下拉按钮在弹出的下拉列表中,可以选择系统预设的多种渐变样式
❻	"与图层对齐"复选框	勾选该复选框,可使渐变颜色与图层对齐
❼	"角度"选项	用于设置渐变填充的角度
❽	"缩放"选项	用于设置渐变颜色的比例大小,可以拖动滑块进行设置,也可以直接输入参数值

选择需要添加图层样式的图层,打开"图层样式"对话框,勾选"渐变叠加"复选框并切换到相应的参数设置面板,设置渐变颜色与各项参数值后,单击"确定"按钮,完成图像渐变叠加效果的添加。

原图

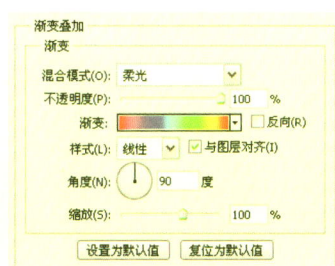
"渐变叠加"参数设置

添加"渐变叠加"图层样式后

Works
Photoshop works

14 服饰画册

本实例是运用 Photoshop 制作的服饰画册设计，画册封面和封底以颜色鲜艳的光感人物为主体，能更好地突出画册的主题。画面的深色背景能更好地突出画面的视觉中心和人物的光感。画面中添加的喷溅效果，则赋予画面动感，使整个画面更加时尚、富有个性。

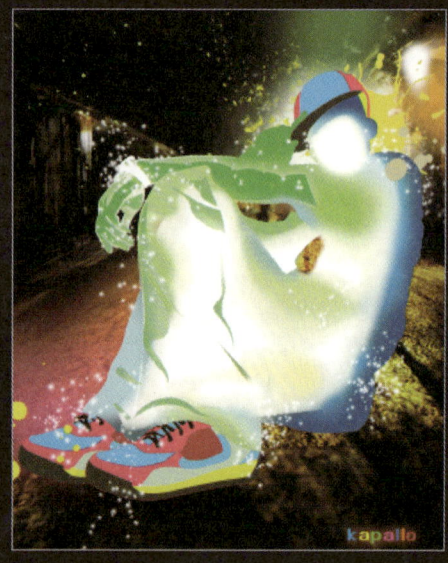

Photoshop
运用钢笔工具绘制路径，再运用画笔工具制作人物边缘

Photoshop
运用画笔工具制作光点效果

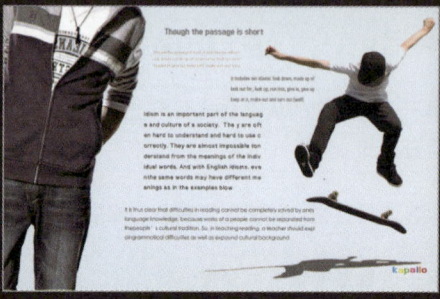

Photoshop
运用横排文字工具并结合图层样式制作绚丽文字效果

Photoshop
添加素材并结合图层混合模式制作光线效果

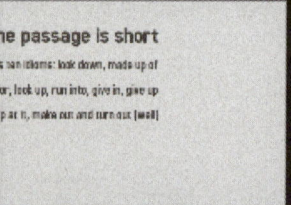

Photoshop
运用滤镜并结合图层混合模式等制作纹理背景

相关内容

主要使用功能：画笔工具、钢笔工具、外发光图层样式、叠加图层混合模式

素材文件：Chapter 5\02\media \ 背景 .jpg、光线 .png、帽子 .png、喷溅 .png、纹理 .png、人物 01.png、人物 02.png、服饰画册（3-4）.jpg

最终文件：Chapter 5\02\complete\ 服饰画册（封面）.psd\ 服饰画册（封底）.psd、服饰画册内页（1-2）.psd、服饰画册内页（3-4）.psd

制作难度评定：★★★★☆

01 打开Photoshop CS5，然后执行"文件>新建"命令，弹出"新建"对话框，设置"名称"为"服饰画册（封面）"、"宽度"为10.5厘米、"高度"为13.39厘米、"分辨率"为300像素/英寸，完成后单击"确定"按钮，新建图像文件。

02 对"背景"图层填充黑色，单击"创建新图层"按钮，新建"图层1"。然后单击钢笔工具，在图像中绘制人物主体范围路径，完成后按下快捷键Ctrl+Enter将路径转化为选区并填充白色，制作人物主体色调。

03 按住Ctrl键单击"图层1"的缩览图，将其载入选区，然后新建"组1"并单击"添加图层蒙版"按钮，为"组1"添加图层蒙版，使该蒙版效果作用于该图层组内的所有图层。

04 单击画笔工具，选择"柔边圆"画笔，然后设置前景色为天蓝色（R149、G217、B233），完成后在"组1"内新建"图层2"，再运用设置的画笔工具，在人物的头部边缘进行涂抹，最后更改前景色为淡蓝色（R213、G240、B252）并继续运用画笔工具，在人物的肩部和背景进行涂抹，为人物边缘添加颜色，丰富人物图像效果。

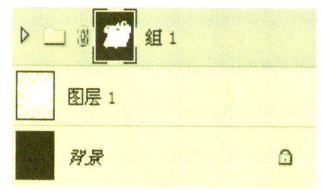
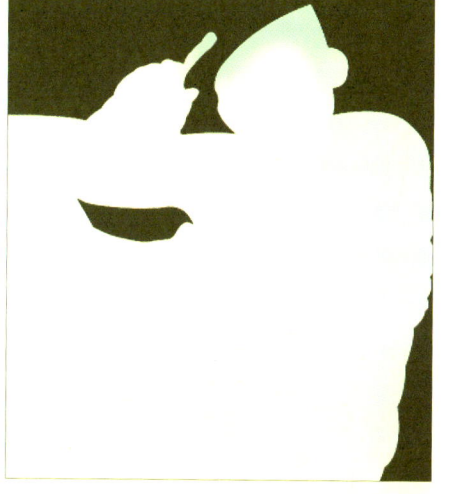

05 新建"图层3"并设置前景色为蓝色（R213、G240、B252），然后运用设置的画笔工具，在人物头部、肩部和背部边缘进行涂抹，丰富人物边缘的层次效果。

06 新建"图层4"并设置前景色为水蓝色（R28、G196、B248），再继续运用画笔工具，在人物头部、肩部和背部进行涂抹，进一步增加人物边缘颜色的层次感。

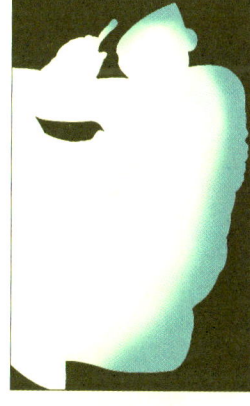

07 设置前景色为蓝青色（R40、G188、B203），再运用画笔工具 ，在图像边缘进行涂抹，进一步丰富图像的颜色层次。

08 新建"图层5"并设置前景色为深蓝色（R0、G89、B149），再运用画笔工具 ，在人物边缘进行涂抹，丰富人物边缘的图像效果。然后设置前景色为水蓝色（R162、G214、B222），完成后运用画笔工具 ，在人物左下角的裤脚处进行涂抹，继续完善图像效果。

09 新建"组2"并参照为"组1"添加图层蒙版的方法为"组2"添加图层蒙版，使其作用于该组内的所有图层。新建"图层6"并设置前景色分别为草绿色（R149、G204、B129）和淡黄色（R253、G250、B212），再用画笔工具 在人物手部进行涂抹，制作人物手部的大体色调。

10 更改前景色为草绿色（R161、G208、B112），然后运用画笔工具 ，在人物的手臂上进行涂抹，使颜色之间的过渡更加自然。

11 设置前景色为淡黄色（R253、G250、B212），然后运用画笔工具 ，在人物的手腕处进行涂抹，制作手腕的立体感。最后运用钢笔工具 ，在人物手腕处绘制手表的路径，完成后将路径转化为选区并填充白色，丰富图像效果。

12 新建"图层7"，运用钢笔工具 ，在人物的手部和手指上绘制路径，完成后将路径转化为选区并填充绿色（R82、G188、B97），丰富图像效果。注意在绘制路径的过程中，按照手的结构进行绘制。

13 单击"添加图层样式"按钮 fx.，在弹出的菜单中选择"外发光"命令，在弹出的"图层样式"对话框中设置各项参数后单击"确定"按钮，为该图层添加"外发光"效果，丰富图像效果。

14 新建"图层8"，再设置前景色为翠绿色（R200、G236、B188），然后运用画笔工具 ，在人物手部边缘制作边缘高光效果。

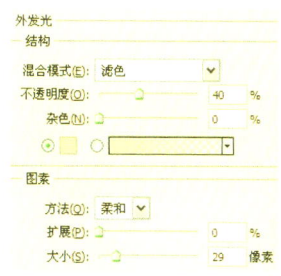

15 在"组2"上方新建"组3"并参照上述步骤为该图层组添加图层蒙版，再在该组内新建"图层9"，然后分别设置前景色为绿色（R185、G219、B144）、蓝绿色（R145、G207、B193）、翠绿色（R180、G215、B140）、绿黄色（R213、G227、B138）和淡黄色（R255、G251、B206），再运用画笔工具 ，在人物的身上进行涂抹，丰富图像效果。在涂抹的过程中要注意人物各个部分的结构。

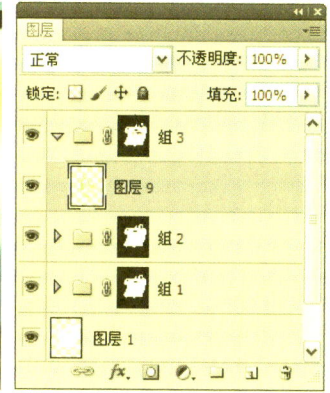

16 单击"添加图层样式"按钮 fx.，在弹出的菜单中选择"外发光"图层样式命令，弹出"图层样式"对话框，设置各项参数后勾选"混合选项"中"高级混合"下方的"图层蒙版隐藏效果"复选框，完成后单击"确定"按钮。

17 运用钢笔工具 ，在人物的裤子边缘绘制范围路径，完成后将路径转化为选区，然后单击"添加图层蒙版"按钮 ，为该图层添加蒙版，隐藏路径外的外发光效果。

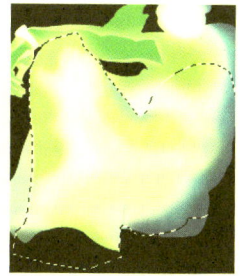
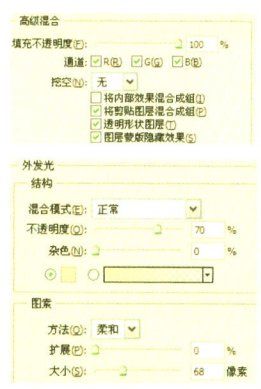

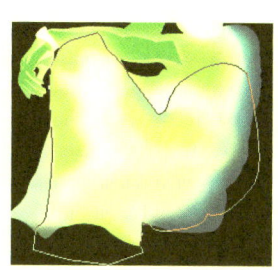

⑱ 新建"图层10",再设置前景色为淡黄色(R255、G248、B181),然后运用画笔工具 ✎,在人物衣服上进行涂抹,使其过渡更加自然。

⑲ 新建"图层11",然后运用钢笔工具 ✎,在人物腿部绘制路径,完成后将路径转化为选区并对选区填充草绿色(R134、G200、B131),然后设置前景色为浅绿色(R185、G219、B165),在选区右侧进行涂抹。最后参照上述步骤,结合钢笔工具 ✎ 和画笔工具 ✎,为图像添加更为丰富的条纹效果,使画面效果更加完善。

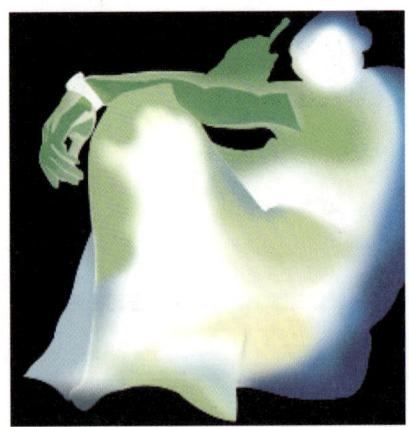

⑳ 将"组1"至"组3"进行编组,得到"组4"并重命名为"人物"。然后在"图层1"下方新建"图层12",然后运用钢笔工具 ✎,在人物下方绘制鞋子的外形路径,完成后将路径转化为选区并填充红色(R238、G27、B97)。

㉑ 新建"图层13",然后运用钢笔工具 ✎,在人物鞋子上绘制鞋子层次路径,完成后将路径转化为选区并填充绿褐色(R62、G62、B41),丰富鞋子的层次效果。然后参照上述步骤,新建图层后运用钢笔工具 ✎,在鞋子绘制更多的层次路径,最后将路径转化为选区并填充深红色(R196、G31、B65)和天蓝色(R74、G200、B238)。

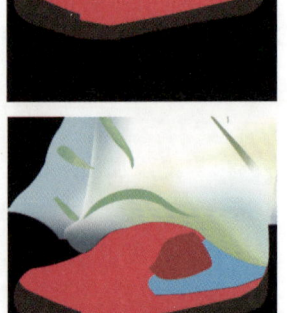

㉒ 参照上述步骤,新建图层后继续运用钢笔工具 ✎,在鞋子上绘制多个鞋子条纹路径,完成后将路径转化为选区并对其填充黄色(R240、G234、B38)、淡绿色(R195、G226、B190)和蓝色(R75、G196、B243),使鞋子造型更加完善。

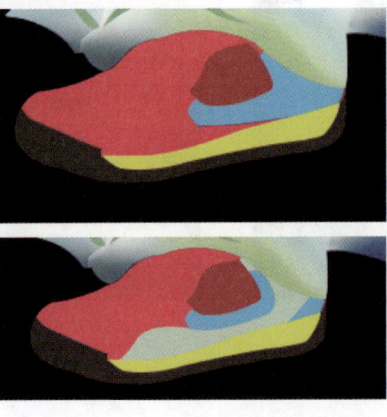
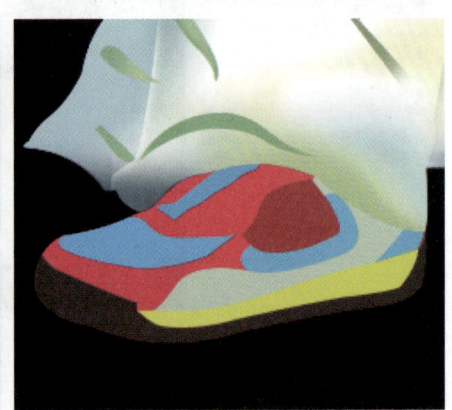

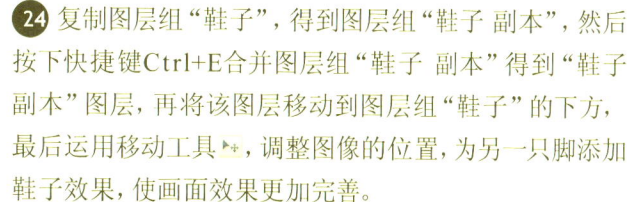

23 新建"图层19",然后运用钢笔工具 ,在鞋子上绘制鞋带路径效果,完成后将路径转化为选区并对其填充深褐色(R50、G25、B0),制作鞋带效果,最后将"图层12"至"图层19"进行编组并重命名为"鞋子"。

24 复制图层组"鞋子",得到图层组"鞋子 副本",然后按下快捷键Ctrl+E合并图层组"鞋子 副本"得到"鞋子 副本"图层,再将该图层移动到图层组"鞋子"的下方,最后运用移动工具 ,调整图像的位置,为另一只脚添加鞋子效果,使画面效果更加完善。

25 在"鞋子"图层组上方新建"图层20",然后运用钢笔工具 ,在人物头部绘制帽子的路径,完成后将路径转化为选区并填充黄色(R237、G242、B5),最后参照上述步骤新建图层后,运用钢笔工具 在图像上绘制帽子其他部分的路径,完成后将路径转化为选区并填充紫红色(R246、G27、B108)、天蓝色(R71、G193、B241)和青褐色(R63、G63、B42)。

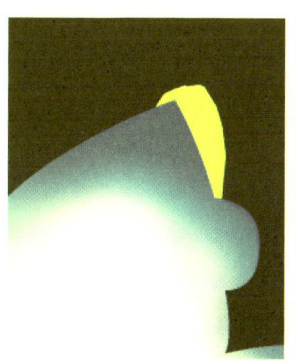

26 将"图层20"至"图层23"进行编组并重命名为"帽子"。然后在"图层"面板最上方新建"图层24",再设置前景色为白色并按下快捷键F5打开"画笔"面板,然后在该面板中设置各项参数后关闭面板,最后运用设置的画笔在人物的各个部位进行涂抹,制作发光点效果,使画面效果更加丰富。

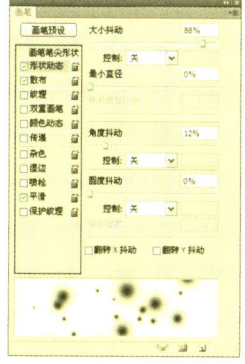
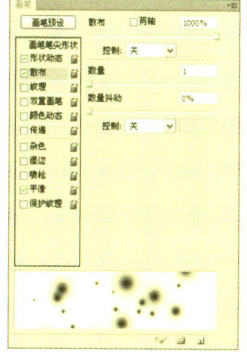
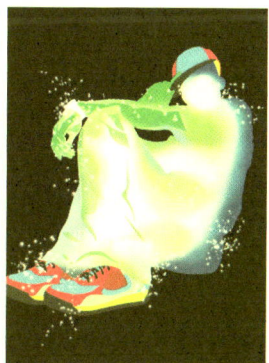

237

㉗ 在"背景"图层上方新建"图层25",然后运用上一步设置的画笔在人物头部后面进行涂抹,添加更多的发光点效果,完成后为该图层添加图层蒙版,再设置前景色为黑色并运用设置的画笔在图层蒙版上进行涂抹,隐藏涂抹处的图像效果。

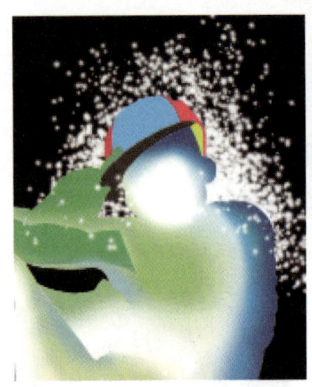
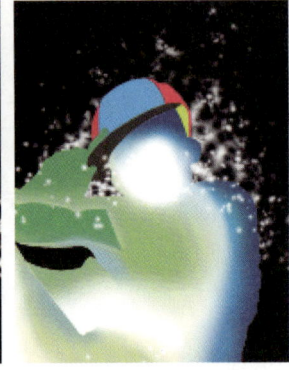
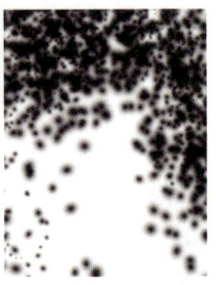

㉘ 新建"图层26",然后设置前景色为玫瑰红(R236、G41、B103),然后单击画笔工具,选择"柔边圆"画笔,完成后在人物的左下角进行涂抹,制作玫瑰红光晕效果。

㉙ 参照上述步骤新建"图层27",然后设置前景色为淡黄色(R242、G245、B214),再运用柔边圆画笔在人物的头部进行涂抹,为其添加光晕效果。最后参照上述步骤,运用画笔工具,继续为图像的上方添加绿色(R109、G168、B87)和橙色(R243、G172、B63)光晕效果,使画面效果更加丰富。

㉚ 新建"图层30"并设置前景色为黄色(R243、G172、B63),然后运用步骤26中设置的画笔在图像右上角人物头部的后面绘制黄色光点和喷溅效果,使画面效果更加完善。最后将"图层25"至"图层30"进行编组并重命名为"光点"。

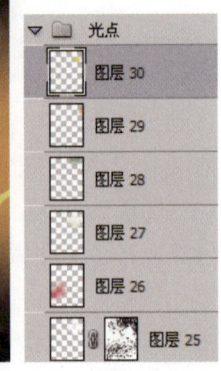

31 打开本书配套光盘中的Chapter 5\02\media\背景.jpg图像文件，然后运用移动工具，将图像移动到当前图像中，生成"图层31"，再将该图层移至"背景"图层的上方，使其与图像完全重合；为图像添加背景。

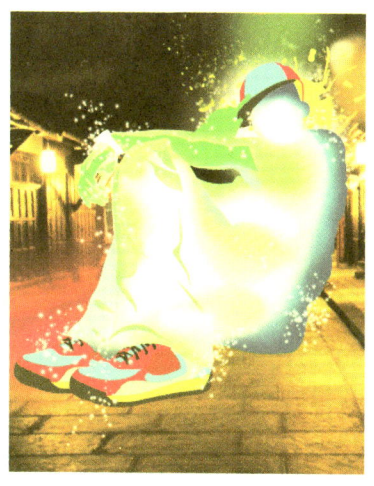

32 为该图层添加图层蒙版，然后设置前景色为黑色，再设置画笔的"不透明度"为20%，完成后运用设置的画笔在图像的左上角进行涂抹，虚化涂抹处的图像效果。

33 切换前景色为白色，缩小画笔大小后在图像的左上角进行涂抹，将虚化的图像显示出来。制作暗部的机理效果，使画面效果更加完善。

34 继续运用黑色的画笔工具，在图像的下方进行涂抹，虚化涂抹处的图像效果，在涂抹的过程中注意光源和人物的关系，使光影效果更加真实。最后参照上述步骤切换前景色为白色，再在图像下方进行涂抹，将虚化的图像显示出来，使画面效果更加完善。

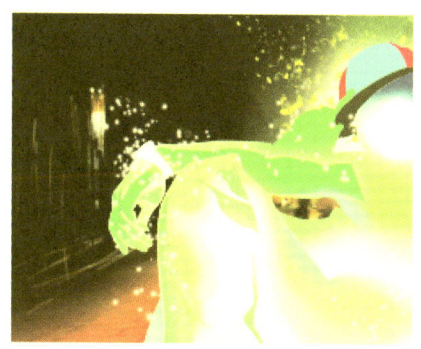
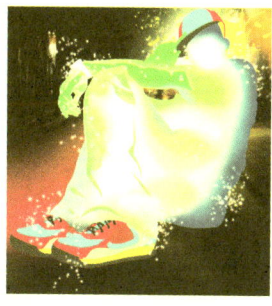

35 打开本书配套光盘中的Chapter 5\02\media\纹理.png图像文件，运用移动工具，将图像移动到当前图像中，生成"图层32"，再将其移至"图层31"的上方。设置该图层的混合模式为"叠加"，使纹理效果与背景更好地融合。

36 单击横排文字工具，在图像下方输入文字，使画面效果更加完善。完成后栅格化文字图层，使其转化为普通图层。

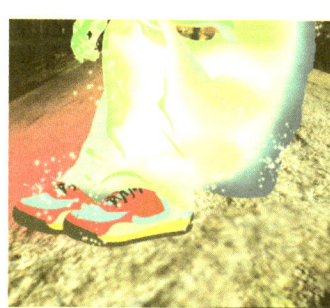
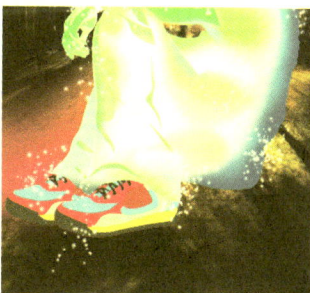

㊲ 在图层kapallo上方新建"图层33"并按下快捷键Ctrl+Alt+G，为该图层创建剪贴蒙版，然后分别设置不同的前景色，再运用画笔工具，在各个字母上进行涂抹，为各个字母上添加不同的颜色，使画面效果更加丰富。字母颜色从左到右依次为蓝色（R3、G164、B227）、黄色（R252、G235、B25）、草绿色（R144、G197、B64）、玫瑰红（R236、G11、B139）、蓝紫色（R79、G100、B182）橙色（R240、G122、B16）、红色（R199、G29、B63）。

㊳ 选择图层 kapallo，再单击"添加图层样式"按钮，在弹出的菜单中选择"外发光"命令，然后在弹出的"图层样式"对话框中设置各项参数，完成后单击"确定"按钮，为文字添加外发光效果。其中外发光的颜色为褐红色（R190、G75、B39）。

㊴ 新建"图层34"，然后运用画笔工具，在图像中左上角绘制绿色（R169、G199、B98）喷溅效果、右上角绘制黄灰色（R214、G210、B165）喷溅效果、左下角绘制黄色（R250、G239、B34）喷溅效果。至此本画册封面制作完成。

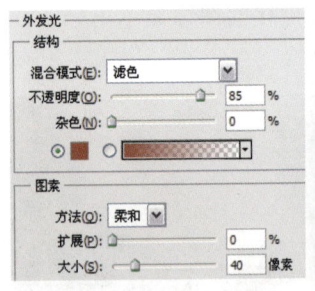
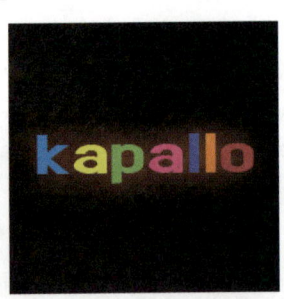
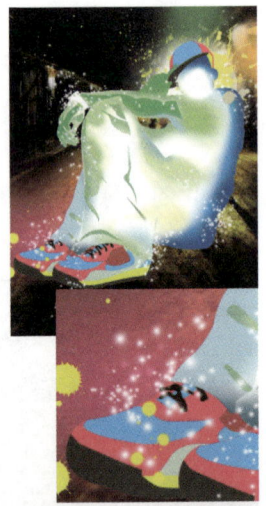

㊵ 执行"文件>新建"命令，在弹出的"新建"对话框中设置"名称"为"服饰画册（封底）"、"宽度"为10.5厘米、"高度"为13.39厘米、"分辨率"为300像素/英寸，设置完成后单击"确定"按钮，新建图像文件。

㊶ 对"背景"图层填充黑色，然后新建"图层1"并运用钢笔工具，在图像中绘制出人物主体的大概轮廓，完成后按下快捷键Ctrl+Enter将路径转化为选区并填充白色。

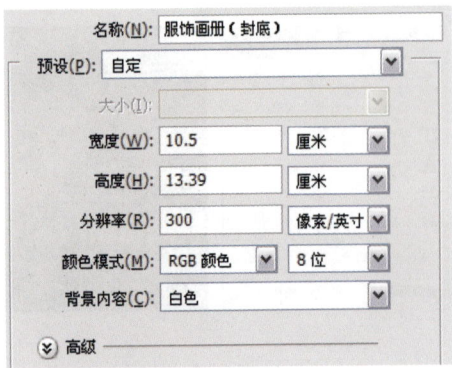

㊷ 新建"组1"并在该组内新建"图层2",然后将"图层1"载入选区并为"组1"添加图层蒙版,使该图层蒙版作用于该组内的所有图层。再设置前景色为蓝灰色(R117、G146、B167),完成后单击画笔工具,并在选项栏上选择"柔边圆"画笔,最后运用设置后的画笔在"图层2"上进行涂抹,为人物主体添加颜色效果。

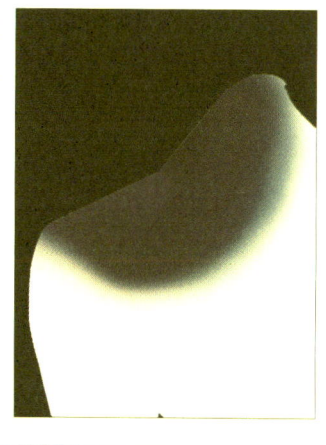

㊸ 为"图层2"添加"外发光"图层样式,丰富图像效果。其中"外发光"的颜色为水蓝色(R37、G205、B238)。

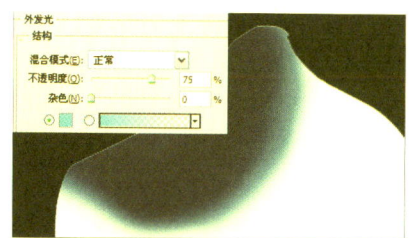

㊹ 新建"图层3"并设置前景色为水蓝色(R98、G211、B247),然后运用上述步骤设置的柔边圆画笔,在人物右侧边缘进行涂抹,完成后分别设置前景色为蓝灰色(R70、G173、B188)和深蓝灰色(R66、G109、B137),最后分别运用画笔工具在人物的肩部和衣袖处进行涂抹,使图像效果更加完整。

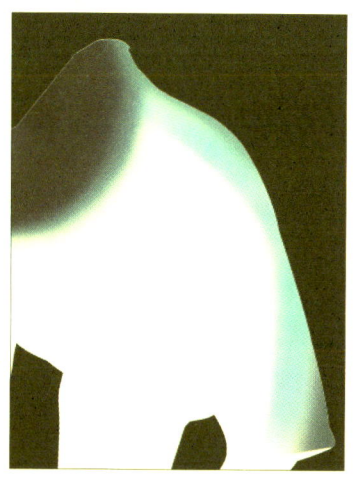

㊺ 新建"图层4"并运用钢笔工具,在人物右侧手部处绘制范围路径,完成后将路径转化为选区并填充白色。

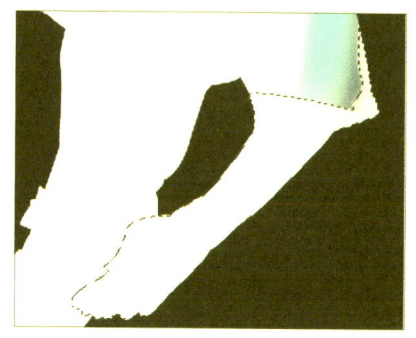

㊻ 单击"添加图层样式"按钮,在弹出的菜单中选择"渐变叠加"图层样式,然后在弹出的"图层样式"对话框中设置各项参数,完成后单击"确定"按钮,为图像添加平滑的渐变效果。其中渐变色从左到右依次为蓝色(R0、G82、B136)、水蓝色(R73、G181、B210)、白色。

㊼ 新建"图层5",然后运用钢笔工具,在人物右侧绘制衣服皱褶路径,完成后将路径转化为选区并结合画笔工具,对选区涂抹蓝色(R0、G150、B197)和水蓝色(R5、G179、B176)。

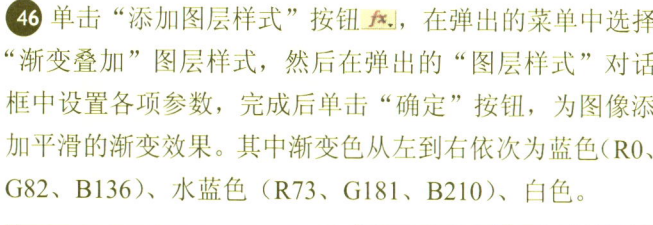

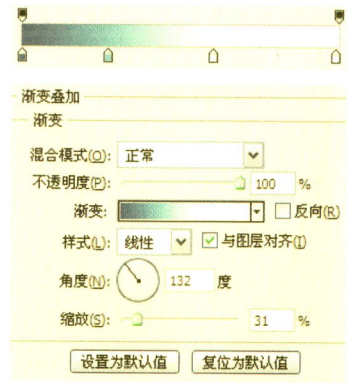 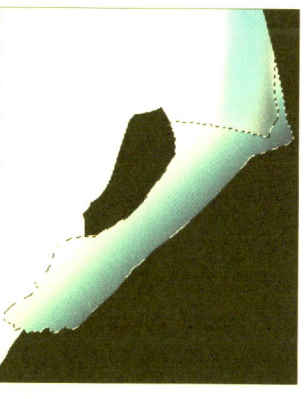 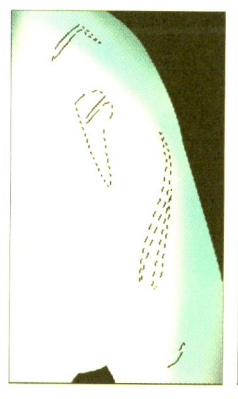 

㊽ 在"组1"上方新建"组2"并参照上述步骤将"图层1"载入选区,为"组2"添加图层蒙版。然后在"组2"内新建"图层6",完成后运用钢笔工具 ,在图像中勾勒出腿部的路径。最后将其转化为选区并结合画笔工具 ,在选区边缘涂抹蓝色(R83、G175、B232)。

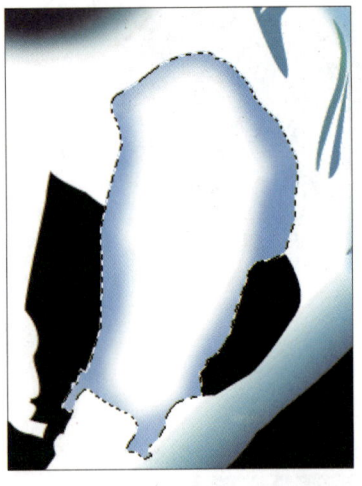

㊾ 新建"图层7"并设置前景色为蓝色(R33、G142、B202),然后运用画笔工具 在选区内边缘进行涂抹,丰富图像层次效果。

㊿ 新建"图层8"并运用蓝色(R83、G175、B232)画笔在图像中绘制裤子的褶皱效果,完成后运用钢笔工具 ,在图像中绘制褶皱的路径,然后将路径转化为选区并填充蓝色(R55、G146、B203)。

51 在"图层6"下方新建"图层10",然后设置前景色为橙色(R248、G164、B151),再运用柔边圆画笔在裤子外侧进行涂抹,区分各个部分,使画面颜色更加丰富。

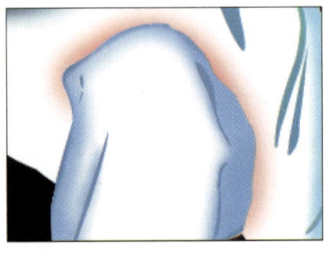

52 新建"组3"并参照上述步骤为该图层组添加图层蒙版,然后新建"图层10"并设置前景色为水蓝色(R150、G220、B240),完成后运用柔边圆画笔在人物左侧手臂处进行涂抹,为其添加背景色。

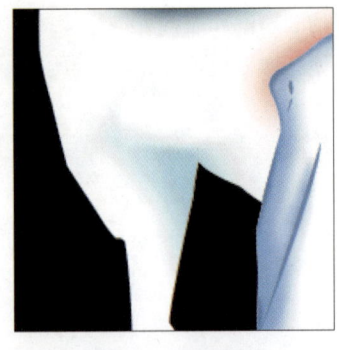

53 新建"图层11"并运用钢笔工具 ,在图像中绘制路径,完成后将路径转化为选区。然后运用画笔工具 ,在选区内侧绘制蓝色(R101、G176、B213),丰富图像效果。

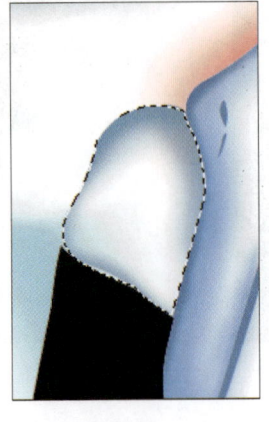

54 将前景色设置为蓝色(R41、G139、B194),再运用画笔工具 ,在选区内边缘进行涂抹,丰富图像的层次。然后新建"图层12",运用钢笔工具 ,在图像中人物左侧手部绘制褶皱路径。

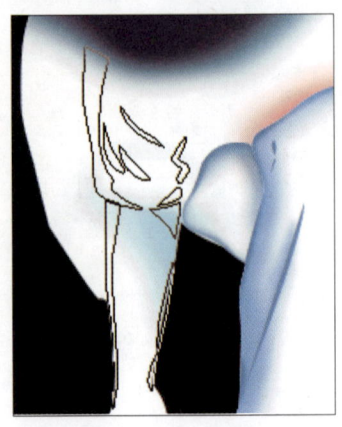

55 将上一步骤绘制的路径转化为选区，然后运用画笔工具，在选区中涂抹深蓝色（R16、G65、B133）和蓝色（R28、G137、B204），制作手部衣服的褶皱效果，使图像效果更加完善。

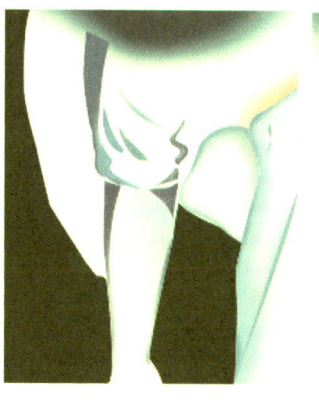

56 设置前景色为水蓝色（R176、G235、B240），然后运用画笔工具，在人物手部绘制水蓝色（R176、G235、B240）。再运用钢笔工具，在人物手部绘制手指阴影及转折的路径，完成后将路径转化为选区并结合画笔工具，在选区内涂抹蓝色（R0、G116、B181）和深蓝色（R1、G36、B94）。

57 在"组3"上方新建"组4"并参照上述步骤为该图层组添加图层蒙版，然后在该组内新建"图层14"。再运用钢笔工具，在人物的左侧绘制范围路径，完成后将路径转化为选区并结合画笔工具，在选区内侧绘制水蓝色（R52、G193、B223）。

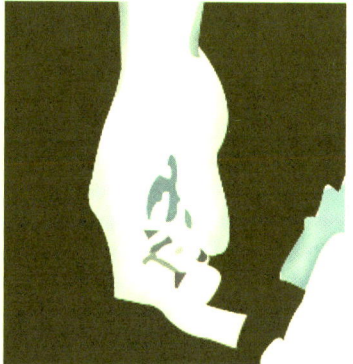
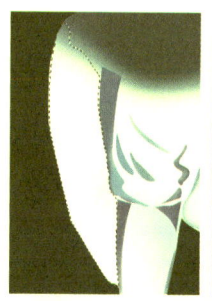
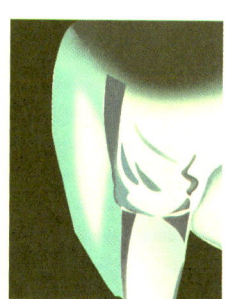

58 新建"图层15"并设置前景色为蓝色（R5、G112、B159），再运用画笔工具，在选区内侧绘制蓝色（R5、G112、B159），增加图像的层次关系。

59 新建"图层16"，然后运用钢笔工具，在图像中绘制一条褶皱路径，完成后将路径转化为选区，再运用画笔工具，在选区内中涂抹蓝色（R32、G137、B177），完善人物效果。

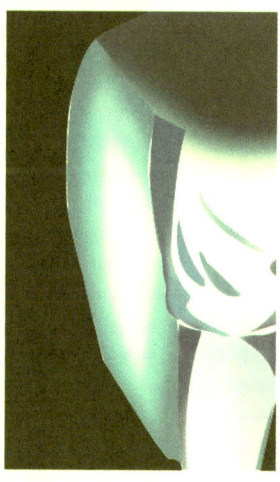
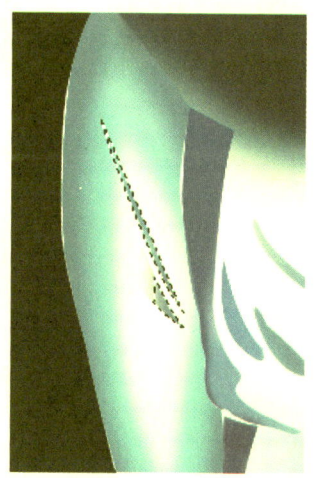

(60) 在“组1”至“图层1”之间新建“组5”并在该组内新建“图层17”，然后运用钢笔工具，在图像中绘制鞋子的路径，完成后将路径转化为选区并填充深灰色（R48、G47、B47）。

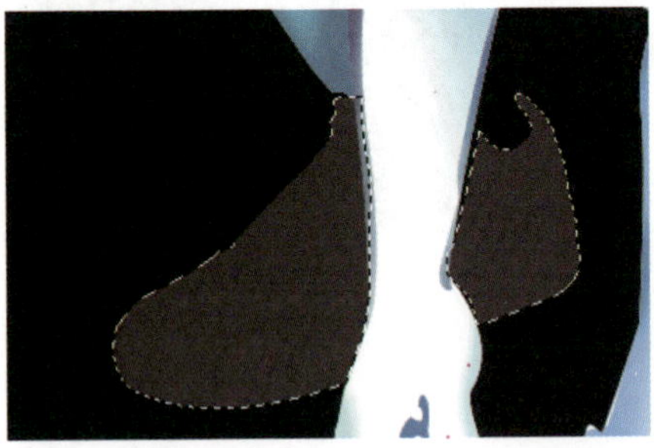

(61) 运用钢笔工具，在鞋子上的手部绘制路径，完成后将路径转化为选区，再按下快捷键Ctrl+Shift+I将选区反选，然后为“组5”添加图层蒙版，使其作用于该组内的所有图层。完成后运用钢笔工具，在鞋子上绘制更多层次路径，最后对选区填充灰色（R221、G221、B221），使画面效果更加完善。

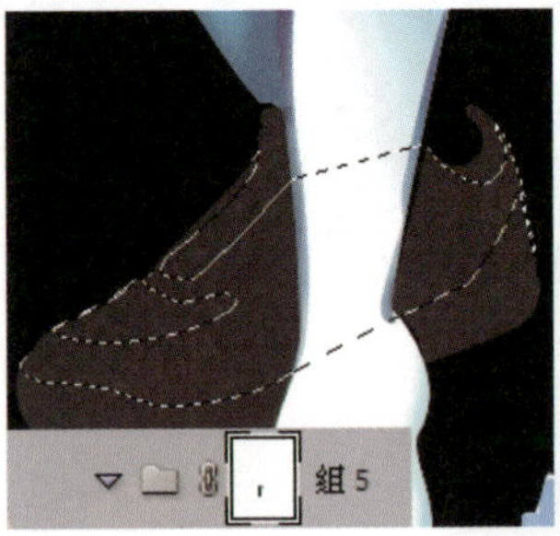

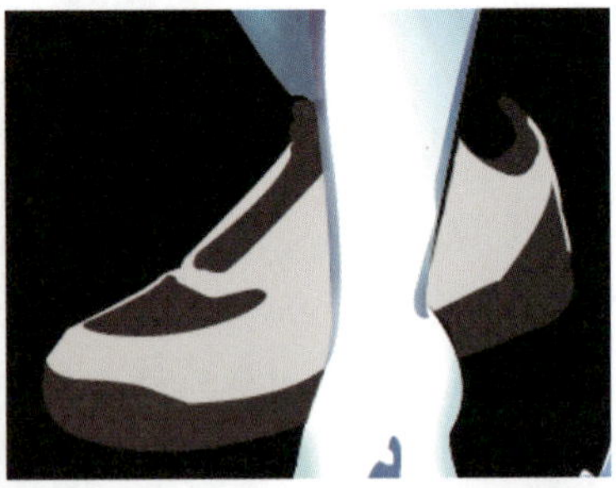

(62) 新建“图层18”，然后运用钢笔工具，在鞋子上绘制更多的层次路径，完成后将路径转化为选区并分别对选区填充绿灰色（R148、G186、B168）和橙灰色（R169、G146、B123），丰富图像效果。

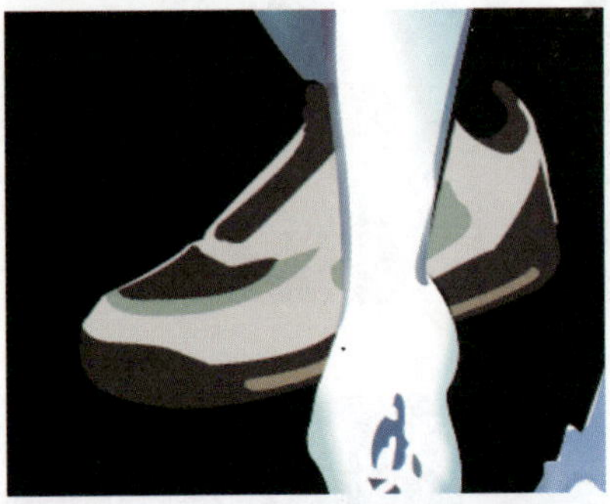

(63) 新建“图层19”，然后运用钢笔工具，在鞋子上绘制鞋带的路径，完成后将路径转化为选区，再运用画笔工具，在选区内涂抹绿灰色（R146、G157、B154）、绿灰色（R170、G195、B186）和白色，制作出鞋带的立体感。最后多次复制该图层，并结合移动工具，调整复制出的图像的位置，制作更多的鞋带效果。

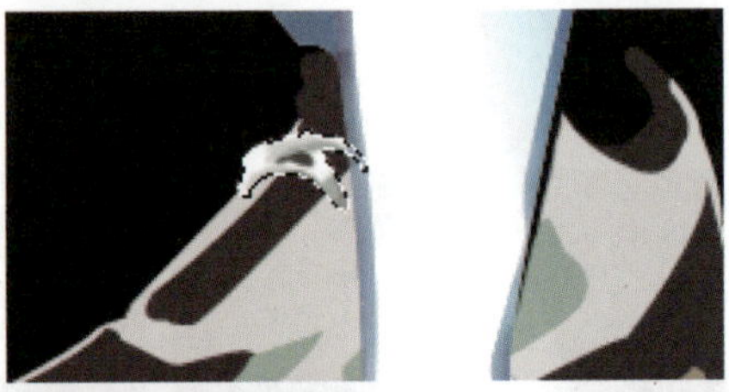

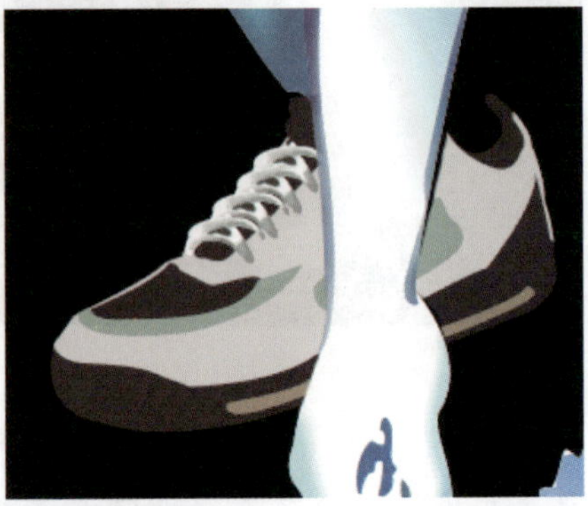

(64) 新建“图层20”，然后运用画笔工具，在鞋子的右上角绘制白色和深灰色（R110、G110、B110）鞋跟效果。

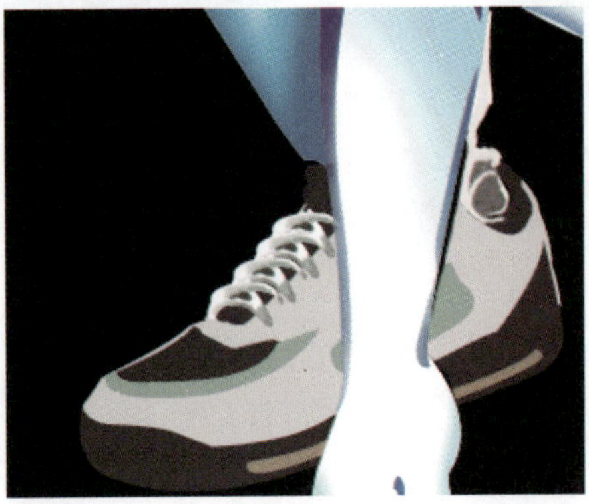

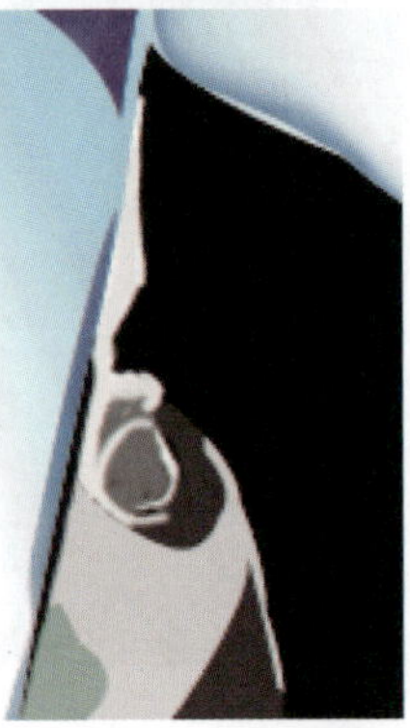

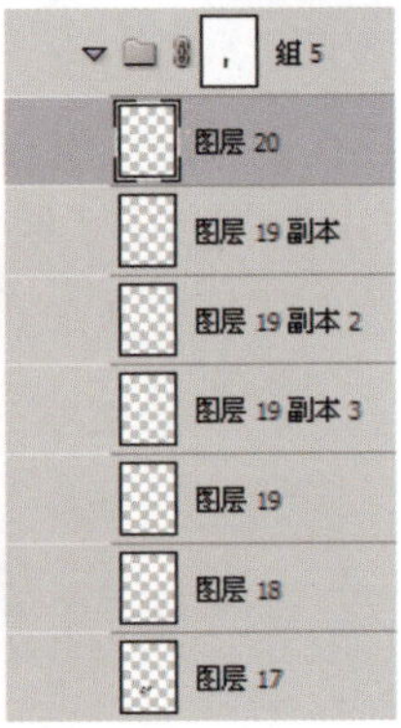

65 新建"组6"并在该组内新建"图层21",然后参照步骤60至步骤64,结合钢笔工具 、画笔工具 等,制作另一只鞋子,使画面效果更加完善。

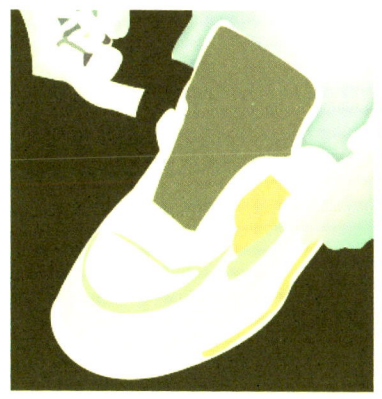 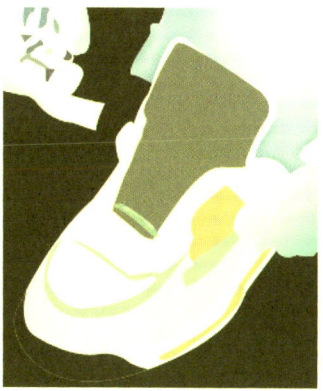 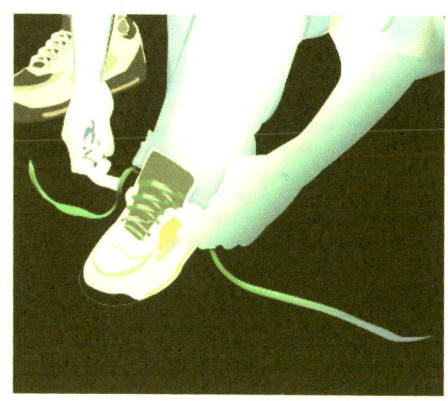

66 打开帽子.png素材图像文件并运用移动工具 ,将图像移动到当前图像中相应位置,生成"图层27",然后将该图层移至"图层"面板的最上方。单击"创建新的填充或调整图层"按钮 ,在弹出的菜单中选择"色相/饱和度"命令,在弹出的"调整"面板中设置参数后关闭面板,再按下快捷键Ctrl+Alt+G为其创建剪贴蒙版,使调整效果只作用于"图层27"。

67 参照上述步骤继续为"图层27"创建"曲线1"调整图层,调整帽子的亮度,使画面效果更加完善。

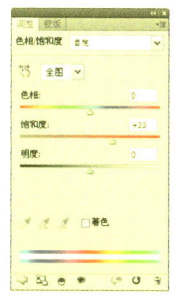 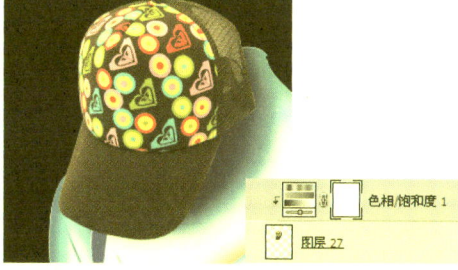

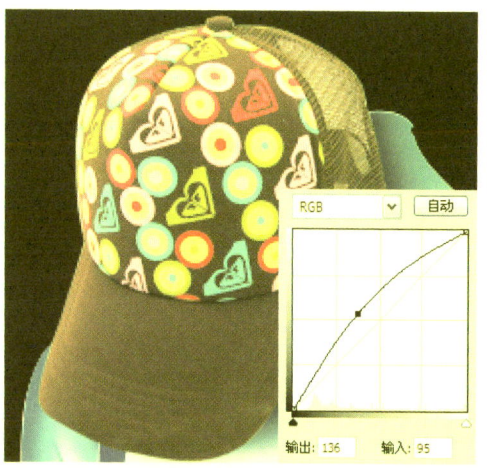

68 将"图层1"至"曲线1"调整图层进行编组并重命名为"人物"。将"光线.png"素材图像文件移动到当前图像中,生成"图层28",然后将其移至"背景"图层的上方为画面添加绚丽的光线效果。

69 在"图层28"上方新建"图层29",然后设置前景色为玫瑰红(R242、G49、B169),再运用画笔工具 ,在人物鞋子下方绘制投影效果,使画面效果更加完整。

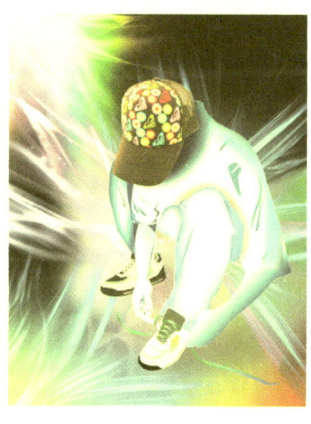 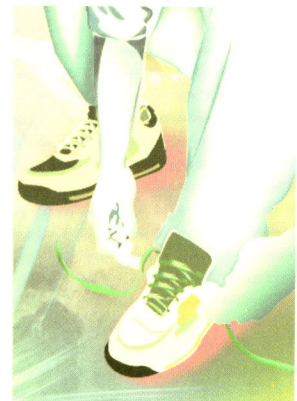

(70) 参照上述步骤在图层组“人物”上方新建“色彩平衡”调整图层，调整整个画面的色调，得到“色彩平衡1”调整图层。

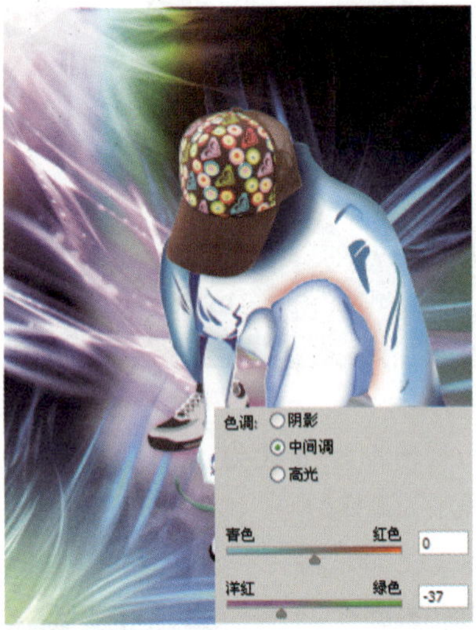

(71) 将喷溅.png素材图像文件移动到当前图像中，生成“图层30”，并将其移动至“图层”面板最上方。新建“图层31”并设置该图层的混合模式为“叠加”，然后运用柔边圆画笔在图像下方涂抹玫瑰红（R242、G49、B169）、绿色（R53、G197、B103）、水蓝色（R63、G207、B238）、淡紫色（R217、G179、B217）和红色（R201、G15、B19），使图像的颜色更加丰富。

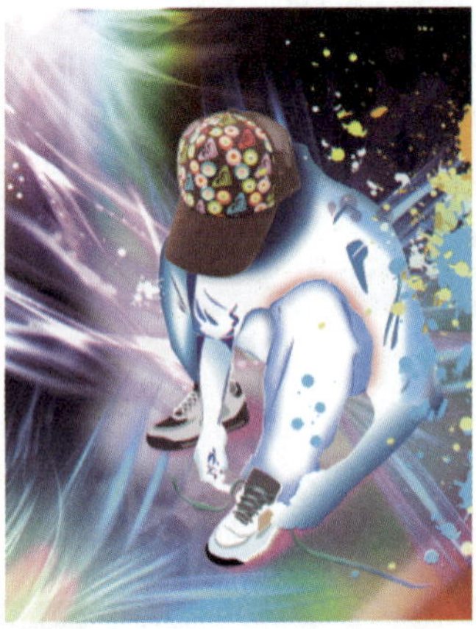

(72) 新建“图层32”，然后运用钢笔工具，在图像的左下角绘制路径，完成后将路径转化为选区，再运用渐变工具，对选区由上到左下填充白色到透明白色的线性渐变色制作发光效果。完成后多次复制该图层，并结合自由变换命令调整复制出的图像的大小和位置，使画面效果更加完善。

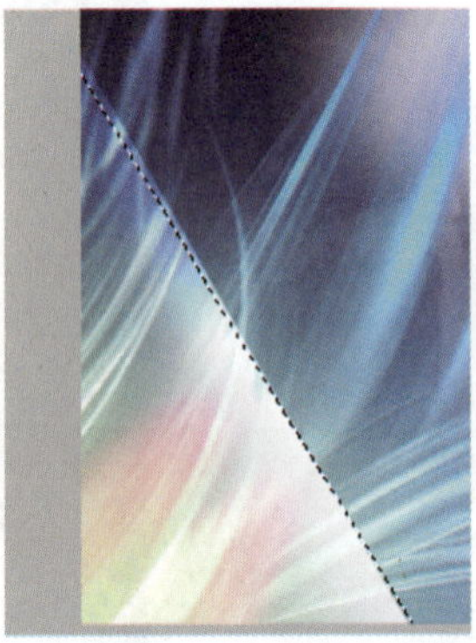

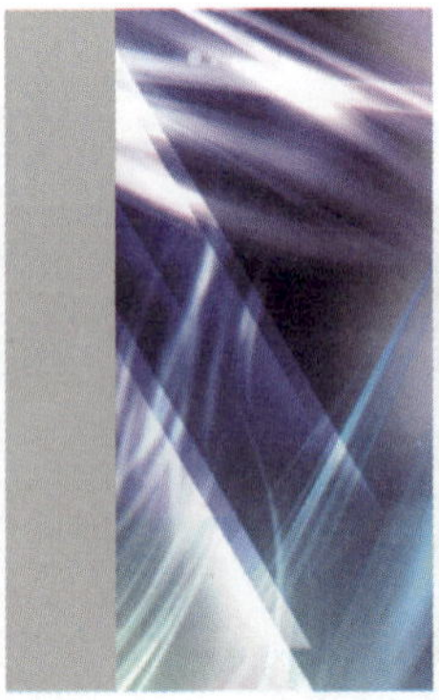

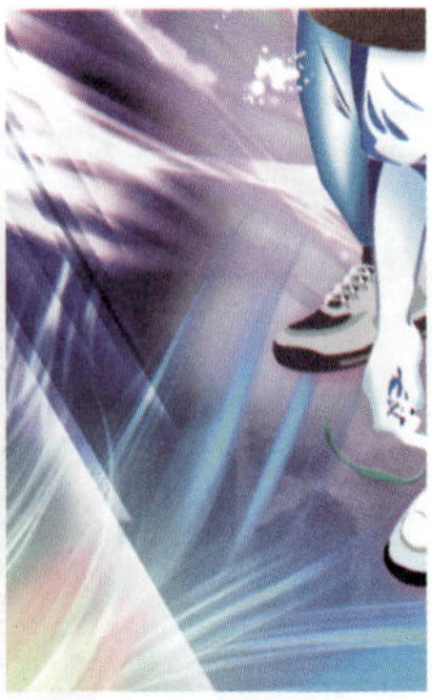

(73) 将“图层31”至“图层32副本9”进行编组并重命名为“光线”，然后结合横排文字工具，在图像右上角输入文字，再为文字图层添加“外发光”图层样式，最后结合剪贴蒙版和画笔工具等制作颜色丰富的文字效果。至此，本画册封底制作完成。

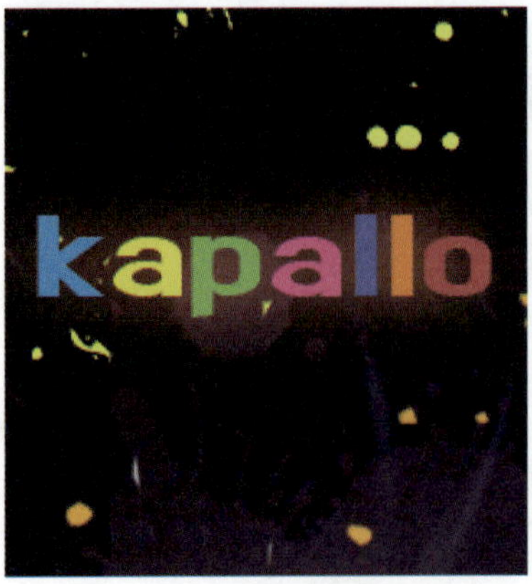

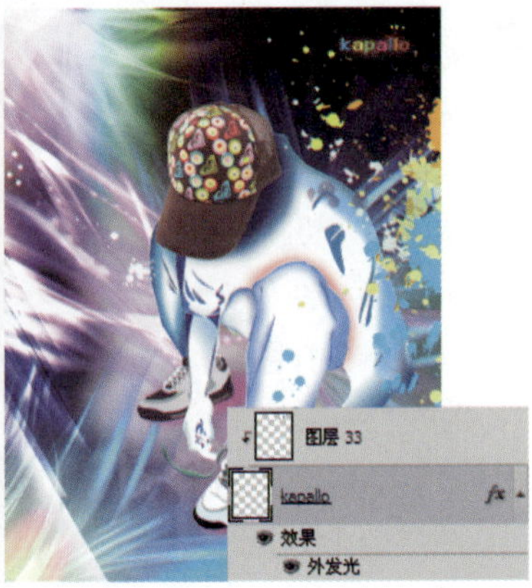

74 执行"文件>新建"命令，在弹出的"新建"对话框中设置"名称"为"服饰画册内页（1-2）"、"宽度"为21厘米、"高度"为13.39厘米，"分辨率"为300像素/英寸，设置完成后单击"确定"按钮，新建图像文件。

75 设置前景色为淡蓝灰色（R231、G232、B234），然后按下快捷键Alt+Delete键对"背景"图层填充前景色，再单击"新建图层"按钮，新建"图层1"并对该图层填充黑色。

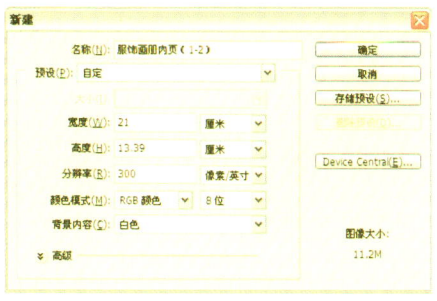

76 选中"图层1"，执行"滤镜 > 杂色 > 添加杂色"命令，然后在弹出的"添加杂色"对话框中设置各项参数，完成后单击"确定"按钮，为"图层1"添加杂色。

77 进入"通道"面板，单击"红"通道，再右击"红"通道，在弹出的快捷菜单中选择"复制通道"命令，得到"红 副本"通道，然后按下快捷键Ctrl+L，在弹出的的"色阶"对话框中设置参数，调整通道的色阶。

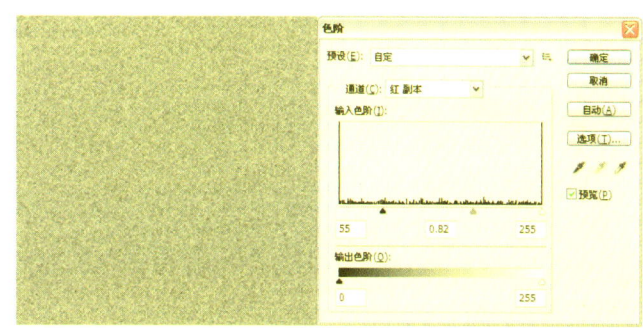

78 将通道"红 副本"载入选区，然后返回"图层"面板按下快捷键Ctrl+J将选区内图像复制到新图层中。

79 隐藏"图层1"并设置"图层2"的混合模式为"正片叠底"、"不透明度"为27%，为背景图层添加纹理效果，使图像背景更加丰富。

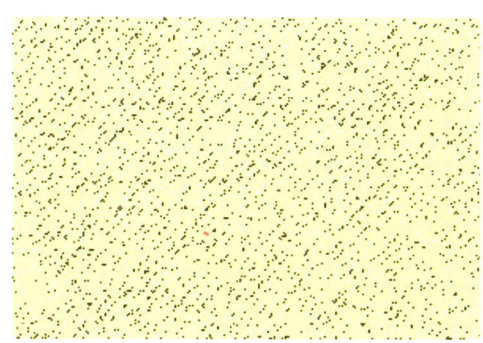

80 打开"人物01.png"素材图像文件并将其移到到当前图像中相应位置，为背景添加人物效果，使画面更加丰富。

81 设置前景色为黑色，再单击横排文字工具，然后在选项栏上设置横排文字工具的各项参数，最后在图像中输入文字，为图像添加文字效果。

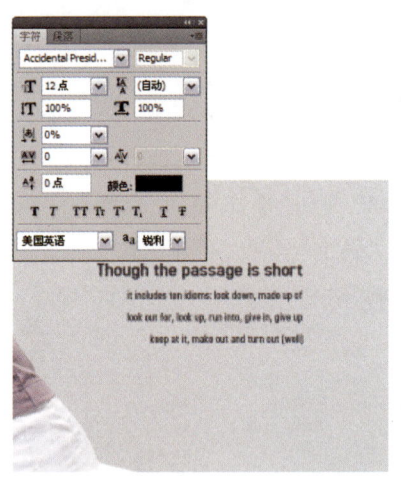

82 继续运用横排文字工具，在图像中输入更多的文字，使画面效果更加完整。然后更改文字颜色为橙黄色（R203、G126、B52），完成后继续运用横排文字工具在图像下方输入文字效果。

83 参照步骤73，运用横排文字工具，在图像中输入文字效果，然后参照上述步骤为该文字图层添加"外发光"图层样式。其中外发光的颜色为橙黄色（R190、G75、B39）。

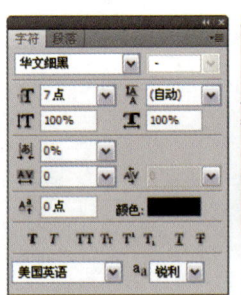

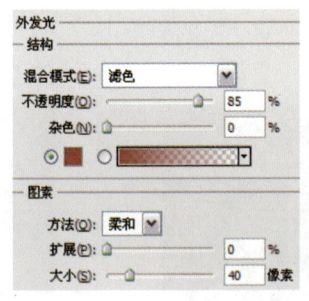
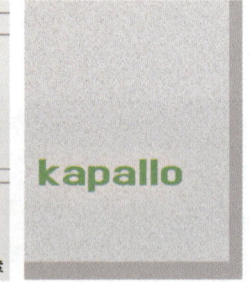

84 参照步骤73，新建"图层4"并为该图层创建剪贴蒙版，然后设置不同的前景色，再运用画笔工具，在文字上进行涂抹，制作不同颜色的文字。

85 打开本书配套光盘中的 Chapter 5\02\media\服饰画册（3-4）.jpg 图像文件，将其拖动到当前图像中相应位置，生成"背景"图层。

86 打开"人物02.png"素材图像文件，然后运用移动工具，将其拖动到当前图像中相应位置，生成"图层1"。

87 设置前景色为黑色，再单击横排文字工具，然后在选项栏上设置文字工具的各项参数，完成后在图像中输入文字，使画面更加完整。

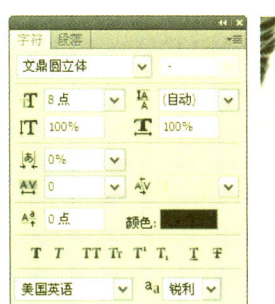

88 更改文字的字体大小等，再继续运用横排文字工具，在图像中输入更多的文字效果，使画面效果更加完整。

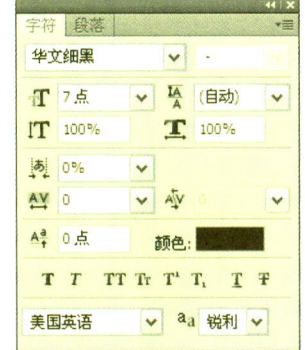

89 参照上述步骤，运用横排文字工具，在图像的右下角输入文字，然后单击"添加图层样式"按钮，在弹出的菜单中选择"外发光"图层样式，为输入的文字添加外发光效果。完成后新建"图层2"并按下快捷键Ctrl+Alt+G为该图层创建剪贴蒙版，最后设置不同的前景色并运用画笔工具，在各个文字上进行涂抹，改变各个文字的颜色。至此，本实例制作完成。

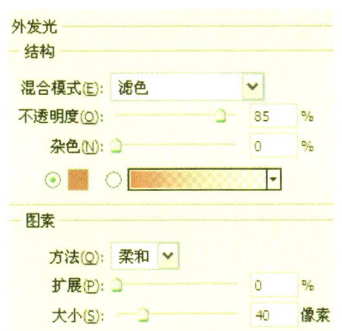

知识解析

图层混合模式

在 Photoshop 中，混合就是一个像素和其对应像素发生作用，像素值发生变化，从而呈现出不同的颜色效果。在混合模式中，将原稿颜色称为基色，通过绘画或编辑工具应用的颜色称为混合色，混合后的颜色称为结果色。将混合模式按照最终效果进行分类可分为常规型混合模式、加深型混合模式、减淡型混合模式、融合型混合模式、异像型混合模式和色彩型混合模式六种混合模式类型。

1. 常规型混合模式

常规型混合模式组中包括"正常"和"溶解"两个混合模式，它们都没有将当前图像中的颜色与下层图像颜色相混合，图像显示的是本来的颜色。

2. 加深型混合模式

加深型混合模式包括"变暗"、"正片叠底"、"颜色加深"、"线性加深"和"深色"5 种混合模式，应用加深型混合模式后，图像中较深的部分不进行融合，而较浅的部分会变得很暗，从而使调整后的整个画面颜色更深。

3. 减淡型混合模式

减淡型混合模式组中包括"变亮"、"滤色"、"颜色减淡"、"线性减淡（添加）"和"浅色"五个混合模式，该混合模式组的效果都是将基色和混合色进行混合，其结果色总是较它们要亮。

原图

"滤色"混合模式

"颜色减淡"混合模式

"线性减淡"混合模式

4. 融合型混合模式

融合型混合模式组中包括"叠加"、"柔光"、"强光"、"亮光"、"线性光"、"点光"和"实色混合"七种混合模式。该类混合模式主要用于将图像比较自然地融合在一起，是图像合成常用的混合模式。

5. 异像型混合模式

异像型混合模式组中包含"差值"、"排除"、"减去"和"划分"四个混合模式，它们主要用于制作具有奇异感的图像效果。

6. 色彩型混合模式

色彩型混合模式包括"色相"、"饱和度"、"颜色"和"明度"四个混合模式，其主要作用是调整颜色的属性、对比度和饱和度等。

故事绘本画册

本实例是运用 Photoshop 和 Illustrator 制作的故事绘本画册。画册整体以比较复古的深褐色为主，然后再搭配以欧式古典花纹作为点缀，使画面效果更加绚丽。花纹的镂空立体感和古典油画效果可以增加画册的可看性和观赏性。

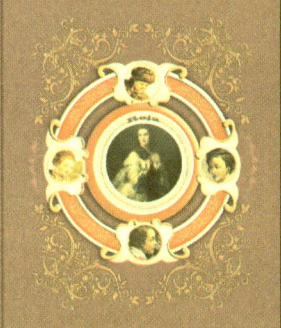

Illustrator
运用钢笔工具绘制路径，然后为路径设置填色，再复制绘制完成的路径并结合"对象 > 变换 > 对称"命令，翻转花纹，制作出对称的花纹效果

Photoshop
添加花纹并结合图层混合模式、调整图层和图层样式制作花纹的立体感

Photoshop
运用素材并结合图层混合模式制作复古背景和花纹效果，再结合图层蒙版为框架内添加油画素材图像效果

主要使用功能：Illustrator 中的钢笔工具、变换命令、渐变工具、Photoshop 中的划分图层混合模式、外发光图层样式、内发光图层样式、描边图层样式、投影图层样式、曲线命令、色相/饱和度命令、剪贴蒙版命令、横排文字工具

素材文件：Chapter 5\03\media\ 花纹 .ai、内页纹理 ..png、人物 01.png~ 人物 04.png、花纹 01.png 花纹 02.png、柱子 .png

最终文件：Chapter 5\03\complete\ 故事绘本 .psd、故事绘本（1-2）.psd、故事绘本（3-4）.psd

制作难度评定：★★★★☆

① 在 Photoshop 中执行"文件>新建"命令,在弹出的"新建"对话框中设置各项参数后,单击"确定"按钮,新建图像文件。

② 新建"图层1"并对其填充前景色,然后为"图层1"添加"渐变叠加"图层样式,制作书籍封面的渐变效果。其中渐变色从左到右依次为红灰色(R149、G65、B88)、深红色(R91、G17、B33)、红灰色(R149、G65、B88)、深红色(R112、G17、B41)。

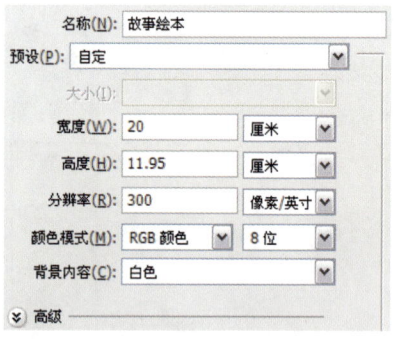

③ 新建"图层2"并对该图层填充黑色,再对该图层执行"滤镜>杂色>添加杂色"命令,然后在弹出的对话框中设置"数量"为400%,再选中"平均分布"和"单色"选项,完成后单击"确定"按钮,制作杂点图像效果。

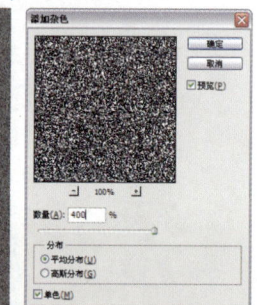

④ 进入"通道"面板,按住 Ctrl 键单击"红"通道,将图像载入选区,然后返回"图层"面板,按下快捷键 Ctrl+J 将选区内图像复制到新图层中。

⑤ 隐藏"图层2",再设置"图层3"的混合模式为"柔光"、"不透明度"为30%,然后复制"图层3"得到"图层3副本",最后运用自由变换命令,垂直翻转图像,为图像添加更加丰富的纹理效果。

06 打开Illustrator CS5，执行"文件>新建"命令，新建一个"名称"为"花纹"、"宽度"为7.18cm、"高度"为3.61cm的文档。

07 设置"填色"为深褐色（R64、G34、B15）、"描边"为无，再单击矩形工具，在画板中绘制与画板完全重合的矩形路径，制作图像背景色，完成后按下快捷键Ctrl+2锁定所选的路径。

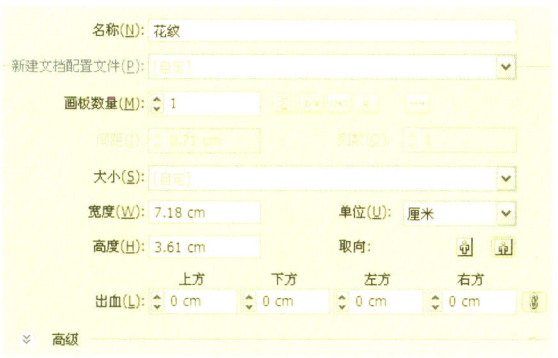

08 设置"填色"为深褐色（R99、G52、B25）、"描边"为无，再运用钢笔工具，在画板中绘制花纹的主体路径，制作花纹效果。在绘制的过程中，可单击绘制出的锚点，拖动调整锚点控制柄，使绘制的路径更加平滑。

09 参照上述步骤设置"填色"为深褐色（R99、G52、B25）、"描边"为无，然后运用钢笔工具，在主体花纹路径的左上角绘制树叶效果。

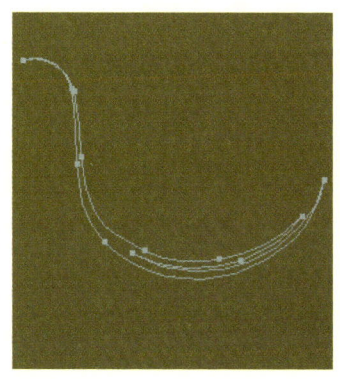

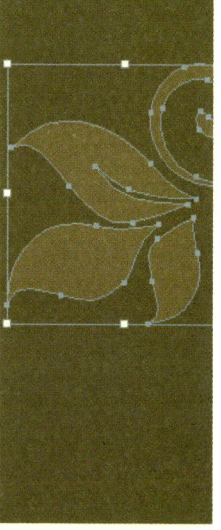

10 设置与步骤09相同的"填色"和"描边"后，运用钢笔工具，在花纹的各个侧面绘制更为丰富的路径效果。

11 参照上述步骤，设置"填色"为深褐色（R99、G52、B25）、"描边"为无，然后运用钢笔工具，在花纹的侧面绘制更多的树叶和藤状路径效果，使花纹效果更加完善。

⑫ 设置与步骤09相同的"填色"和"描边"后，继续运用钢笔工具，在图像中绘制更为丰富的路径效果。

⑬ 参照上述步骤，设置"填色"为深褐色（R99、G52、B25）、"描边"为无，然后继续运用钢笔工具，在图像中绘制树叶和藤状的路径装饰效果，完成花纹路径的制作。

⑭ 将绘制出的所有花纹路径选中并按下快捷键Ctrl+G对其进行编组，然后按下快捷键Ctrl+C复制编组的路径组，再按下快捷键Ctrl+F将复制的路径贴到前面。完成后在画面中右击，在弹出的快捷菜单中选择"变换>对称"命令，在弹出的"镜像"对话框中勾选"垂直"选项，再单击"确定"按钮，水平翻转路径，最后运用选择工具调整镜像后的路径效果。

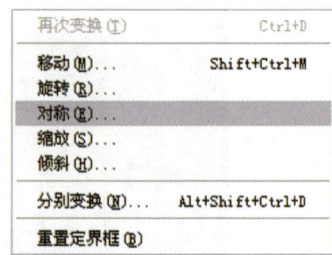

⑮ 参照上述步骤，继续运用钢笔工具，在图像中先绘制一侧的花纹路径效果，完成后将绘制的路径进行编组，再参照上述步骤复制编组的路径，然后执行"变换 > 对称"命令调整复制出的路径，最后结合选择工具，调整路径的位置，制作出对称的路径效果。

16 参照上述步骤，继续运用钢笔工具，在两个对称花纹中间的空隙部分绘制更为丰富的花纹路径效果，完善花纹效果。

17 设置"填色"为青褐色（R85、G58、B25）、"描边"为无，然后参照上述步骤继续在画板中绘制更为丰富的路径，最后再次复制步骤14中编组的路径组。

18 将步骤08至步骤16制作的所有路径进行编组，然后运用选择工具，将编组的路径选中并拖动到Adobe Photoshop CS5中相应位置。

19 继续将步骤17中绘制的心形路径组移动到Photoshop CS5中相应位置，生成"矢量智能对象"图层。

20 继续将步骤17复制出的路径组选中并将其移动到Adobe Photoshop CS5中的相应位置，丰富花纹效果。在拖动的过程中可以适当结合Shift键等比例放大或缩小图像效果。

21 复制上一步添加的图像效果，然后运用自由变换命令水平翻转图像并调整复制出的图像的方向，为上方添加对称的花纹效果。

㉒ 将所有的"矢量智能对象"图层选中并按下快捷键 Ctrl+E，合并选中的图层并将合并的图层重命名为"花纹"，然后为该图层添加"斜面和浮雕"图层样式，制作花纹的立体感。

㉓ 在"图层"面板最上方设置图层"花纹"的混合模式为"变亮"，使花纹与背景更好地融合。

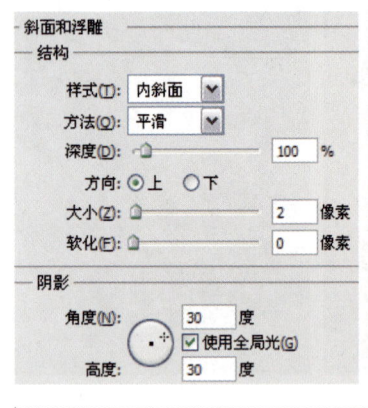

㉔ 为图层"花纹"创建"曲线1"调整图层，调整花纹的亮度，使花纹效果更加丰富。最后为其创建剪贴蒙版，使调整只作用于"花纹"图层。

㉕ 为图层"花纹"添加"外发光"图层样式，制作花纹周围的阴影效果，使花纹的立体感更加强烈，花纹效果更加丰富。

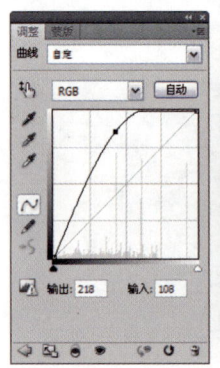

㉖ 复制图层"花纹"和"曲线1"调整图层，得到图层"花纹 副本"和"曲线1副本"调整图层，然后结合自由变换命令调整复制出的花纹的位置。

㉗ 参照上一步骤，多次复制"花纹"和"曲线1"调整图层，然后结合自由变换命令调整复制出的图像的位置，为封面添加更为丰富的花纹效果，使图像效果更加统一。

28 将制作出的所有花纹图层进行编组并重命名为"花纹01",然后复制该图层组并合并该图层组,得到图层"花纹01副本",然后将该图层载入选区并结合渐变工具,对选区填充白色到红色(R220、G44、B33)的线性渐变色。

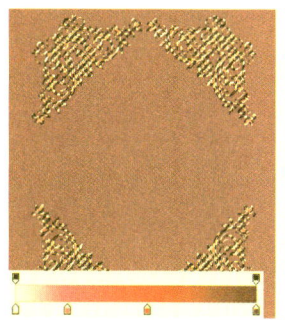 

29 设置图层"花纹01副本"的混合模式为"线性减淡(添加)"、"不透明度"为20%,进一步制作花纹的层次感,使画面效果更加丰富。

30 再次复制图层组"花纹01"得到图层组"花纹01副本2",然后运用自由变换命令,调整复制出的图层组对应的图像的位置,为图像右侧添加花纹效果。

31 新建"图层4",然后运用钢笔工具,在图像左侧花纹中央绘制路径效果,完成后将路径转化为选区并对选区填充白色,制作花纹。

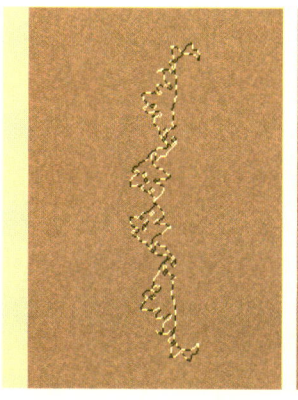 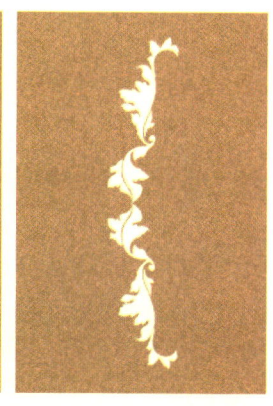

32 在"图层"面板最上方设置"图层4"的混合模式为"叠加",使花纹效果与背景更好地融合,然后再设置该图层的"不透明度"为30%,降低花纹的透明度,使图像效果更加整体统一。

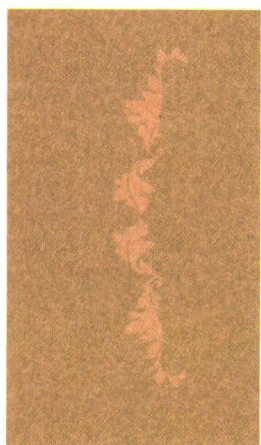

33 多次复制"图层4",然后运用自由变换命令调整复制出的图像的位置。

㉞ 创建"曲线2"调整图层,调整整个画面的亮度,使画面效果更加完善。然后将步骤18至步骤34制作的所有花纹图层进行编组并重命名为"花纹"。

㉟ 新建"图层5",运用钢笔工具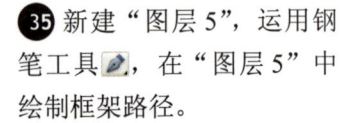,在"图层5"中绘制框架路径。

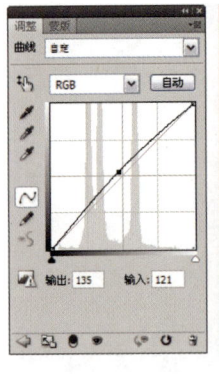  

㊱ 将绘制的路径转化为选区并填充土黄色(R235、G168、B94),然后参照上述步骤为该图层添加"外发光"与"斜面和浮雕"图层样式,制作框架的立体感。

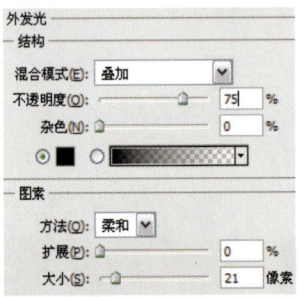 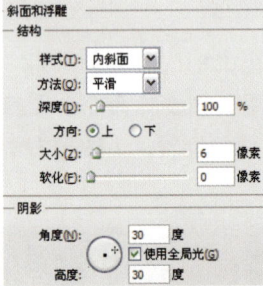 

㊲ 在"图层5"下方新建"图层6",然后参照上述步骤运用钢笔工具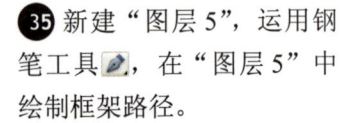,制作白色背景。

㊳ 为上一步制作的图层添加"渐变叠加"图层样式,制作渐变效果。其中"渐变叠加"的渐变色从左到右依次为粉红色(R220、G170、B167)、蓝灰色(R228、G233、B236)、橙灰色(R231、G223、B217)。

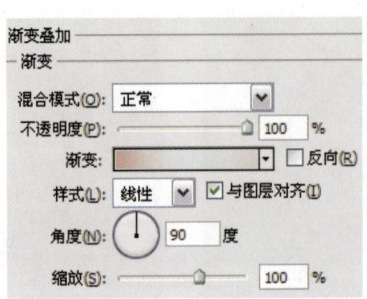 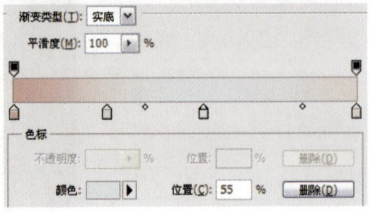

39 打开本书配套光盘中的Chapter 5\03\media\人物01.png图像文件，将其移动到当前图像中相应位置，得到“图层7”。

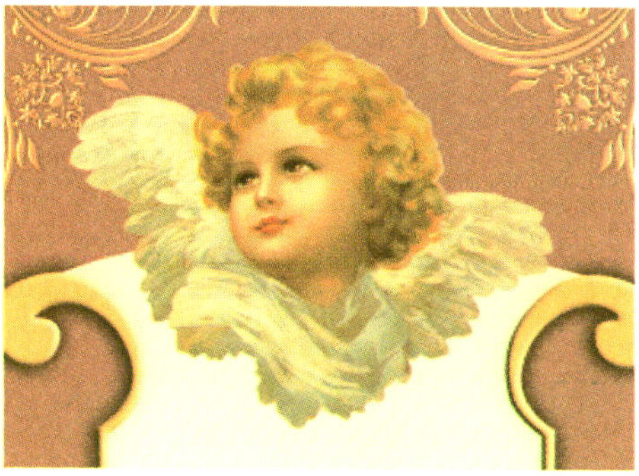

40 将“图层6”至“图层7”进行编组并重命名为“左侧框架”。然后新建“图层8”，再运用椭圆选框工具，在右侧图像中绘制选区并填充橙黄色（R237、G114、B60）。

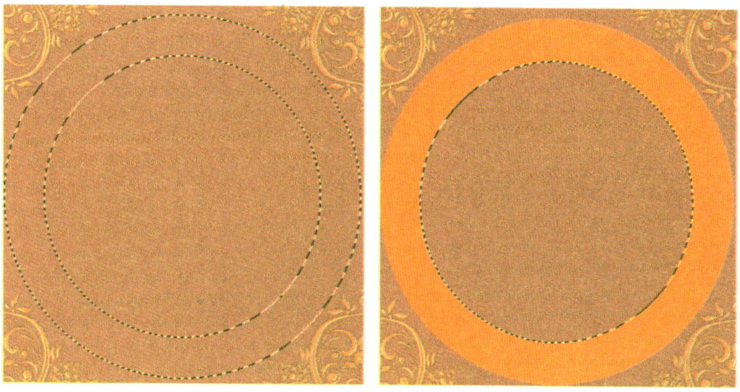

41 新建“图层9”，然后参照上述步骤，运用椭圆选框工具，在图像中绘制正圆选区，再结合“从选区中减去”按钮，制作出圆环选区，最后对选区填充白色，制作白色圆环效果。

42 参照上述步骤为“图层9”添加“外发光”图层样式，制作白色圆环周围的阴影效果，使画面效果更加完善。

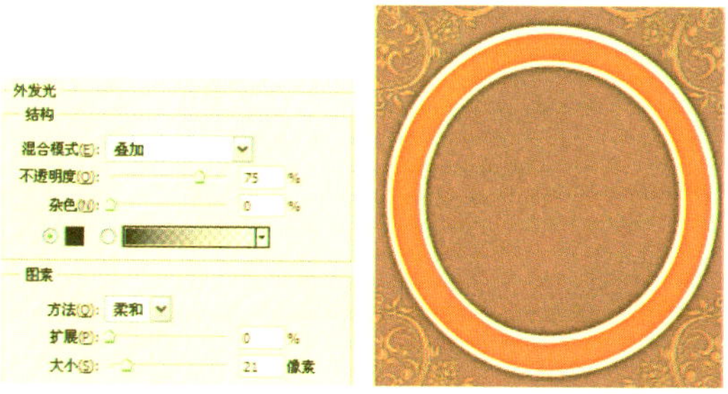

43 参照上述步骤，继续为“图层9”添加“斜面和浮雕”图层样式，制作白色圆环的立体效果，使画面效果更加完善。

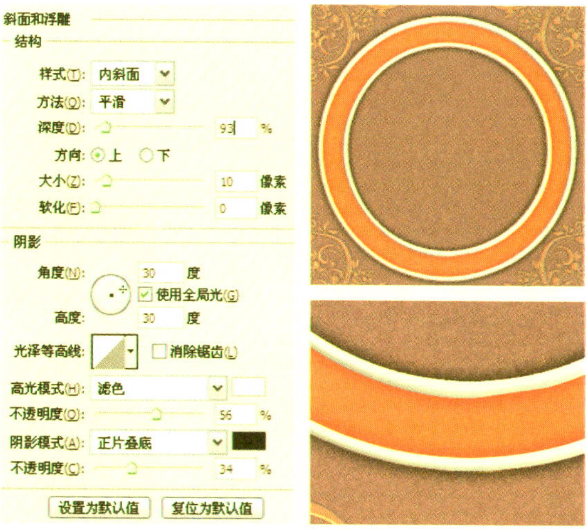

44 复制“图层8”得到“图层8副本”，然后运用自由变换命令并结合Shift和Alt键等比例缩小图像，制作橙黄色内环效果。

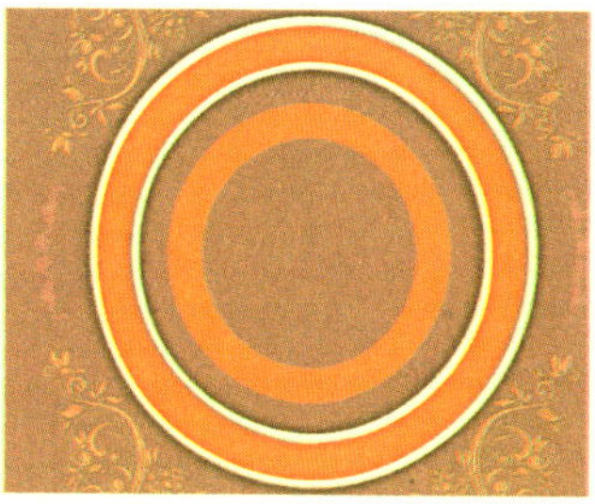

45 参照上述步骤为"图层8副本"添加"外发光"与"斜面和浮雕"图层样式，为中央橙黄色圆环制作投影和立体效果，使画面效果更加完善。

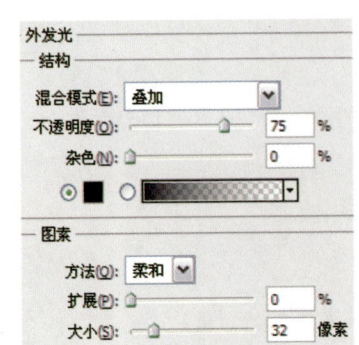 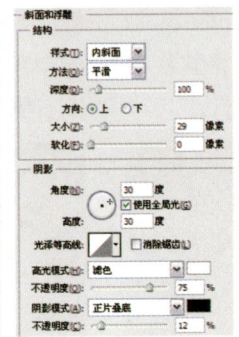 

46 新建"图层10"，然后结合椭圆选框工具，在圆环中央制作淡黄色（R233、G219、B207）正圆。

47 复制步骤41至步骤43制作的白色圆环对应的图层，然后将复制出的图层移动到"图层"面板的最上方，再运用自由变换命令结合Shift和Alt键调整复制出的图像的大小和位置。

48 复制图层"花纹"，然后将复制出的"花纹 副本5"移动到"图层"面板的最上方，再结合自由变换命令调整花纹的大小和位置，为圆环添加花纹效果。完成后为图层"花纹 副本5"添加"颜色叠加"图层样式，改变花纹的颜色，使画面效果更加丰富。其中"颜色叠加"的颜色为黄灰色（R205、G195、B148）。

49 多次复制上一步骤调整后的花纹效果，然后运用自由变换命令调整复制出的图像的位置，为橙黄色圆环添加更为丰富的花纹效果。

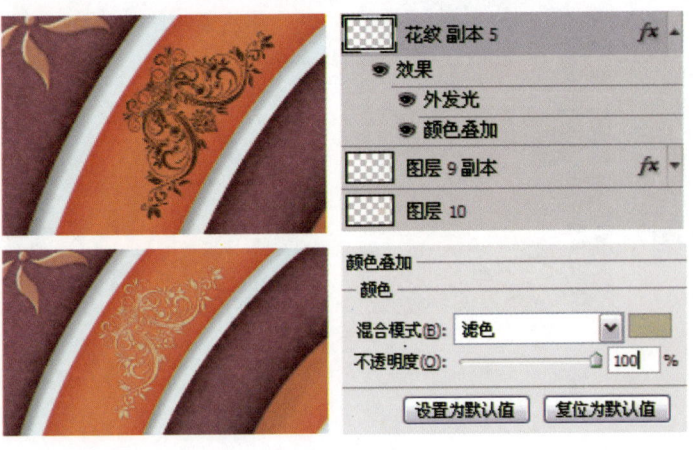 

50 新建"图层11",然后运用钢笔工具 ,在图像中绘制图像效果,然后为该图层添加与步骤38中相似的"渐变叠加"图层样式,制作图像渐变。

51 新建"图层12",继续运用钢笔工具 ,在上一步绘制的图像的周围绘制边框路径,完成后将其转化为选区并填充橙黄色(R255、G179、B120)。

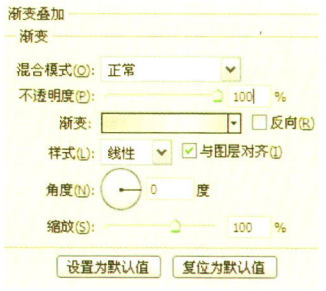

52 为"图层12"添加"外发光"与"斜面和浮雕"图层样式,制作图像边框的立体感,使画面效果更加丰富。

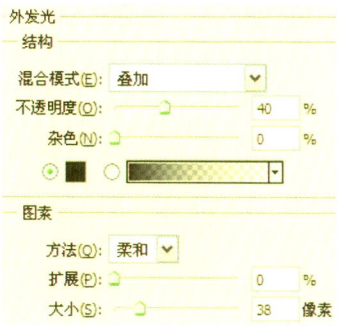
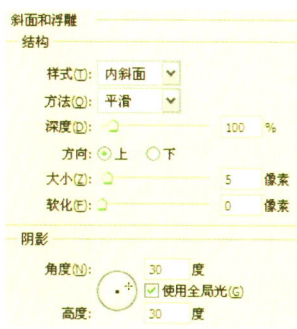

53 复制"图层11"和"图层12",再合并复制出的图层,得到"图层12副本"。然后运用自由变换命令,调整复制出的图像的位置,最后参照上述步骤多次复制"图层12副本"并结合自由变换命令,调整复制出的图像的位置,为画面添加更为丰富的修饰图像效果。

54 打开"人物02.png"素材图像文件并移动到当前图像中相应位置,生成"图层13"。然后运用椭圆工具 ,在图像中央绘制正圆路径,完成后选择横排文字工具 ,并在绘制的路径边缘处单击,使输入的文字效果走向与路径效果一致。

55 紧接上一步骤，在绘制的路径上添加文字，完成后在"字符"面板中设置文字的各项参数。

56 参照上一步骤，继续运用横排文字工具，在图像的左侧输入更多的文字效果，使画面效果更加完整。

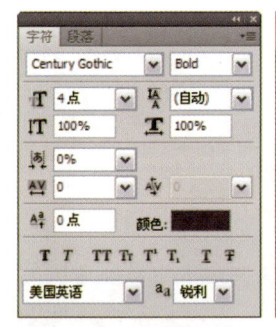
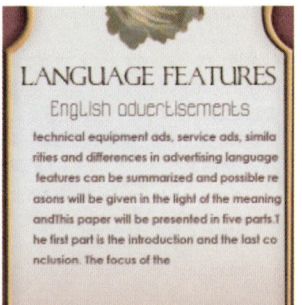

57 创建"色相/饱和度1"和"曲线3"调整图层，调整整个画面的颜色和亮度，使画面效果更加完整。至此，本画册封面和封底制作完成。

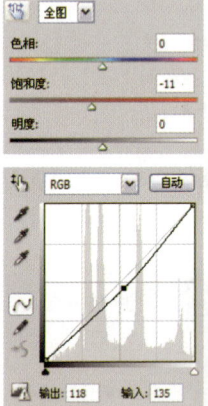
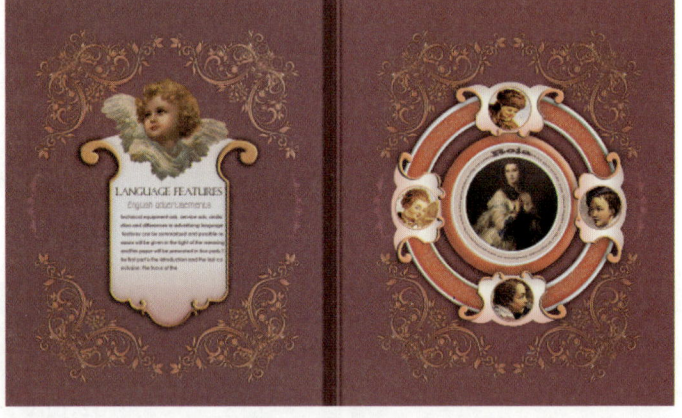

58 执行"图像 > 复制"命令，在弹出的"复制图像"对话框中设置"为"为"故事绘本内页（1-2）"，完成后单击"确定"按钮，复制图像。最后删除"背景"图层和"背景"图层组以外的所有图层。

59 删除"背景"图层组中的"图层2"和"图层3副本"，然后隐藏"图层3"，完成后在"图层1"上方新建"图层4"，再运用矩形选框工具，结合"从选区中减去"按钮，在图像四周绘制边框选区，完成后对选区填充深红色（R113、G39、B42）。

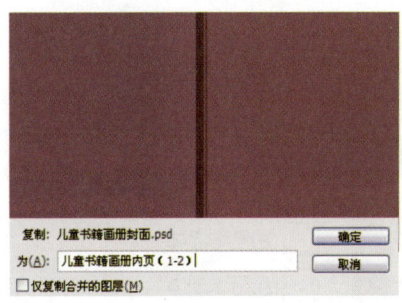

❻⓿ 单击"添加图层样式"按钮 ，在弹出的菜单中选择"斜面和浮雕"命令，然后在弹出的"图层样式"对话框中设置各项参数，为"图层4"添加"斜面和浮雕"图层样式，制作图像的立体感。完成后继续勾选"混合选项"中"高级混合"下方的"图层蒙版隐藏效果"选项。

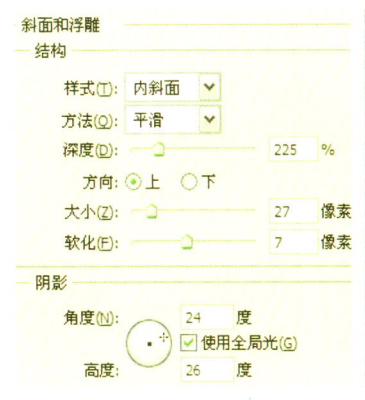
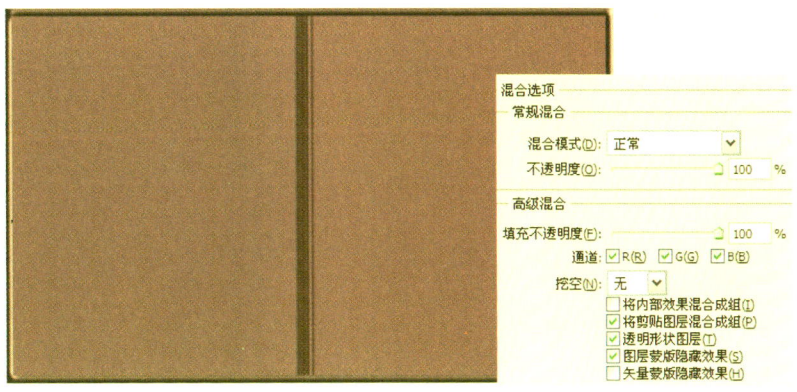

❻❶ 为"图层4"添加图层蒙版，然后设置前景色为黑色，再使用画笔工具 进行涂抹，虚化中央图像效果，使书籍效果更加真实。

❻❷ 新建"图层5"，然后运用矩形选框工具 ，在图像中绘制书籍内页背景效果，完成后对选区填充土黄色（R225、G168、B132），制作书籍内页背景，使画面效果更加丰富。最后为该图层添加"外发光"和"内发光"图层样式，制作图像的立体感。

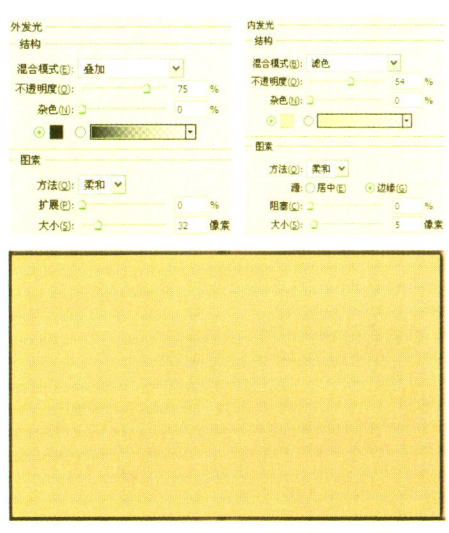

❻❸ 对"图层5"执行"滤镜 > 模糊 > 高斯模糊"命令，在弹出的"高斯模糊"对话框中设置参数后单击"确定"按钮。

❻❹ 显示"图层3"并设置该图层的混合模式为"柔光"、"不透明度"为85%，然后为该图层添加"斜面和浮雕"效果，制作肌理的凹凸感，使画面效果更加真实。

65 对"图层3"执行"滤镜>模糊>高斯模糊"命令,模糊图像效果,使颗粒效果更加真实。

66 打开"内页纹理.png"素材图像文件,再将其移动到当前图像中,生成"图层6"。然后将"图层4"载入选区并将选区反选,最后再为"图层6"添加图层蒙版,只显示选区内的图像。

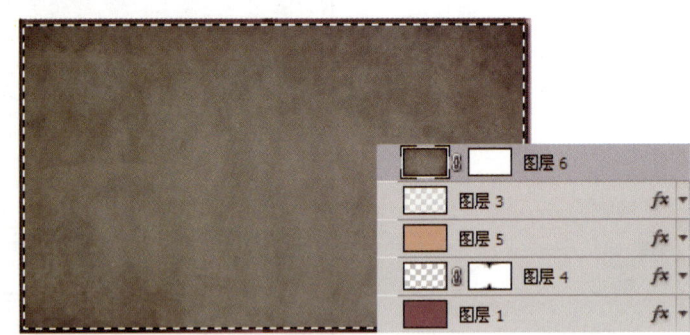

67 设置"图层6"的混合模式为"强光",提高图像的亮度并为背景叠加纹理效果,然后为该图层添加"内发光"图层样式,制作边缘模糊的高光效果,使图像效果更加真实。

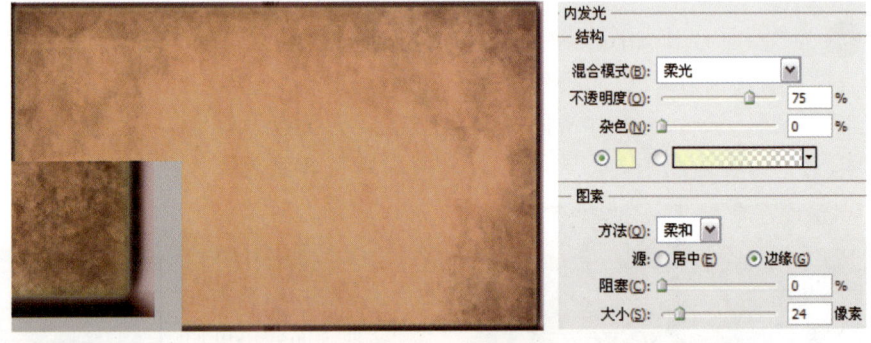

68 单击"创建新的填充或调整图层"按钮,在弹出的菜单中选择"曲线"命令,然后在弹出的"调整"面板中调整曲线,提亮整个画面的亮度,得到"曲线1"调整图层。

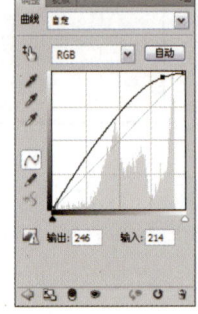

69 在图层组"背景"上方新建"图层7",然后运用钢笔工具,在图像中绘制选区并填充白色,再为该图层添加"渐变叠加"图层样式。

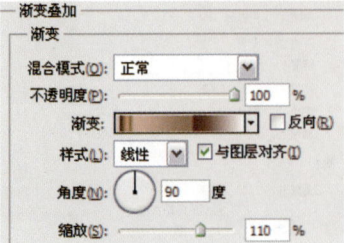
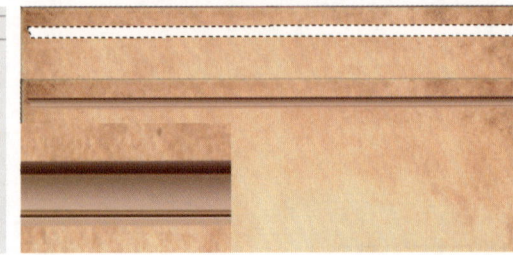

⑩ 新建"图层8"并将"图层7"载入选区,然后对选区填充(R225、G168、B132),再对该图层执行"滤镜>渲染>纤维"命令,制作肌理效果。

⑪ 设置"图层8"的混合模式为"正片叠底",使纹理与图像更好地融合,再设置前景色为黑色,结合图层蒙版和画笔工具,虚化纹理效果。

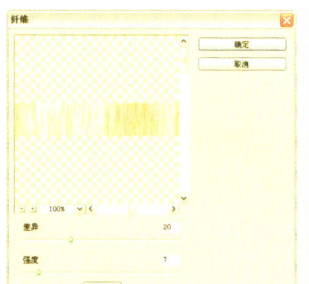

⑫ 合并"图层7"和"图层8"得到"图层8",然后运用橡皮擦工具,擦除中央的图像效果,完善画面效果。

⑬ 打开本书配套光盘中的Chapter 5\03\media\花纹01.png图像文件并将其移动到当前图像中相应位置,生成"图层9",为画面添加花纹效果。

⑭ 复制上一步添加的花纹对应的图层,然后运用自由变换命令调整复制出的图像位置,为画面右侧添加对称的花纹效果,完成后合并"图层8"和"图层9"得到"图层9",然后为该图层创建"曲线"调整图层,调整图像的亮度,得到"曲线2"调整图层,最后为该图层创建剪贴蒙版,使"曲线2"调整图层的调整效果只作用于"图层9"。

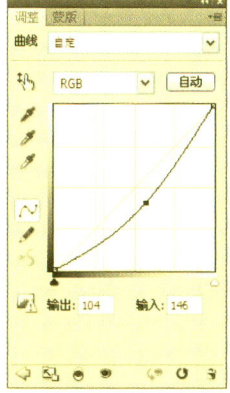

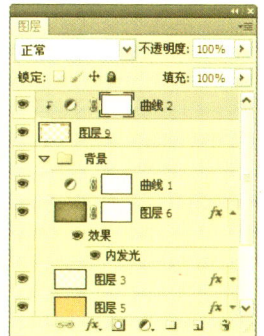

❼❺ 将素材"柱子.png"和"花纹02.png"图像文件移动到当前图像中相应位置,然后多次复制这两个图层并结合自由变换命令调整图像位置。

❼❻ 在"图层9"的下方新建"图层12",再运用钢笔工具 ✎,在图像中绘制路径,完成后将路径转化为选区并填充红褐色(R16、G85、B59)。

❼❼ 对上一步绘制的选区填充颜色,然后为该图层添加"渐变叠加"图层样式,制作精确的渐变颜色。其中渐变色从左到右依次为褐红色(R150、G60、B19)和深红褐色(R110、G37、B8)。

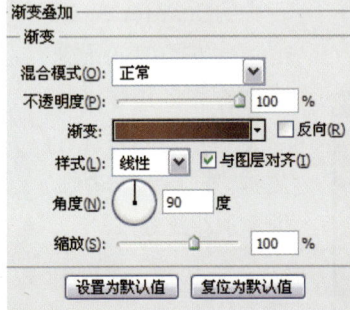

❼❽ 在"图层12"上方新建"图层13",然后运用钢笔工具 ✎,在图像边缘绘制轮廓路径,完成后将路径转化为选区并填充颜色,再为该图层添加"外发光"、"斜面和浮雕"及"渐变叠加"图层样式。其中渐变色从左到右依次为淡红黄色(R249、G192、B153)和粉红色(R252、G187、B156)。

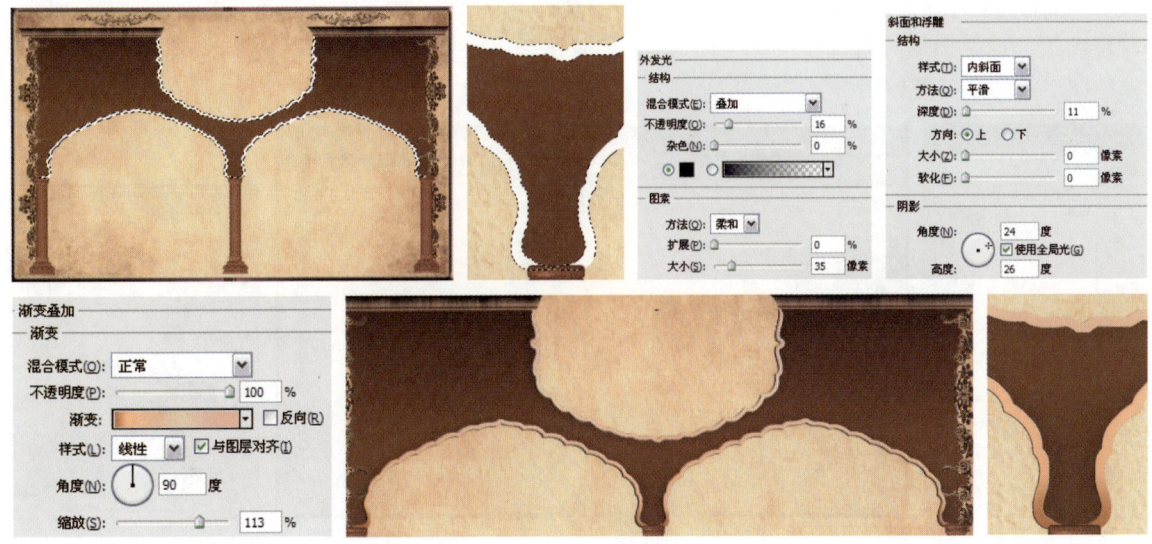

🟠 **79** 在"图层12"下方新建"图层14",然后运用橘红色(R211、G97、B62)柔边圆画笔,在图像上方绘制过渡颜色。

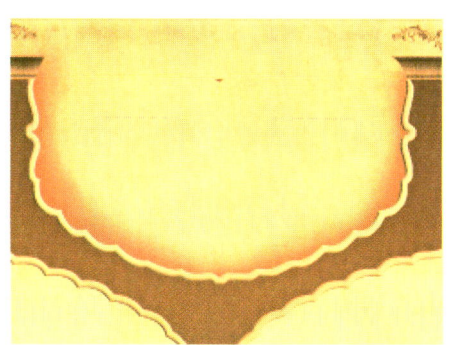

🟠 **80** 运用套索工具 ⟲,在图像左下角区域绘制选区,然后运用紫灰色(R176、G150、B162)的画笔在选区内进行涂抹,制作图像的过渡效果。

🟠 **81** 参照上述步骤,继续运用套索工具 ⟲,在图像右下角绘制选区,然后设置前景色为蓝灰色(R94、G79、B113),再运用画笔工具 ✎,在选区内进行涂抹,制作选区内图像的过渡效果。

🟠 **82** 将步骤19中制作的花纹图层拖动到当前图像中,然后设置该图层的混合模式为"滤色"。

🟠 **83** 参照上述步骤,继续将其他花纹图层移动到当前图像中,然后结合自由变换命令调整图像的大小和位置,再设置这些图层的混合模式为"滤色"。

🟠 **84** 参照上述步骤继续为画面的左右两侧添加花纹效果,然后将步骤82至步骤84制作的所有花纹图层进行编组并合并该图层组,得到图层"叠加花纹"。运用横排文字工具 T.,在图像的左上角和右上角输入白色文字效果,然后继续运用横排文字工具 T.,在图像下方输入黑色和橙灰色(R177、G92、B44)文字。

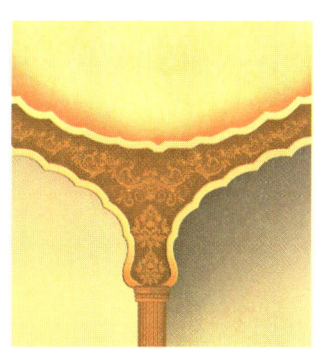

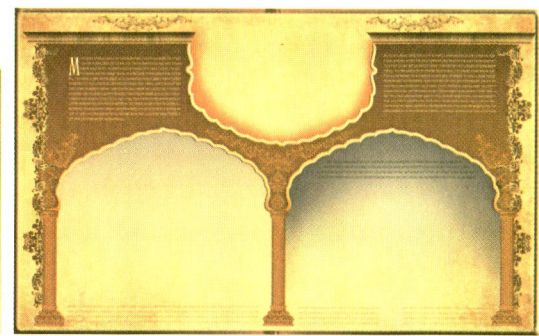

❽❺ 打开本书配套光盘中的 Chapter 5\03\media\人物 03.png 图像文件，然后运用移动工具，将图像移动到当前图像中相应位置，为图像添加人物效果。

❽❻ 执行"文件 > 复制"命令，弹出"复制图像"对话框，设置各项参数后单击"确定"按钮，然后删除"背景"图层组以上的所有图层。

❽❼ 双击"曲线 1"，然后在弹出的"调整"面板中调整曲线，降低图像的亮度，完成后在"曲线 1"下方新建"图层 7"并填充淡褐色（R202、G146、B121），最后设置该图层的混合模式为"饱和度"，使画面效果更加丰富。

❽❽ 打开素材"花纹.ai"文件，然后将图像最左下角的金色花纹移动到Adobe Photoshop CS5中，生成"矢量智能对象"图层，然后将该图层转化为普通图层。

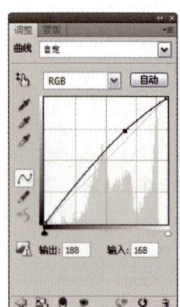

❽❾ 单击"锁定透明像素"按钮，锁定该图层的像素。然后对该图层填充橙灰色（R22、G23、B82），改变图像颜色，完成后为该图层添加"外发光"、"内发光"和"描边"等图层样式，制作花纹的投影和立体感。其中"外发光"的颜色为黑色，"内发光"和"描边"的颜色为白色。

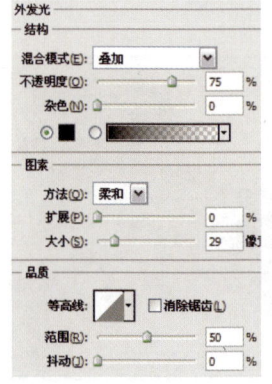
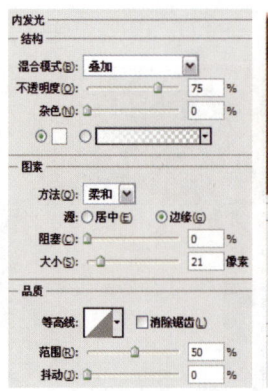

90 运用自由变换命令调整上一步调整后的图像的大小和位置，然后多次复制该图层并结合自由变换命令调整复制出的图层对应图像的大小和位置，使画面效果更加完善。

91 参照上述步骤，多次复制调整后的花纹图层，然后结合自由变换命令调整复制出的图层对应图像的大小和位置，使花纹效果更加完善。

92 参照上述步骤多次复制调整后的花纹图层并结合自由变换命令调整图像的位置，丰富花纹效果。在复制过程中可以结合各个调整命令快捷地制作出花纹效果。

93 参照上述步骤，继续为图像右侧添加丰富的花纹效果，使画册效果更加完整。

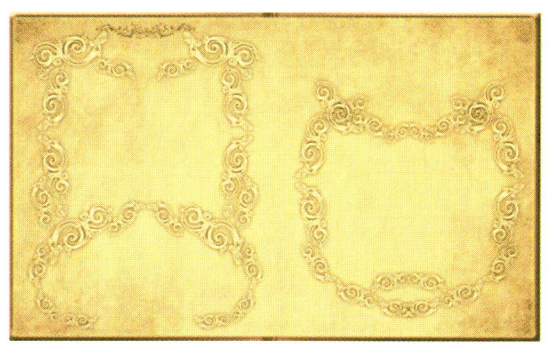

94 在所有花纹图层的下方新建"图层9"，然后结合素材"花纹.ai"文件中的各个花纹路径丰富图像的花纹效果。然后运用钢笔工具，结合"渐变叠加"图层样式，为图像中各个空白区域绘制背景色效果。

95 设置前景色为橙灰色（R127、G77、B49），然后运用横排文字工具，在图像中各个空白区域输入丰富的文字，使画面效果更加完整。最后将素材"人物04.png"图像移动到当前图像中相应位置，完善画面。至此，本实例制作完成。

知识解析

文字工具

前面实例部分已经对文字工具有了初步的认识，这里主要针对文字工具的选项栏进行介绍，以帮助读者更清晰地了解文字工具的使用方法。单击横排文字工具 ，在其选项栏上可以对文字的字体、大小、对齐、颜色等进行设置。

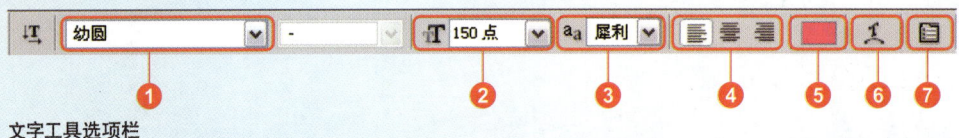

文字工具选项栏

编号	名称	说明
❶	字体选项	单击右侧的下拉按钮，在弹出的下拉列表中选择文字的字体
❷	字体大小	用于设置文字的大小，单击右侧的下拉按钮可以对文字的大小进行选择，也可以在文本框中直接输入文字大小参数值
❸	字体样式	用于选择文字边缘样式,单击下拉按钮可以对文字选择"无"、"锐利"、"犀利"、"浑厚"与"平滑"五种边缘样式
❹	对齐方式	用于对段落文字的对齐方式进行设置，包括"左对齐文本"按钮、"居中对齐文本"按钮、"右对齐文本"按钮，选中文字后单击其中一个按钮，将对所选文字进行相应的对齐方式调整
❺	字体颜色	用于设置文字的颜色，单击可以打开"选择文本颜色"对话框，可以任意对文字的颜色进行设置
❻	"变形文字"按钮	单击该按钮可以打开"变形文字"对话框，对所选文字进行扇形、上弧、下弧等变形设置 变形文字　　　变形文字　　　变形文字 输入文字　　　"扇形"变形　　"旗帜"变形
❼	"字符面板"按钮	单击该按钮可以打开"字符"面板，可以对文字进行字体、颜色、行距、间距、大小写等设置

文字工具是图像处理过程中，文字信息添加的重要工具，结合文字工具在图像上输入文字以后，可以根据版面需要对所选文字的大小、颜色、字体等进行任意设置。

原图

输入文字

调整文字大小

Chapter 06
Photoshop 产品造型设计

产品造型设计的重点是实用性，要有助于商品的运送流通，并以一种吸引眼球的形式呈现。它可以将该商品与其他同类商品区分开来，独特的包装能赢得更大的市场，它是一个商品成功与否的重要因素。本章收录了 3 个经典的商品造型设计，让读者了解产品造型设计的同时，更加熟练地掌握 Photoshop 和 Illustrator 在制作超写实图像时的技巧。

▲ 酒瓶造型

▲ 化妆品造型

◀ 饮料瓶造型

Works
Photoshop works

酒瓶造型

本实例是运用 Illustrator 制作出逼真的矢量酒瓶，然后在 Photoshop 中进行整体气氛处理的酒瓶造型设计。玻璃材质的酒瓶更好地表现了酒的纯净，画面中的深色瓶盖和葡萄与整个画面的淡色调形成强烈的明度对比，突出了产品的特点。

Illustrator
运用钢笔工具绘制路径，填充渐变色制作其立体感

Illustrator
运用混合模式等制作逼真的高光效果

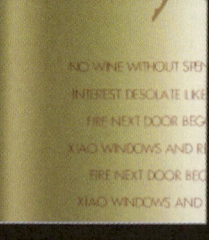

Photoshop
运用矩形工具绘制选区再结合图层样式制作酒瓶外包装效果

Photoshop
运用自由变换命令并结合滤镜效果和图层混合模式，制作图像投影效果

主要使用功能：Illustrator 中的钢笔工具、渐变面板、叠加混合模式、滤色混合模式、正片叠底混合模式、羽化、高斯模糊滤镜、不透明度、剪贴蒙版、文字工具、Photoshop 中的画笔工具、移动工具、剪贴蒙版、渐变叠加图层样式、照片滤镜命令

素材文件：Chapter 6\01\media\ 酒瓶.ai、葡萄叶.png

最终文件：Chapter 6\01\complete\ 葡萄.png、酒瓶包装.psd

制作难度评定：★★★★☆

❶ 运行 Adobe Illustrator CS5，执行"文件>新建"命令，创建一个尺寸为 612pt× 792pt、名称为"酒瓶"的图像文件。

❷ 设置"填色"为黄绿色（R193、G189、B116），再单击钢笔工具，在画板中绘制酒瓶的外形路径。完成后单击"创建新图层"按钮，新建"图层 2"，再继续运用钢笔工具，绘制瓶盖的路径，使酒瓶造型更加完善。

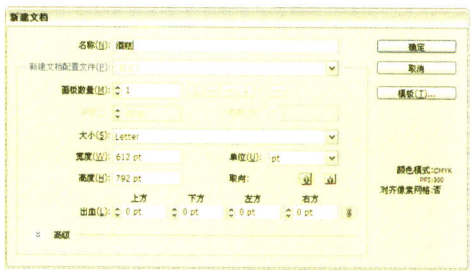

❸ 在"图层"面板中选中上一步绘制的瓶身路径，按下快捷键 Ctrl+C 复制该路径，然后按下快捷键 Ctrl+F 将复制的路径贴在前面，完成后打开"渐变"面板，设置渐变色和各项参数，增加瓶子的层次。其中渐变色为淡黄色（R236、G236、B200）到透明淡黄色（R229、G228、B189）。

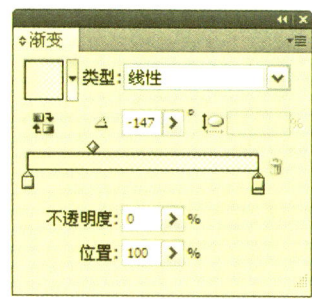

❹ 选择上一步复制出的路径，按下快捷键 Ctrl+C 复制该路径，再按下快捷键 Ctrl+F 将复制的路径贴到前面，打开"渐变"面板，设置渐变色和各项参数，丰富瓶子效果，其中渐变色为黑色到灰色（R211、G211、B211）。

❺ 打开"透明度"面板，设置该路径的混合模式为"叠加"、"不透明度"为 68%，加深或减淡图像效果，丰富画面层次感。

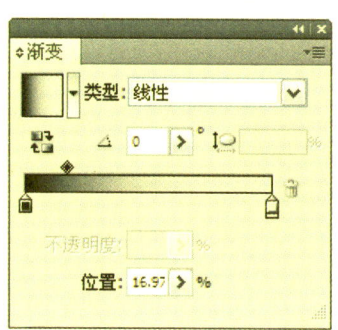

❻ 单击矩形工具，在瓶身外围绘制矩形路径，完成后打开"渐变"面板，设置渐变色和各项参数。然后同时选中矩形路径和步骤 04 复制出的路径，再单击"透明度"面板右上角的扩展按钮，在弹出的菜单中选择"建立不透明蒙版"命令，创建不透明蒙版，隐藏虚化下方的叠加效果。

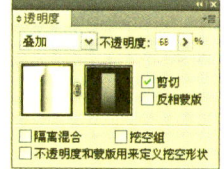

07 运用钢笔工具，在瓶身边缘绘制深色路径，完成后打开"渐变"面板，设置渐变色和各项参数，制作瓶身边缘深色部分的渐变效果。其中渐变色从左到右依次为黑色、墨绿色（R57、G58、B26）、墨绿色（R57、G54、B29）、绿色（R111、G111、B44）、黑色。

08 参照上述步骤继续运用钢笔工具，绘制右侧深色路径，然后在"渐变"面板中为其添加渐变色，使画面效果更加丰富。

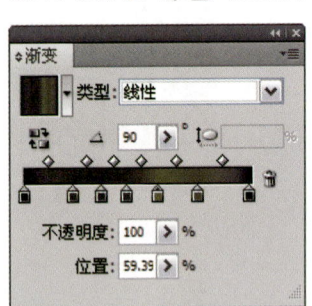

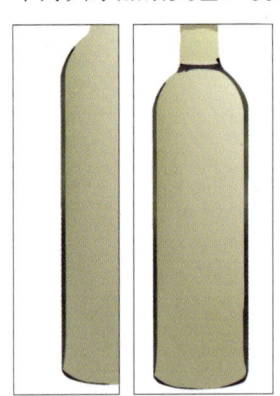

09 将步骤07和步骤08绘制的路径同时选中，再按下快捷键Ctrl+G将其编组。然后执行"效果>风格化>羽化"命令，在弹出的"羽化"对话框中设置参数后单击"确定"按钮，羽化路径。最后再次对该路径组执行"效果>模糊>高斯模糊"命令，在弹出的对话框中设置参数后单击"确定"按钮，模糊图像效果，使其过渡更加柔和。

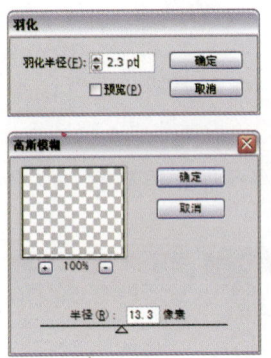
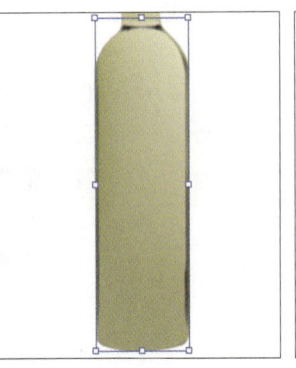

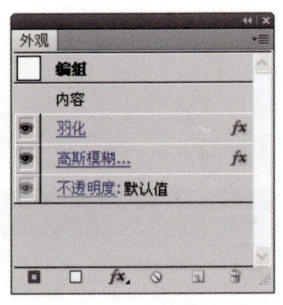

10 复制步骤02复制出的路径，将其贴到前面后移动到"图层"面板的顶部，然后同时选中复制出的路径和上一步进行编组的路径组，在画板中右击，在弹出的快捷菜单中选择"建立剪切蒙版"命令，使其只显示路径内的图像效果。

11 复制步骤09中编组的路径组，并将复制出的路径组移动到"图层"面板的最上方。然后打开"外观"面板，将"高斯模糊"拖到"删除所选项目"按钮上，删除模糊效果。然后单击"添加新描边"按钮，为该路径组添加新的描边效果。

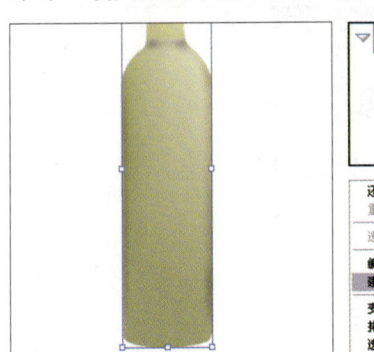
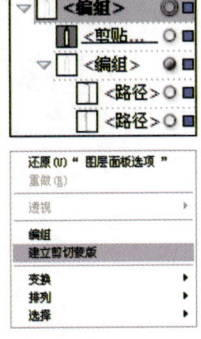
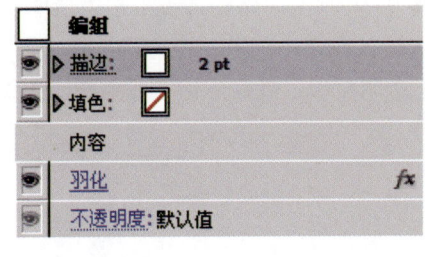
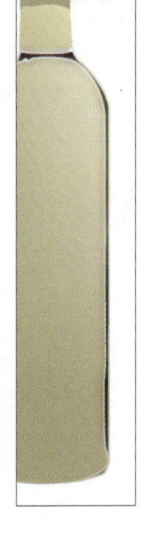

⑫ 选择"描边"并执行"效果>风格化>羽化"命令,在弹出的对话框中设置参数后单击"确定"按钮,羽化描边效果。然后单击"描边",再单击其弹出下拉列表中的"不透明度",在弹出的"透明度"面板中设置混合模式为"叠加"、"不透明度"为66%,设置描边的混合模式和不透明度,丰富画面效果。

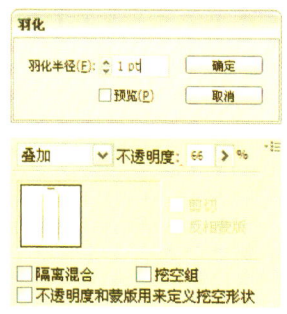 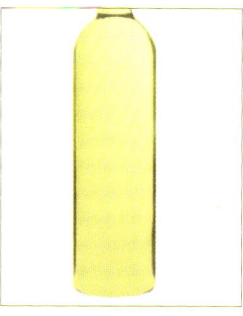  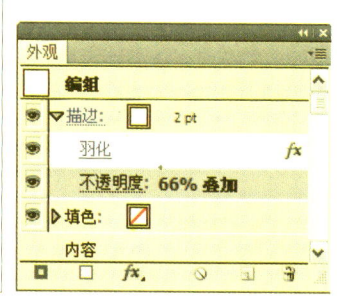

⑬ 设置"填色"为淡黄色(R242、G241、B213),再运用钢笔工具,在瓶子上绘制高光路径,完成后打开"外观"面板,在其中单击"填色",并执行"效果>风格化>羽化"命令,在弹出的对话框中设置参数后单击"确定"按钮,羽化边缘。

⑭ 单击"外观"面板下拉列表中的"不透明度",在"透明度"面板中设置"不透明度"为82%,使高光更柔和。

⑮ 继续运用钢笔工具,绘制路径,完成后参照上述步骤对该路径添加"羽化"和"高斯模糊"效果模糊路径,最后设置该路径的"不透明度"为71%,使高光更加柔和。

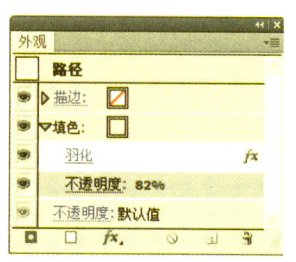

⑯ 设置"填色"为白色,再运用钢笔工具,在瓶子上绘制高光路径,完成后设置该路径的"不透明度"为80%,弱化高光效果,使其更加真实。然后再对该路径添加"羽化"和"高斯模糊"效果,使高光更加真实。

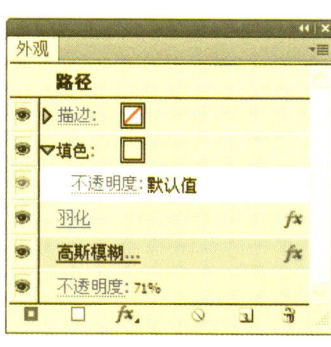

17 运用矩形工具，在瓶子上绘制矩形路径，完成后在"渐变"面板中设置渐变色和各项参数，继续丰富瓶子的层次感。其中渐变色从左到右依次为透明淡黄色（R229、G228、B189）和淡黄色（R236、G236、B200）。

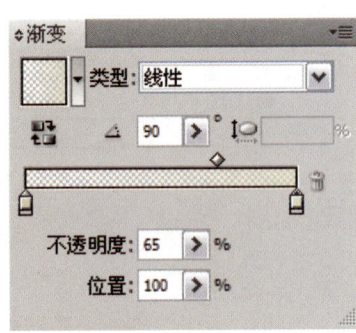
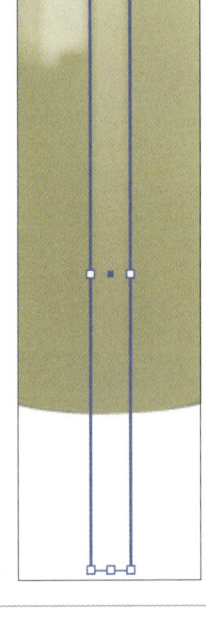

18 多次复制上一步制作的路径，然后将复制出的路径移动到瓶子的各个位置，为瓶子添加更多的层次效果。再次复制该路径并设置该路径的混合模式为"正片叠底"，压暗图像效果。最后多次复制设置混合模式后的路径，并将复制出的路径移动到各个位置，使画面效果更加丰富。

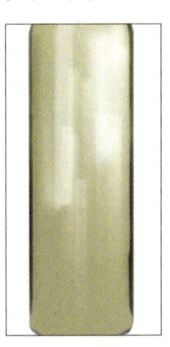
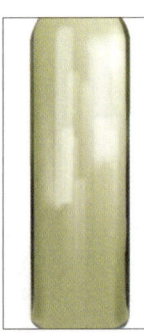
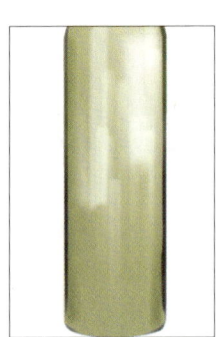

19 将步骤 13 至步骤 18 制作的所有路径进行编组，然后复制步骤 03 中制作的路径，并将复制出的路径移动到"图层 1"中的最上方。完成后打开"渐变"面板，单击"反向渐变"按钮，再设置该路径的混合模式为"正片叠底"，加深瓶子左下角图像。

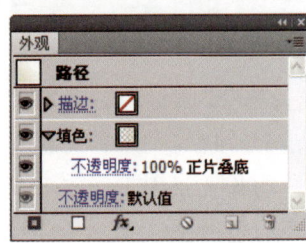
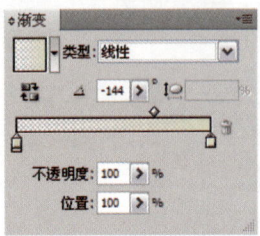

20 运用钢笔工具，在瓶子的右上角绘制高光路径，完成后在"渐变"面板中设置渐变色和各项参数，制作瓶子高光效果。

21 选择"图层 2"中绘制的路径，打开"渐变"面板，设置渐变色和各项参数，制作瓶盖的渐变效果。其中渐变色从左到右依次为淡黄色（R236、G236、B200）、深褐色（R96、G53、B25）、浅褐色（R138、G80、B35）、褐色（R121、G68、B32）、深褐色（R75、G38、B17）、黑色、黄色（R218、G182、B25）。

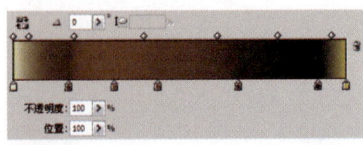

22 运用钢笔工具，在瓶盖上绘制路径，完成后对该路径设置与上一步一致的渐变色，再随机调整一些滑块的位置，丰富画面效果。

23 运用钢笔工具 ，在瓶盖下方绘制深色的路径，完成后设置该路径的"描边"颜色为深褐色（R65、G38、B15），制作瓶盖的深色部分。最后对该路径添加"高斯模糊"效果，使其过渡更加平滑。

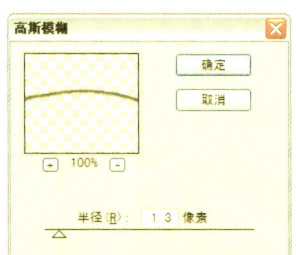 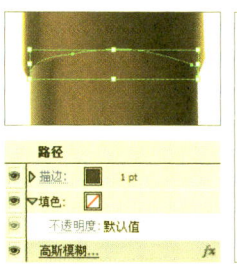 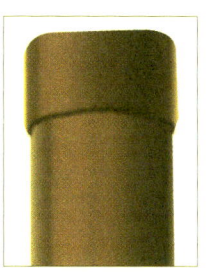

24 运用钢笔工具 ，绘制瓶盖上的高光路径，完成后在"渐变"面板中设置路径渐变色和各项参数，制作瓶盖的高光效果。其中渐变色从左到右依次为淡黄色（R236、G236、B200）和透明淡黄色（R229、G228、B189）。最后设置"外观"面板中"填色"的混合模式为"柔光"，提高图像的亮度。

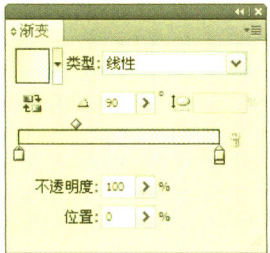 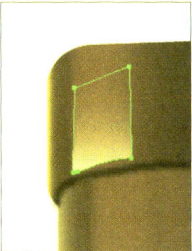 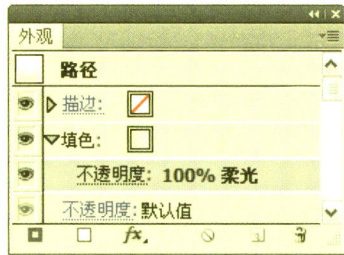 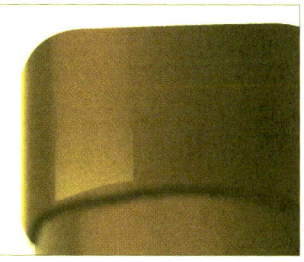

25 多次复制上一步制作的瓶盖高光渐变路径，并将复制出的路径移动到其他位置，为瓶盖添加更为丰富的高光效果。

 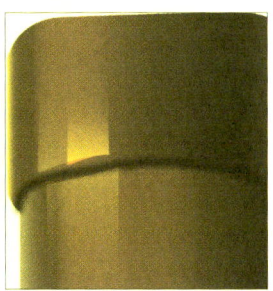

26 在"图层1"上方新建"图层3"，设置前景色为深绿色（R55、G64、B30），然后运用钢笔工具 ，在瓶底绘制瓶底凸起的深色部分的路径，完成后对该路径添加"羽化"效果，使其边缘过渡更加柔和。

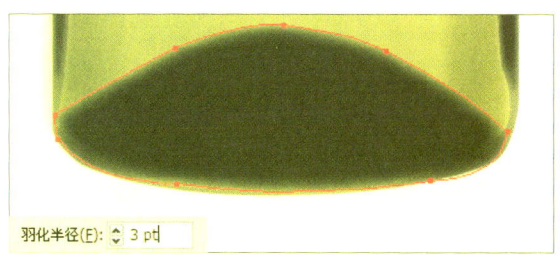

27 继续运用钢笔工具 ，在瓶底处绘制路径，完成后设置该路径的混合模式为"滤色"，然后对该路径添加"高斯模糊"效果，模糊图像边缘，使过渡更加柔和。

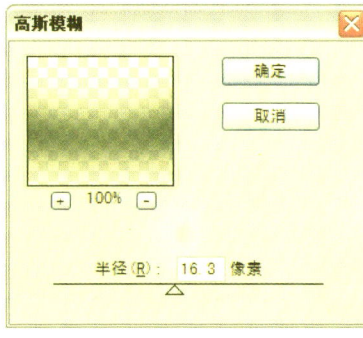 

㉘ 复制上一步制作的路径，使画面效果更加明显。参照上述方法运用钢笔工具 并结合混合模式和"高斯模糊"效果，为瓶底制作更多的层次效果。

㉙ 设置"填色"为白色，然后运用钢笔工具 ，继续在瓶底绘制路径，再结合"叠加"混合模式和"高斯模糊"效果，继续完善画面效果。

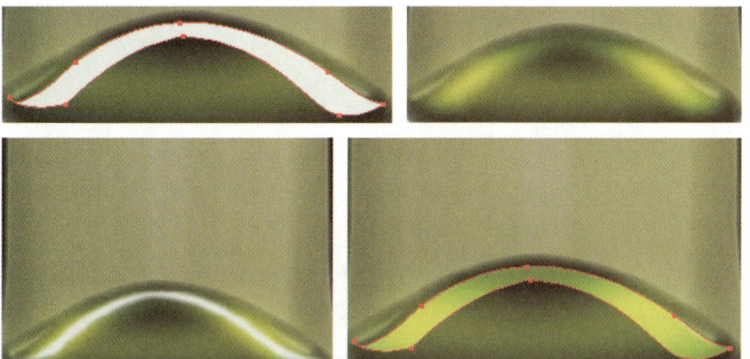

㉚ 参照上述步骤继续运用钢笔工具 绘制路径，再结合"叠加"混合模式和"高斯模糊"效果，继续丰富瓶底效果。

㉛ 将步骤27至步骤30制作的所有路径进行编组，然后运用钢笔工具 ，在瓶底处绘制路径，完成后同时选中绘制的路径和编组的路径组，然后在画板中右击，在弹出的快捷菜单中选择"建立剪切蒙版"命令，建立剪切蒙版，使其只显示路径内的效果。

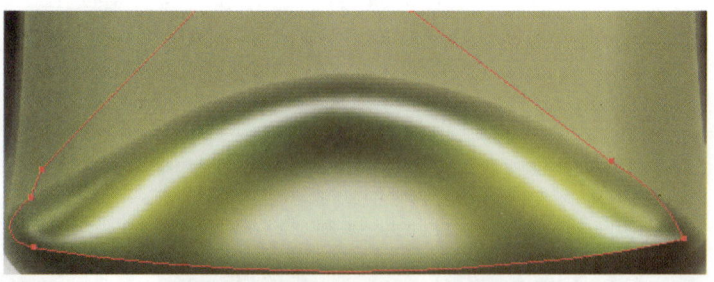

㉜ 复制上一步建立剪切蒙版后的路径组，然后将复制出的路径组向下移动少许。再删除原有的剪切蒙版，并运用钢笔工具 绘制路径，完成后参照上述步骤创建剪切蒙版，使瓶底效果更加丰富。

㉝ 设置"填色"为黑色，再参照上述步骤，继续用钢笔工具 绘制路径，然后结合"高斯模糊"效果，为瓶底制作深色部分，使其质感更加强烈。最后结合钢笔工具 和剪切蒙版，隐藏瓶子以外部分的效果。

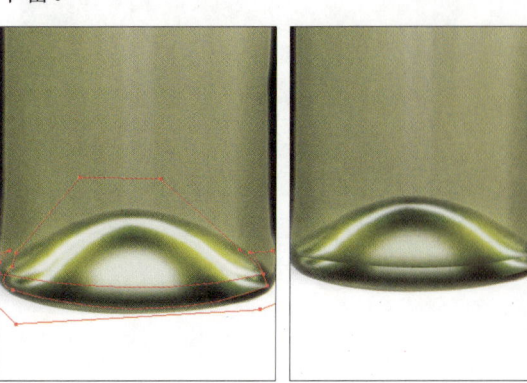

34 在"图层 2"上方新建"图层 4",然后运用钢笔工具 ,在瓶身上绘制商标路径,完成后打开"渐变"面板,设置渐变色和各项参数,为商标添加渐变效果。其中渐变色从左到右依次为橙黄色(R220、G154、B20)和透明橙黄色(R229、G228、B189)。

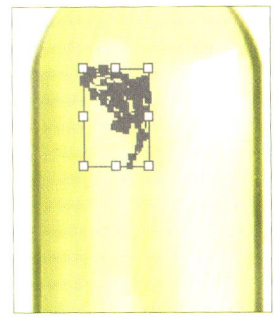 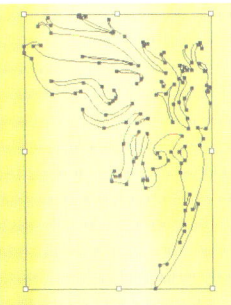 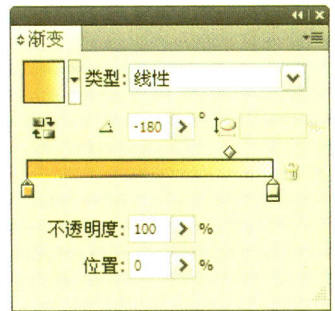 

35 复制上一步制作的路径并将复制出的路径贴到前面,然后在画板中右击,在弹出的快捷菜单中选择"变换 > 对称"命令,再在弹出对话框中选中"垂直"选项并单击"确定"按钮,水平翻转路径效果并将其向右移动少许,制作完整的标志效果。

36 设置前景色为橙黄色(R220、G154、B20),然后运用文字工具 T,在酒瓶上输入文字内容,使画面效果更加完整。最后将本步骤添加所有文字路径选中并按下快捷键 Ctrl+G 进行编组。

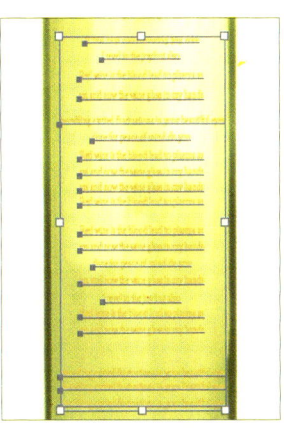

37 对上一步制作的文字路径组执行"效果 > 变形 > 拱形"命令,弹出"变形选项"对话框,设置各项参数后单击"确定"按钮,对文字进行变形,最后设置文字路径的"不透明度"为77%,使文字效果更加真实。

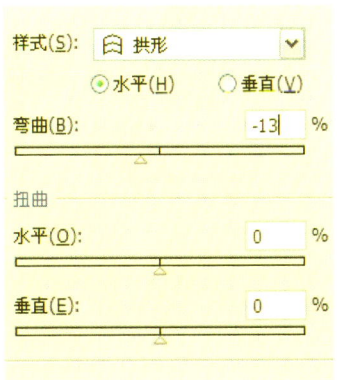

38 打开 Photoshop CS5,执行"文件 > 新建"命令,弹出"新建"对话框,设置"名称"为"酒瓶包装"、"宽度"为25.8厘米、"高度"为21厘米、"分辨率"为250像素/英寸,完成后单击"确定"按钮,新建文件。然后返回 Illustrator 并单击选择工具 ,框选整个酒瓶后将其拖动到 Photoshop 中的相应位置,生成"智能矢量对象"图层。

39 复制图层"智能矢量对象"，得到图层"智能矢量对象 副本"，然后将复制出的图层移动到原图层的下方，再运用自由变换命令垂直翻转图像，制作出瓶子的倒影效果。

40 设置前景色为黑色，然后为图层"矢量智能对象 副本"添加图层蒙版，再运用画笔工具，在图层蒙版上进行涂抹，虚化下方图像效果，使投影效果更加真实。

41 复制瓶子和瓶子倒影对应的图层，然后合并复制出的图层，得到图层"智能矢量对象 副本3"，再运用自由变换命令调整复制出的图层对应的图像的大小和位置。

42 继续复制上一步合并后的瓶子图层并结合自由变换命令，调整复制出的图像的大小和位置，为画面添加更多的酒瓶效果。

43 打开本书配套光盘中的 Chapter 6\01\media\葡萄.png 图像文件，并将其移动到当前图像中，生成"图层1"。设置前景色为黑色，再为"图层1"添加图层蒙版并结合画笔工具，在图层蒙版上进行涂抹，隐藏叠加在瓶子上的葡萄效果。

44 复制上一步添加的葡萄所在的"图层1"，然后运用移动工具，调整复制出的图像的位置，再结合画笔工具重新编辑图层蒙版，隐藏部分叠加在瓶子上的葡萄效果。

45 打开素材"葡萄叶.png"图像文件并将其移动到当前图像中的相应位置，生成"图层2"。然后为该图层创建"照片滤镜1"调整图层，调整叶子的颜色，最后创建剪贴蒙版，使调整效果只作用于"图层2"。

46 在"背景"图层上方新建"图层3",然后运用矩形选框工具,在图像的左侧绘制矩形选区并对选区填充白色,然后为该图层添加"渐变叠加"图层样式,制作图像的立体感。其中"渐变叠加"渐变色从左到右依次为橄榄绿(R145、G137、B53)、黄绿色(R204、G191、B111)、橄榄绿(R145、G137、B53)、暗黄色(R213、G202、B127)、淡黄色(R249、G248、B219)、米黄色(R244、G243、B192)、橄榄绿(R145、G137、B53)。

47 复制"图层2"和"照片滤镜1"调整图层,再按下快捷键Ctrl+E合并复制出的两个图层,得到"图层2 副本"。然后运用自由变换命令调整合并后图层对应的图像的位置,为画面添加更多的叶子效果。

48 将步骤35中绘制的商标路径拖动到Adobe Photoshop CS5中的相应位置,然后在该图层上方新建"图层4"并填充褐色(R142、G80、B25),再创建剪贴蒙版,使颜色只作用于商标对应的"矢量智能对象"图层。

49 单击横排文字工具,在盒子上输入文字效果,使画面效果更加完善。然后新建"图层5",再运用钢笔工具,在盒子上绘制一些图案的路径,完成后将路径转化为选区并填充前景色,最后设置该图层的混合模式为"正片叠底",使图案和盒子更好地融合。

50 在"背景"图层上方新建"图层6"并填充前景色,然后为该图层添加"渐变叠加"图层样式,制作图像背景。其中"渐变叠加"的渐变色从左到右依次为柠檬黄(R243、G242、B187)、白色(R248、G248、B230)、白色(R250、G250、B250)。至此,本实例制作完成。

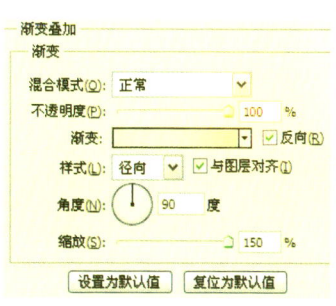

移动工具

移动工具是 Photoshop 中应用最多的工具，单击移动工具，会显示移动工具的选项栏，可以对其中进行相关参数的设置，使图像的位置调整与对齐操作更简便。

知识解析

移动工具选项栏

① ② ③ ④ ⑤

编号	名称	说明
①	"自动选择"复选框	勾选该复选框使用移动工具，可以对图像中任意一个独立的图像进行移动，不需要先在"图层"面板中对图层进行选择，单击右侧的下拉按钮，可以选择"图层"或"组"
②	"显示变换控件"复选框	勾选该复选框，将对所选择的图像显示自由变换控制框，拖动控制手柄可以对图像的大小比例与方向进行调整
③	对齐按钮组	当同时选择的图像大于或等于两个时，该按钮组可以使用，主要包括"顶对齐"按钮、"垂直居中对齐"按钮、"底对齐"按钮、"左对齐"按钮、"水平居中对齐"按钮、"右对齐"按钮。在该按钮组中单击任意一个按钮，即可将选中的图像以相应的对齐方式对齐
④	分布按钮组	与对齐按钮组相同，需要同时选中两个或两个以上的图像时才可以使用，用于均匀分布图层和组，主要包括"按顶分布"按钮、"垂直居中分布"按钮、"按底分布"按钮、"按左分布"按钮、"水平居中分布"按钮、"按右分布"按钮。单击任意一个按钮，将对所选图像按相应的规则间隔均匀地进行分布
⑤	"自动对齐图层"按钮	当同时选择两个或两个以上的图像时可以使用，单击该按钮可以打开"自动对齐图层"对话框，对图像进行拼贴

单击移动工具，在"图层"面板中同时选中图像中 3 个花朵图像对应的图层，然后单击选项栏上的相应对齐按钮与分布按钮，可以对图像间的对齐方式与分布规则进行相应调整。

同时选中 3 个图像　　　　单击"垂直居中对齐"按钮　　　　单击"水平居中分布"按钮

Works

饮料瓶造型

本实例先用 Illustrator 制作真实的造型效果，然后在 Photoshop 中进行各种素材的合成和整体气氛的调整，制作出海报级别的包装效果。画面的整体以紫红色为主色调，可以突出其优雅高贵；图中添加的水滴效果，能突出饮料的清凉；图像中添加的各种植物和鱼，则使画面色调更加平衡。

Illustrator
运用钢笔工具绘制路径，然后填充渐变色制作其立体感

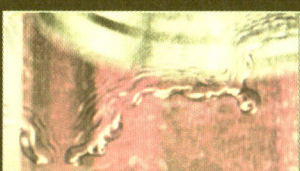

Illustrator
结合不透明蒙版制作倒影的渐变效果

Photoshop
运用混合模式并结合素材，制作真实水滴效果

Photoshop
运用图层蒙版并结合画笔工具，为画面添加素材

主要使用功能：Illustrator 中的钢笔工具、渐变面板、不透明度、不透明蒙版、高斯模糊、羽化，Photoshop 中的自由变换命令、画笔工具、渐变工具、滤色图层混合模式、叠加图层混合模式、外发光图层样式、曲线调整图层命令、图层蒙版

素材文件：Chapter 6\02\media\ 饮料包装 .ai、素材 .psd

最终文件：Chapter 6\02\complete\ 饮料包装 .psd

制作难度评定：★★★★☆

01 运行 Illustrator CS5，执行"文件 > 新建"命令，创建一个名称为"饮料包装"、尺寸为 297mm×245mm 的图像文件。

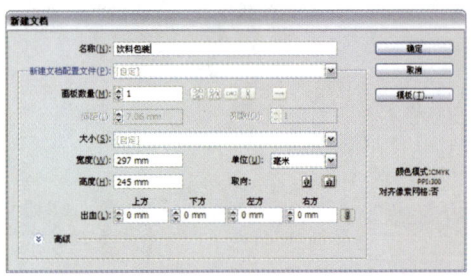

02 设置"填色"为紫灰色（R232、G214、B245），再运用矩形工具，绘制与画板完全重合的矩形路径，然后继续设置"填色"为紫红色（R1228、G0、B127），再单击钢笔工具，在画板中绘制饮料的外形路径。

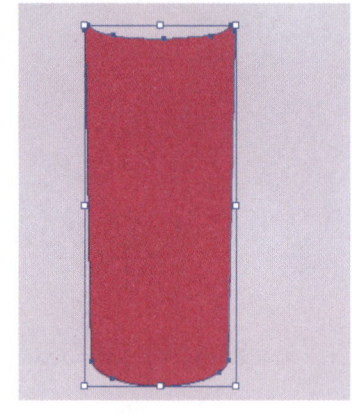

03 单击"创建新图层"按钮，新建"图层 2"，再设置前景色为深红色（R164、G11、B3），然后运用钢笔工具，绘制瓶身与瓶盖结合处的路径，使饮料造型更加完善。最后参照上述步骤，设置不同的"填色"，并结合钢笔工具，继续完成瓶盖路径的绘制。

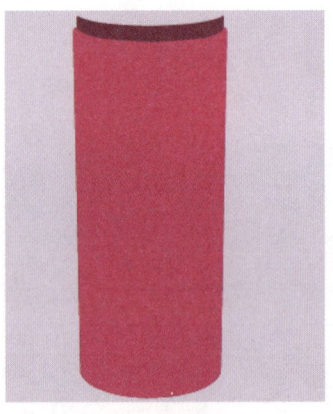

04 选择步骤02中绘制的路径，再打开"渐变"面板，设置渐变色为路径填充渐变色。其中渐变色从左到右依次为紫红色（R230、G22、B115）、深红色（R104、G21、B50）、紫红色（R208、G43、B138）、深红色（R104、G21、B50）、蓝紫色（R185、G110、B170）、紫红色（R112、G31、B81）。

05 参照上述步骤为步骤02中绘制的路径添加渐变色，制作饮料外形的渐变效果，使画面效果更加完善。

06 按下快捷键 Ctrl+C 复制上一步填充渐变的路径，再按下快捷键 Ctrl+F 将复制的路径贴在前面。然后在"渐变"面板中更改渐变色和各项参数，继续为路径叠加渐变色，丰富图像效果。其中渐变色从左到右依次为紫黑色（R64、G34、B72）、紫色（R131、G17、B130）、透明紫红色（R152、G20、B114）。

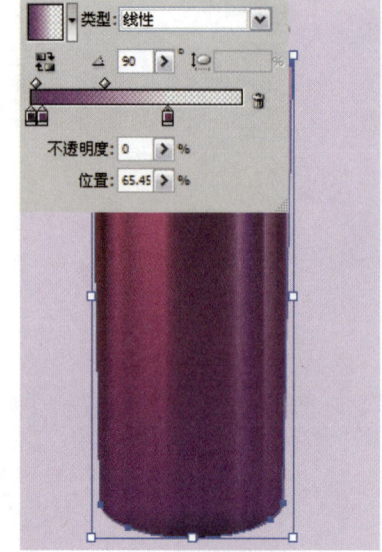

07 复制上一步制作的渐变路径，然后将复制出的路径贴在前面。再更改"渐变"面板中的紫色（R131、G17、B130）色块的位置和各项参数，制作上方的渐变色。

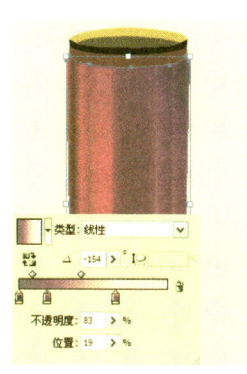
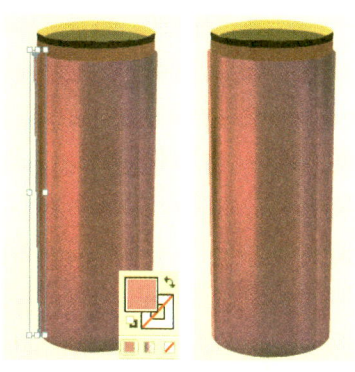

08 设置"填色"为紫红色（R193、G100、B156），再单击钢笔工具，在瓶身左侧绘制高光路径，使画面效果更加丰富。

09 对上一步制作的路径执行"效果>风格化>羽化"命令，弹出"羽化"对话框，设置参数后关闭对话框羽化路径边缘，使过渡更加柔和。

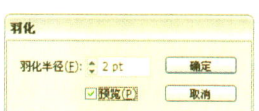
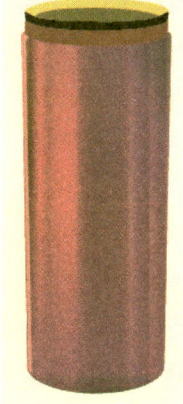

10 设置"填色"为紫红色（R145、G29、B92），再参照上述步骤继续运用钢笔工具，在瓶身左侧绘制路径，完成后对该路径执行"效果>风格化>羽化"命令，羽化路径，使过渡更加自然。

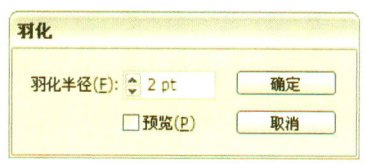
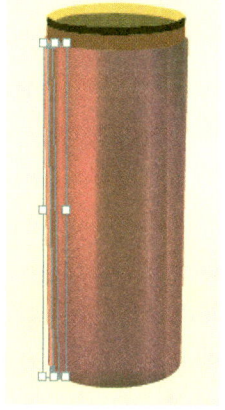

11 复制上一步制作的路径，然后将复制出的路径贴在前面，再打开"渐变"面板并设置渐变色和各项参数，为路径添加渐变色。完成后在"透明度"面板中设置该路径的混合模式为"正片叠底"、"不透明度"为25%，最后对该路径添加"羽化"效果，羽化路径边缘，使过渡更加柔和。

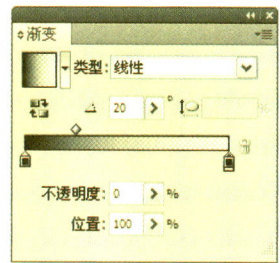
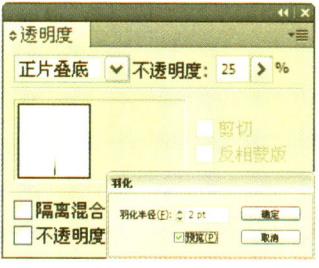

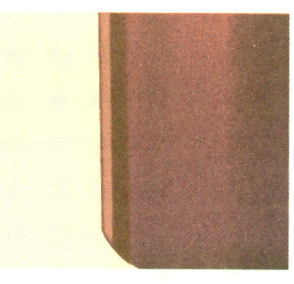

12 设置"填色"为紫红色（R170、G24、B106），然后运用钢笔工具，在瓶身的右上角绘制路径，完成后参照上述步骤对该路径添加"羽化"效果，羽化路径边缘，使过渡更加柔和。

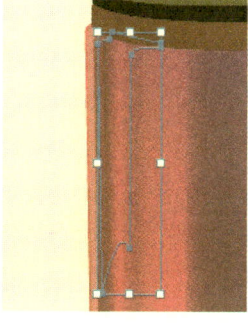

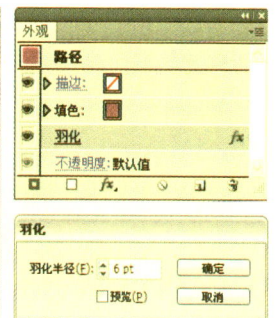

⑬ 继续运用钢笔工具 ，在瓶身上绘制路径，完成后在"渐变"面板设置渐变和各项参数，为路径添加渐变色。然后打开"透明度"面板，设置混合模式为"正片叠底"、"不透明度"为76%。其中渐变色从左到右依次为透明黑色到紫红色（R178、G43、B130）。

⑭ 复制上一步制作的路径，再更改"渐变"面板中的渐变色和各项参数，然后在"透明度"面板中设置该路径的"不透明度"为100%。

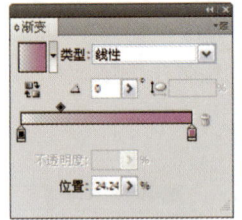
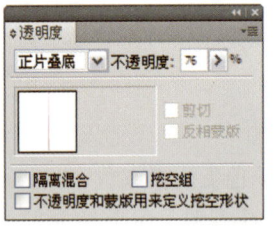
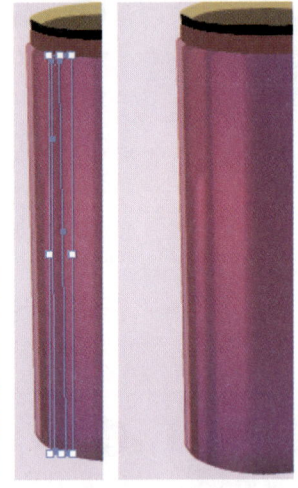
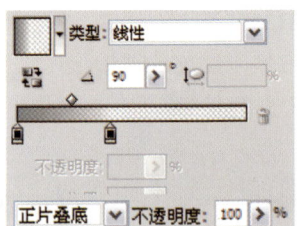

⑮ 对上一步制作的路径执行"效果>风格化>羽化"命令，在弹出的"羽化"对话框中设置参数，羽化路径边缘，使其过渡更加柔和。

⑯ 设置"填色"为深紫红色（R126、G31、B83），然后运用钢笔工具 ，在瓶身上绘制增加瓶身质感的路径，完成后对该路径添加"羽化"的效果，羽化路径边缘，使过渡更加平滑。

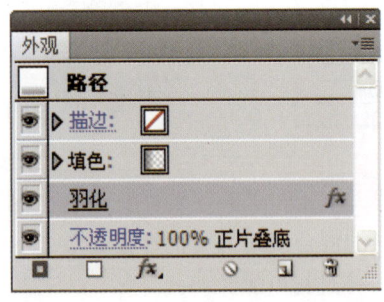
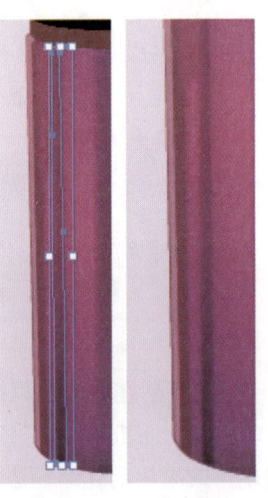
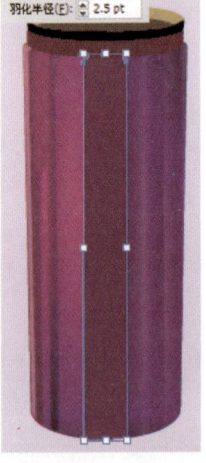

⑰ 复制上一步制作的路径并将其贴在前面，然后在"渐变"面板中更改渐变色和各项参数，再打开"透明度"面板，设置该路径的混合模式为"颜色加深"、"不透明度"为76%，加深下方的图像效果，使图像质感更加强烈。最后单击"外观"面板中的"羽化"选项，在弹出的"羽化"对话框中更改"羽化半径"，使图像过渡更加柔和。

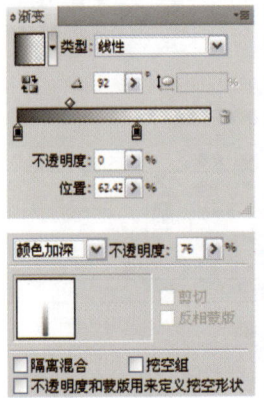
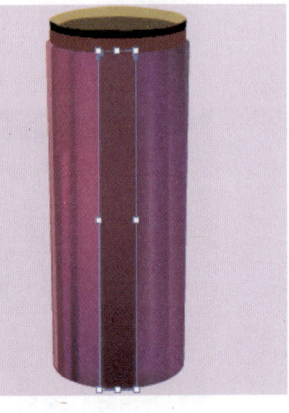

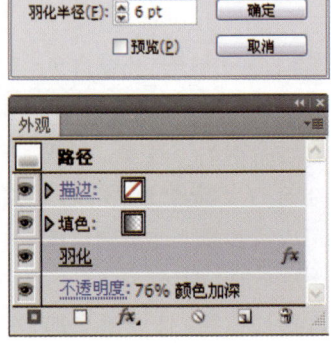

18 运用钢笔工具 ，继续在图像中绘制路径，完成后在"渐变"面板中设置渐变色和各项参数，为路径添加渐变色，然后在"透明度"面板中设置该路径的混合模式为"正片叠底"、"不透明度"为43%，最后对该路径添加"羽化"效果，羽化路径边缘。

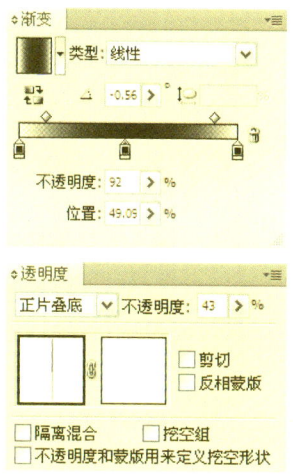 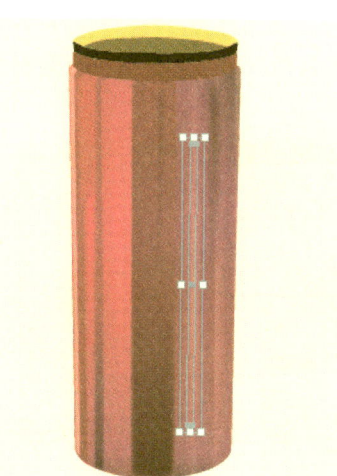 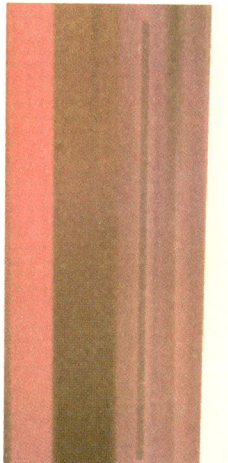 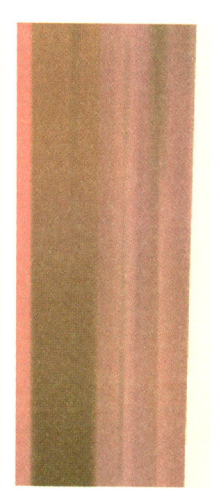

19 单击矩形工具 ，在上一步绘制的路径的上方绘制矩形路径，使绘制的矩形路径完全将上一步骤制作的路径覆盖。然后在"渐变"面板中设置该路径的渐变色，完成后将本步骤绘制的矩形路径和上一步制作的路径同时选中，再单击"透明度"面板右上角的扩展按钮，在弹出的菜单中选择"建立不透明蒙版"命令，建立不透明蒙版，制作渐隐效果。

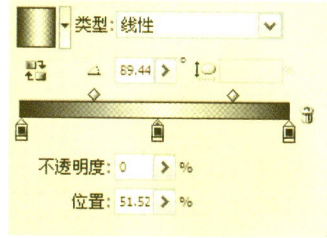 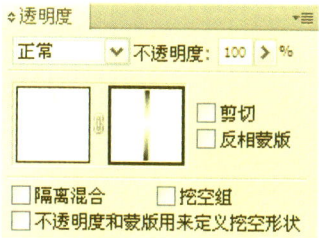 

20 设置"填色"为深紫色（R96、G31、B78），继续运用钢笔工具 ，在瓶身右侧绘制深色部分的路径，完成后对该路径添加"羽化"效果，柔化路径边缘。

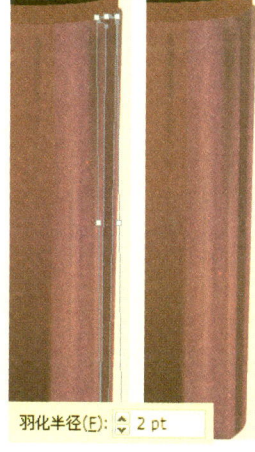

21 复制上一步制作的路径并将复制出的路径贴到前面，然后使用旋转工具 并结合选择工具 ，调整复制出的路径的位置，完成后在"渐变"面板中设置该路径的渐变色和各项参数，为路径添加渐变色。

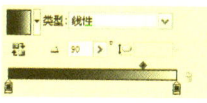
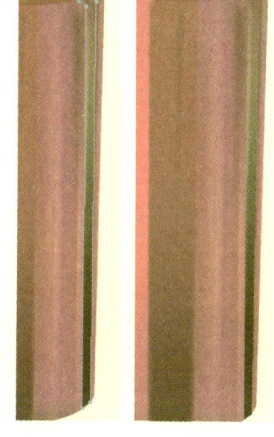

㉒ 运用钢笔工具 ◊，绘制与瓶身完全重合的路径，完成后在"渐变"面板中设置该路径的渐变色和各项参数，加深右下角的图像效果，使其更有层次感。

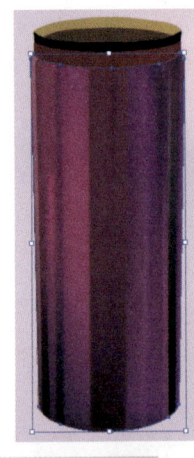
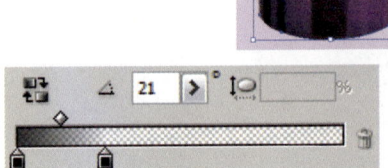

㉓ 复制上一步制作的路径并将复制出的路径贴到前面，然后在"渐变"面板中更改路径的渐变色和各项参数，为瓶身右上角添加深色部分，使画面效果更加完善。

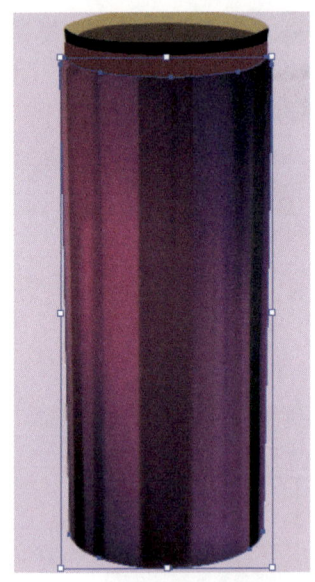

㉔ 将步骤 06 至步骤 22 制作的所有路径选中，再按下快捷键 Ctrl+G 将选中的路径进行编组。然后运用钢笔工具 ◊，在瓶身的左侧绘制路径，完成后设置该路径的"填色"为紫红色（R191、G48、B131）。最后对该路径添加"羽化"效果，模糊路径边缘，使过渡更加平滑。

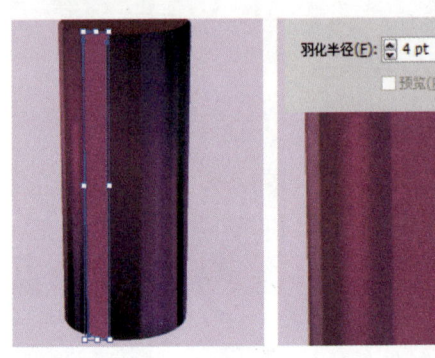
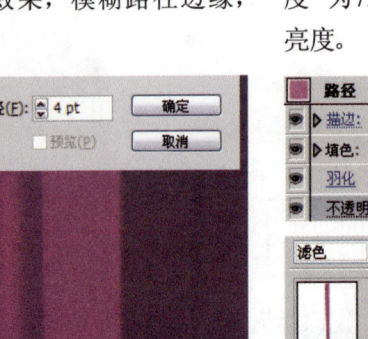

㉕ 选中上一步制作的路径，再设置成"透明度"面板中的混合模式为"滤色"，"不透明度"为79%，提高图像的亮度。

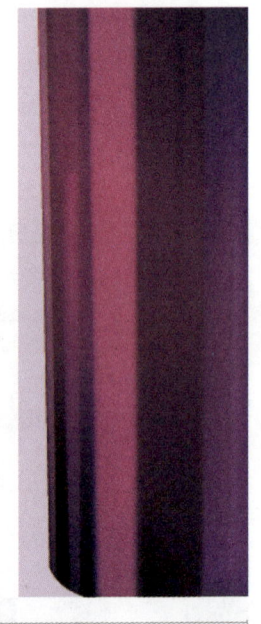

㉖ 选用矩形工具 ▭，在上一步制作的路径上方绘制矩形路径，完成后在"渐变"面板中设置该路径的渐变色，然后同时选中本步骤和上一步制作的路径，再单击"透明度"面板右上角的扩展按钮，在弹出的菜单中选择"建立不透明蒙版"命令，建立不透明蒙版，虚化下方的叠加效果。

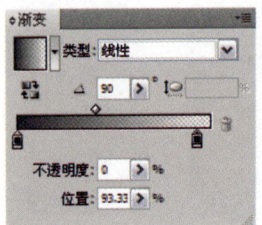
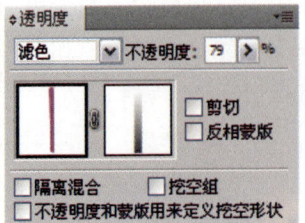
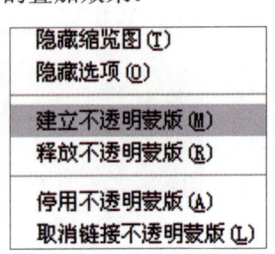
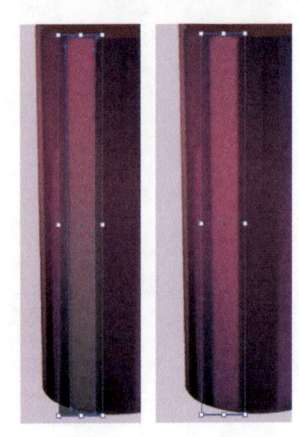

㉗ 复制上一步添加了不透明蒙版的路径并将复制出的路径贴到前面，然后运用选择工具 ，调整复制出的路径的位置，再更改复制出的路径的混合模式为"正常"、"不透明度"为42%，为瓶身其他的地方添加渐变效果，使画面效果更加丰富。

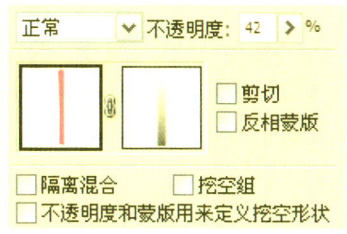
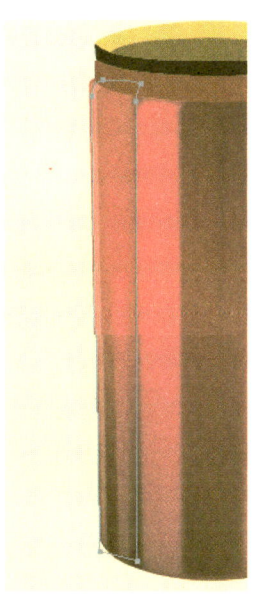

㉘ 参照上述步骤继续复制添加了不透明蒙版的路径，然后结合选择工具 ，调整复制出的路径的位置，再更改路径的混合模式为"正常"、"不透明度"为20%，丰富画面效果。

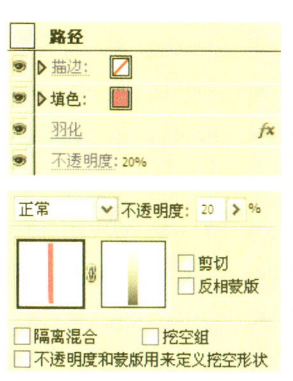
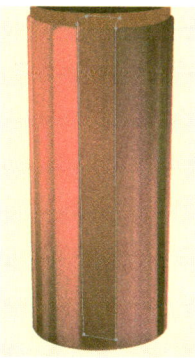

㉙ 设置"填色"为白色，再运用钢笔工具 ，在瓶身上侧绘制高光效果路径。完成后选择"外观"面板中的"填色"，对"填色"添加"羽化"效果，羽化颜色边缘，丰富画面效果。最后在"透明度"面板中设置"填色"的混合模式为"叠加"、"不透明度"为63%，使图像的高光效果更加明显。

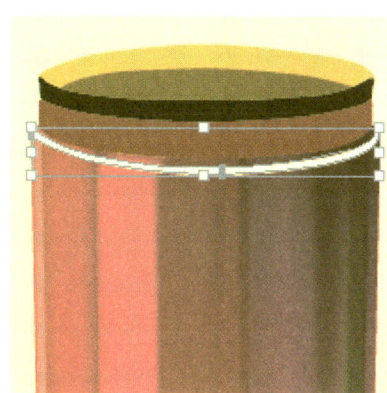
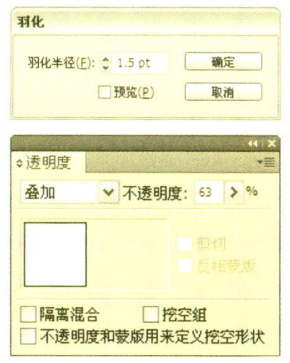
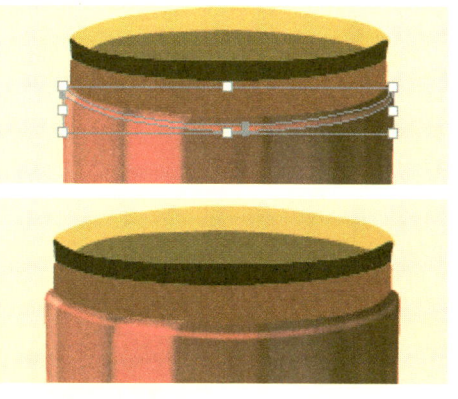

㉚ 设置"填色"为白色，运用矩形工具 ，在瓶身上绘制矩形高光路径。完成后对该路径添加"羽化"效果，柔化路径边缘。最后设置该路径的混合模式为"叠加"、"不透明度"为43%，使高光效果更加柔和。

㉛ 参照步骤26，为上一步制作的路径渐变创建不透明蒙版，虚化上下两端的路径效果，使过渡更加自然柔和。

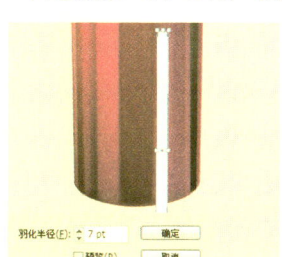
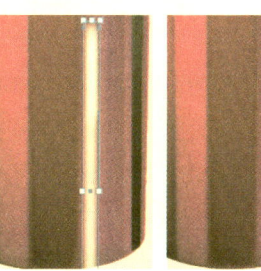

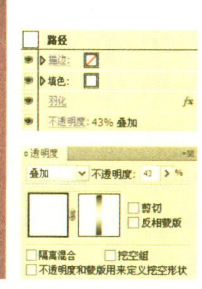

32 多次复制上一步添加了不透明蒙版的路径，然后结合选择工具，调整复制出的路径的大小和位置，为瓶身右侧添加更多的高光叠加效果，使画面层次更加丰富。

33 将步骤 30 至步骤 32 制作的所有路径进行编组，然后复制一开始制作的瓶身外形路径，并将复制出的路径移动到"图层"面板的最上方，再同时选中复制出的路径和本步骤编组的路径，完成后在画板中右击，在弹出的快捷菜单中选择"建立剪切蒙版"命令，建立剪切蒙版，隐藏瓶身以外的叠加效果。

34 设置"填色"为白色，再单击椭圆工具，在瓶身的下侧绘制高光路径，完成后对"填色"添加"羽化"效果虚化高光边缘，最后设置"填色"的"不透明度"为 67%，使高光效果更加逼真。

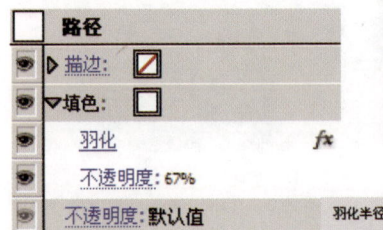

35 运用钢笔工具，在瓶身右下侧绘制高光路径，完成后对该路径添加"羽化"效果，羽化高光边缘，使其过渡更加自然。

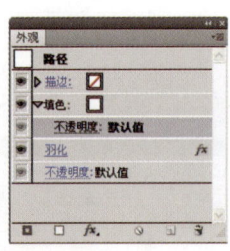
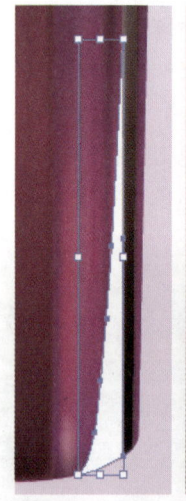

36 运用钢笔工具，在瓶身的最左侧绘制高光路径，完成后设置该路径的混合模式为"叠加"，融合高光色调。然后参照同样的方法并结合钢笔工具和混合模式为瓶身右侧添加高光效果。

37 参照上述步骤继续运用钢笔工具，在瓶身上侧绘制高光路径，完成后设置该路径的混合模式为"叠加"，然后对该路径添加"羽化"效果，使高光效果更加柔和。

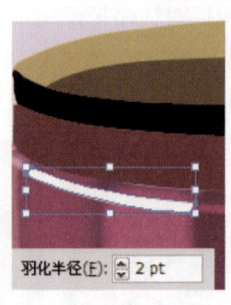

38 多次复制上一步制作的路径，使高光效果更加明显。然后参照上述步骤继续为右侧制作高光效果，使瓶身效果更加完善。

39 全选"图层1"中的所有路径，然后复制选中的路径并将其贴到前面，完成后将复制出的路径进行编组，再将编组的路径移动到"图层2"中，最后运用选择工具，等比例缩小该路径组对应的路径的大小。

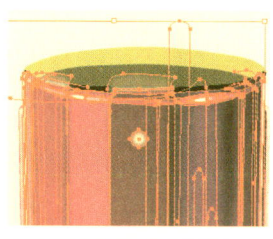

40 将一开始绘制的紫红色路径移动到上一步骤复制出的路径组的上方，再同时选中该路径和路径编组，在画板中右击，在弹出的快捷菜单中选择"建立剪切蒙版"命令，建立剪切蒙版，隐藏紫红色路径以外的路径效果。

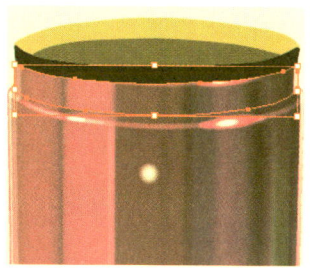

41 选中"图层2"中填充黑色的路径，然后在"渐变"面板中设置该路径的渐变色和参数，制作瓶盖的立体效果。其中渐变色从左到右依次为土黄色（R76、G133、B71）、淡黄色（R251、G231、B177）、土黄色（R76、G133、B71）、淡黄色（R251、G231、B177）、深褐色（R77、G54、B24）、青褐色（R148、G122、B39）、淡黄色（R251、G231、B177）。

42 选择"图层2"中填充深褐色的路径，然后在"渐变"面板中为该路径填充渐变色，制作路径的立体感，使画面效果更加完善。其中渐变色从左到右依次为白色到深绿褐色（R150、G113、B38）。

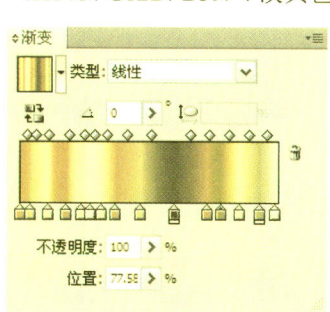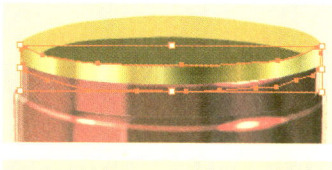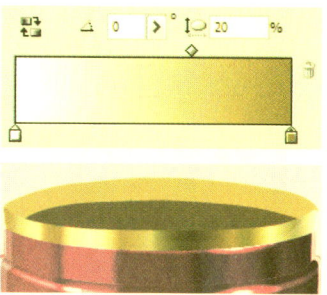

43 复制上一步填充渐变色的路径,然后设置复制出的路径的混合模式为"滤色"、"不透明度"为44%,使图像效果明亮。运用矩形工具▭绘制路径,再对该路径由左至右填充白色到黑色的线性渐变色,最后结合"透明度"面板,为其创建不透明蒙版,虚化右侧的"滤色"叠加效果。

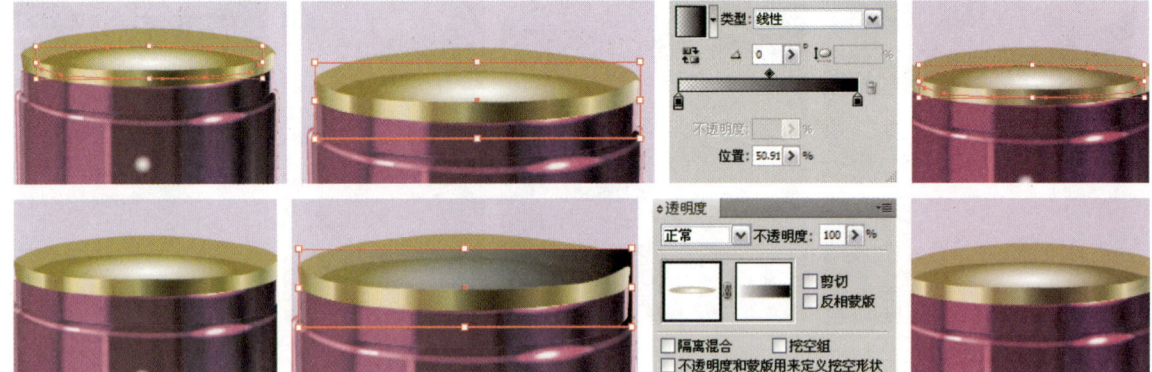

44 选择"图层2"中的黄褐色路径,然后在"渐变"面板中为该路径添加渐变色,制作路径的渐变效果,使画面效果更加完善。其中渐变色从左到右依次为青褐色(R148、G122、B39)、深褐色(R77、G54、B24)、淡黄色(R251、G231、B177)、土黄色(R76、G133、B71)、淡黄色(R251、G231、B177)、青褐色(R148、G122、B39)。

45 设置"填色"为深紫色(R133、G30、B83),再运用钢笔工具♦,在瓶身上方绘制深色路径,完成后设置该路径的混合模式为"正片叠底",使画面效果更加完善。

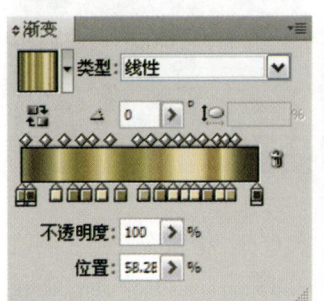

46 对上一步制作的路径执行"效果>模糊>高斯模糊"命令,在弹出的"高斯模糊"对话框中设置参数后关闭对话框,模糊路径效果。然后复制该路径并运用选择工具▶,调整复制出的路径的位置,为瓶身添加更多的深色叠加效果。

47 运用钢笔工具♦,在瓶身上方绘制路径,然后运用吸管工具✍,吸取之前制作的金属渐变色。

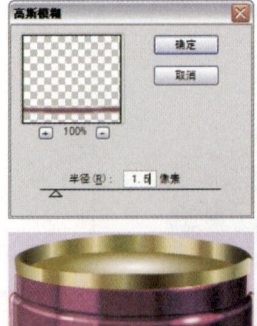

48 新建"图层3",然后将一开始填充紫灰色的背景颜色路径移动到"图层3"中,然后将"图层3"移动到"图层"面板的最下方,再在"图层3"上方新建"图层4",完成后运用钢笔工具,在瓶底绘制底座路径。最后在"渐变"面板中为该路径填充黑白相间的渐变色,制作金属质感。

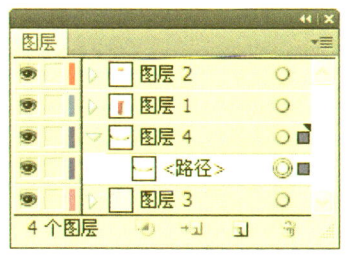
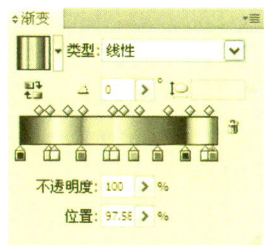
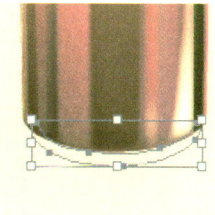

49 继续运用钢笔工具,在上一步绘制的路径下方继续绘制路径,完成后运用吸管工具,吸取上一步填充的渐变色,再打开"渐变"面板并适当调整各个颜色滑块,使颜色更有层次感。

50 参照上述步骤多次运用钢笔工具绘制路径,然后运用吸管工具,吸取上述步骤制作的渐变色,再适当调整渐变条,使底座效果更加丰富。

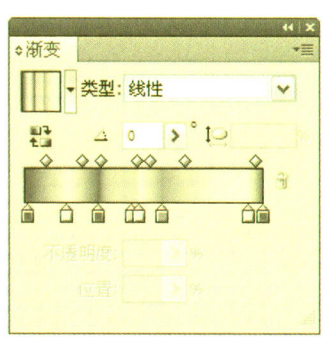
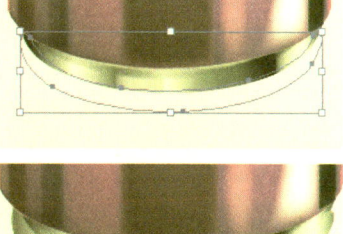
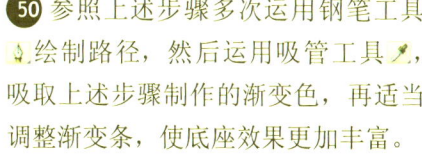

51 复制"图层1",然后将"图层1副本"移动到"图层4"的下方,再全选"图层1副本"里的所有路径,完成后在画板中右击,在弹出的快捷菜单中选择"变换>对称"命令,在弹出的"镜像"对话框中选中"水平"选项,完成后单击"确定"按钮,垂直翻转选中的路径,最后运用选择工具,调整变化后路径的位置,制作图像的倒影。

52 运用矩形工具,在图像下方绘制矩形路径,完成后在"渐变"面板中设置渐变色,然后选中"图层1副本"中的所有路径,再单击"透明度"面板右上角的扩展按钮,在弹出的菜单中选择"建立不透明蒙版"命令,建立不透明蒙版,虚化下方图像效果,使投影更加真实。

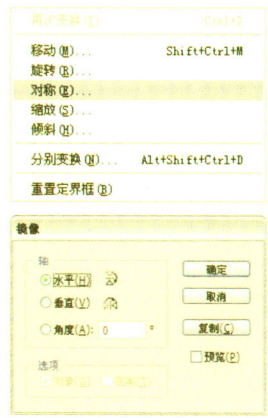
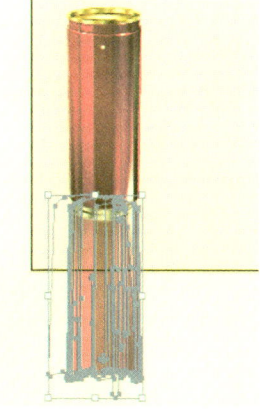
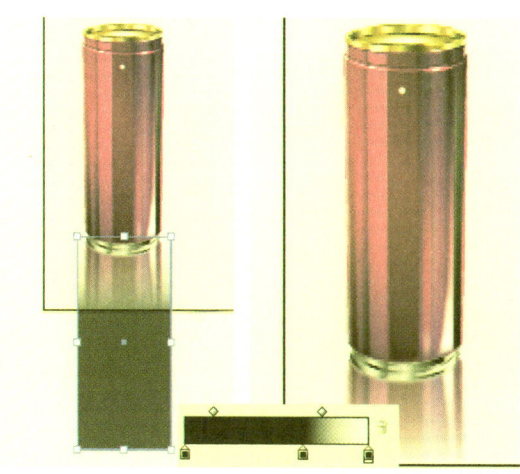

53 设置"填色"为暗红色（R201、G99、B135），在"图层2"上方新建"图层5"，然后运用钢笔工具，在瓶身上绘制标志周围的花纹路径。完成后参照上述步骤分别设置不同的"填色"，并运用钢笔工具，在瓶身上绘制褐红色（R182、G97、B115）和粉红色（R234、G182、B207）的花纹效果。

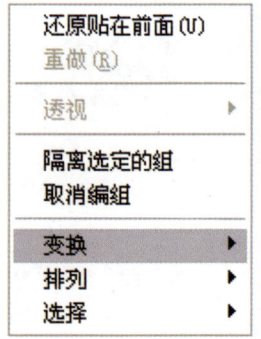
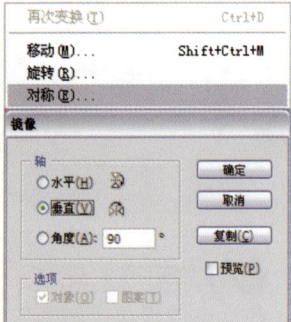
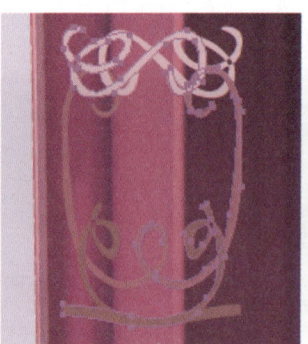

54 将上一步制作的花纹路径全部选中并进行编组，然后复制编组后的路径并将复制出的路径贴到前面，完成后在画板中右击，在弹出的快捷菜单中选择"变换 > 对称"命令，弹出"镜像"对话框，设置参数后单击"确定"按钮，将路径水平翻转。最后结合选择工具，调整变换后的路径组，制作右边的花纹效果。

55 运行 Adobe Photoshop CS5，执行"文件 > 新建"命令，在弹出的对话框中设置各项参数，其中尺寸设置为 210mm×278.2mm，单击"确定"按钮新建图像文件。

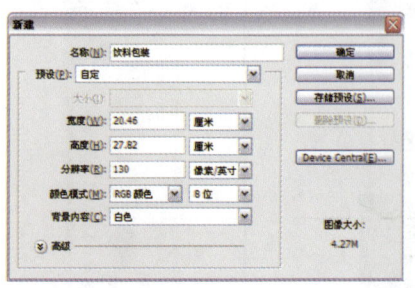

56 选中 Illustrator CS5 中"图层1复制"至"图层2"的所有路径，然后将其拖动到 Adobe Photoshop CS5 中，生成"矢量智能对象"图层。然后再将 Illustrator 中的"图层5"选中并将其拖动到 Photoshop 中，生成"矢量智能对象"图层。

57 选中花纹对应的"矢量智能对象"图层，然后单击"添加图层样式"按钮 fx.，在弹出的菜单中选择"渐变叠加"命令，弹出"图层样式"对话框，设置渐变色和各项参数后单击"确定"按钮，为花纹添加渐变色。其中"渐变叠加"的渐变色从左到右依次为红褐色（R151、G70、B26）、淡褐色（R251、G216、B197）、褐色（R108、G46、B22）、淡褐色（R251、G216、B197）。

58 设置前景色为白色，单击横排文字工具 T.，在瓶身上输入文字内容。完成后在文字图层上右击，在弹出的快捷菜单中选择"栅格化文字"命令，将文字图层转化为普通图层。

59 运用自由变换命令将栅格化后的文字顺时针旋转90°，然后运用矩形选框工具 ，在文字周围绘制矩形选区，然后执行"滤镜>扭曲>切变"命令，弹出"切变"对话框，调整曲线对文字进行变形，完成后单击"确定"按钮。最后再次运用自由变换命令将文字逆时针旋转90°，制作文字的透视效果，使效果更加真实。

  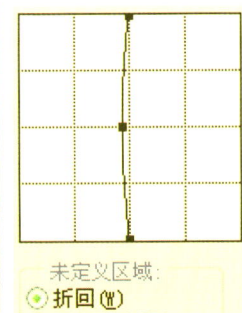 

60 复制文字图层并将复制出的图层移动到文字图层的下方，然后设置图层"roused 副本"的混合模式为"叠加"，图层"roused"的"不透明度"为70%，使画面效果更加亮丽。

61 继续运用横排文字工具 T.，在瓶身上输入更多的文字内容，使瓶身效果更加完善。

62 打开本书配套光盘中的Chapter 6\02\media\素材.psd文件,然后将该文件中的"图层1"移动到当前图像中相应位置,生成"图层1"。然后设置该图层的混合模式为"叠加",为瓶身叠加水滴效果。

63 连续两次复制"图层1",使水滴效果叠加更加强烈。然后将"图层1"至"图层1副本2"进行编组,得到"组1"。设置前景色为黑色,再为"组1"添加图层蒙版并结合画笔工具 ,在图层蒙版上进行涂抹,虚化部分水滴叠加效果。

64 复制"组1"得到"组1 副本",使水滴叠加效果更加明显。然后复制瓶子对应的"矢量智能对象"图层并结合自由变换命令调整复制出的图层位置,为画面右侧添加瓶身效果。

65 参照上述步骤,继续复制制作的各个细节元素并结合自由变换命令调整图像的大小和位置,制作瓶身的背面效果。

 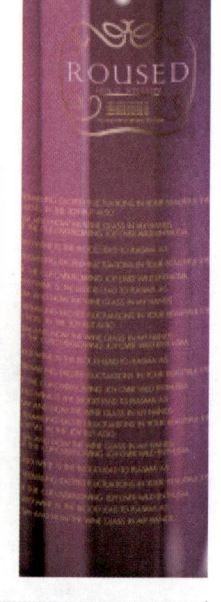

66 参照上述步骤,继续为右侧的图像添加水滴叠加效果,并适当编辑图层蒙版,使画面效果更有层次感。最后合并所有的图层并将其重命名为"瓶子"(适当地合并图层可以有效地提高运行的速度)。

67 在"背景"图层上方新建"图层1",然后运用渐变工具 ,对该图层由中心向四周填充白色到淡紫色(R166、G97、B141)的径向渐变色,制作背景。

68 复制"图层1",得到"图层1副本"。再运用自由变换命令调整图像的大小,丰富图像背景。然后设置前景色为黑色,再结合图层蒙版和画笔工具,编辑图层蒙版,虚化中间相交处的图像效果,使过渡更加柔和。

69 设置前景色为桃粉色(R255、G90、B183),在"图层1副本"上方新建"图层2",然后单击画笔工具,并在选项栏上设置各项参数,完成后运用钢笔工具,在图像中绘制光线路径,最后在画面中右击,在弹出的快捷菜单中选择"描边路径"命令,进行路径描边。

70 为"图层2"添加"外发光"图层样式,制作条纹的发光效果。其中"外发光"颜色为淡紫红色(R255、G137、B226),完成后多次复制"图层2"并运用自由变换命令调整图像的大小和位置,为背景添加更多的发光条效果。

71 在"图层2副本3"上方新建"图层3",然后运用渐变工具,对图像由中心向四周填充透明黑色到黑色的径向渐变色,最后设置该图层的"不透明度"为77%,压暗背景颜色。

72 创建"曲线1"调整图层,调整画面的亮度和对比度,使画面效果更加亮丽。

73 将"素材.psd"中的"图层2"至"图层4"移动到当前图像中相应位置,生成"图层4"至"图层6"。

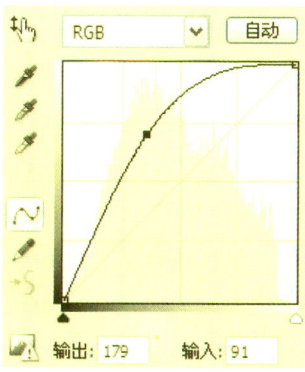

🔢 **74** 多次复制上一步添加的各个素材对应的图层，然后运用自由变换命令调整复制出的图像的大小和位置，并适当调整复制出的图层在"图层"面板中的位置，为画面添加更多的细节效果，使画面效果更加丰富。

🔢 **75** 在调整图层"曲线1"上方新建"图层7"，再设置前景色为黑色，然后运用画笔工具 在右侧的水果处进行涂抹，制作水果的投影效果，使其立体感更加强烈。

🔢 **76** 复制"图层7"并将复制出的图层移动到图层"瓶子"的上方，然后运用自由变换命令调整阴影的大小和位置，为左侧的水果添加投影效果。

🔢 **77** 将"素材.psd"文件中的"水"图层组移动到当前图像中相应位置，为画面添加水珠效果，使画面效果更加丰富。然后参照同样的方法将"素材.psd"文件中的"图层5"和"图层6"移动到当前图像中相应位置，生成"图层8"和"图层9"。

🔢 **78** 设置前景色为黑色，再单击横排文字工具 ，在图像的右上角输入文字内容，使画面效果更加完善。至此，本实例制作完成。

知识解析

曲线调整

曲线调整是通过调整曲线的节点位置与斜率来实现图像的色调和明暗对比的调整，使图像颜色与明暗效果更协调。

对图像进行曲线调整的方式有两种，一种是曲线调整命令；另一种是曲线调整图层。这两种曲线调整所产生的效果相同，但是使用曲线调整命令调整图像后，将直接对所调整图像起作用，而不会在"图层"面板中生成新的图层，以后也不能再重新编辑曲线。而使用曲线调整图层，将打开"曲线"调整面板，调整曲线后将在"图层"面板中自动生成一个调整图层，可以随时双击调整图层的缩览图重新在"调整"面板中编辑曲线。

1. 曲线调整命令

执行"图像 > 调整 > 曲线"命令，可以打开"曲线"对话框，在弹出的对话框中可以对曲线进行调整，调整完成后单击"确定"按钮。也可以通过按下快捷键 **Ctrl+M**，打开"曲线"对话框。

原图

"曲线"对话框　　调整后效果

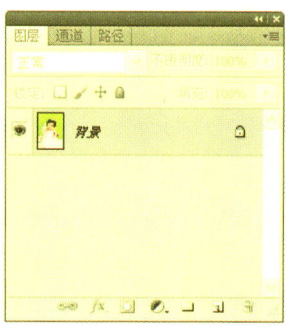
"图层"面板

2. 曲线调整图层

单击"图层"面板下方的"创建新的填充或调整图层"按钮，在弹出的菜单中选择"曲线"命令，打开"曲线"调整面板，调整曲线后单击"关闭"按钮，在"图层"面板中自动生成一个新的"曲线 1"调整图层。根据"曲线"调整图层的添加，将自动生成"曲线 2"或"曲线 3"调整图层。

原图

"曲线"调整图层　　调整后效果

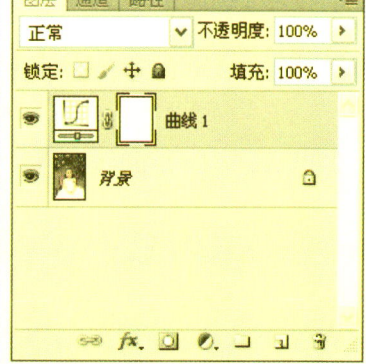
"图层"面板

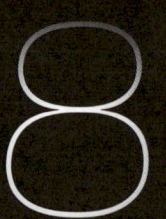

化妆品造型

本实例是运用 Photoshop 制作的超写实化妆品造型设计。画面整体以紫灰色为主，可以更好地凸显产品的高贵典雅；左侧的暗部与右侧的亮部形成鲜明的对比，使整个画面层次更加丰富；水平的桌面效果与产品的高低起伏则形成规则与无序的对比，使主体更加突出。

Photoshop
运用钢笔工具绘制物体外形路径，再运用渐变工具填充渐变色

Photoshop
运用钢笔工具绘制路径，再结合图层样式为图像添加精确的渐变色

Photoshop
运用横排文字工具输入文字，然后结合自由变换命令和扭曲滤镜进行变形

Photoshop
运用选区、图层蒙版、画笔工具等制作各个物体的倒影，增强其立体感

主要使用功能：	钢笔工具、渐变叠加图层样式、斜面和浮雕图层样式、画笔工具、高斯模糊滤镜、添加杂色滤镜
素材文件：	无
最终文件：	Chapter 6\03 \complete\ 化妆品造型 .psd
制作难度评定：	★★★★☆

01 运行 Adobe Photoshop CS5，执行"文件 > 新建"命令，创建一个名称为"化妆品造型"、尺寸为 21.6cm×14.5cm 的图形文件。

02 单击渐变工具，对"背景"图层由右上向左下填充白色到蓝灰色（R135、G153、B165）再到黑色的线性渐变色，制作图像背景。

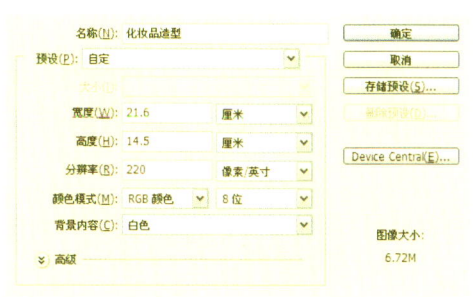

03 单击钢笔工具，在图像下方绘制桌面的路径，完成后按下快捷键 Ctrl+Enter 将路径转化为选区并对选区填充灰色（R117、G117、B123）。

04 按下快捷键 Ctrl+D 取消选区后，再按下快捷键 Ctrl+M 弹出"曲线"对话框，调整曲线后关闭对话框，调整图像的亮度，完善图像背景。

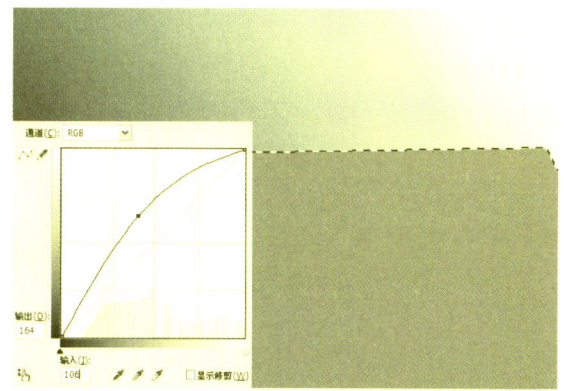

05 新建"图层1"，然后运用钢笔工具在图像中绘制路径，完成后将路径转化为选区并填充前景色，再单击"添加图层样式"按钮，在弹出的菜单中选择"渐变叠加"命令，弹出"图层样式"对话框，设置渐变色和各项参数后单击"确定"按钮，为图像添加渐变色。其中"渐变叠加"的颜色从左到右依次为深灰色（R59、G62、B66）、蓝灰色（R105、G112、B116）、淡蓝灰色（R154、G156、B163）、白色。

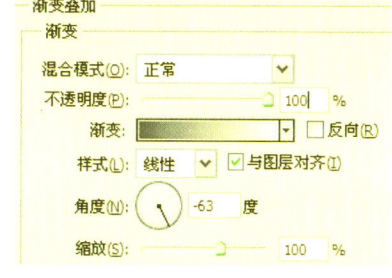

06 新建"图层2",然后运用钢笔工具,在图像中绘制洗面奶下半部分外形路径,完成后将路径转化为选区并填充紫灰色(R118、G104、B114)。再新建"图层3",再运用钢笔工具,在图像中绘制洗面奶上半部分路径,最后将其转化为路径后填充白色,制作出完善的洗面奶外形。

07 将"图层2"和"图层3"分别进行编组,得到"组1"和"组2",然后在"图层2"上方新建"图层4",再运用矩形选框工具,在图像中绘制一个矩形选区并对其填充前景色。

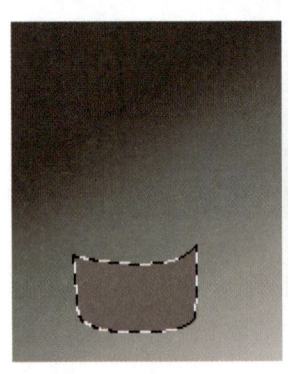
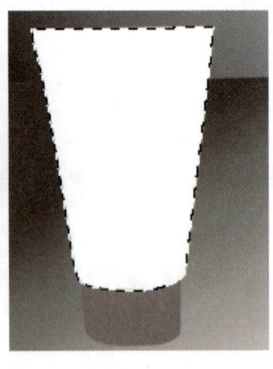

08 单击"添加图层样式"按钮,为上一步绘制的矩形选区对应的图层添加"渐变叠加"图层样式,制作图像的立体感。其中"渐变叠加"的渐变色从左到右依次为灰白色(R174、G170、B176)、浅紫灰色(R140、G121、B131)、深紫灰色(R81、G67、B77)、浅紫灰色(R140、G121、B131)、白色。

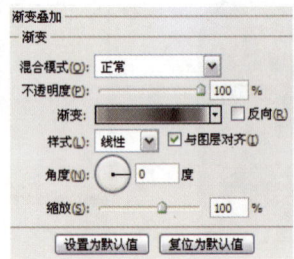
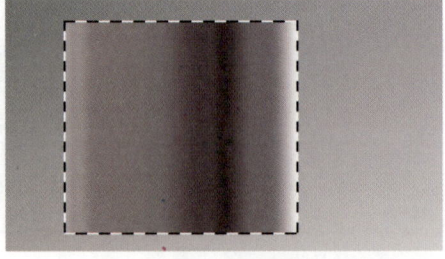

09 在"图层4"上右击,在弹出的快捷菜单中选择"转换为智能对象"命令,将添加图层的图层样式应用于图像,然后再次在"图层4"上右击,在弹出的快捷菜单中选择"栅格化图层"命令,将其转换为普通图层。

10 选择"图层4",运用自由变换命令,并结合 Ctrl 键拖动变换控制框的各个控制手柄,调整图像透视关系。

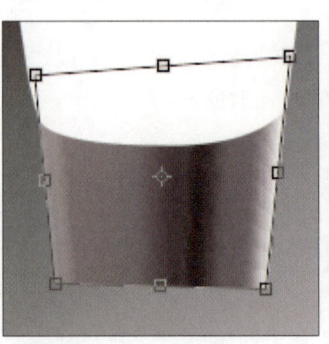
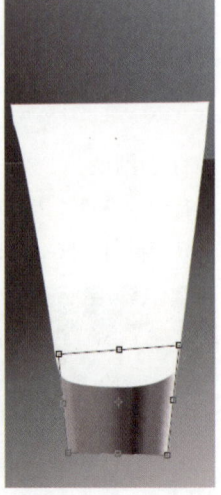

⑪ 参照上述步骤对图像进行变形，然后按下快捷键 Ctrl+Alt+G 创建剪贴蒙版，使制作的渐变效果只作用于"图层2"。

⑫ 在"图层4"上方新建"图层5"，然后运用钢笔工具 ，在图像中绘制瓶盖深色的路径，完成后将路径转化为选区并填充深褐色（R69、G55、B62），然后对该图层执行"滤镜>模糊>高斯模糊"命令，在弹出的"高斯模糊"对话框中设置参数后，单击"确定"按钮，模糊图像。

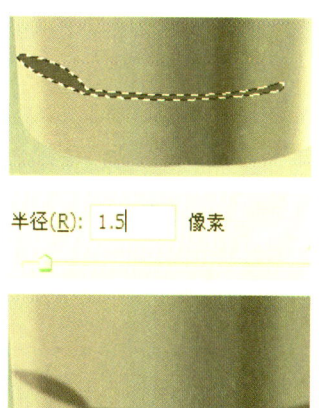

⑬ 新建"图层6"，然后运用钢笔工具 在图像中绘制路径，完成后将路径转化为选区并填充深褐色（R71、G55、B62），然后设置该图层的混合模式为"叠加"，加深边缘图像效果，使画面效果更加丰富。

⑭ 新建"图层7"，设置前景色为浅灰色（R182、G180、B185），再运用画笔工具 ，在图像中进行涂抹，丰富图像细节，制作洗面奶盖子处凹面的效果，使画面效果更加完善。

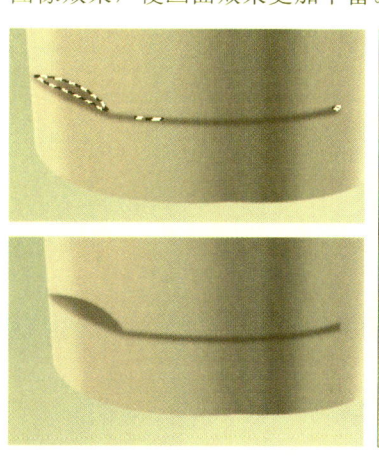
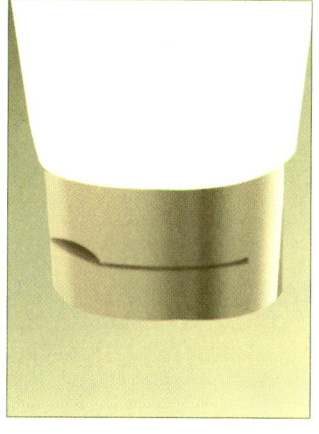
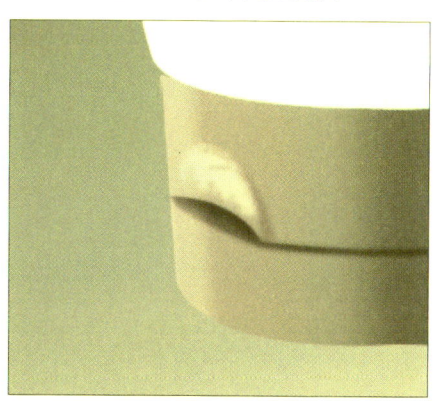

⑮ 新建"图层8"，然后运用钢笔工具 ，在凹面右侧绘制过渡的路径，完成后将路径转化为选区并填充深褐色（R87、G54、B68），再设置该图层的混合模式为"叠加"、"不透明度"为50%，统一画面色调。最后对该图层执行"高斯模糊"滤镜，模糊图像效果，使边缘过渡更加柔和。

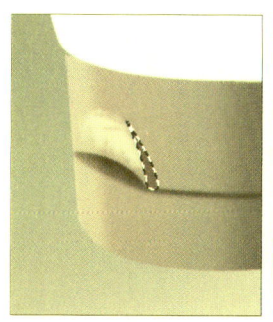
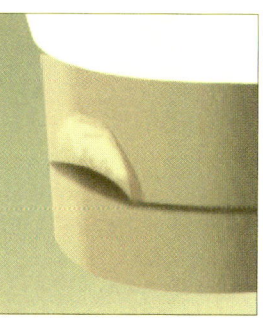
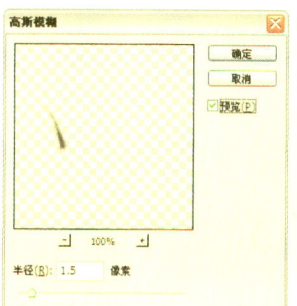
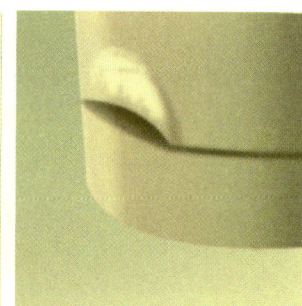

⑯ 复制"图层8",然后设置复制出的图层的"不透明度"为100%,再运用自由变换命令调整复制出的图层对应的图像的大小和位置,为瓶盖凹面左侧制作过渡效果。最后参照上述步骤,继续为凹面上侧制作过渡效果。

⑰ 新建"图层9",然后运用渐变工具，对选区由左至右填充透明白色到白色再到透明白色的线性渐变色。完成后运用自由变换命令调整图像的大小和位置,为瓶盖左侧添加高光效果。

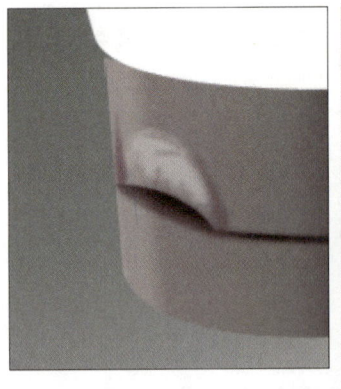 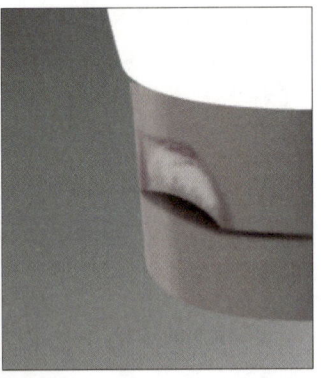 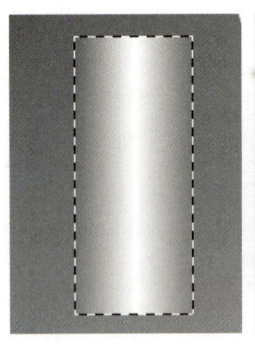 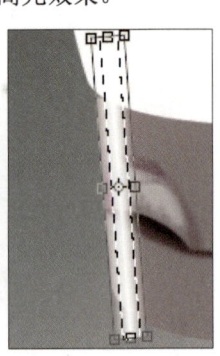

⑱ 完成后按下 Enter 键确认操作,然后将"图层2"载入选区并按下快捷键 Ctrl+Shift+I 将选区反选,完成后删除"图层9"在选区内的图像效果。最后设置该图层的混合模式为"叠加"、"不透明度"为60%,柔化高光效果。

⑲ 复制"图层9",然后运用自由变换命令调整复制出的图像的大小和位置,为瓶盖右侧添加高光效果。再将"图层2"载入选区并将选区反选,最后按下 Delete 键删除选区内的图像。

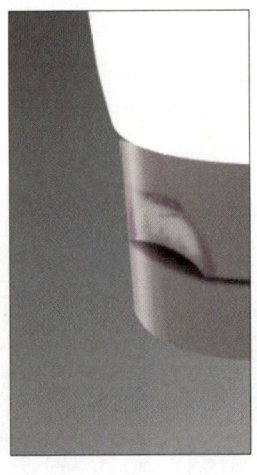

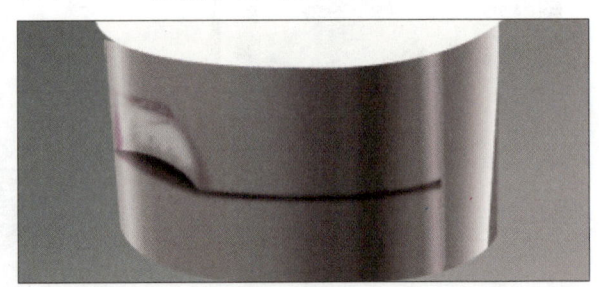

⑳ 设置前景色为白色,新建"图层10",然后运用钢笔工具，在瓶盖的中间和下方边缘绘制高光路径,再单击画笔工具并在选项栏上设置各项参数,完成后按下 Enter 键对路径进行描边,制作边缘高光效果。

㉑ 设置"图层10"的混合模式为"叠加"。设置前景色为白色,再为"图层10"添加图层蒙版并结合画笔工具，在图层蒙版上进行涂抹,虚化部分图像效果,使高光效果更加真实。

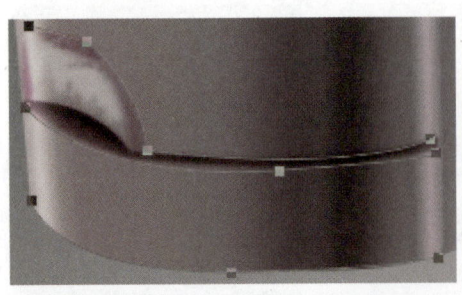

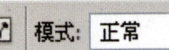

㉒ 在"图层3"上方新建"图层11",然后运用矩形选区工具，在图像中绘制矩形选区并填充白色,完成后为该图层添加"渐变叠加"图层样式,制作图像的立体感。其中"渐变叠加"的颜色从左到右依次为白色、白灰色（R234、G231、B232）、白色（R248、G248、B248）、白色、白色（R247、G246、B247）。

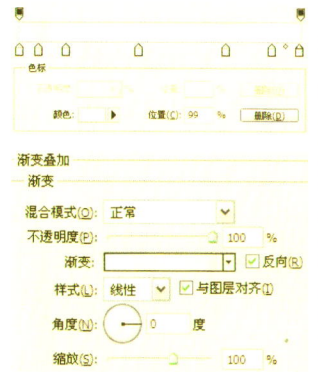

㉓ 将"图层11"转化为智能对象,再将该图层转化为普通图层,完成后运用自由变换命令并结合Ctrl键调整图像的大小和位置,制作洗面奶瓶身渐变色。

㉔ 按下快捷键 Ctrl+Shift+G 创建剪贴蒙版,使"图层11"效果只作用于"图层2"。然后新建"图层12",再运用钢笔工具在瓶身上方绘制路径,完成后将路径转化为选区并填充白色。

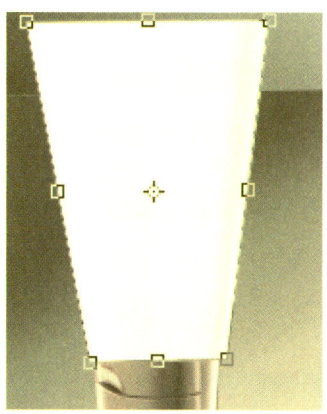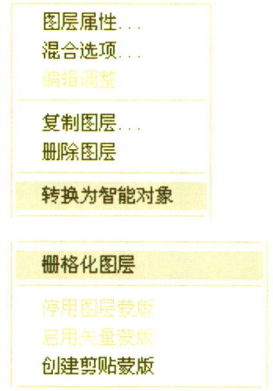

㉕ 为"图层12"添加"渐变叠加"图层样式,制作渐变效果。其中"渐变叠加"的颜色从左到右依次为白灰色（R236、G236、B236）到白色。

㉖ 新建"图层13",然后将"图层12"载入选区并对"图层13"选区填充奶白色（R233、G233、B233）,再设置前景色为黑色并结合图层蒙版和画笔工具,编辑图层蒙版,虚化左侧和右侧的图像效果,使其效果更加丰富。

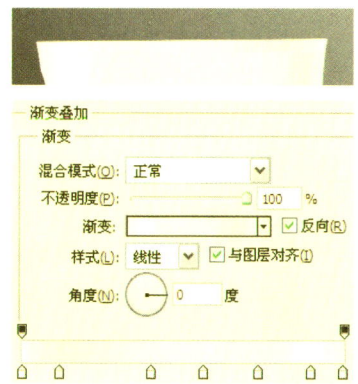

㉗ 新建"图层14",然后运用矩形选框工具▣,在瓶身上绘制矩形选区,然后运用渐变工具■对选区由左至右填充透明灰色(R230、G229、B227)、灰色(R230、G229、B227)到透明灰色(R230、G229、B227)的线性渐变色。

㉘ 运用自由变换命令对图像进行变形,使其透视与瓶身一致,为瓶身添加更为丰富的层次变化,使画面效果更加丰富。完成后运用图层蒙版结合画笔工具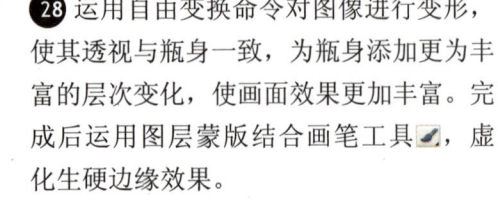,虚化生硬边缘效果。

㉙ 设置前景色为灰色(R142、G131、B137),新建"图层15",然后运用钢笔工具,在瓶身与瓶盖的结合处绘制路径,完成后单击画笔工具,并在选项栏上设置各项参数。最后按下Enter键进行路径描边,使过渡更加柔和。

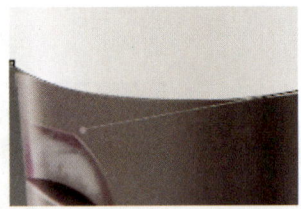

㉚ 设置前景色为白色,新建"图层16"并结合钢笔工具和画笔工具,为瓶身下侧和右侧添加白色广告效果。

㉛ 设置前景色为褐红色(R106、G66、B86),然后运用横排文字工具,在图像中输入文字内容,完成后栅格化文字图层,将其转换为普通图层,再将该图层载入选区并执行"选择>修改>扩展"命令,在弹出的"扩展选区"对话框中设置"扩展量"为10像素,完成后单击"确定"按钮,最后对选区填充前景色,扩大文字轮廓。

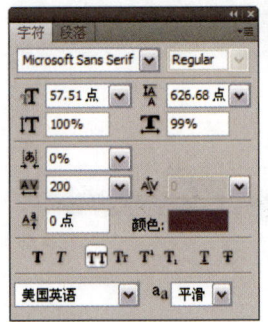

32 运用矩形选框工具，在各个文字上分别绘制矩形选区，再运用自由变换命令并结合 Ctrl 键调整各个控制手柄的位置，对文字进行移动变形，使其透视与瓶子的透视大体一致。

33 对图层 BTL 添加"高斯模糊"滤镜，模糊图像边缘效果，拉开文字的距离，使画面效果更加完善。

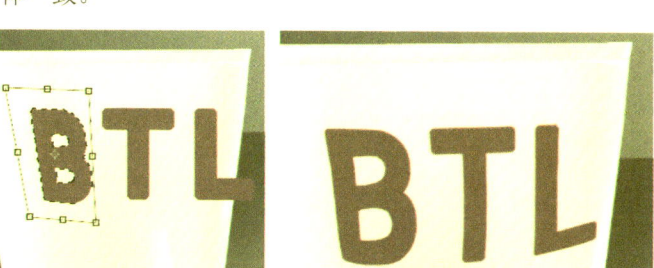

34 单击"添加图层样式"按钮，在弹出的菜单中选择"斜面和浮雕"图层样式，然后在弹出的"图层样式"对话框中设置各项参数后单击"确定"按钮，为图层 BTL 添加"斜面和浮雕"图层样式，制作图像的立体感，丰富画面效果。

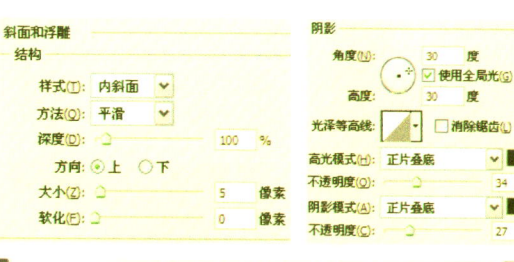

35 新建"图层17"，再创建剪贴蒙版，使"图层17"只作用于图层 BTL。然后设置前景色为红灰色（R147、G119、B134），运用画笔工具在文字的左右两侧进行涂抹，制作文字高光效果。

36 设置前景色为褐红色（R106、G66、B86），继续运用横排文字工具，在图像中绘制输入文字内容。栅格化文字后运用自由变换命令将其顺时针旋转 90°，再运用矩形选框工具在文字周围绘制矩形选区，完成后对选区执行"滤镜 > 扭曲 > 切变"命令，在弹出的对话框中调整曲线后，单击"确定"按钮，对选区内图像进行变形。再运用自由变换命令将图像逆时针旋转 90°，对文字效果进行变形，使其透视关系与瓶身一致。

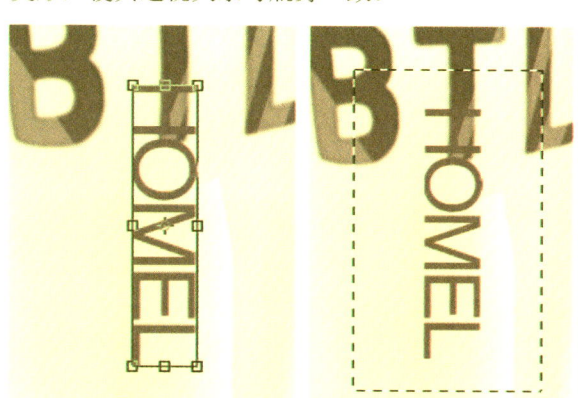
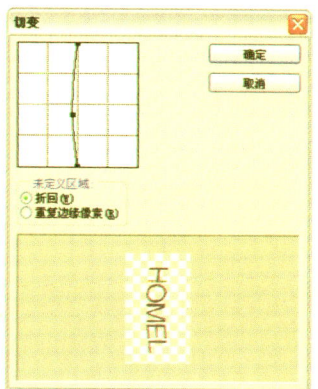

㊲ 参照步骤 33 至步骤 35，运用"斜面和浮雕"图层样式、"高斯模糊"滤镜、画笔工具、剪贴蒙版等功能为上一步制作的文字添加更多的细节效果。

㊳ 参照步骤 36，继续运用横排文字工具，在图像中输入更多的文字效果，然后结合自由变换命令、矩形选框工具、"切变"滤镜等对文字进行变形。

㊴ 将"组1"和"组2"再次编组，得到"组3"，然后将"组3"重命名为"01"。在图层组"01"上方新建"图层20"，然后运用钢笔工具，在图像上绘制另一个盒子其中一面的路径，完成后将路径转化为选区并填充中灰色（R168、G167、B172）。

㊵ 继续多次新建图层，然后运用钢笔工具，在图像中绘制盒子的其他面的路径，将它们转化为选区后分别填充上不同的颜色，完善画面效果。

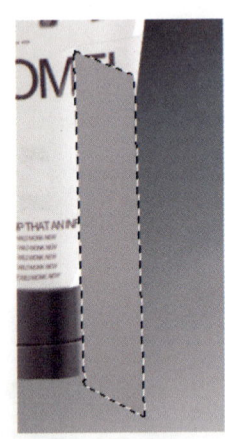
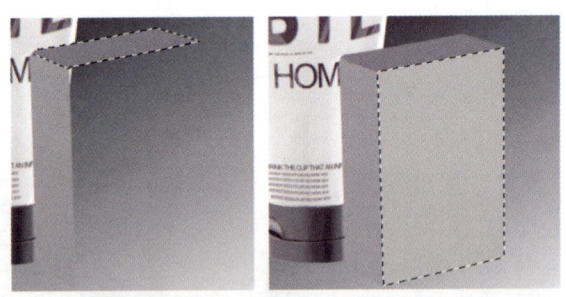

㊶ 为"图层20"添加"渐变叠加"图层样式，制作盒子侧面的渐变效果。其中"渐变叠加"颜色从左到右依次为中灰色（R175、G176、B180）和深灰色（R78、G68、B75）。

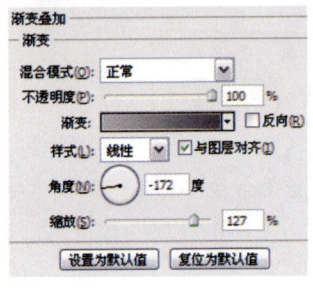
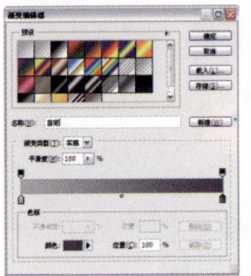

㊷ 参照上述步骤为"图层 21"添加"渐变叠加"图层样式，继续制作盒子侧面的立体感。其中"渐变叠加"颜色从左到右依次为白色、蓝灰色（R195、G194、B209）、中蓝灰色（R132、G128、B144）、深蓝灰色（R116、G99、B113）。

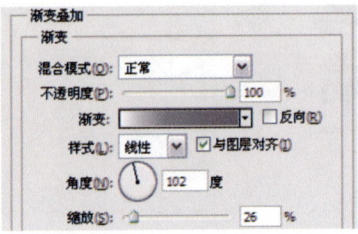
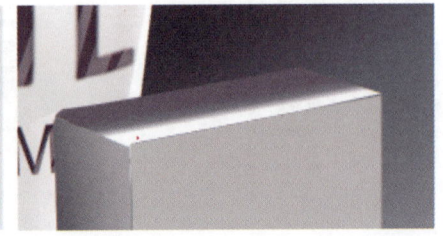

43 参照上述步骤继续为"图层 22"添加"渐变叠加"图层样式，制作盒子正面的渐变效果。其中"渐变叠加"颜色从左到右依次为白灰色（R221、G222、B221）、灰色（R192、G192、B191）、中灰色（R145、G145、B141）。

44 新建"图层 23"，运用画笔工具，在盒子的各个棱角处绘制深灰色（R84、G84、B85）的直线效果，丰富盒子层次。

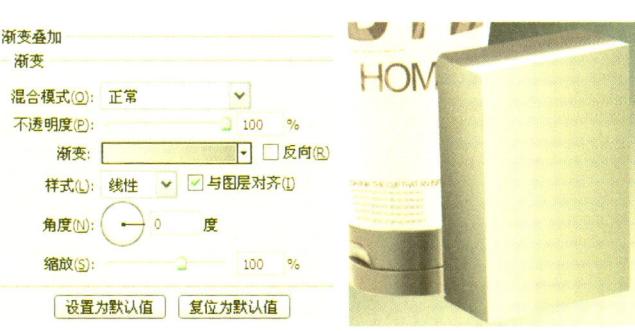

45 新建"图层 24"，再参照上一步骤，继续运用画笔工具，在盒子的各个棱角处绘制白色直线高光效果。完成后设置该图层的混合模式为"叠加"、"不透明度"为 79%，使白色高光效果与盒子更好地融合。

46 新建"图层 25"，再运用画笔工具，在盒子的左下角绘制白色高光效果，使盒子效果更加真实。

47 运用横排文字工具，在图像中输入灰色（R160、G164、B165）文字内容。栅格化文字后运用自由变换命令，将文字逆时针旋转 90°，再结合 Ctrl 键拖动各个控制手柄，调整文字的透视效果。最后运用橡皮擦工具，擦除上方叠加在盒子以外的文字效果。

48 为上一步制作的文字效果添加"斜面和浮雕"图层样式，制作文字的立体感。然后在图层"BTL"上方新建"图层 26"，并设置该图层的混合模式为"正片叠底"、"不透明度"为 51%，完成后创建剪贴蒙版，使本图层的所有效果只作用于图层"BTL"。最后运用画笔工具，在各个文字的右侧进行涂抹，加深文字右侧，丰富文字层次。

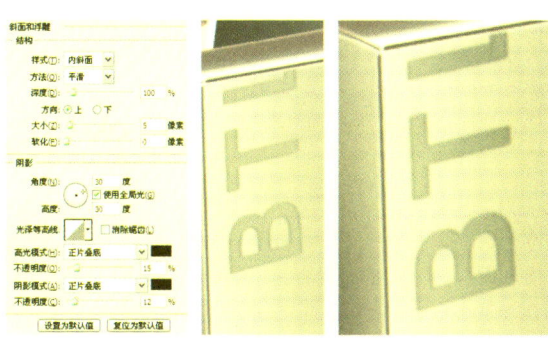

49 参照上述步骤，继续运用横排文字工具，在图像中输入更多的文字，使画面效果更加丰富。然后新建"图层27"并运用钢笔工具，在盒子上绘制条纹路径，将其转化为选区后对其填充白色和红褐色（R127、G44、B12），最后将"图层20"至"图层27"进行编组并重命名为"02"。

   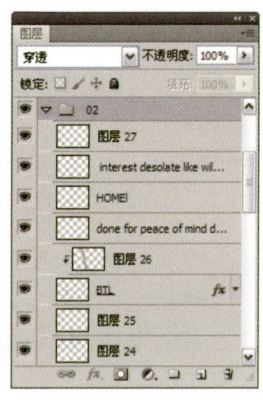

50 运用钢笔工具，在画面右侧绘制另一个瓶子的路径，完成后将路径转化为选区并填充中灰色（R125、G132、B141）。

51 为该图层添加"渐变叠加"图层样式，制作瓶子的渐变效果，使瓶子具有立体感。其中"渐变叠加"的颜色从左到右依次为透明深灰色（R76、G78、B69）、中灰色（R143、G149、B153）、中灰色（R107、G114、B117）、中灰色（R124、G131、B136）、深灰色（R78、G84、B88）、透明白色。

 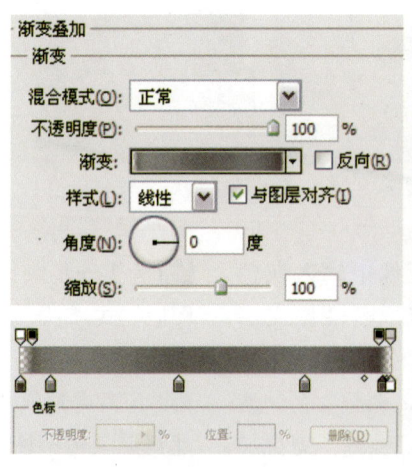 

52 新建"图层29"，然后运用钢笔工具，在瓶子下方绘制深色部分路径，完成后将路径转化为选区并填充深灰色（R39、G39、B42），再对该图层添加"高斯模糊"滤镜，使其过渡更加柔和。最后将"图层28"载入选区并将选区反选，再删除选区内的图像。

 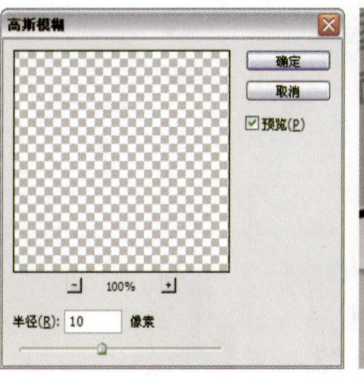 

❺❸ 新建"图层 30",然后运用椭圆选框工具 ◯,在圆柱体上方绘制椭圆选区并对选区填充蓝灰色(R213、G221、B232)。再新建"图层 31",运用椭圆选框工具 ◯,在图像中绘制正圆选区,完成后对选区由中心向四周填充从灰色(R158、G165、B175)到透明灰色(R158、G165、B175)的径向渐变色。最后运用自由变换命令对图像进行变形,丰富图像效果。

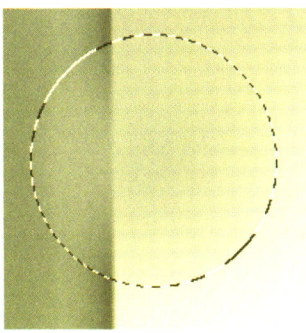
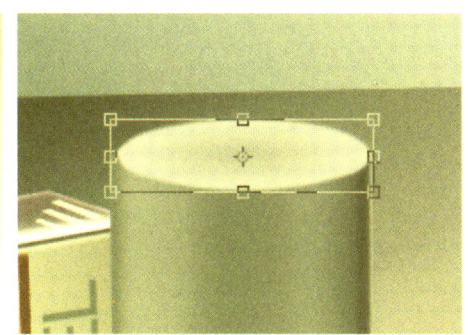

❺❹ 将前景色设置为黑色(R42、G42、B45),再新建"图层 32",然后运用画笔工具 ✎,在瓶身上绘制深色的线条,完成后运用橡皮擦工具 ◆,擦除部分深色效果,使其层次更加丰富。

❺❺ 新建"图层 34",然后运用画笔工具 ✎,在瓶身上绘制白色高光效果,然后结合橡皮擦工具 ◆,虚化部分图像效果,使高光效果更加真实。

❺❻ 新建"图层 34",然后运用白色的画笔工具 ✎,在瓶身顶面边缘进行涂抹,制作更为丰富的高光效果,使画面效果更加丰富。

❺❼ 新建"图层35",然后运用钢笔工具 ✎,在瓶身顶部绘制喷头路径,完成后将路径转化为选区并填充灰色(R163、G169、B173),再对该图层添加"渐变叠加"图层样式,制作图像的立体感。其中"渐变叠加"颜色从左到右依次为蓝灰色(R147、G152、B158)、灰色(R186、G190、B194)、浅灰色(R208、G211、B215)、白色、蓝灰色(R147、G152、B158)、灰白色(R234、G237、B239)、浅灰色(R202、G207、B216)、白色。

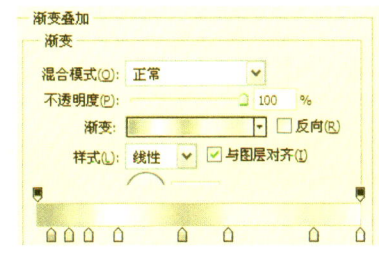

❺❽ 新建"图层 36",然后运用钢笔工具 ,在图像中绘制选区,完成后运用渐变工具 ,对选区由左上角至右下角填充由黑色到透明黑色的线性渐变色,制作喷头的投影效果,使其更有立体感。

❺❾ 继续运用画笔工具 ,在喷头与瓶身顶面相接的地方绘制深色图像,完善画面效果。然后运用钢笔工具 ,在喷头上方绘制路径,完成后将路径转化为选区并填充白色。

❻⓪ 新建"图层 37",再运用画笔工具 ,在喷头处绘制棱角深色图像,然后继续运用钢笔工具在喷头上方绘制路径,完成后将路径转化为选区并填充前景色,最后为其添加与步骤 57 中一样的"渐变叠加"图层样式,制作其立体感,完善喷头效果。

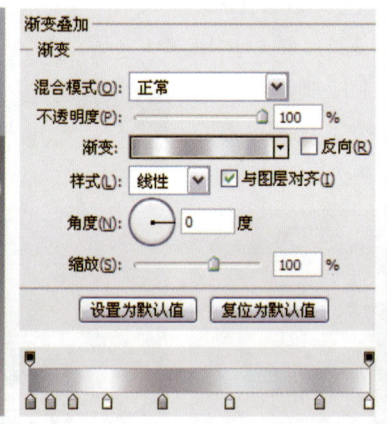

❻❶ 新建"图层 39",然后运用钢笔工具 ,在喷头上绘制路径。完成后将路径转化为选区并对选区填充白色。再参照上一步骤运用钢笔工具 ,在最上方继续绘制路径,然后结合"渐变叠加"图层样式,进一步完善瓶子效果。

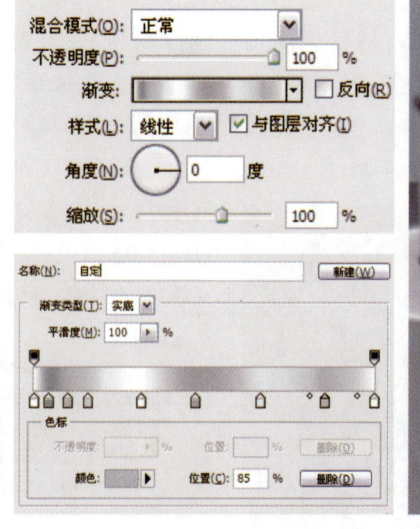

❷ 参照上述步骤，新建图层后运用钢笔工具，绘制路径，将路径转化为选区后对选区填充白色，然继续运用钢笔工具，在白色图像上方绘制路径，然后结合选区和"渐变叠加"图层样式，继续制作图像的立体感，使瓶子效果更加完善。

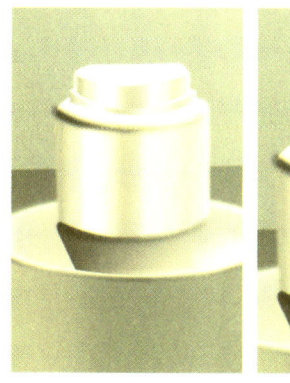

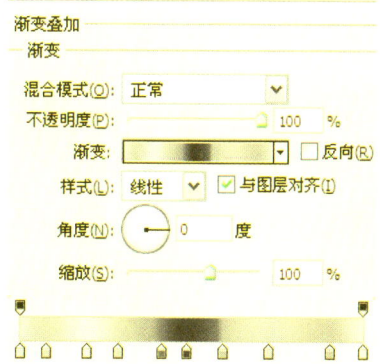

❸ 新建"图层43"，然后运用画笔工具，在上一步制作的渐变图像上下两侧进行涂抹，丰富图像效果，使瓶子造型更加完善。

❹ 继续运用画笔工具，在瓶盖的右侧涂抹紫灰色（R199、G194、B202），使其更有立体感。然后新建"图层45"，再运用钢笔工具，在图像中绘制选区，然后运用白色的画笔工具，在选区边缘进行涂抹，制作透明材料的效果。

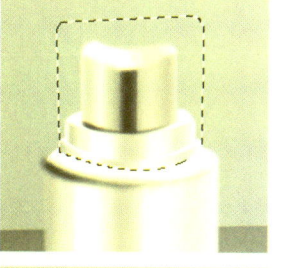
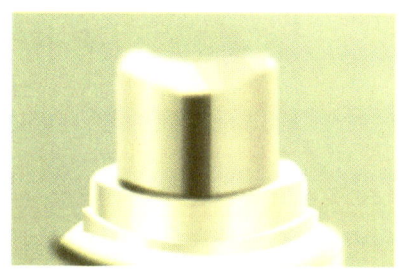

❺ 新建"图层46"，然后运用椭圆选框工具，在喷头上方绘制椭圆选区，完成后运用白色的画笔工具，在选区边缘进行涂抹，制作顶部的透明材料。

❻ 参照上述步骤运用横排文字工具，在瓶身上输入文字内容，然后结合自由变换命令、"高斯模糊"滤镜、"斜面和浮雕"图层样式、"切变"滤镜等，为瓶身上添加更多文字效果，使画面效果更加丰富。

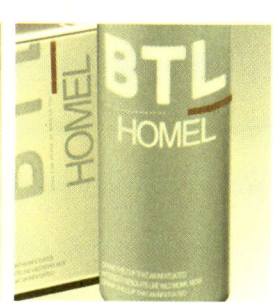

❻❼ 将"图层 28"至上一步骤添加的文字图层进行编组并重命名为"03"。然后参照上述制作各个物体的方法继续在图像右侧添加更为丰富的瓶子效果。在制作的过程中,可以按各个瓶子分别进行编组,以便于调整和修改。

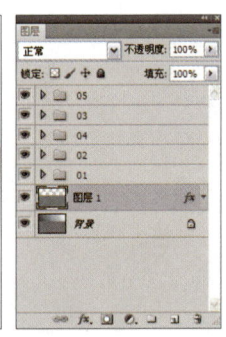

❻❽ 选择"图层 1",然后为"图层 1"添加图层蒙版并结合画笔工具,在图层蒙版上进行涂抹,隐藏本图层的部分渐变效果,使下方的深色图像显示出来,制作各个物体的倒影。

❻❾ 在"图层 1"上方新建"图层 88",运用黑色画笔工具,在各个物体的阴影边缘处进行涂抹,加深阴影效果。

❼⓪ 在"图层 88"上方新建"图层 89",然后运用黑色画笔工具,在各个物体下方与桌面的接合处绘制黑色直线效果,使物体与桌面更好地融合。

❼❶ 新建"图层 90",然后运用画笔工具,在瓶子下方进行涂抹,制作各个物体淡淡的倒影效果,使其立体感更加真实。在制作的过程中可以按住 Alt 键吸取瓶子上的颜色后进行绘制,使其色调保持统一。

72 新建"图层91",再运用钢笔工具,在各个物体倒影下方绘制倒影轮廓路径,完成后将路径转化为选区,再运用画笔工具,在选区内绘制白色,制作倒影物体的轮廓,使画面效果更加完善。

73 设置前景色为黑色,然后运用画笔工具,在各个物体倒影之间绘制深色过渡效果,丰富倒影效果。

74 在"图层"面板最上方新建"图层93"并填充黑色,然后对该图层执行"滤镜>杂色>添加杂色"命令,在弹出的"添加杂色"对话框中设置参数后单击"确定"按钮,为图像添加杂色。再进入"通道"面板,将"红"通道载入选区,完成后返回"图层"面板,按下快捷键Ctrl+J,将选区内图像复制到新图层中得到"图层94"。最后隐藏"图层93"并设置"图层94"的混合模式为"柔光"。

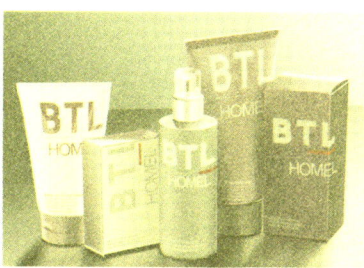
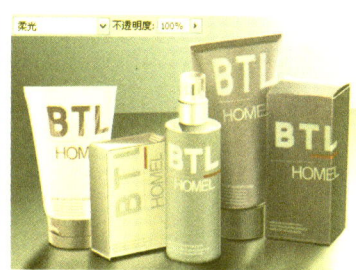

75 设置"图层94"的"不透明度"为25%,减弱纹理的叠加效果。然后运用橡皮擦工具,擦除叠加在瓶子以外的纹理效果。最后继续运用柔和的橡皮擦减弱各个物体上比较突兀的纹理叠加效果,使画面效果更加丰富。至此,本实例制作完成。

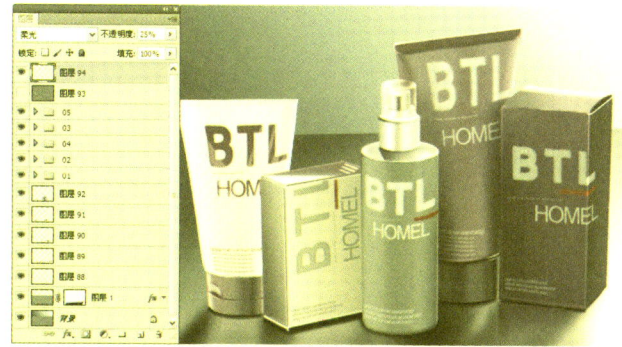
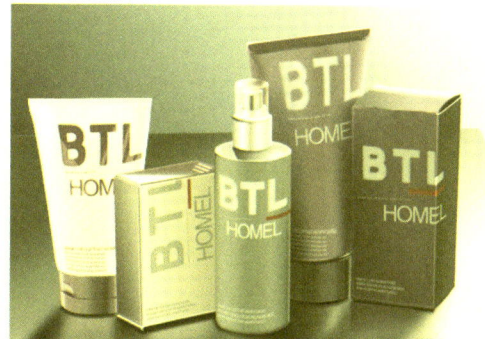

知识解析

图层样式

要添加图层样式，首先应打开"图层样式"对话框，打开该对话框有三种方式：一是双击需要添加图层样式的图层；二是单击"图层"面板下方的"添加图层样式"按钮 fx.，在弹出的菜单中选择需要添加的图层样式；三是执行"图层 > 图层样式"命令，在弹出的子菜单中选择要添加的图层样式命令。

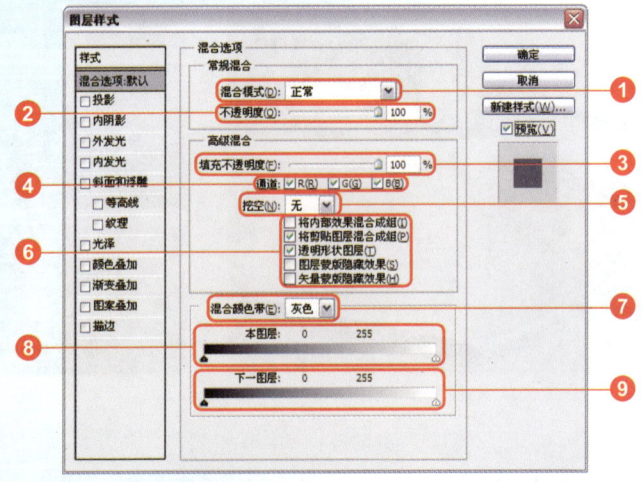

"图层样式"对话框

编号	名称	说明
❶	混合模式	设置图层的混合模式，与"图层"面板中的混合模式一致
❷	不透明度	设置图层的不透明度，与"图层"面板中的不透明度设置一致
❸	填充不透明度	设置图层的填充不透明度
❹	通道	可以勾选右侧不同的通道执行各种混合设定，在默认情况下混合图层或图层组包括所有的通道
❺	挖空	在其下拉列表中选择"无"、"浅"和"深"，设置穿透图层看到下一层图像效果
❻	将内部效果混合成组	用于将所有使用内部混合的效果合并在一个组中
	将剪贴图层混合成组	用于将所有的剪贴图层中的图像合并在一个组中
	透明形状图层	勾选该复选框，对图层中的透明形状图层进行高级混合
	图层蒙版隐藏效果	使用图层蒙版对图像和图层样式进行显示和隐藏操作
	矢量蒙版隐藏效果	使用矢量蒙版对图像和图层样式进行显示和隐藏操作
❼	混合颜色带	单击下拉按钮，在弹出的列表中选择颜色通道
❽	本图层	用于设置当前图像与下一图层的颜色混合，两个滑块之间的颜色会出现在图像中，而之外的颜色则不会出现
❾	下一图层	用于设置下一图层的混合像素范围，两滑块之间的颜色像素与当前图层的像素组合产生复合像素，而未混合的像素则透过当前图层显示出来

上述"混合颜色带"是图层混合的核心功能，它在"图层样式"对话框的下方，根据混合颜色带设置的颜色，可以拖动滑块将图像中某些色调逐渐隐藏起来，只保留我们需要的部分。它是另类的类似图层蒙版的效果，它的优势在于快速、准确。

Chapter 07

Photoshop 个性网站设计

网页能容纳大量的信息,是现代信息传播的主要媒介。它能采用动态的网页画面效果,传播大量的广告信息。本章节收录3个网页设计经典案例,分别应用于三个不同的领域,全面阐述网页设计要点与特点。通过本章的学习读者不仅更加明确网页设计的要点,更能熟练地运用 Photoshop 进行网页制作与设计。

▲ 果汁网站设计

▲ 旅游网站设计

▲ 导购网站设计

Works
Photoshop works

果汁网站设计

本实例是运用 Photoshop 制作的果汁网站设计，网页整体以黄绿色调为主，可以更好地突出果汁的清新和绿色的主题。在画面中添加各种颜色的小动物，不仅使画面的颜色更加绚丽，也使整个画面更具生动性，结合混合模式制作网站上下界面效果，可以使其色调更加统一。

Photoshop
运用钢笔工具并结合画笔工具制作树叶

Photoshop
运用椭圆选框工具并结合画笔工具制作圆球

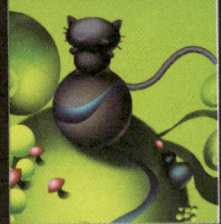

Photoshop
运用钢笔工具绘制路径，再运用画笔工具并结合图层混合模式制作小动物

Photoshop
运用各种命令对制作的图像进行编辑并结合滤镜制作模糊的叶子效果

Photoshop
运用钢笔工具并结合画笔工具和各种编辑命令制作其他装饰效果

Photoshop
运用矩形选框工具并结合文字工具和图层混合模式制作网页界面效果

主要使用功能：钢笔工具、画笔工具、自由变换命令、渐变叠加图层样式、投影图层样式、曲线命令
素材文件：Chapter 7\01 \media\ 素材.psd
最终文件：Chapter 7\01 \complete\ 果汁网站设计.psd
制作难度评定：★★★☆

01 运行Adobe Photoshop CS5，执行"文件>新建"命令，弹出"新建"对话框，设置各项参数后单击"确定"按钮新建文件。

02 对"背景"图层填充深绿色（R17、G90、B18）。新建"图层1"并填充白色，然后为"图层1"添加"渐变叠加"图层样式，制作背景的渐变效果。其中渐变色从左到右依次为黄色（R215、G228、B7）和绿色（R17、G90、B18）。

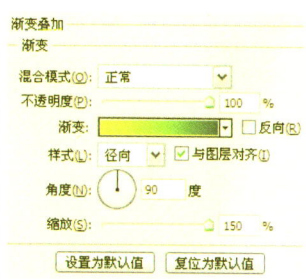

03 双击"图层1"，在弹出的"图层样式"对话框中，勾选"高级混合"区域的"图层蒙版隐藏效果"复选框，完成后单击"确定"按钮。然后设置前景色为黑色，为"图层1"添加图层蒙版并结合画笔工具在图层蒙版四周进行涂抹，细化四周的渐变效果，使背景层次更加丰富。

04 新建"图层2"并设置该图层的混合模式为"叠加"，然后设置前景色为白色，再运用画笔工具，在图像右侧涂抹，提高涂抹处图像的亮度。

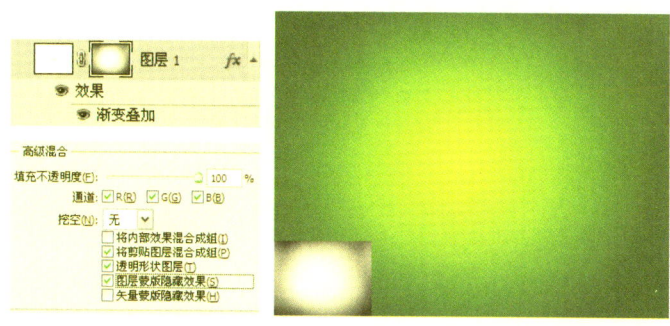
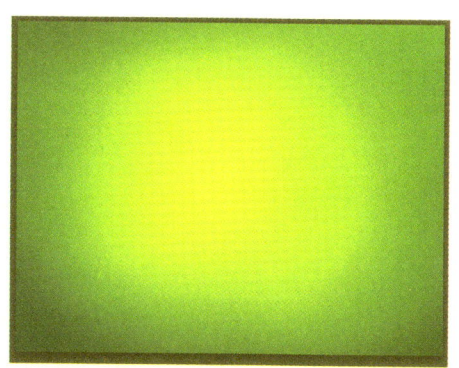

05 新建"图层3"并填充灰色（R103、G103、B103），然后对该图层执行"滤镜>杂色>添加杂色"命令，在弹出的"添加杂色"对话框中设置参数后单击"确定"按钮。对该图层执行"滤镜>模糊>高斯模糊"命令，在弹出的对话框中设置参数后单击"确定"按钮，模糊图像效果。最后设置该图层的混合模式为"叠加"，叠加制作的纹理效果。

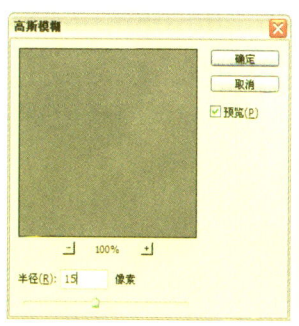

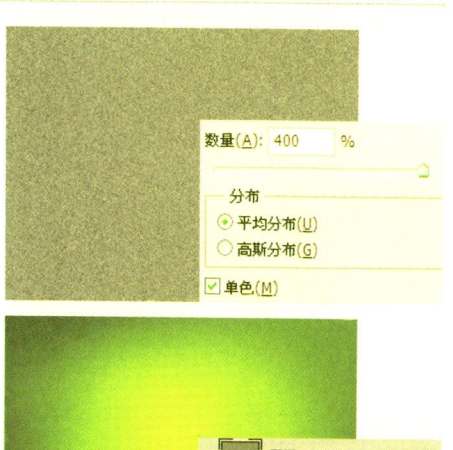

06 新建"曲线"调整图层,得到"曲线1"调整图层。调整背景的亮度,使画面效果更加亮丽。最后将"图层1"至"曲线1"调整图层进行编组并重命名为"背景"。

07 新建"图层4",再运用钢笔工具，在图像中绘制叶子的外形路径,完成后将路径转化为选区并填充深绿色(R45、G94、B19)。

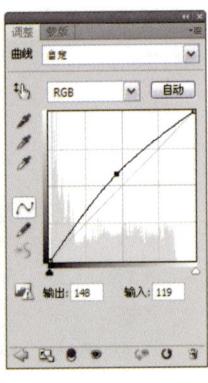

08 新建"图层5"并将"图层4"载入选区,再设置前景色为黑色,然后单击画笔工具并在选项栏上设置画笔的各项参数,完成后运用画笔在选区的边缘进行涂抹,制作叶子边缘的深色部分。

09 参照上述步骤,新建"图层6",然后运用画笔工具，在选区右侧涂抹黄绿色(R144、G184、B13),丰富叶子层次感。

10 参照上述步骤,新建"图层7",然后运用步骤08中设置的画笔工具，在选区左侧涂抹黄绿色(R144、G184、B13),完成后设置该图层的混合模式为"叠加"。

11 设置前景色为白色,新建"图层8"并设置该图层的混合模式为"叠加",然后单击画笔工具，并在选项栏上设置各项参数,完成后运用画笔工具，在叶子顶部绘制高光效果,使叶子效果更加逼真。

⑫ 将"图层4"载入选区，设置前景色为白色，然后运用上一步骤设置的画笔工具 ✎，在叶子的右侧进行涂抹，提高涂抹处的图像亮度，使画面效果更加丰富。

⑬ 将"图层4"至"图层8"进行编组并重命名为"叶子"，复制该图层组，合并复制出的图层组中图层，得到"叶子 副本"图层，完成后隐藏图层组"叶子"。

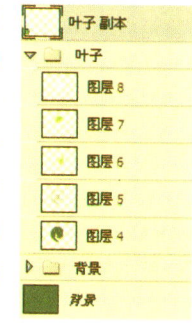

⑭ 将图层"叶子 副本"移动到图像的左下角，然后复制该图层，并结合自由变换命令调整复制出的图层的大小和位置，为画面添加更多的树叶效果。最后按下快捷键Ctrl+M，弹出"曲线"调整对话框，调整曲线改变树叶的亮度，完成后单击"确定"按钮。

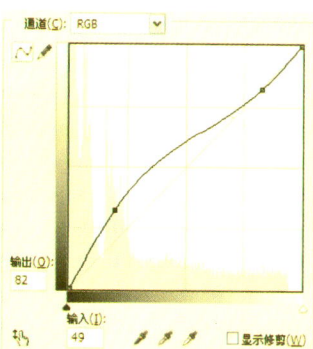

⑮ 继续复制图层"叶子 副本2"，然后为复制出的图层添加"渐变叠加"图层样式，调整叶子的对比度。完成后运用自由变换命令调整复制出的图像的大小和位置。最后参照上述步骤多次复制图层"叶子 副本3"，并运用自由变换命令调整复制出的图像的大小和位置，将其组合为树的效果。

⑯ 将步骤14和步骤15制作的所有叶子图层进行编组并重命名为01，复制图层组01，合并复制出的图层组，得到图层"01 副本"，最后隐藏图层组01。

17 多次复制图层"01 副本"并结合自由变换命令调整复制出的图像大小和位置,在画面左侧添加更多树叶效果,使画面效果更加丰富。

18 设置前景色为黑色,新建"图层9"并运用画笔工具,在左侧树叶处进行涂抹,降低图像的亮度。

19 将图层"01 副本"载入选区,再将"图层9"载入选区,然后分别将图层"01 副本2"和"01 副本 3"载入选区并对"图层9"的图层蒙版填充白色,使其只显示叠加在树叶上的效果。

20 复制"图层9",然后设置复制出的"图层9副本"的混合模式为"叠加",进一步压暗树叶效果,并提高其对比度。

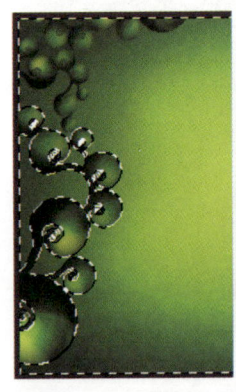  

21 将图层"01 副本"至"图层 9 副本"进行编组,得到"组1"。然后复制该图层组,合并复制出的图层组,得到图层"组 1 副本"。完成后隐藏"组1",最后单击模糊工具,在图层"组 1 副本"上进行涂抹,模糊树叶效果。

22 复制图层"01副本",然后将复制出的图层"01副本4"移动到图层面板的最上方并结合自由变换命令调整图像的大小和位置。

23 复制图层"01副本4"并结合自由变换命令调整复制出的图像的大小和位置,然后设置前景为黑色,结合图层蒙版和画笔工具,隐藏右侧的图像效果,丰富树叶效果。

24 参照步骤23,继续复制图层"01副本4",然后结合图层蒙版、画笔工具和自由变换命令,制作出更为丰富的树叶效果。

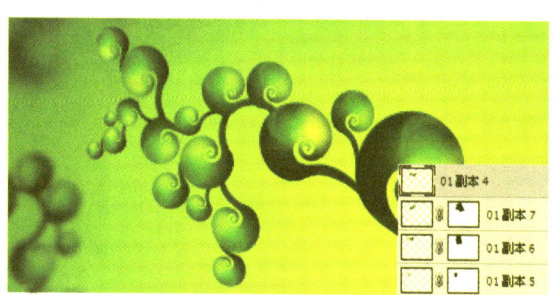

25 将图层"01副本5"至"01副本4"进行编组,得到"组2"。然后参照步骤24,在画面右侧制作更为丰富的树叶效果,最后将右侧树叶的所有图层进行编组,得到"组3"。

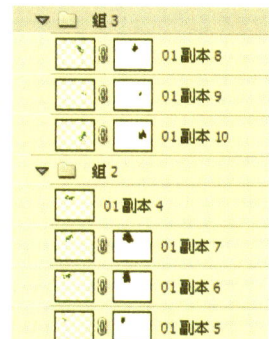

26 复制"组3",合并复制出的图层组,得到图层"组3副本",然后隐藏"组3"。再将图层"组3副本"载入选区并创建"曲线"调整图层,调整树叶的亮度。

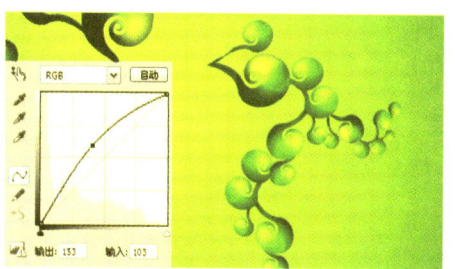

27 设置前景色为白色并将图层"组3副本"载入选区,新建"图层10",设置图层混合模式为"叠加",运用画笔工具,在选区内的树叶上进行涂抹,制作树叶的高光效果。

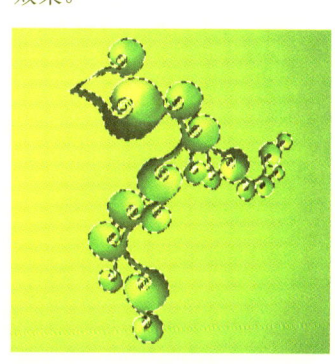

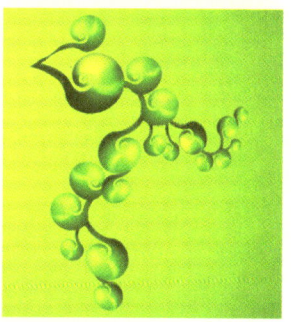

28 复制"图层10",使高光效果更加明显。然后将图层"组3副本"至"图层10副本"进行编组,得到"组5"。再复制"组5",合并复制出的图层组,得到图层"组5副本",结合自由变换命令调整图像的大小和位置。

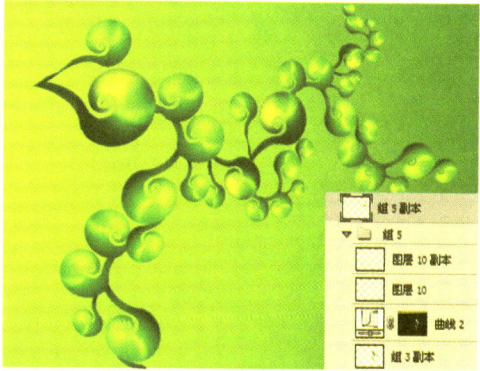

㉙ 将"背景"图层以上的所有图层进行编组并将其重命名为"树叶"。在"图层"面板最上方新建"图层11",然后运用椭圆选框工具,在图像中央绘制正圆选区,完成后对选区填充白色。最后为该图层添加"渐变叠加"图层样式,为图像添加渐变色。其中"渐变叠加"的颜色从左到右依次为黄色(R255、G255、B3)、草绿色(R165、G223、B51)、深绿色(R1、G101、B0)、墨绿色(R1、G53、B0)。

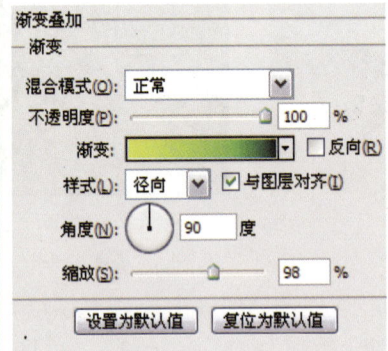

㉚ 新建"图层12"并将"图层11"载入选区,然后运用画笔工具,在图像上吸取颜色并在选区内进行涂抹,使球形更加完善。

㉛ 新建"图层13",然后运用椭圆选框工具在球形的左上方绘制正圆选区,完成后对选区填充黄色(R252、G251、B0),再设置前景色为绿色(R35、G151、B3),运用画笔工具,在选区的右下方进行涂抹,制作出小球的立体感。

㉜ 复制多个上一步骤制作的小球并结合自由变换命令调整各个小球的大小和位置,为画面添加更多的小球。将复制的各个图层合并后继续复制合并后的图层,再结合自由变换命令调整图像的大小和位置。最后合并所有小球的图层,得到"图层13副本6"。

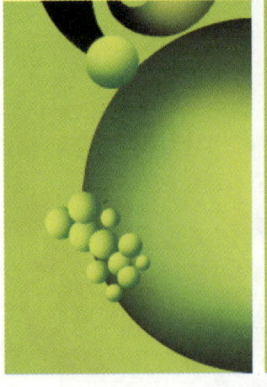

33 单击"添加图层样式"按钮 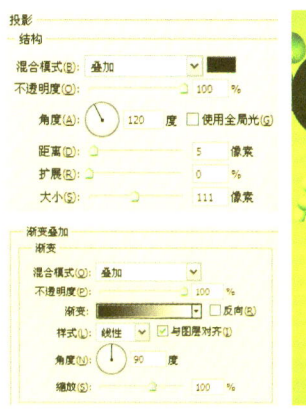，在弹出的菜单中选择"渐变叠加"命令，在"图层样式"对话框中设置各项参数。参照同样的方法为该图层添加"投影"样式，加强小球的光影效果和立体感。

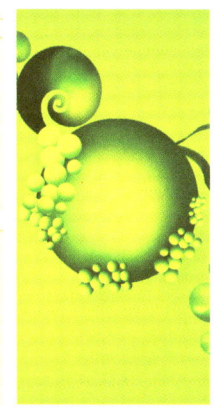

34 打开Chapter 7\01\media\素材.psd文件，然后将该文件中的"图层1"移动到当前图像中相应位置，生成"图层14"。

35 设置前景色为深绿色（R 2、G43、B1），在"图层14"的下方新建"图层15"，然后运用画笔工具，在小猫的右下方进行涂抹，制作投影效果，使合成更显真实。

36 新建"图层16"，单击钢笔工具，在球形上绘制条纹路径，完成后将路径转化为选区并填充黑色。然后设置前景色为水蓝色（R39、G251、B253），再运用画笔工具，在选区内进行涂抹，制作水蓝色的亮部效果。

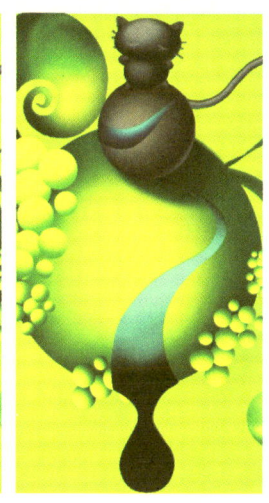

37 新建"图层17"并将"图层16"载入选区，然后设置前景色为深蓝色（R0、G4、B128），完成后运用画笔工具，在选区内进行涂抹，使水蓝色亮部效果过渡更加自然，颜色更加丰富。

38 继续将"图层16"载入选区，然后运用画笔工具，在选区下方涂抹水蓝色（R34、G216、B233），制作出立体感。最后设置前景色为蓝绿色（R42、G207、B163），并结合画笔工具，在选区下方涂抹蓝绿色，制作高光效果。

39 将"图层11"至"图层17"进行编组,得到"组6"。复制"组6",合并复制出的图层组,得到图层"组6副本"。再运用自由变换命令,调整图像的大小和位置。完成后运用套索工具,圈选小猫的尾巴并调整其位置。最后运用套索工具,结合Delete键删除下方水滴图像。

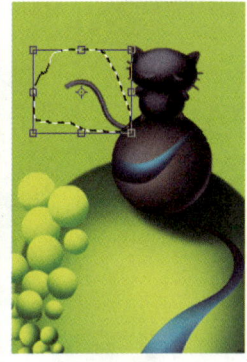

40 新建"图层18",然后运用钢笔工具,在球形上绘制蘑菇路径,完成后将路径转化为选区并填充深绿色(R4、G35、B10),继续运用钢笔工具绘制蘑菇的其他部分路径,最后将路径转化为选区并对选区填充深红色(R110、G35、B0)和黑色。

41 设置前景色为桃红色(R224、G41、B87),载入"图层20"选区,然后运用画笔工具,在选区内进行涂抹,丰富图像层次。

42 将前景色设置为粉白色(R253、G189、B231),参照上一步骤继续为蘑菇顶制作高光效果,使蘑菇效果更具立体感。

43 将步骤40至步骤42制作的所有蘑菇图层合并并重命名为"蘑菇",然后多次复制该图层并运用自由变换命令调整复制出的图像的大小和位置,在画面的其他位置添加蘑菇效果。

④ 参照步骤43，再次复制蘑菇对应的图层，然后按下快捷键Ctrl+U，弹出"色相/饱和度"对话框，设置参数后单击"确定"按钮，调整蘑菇颜色。最后多次复制调整后的蘑菇图层并结合自由变换命令调整蘑菇的大小和位置，使画面效果更加丰富。

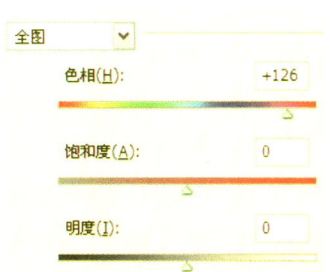

④ 将制作的所有蘑菇图层进行编组并重命名为"蘑菇"。新建图层，运用钢笔工具，在球形的右上角绘制椭圆路径，完成后将路径转化为选区并填充黑色。

④ 设置前景色为水蓝色（R36、G184、B195），再将"图层18"载入选区，然后运用画笔工具，在选区内进行涂抹，制作图像的立体感。

④ 复制上一步骤制作的图像效果，然后运用自由变换命令调整图像的大小和位置，再按下快捷键Ctrl+M，弹出"曲线"对话框，调整曲线后单击"确定"按钮，调整图像的亮度。

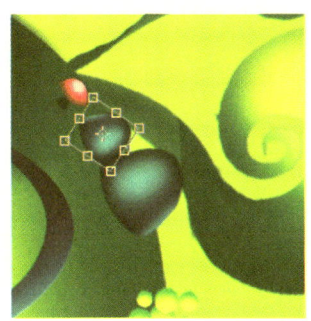
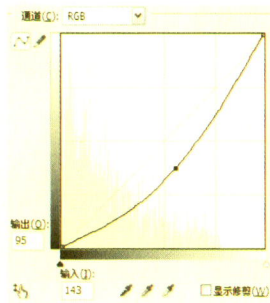

④ 新建图层，然后运用椭圆选框工具，在球形上绘制椭圆选区，对选区填充柠檬黄（R255、G255、B34），完成后设置前景色为黑色并结合画笔工具，在选区右下侧进行涂抹，制作球形深色部分图像，使其立体感更加突出。

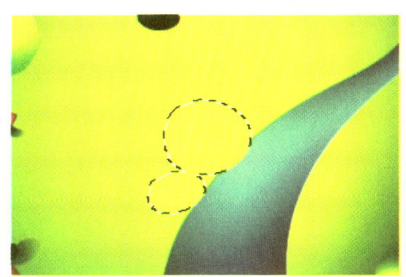

㊾ 在"图层18"下方新建"图层20",然后设置前景色为黑色,再结合画笔工具 ,在步骤45和步骤48制作的图像的右下方绘制图像的阴影效果,使其立体感更加明显。

㊿ 在"图层19"上方新建"图层21",然后运用钢笔工具 ,在图像中绘制路径,完成后将路径转化为选区并填充黑色。再分别设置前景色为灰色(R99、G98、B98)和蓝灰色(R65、G165、B191),最后运用画笔工具 ,在选区内进行涂抹,制作出小桥的立体感。

㉑ 将步骤20至步骤21进行编组得到"组7",然后复制"组6"、"组7"和图层组"蘑菇",合并复制出的图层组,得到图层"组7副本",再运用自由变换命令调整图像的位置,最后运用橡皮擦工具 ,擦除球形以外的蘑菇图像,使画面效果更加完善。

㉒ 为图层"组7副本"创建"曲线"调整图层,调整图像的亮度,使画面更具层次感。最后按下快捷键Ctrl+Alt+G创建剪贴蒙版,使调整效果只作用于图层"组7副本"。

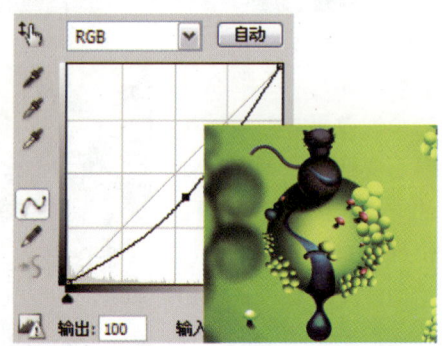

㉓ 设置前景色为墨绿色(R28、G72、B6),然后在"背景"图层组上方新建"图层22",再运用画笔工具 ,在图像中进行涂抹,制作各个图像的阴影效果,使其立体感更加强烈。

㉔ 将"素材.psd"文件中的"图层2"至"图层4"移动到当前图像中相应位置,生成"图层23"至"图层25"。然后复制"图层25"并结合自由变换命令调整复制出的图像的位置,丰富画面效果。

❺❺ 设置前景色为绿色（R34、G117、B5），新建"图层26"并运用钢笔工具 ，在图层右侧绘制路径，完成后单击画笔工具 ，并在选项栏中设置各项参数。最后单击"路径"面板右上角的快捷箭头，在弹出的快捷菜单中选择"描边子路径"命令，弹出"描边子路径"对话框，设置各项参数后单击"确定"按钮，进行路径描边。

❺❻ 运用橡皮擦工具 ，擦除上一步骤制作的图像的下半部分，然后新建"图层27"，运用钢笔工具 ，在图像的下方和右侧绘制并调整路径，完成后将路径转化为选区并填充深蓝色（R17、G5、B70）。

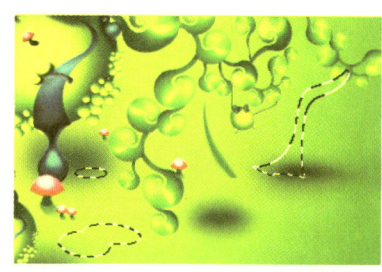

❺❼ 设置前景色为淡蓝色，然后将"图层27"载入选区，再运用画笔工具 ，在各个选区的左上角进行涂抹，制作出立体感。

❺❽ 参照上述步骤，将"图层27"载入选区，然后设置前景色为水蓝色（R79、G205、B223），运用画笔工具 ，在选区左侧进行涂抹，制作图像边缘高光效果。

❺❾ 新建"图层28"，然后运用钢笔工具 绘制路径，完成后将路径转化为选区并运用画笔工具 ，在选区内进行涂抹，在图像右侧制作更多的条纹效果。

❻⓿ 新建"图层29"，设置前景色为草绿色（R108、G163、B13），然后运用画笔工具 ，在步骤56制作的图像效果右下侧绘制投影，使其立体感更加强烈。

❻❶ 新建"图层30"并设置前景色为黑色，运用画笔工具 在左侧树枝上绘制秋千。复制"图层14"并将复制出的图层移动到"图层"面板最上方，再运用自由变换命令调整图像的大小和位置。

❻❷ 将"素材.psd"文件中的"图层5"移动到当前图像中相应位置，生成"图层31"。然后复制该图层，得到"图层31副本"，运用自由变换命令调整复制出的图像的大小和位置，最后按下快捷键Ctrl+U，弹出"色相/饱和度"对话框，设置各项参数后单击"确定"按钮，调整该图层对应图像的颜色。

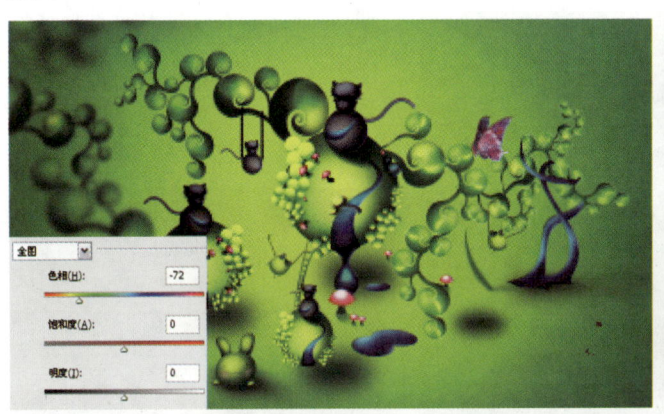

❻❸ 参照步骤63，继续复制蝴蝶对应的图层，然后运用自由变换命令调整复制出的图像的大小和位置，再运用"色相/饱和度"命令调整蝴蝶的颜色，使画面效果更加丰富。

❻❹ 将"素材.psd"文件中的"图层6"至"图层9"移动到当前图像中，生成"图层32"至"图层35"。然后运用自由变换命令调整这些图像的位置，在画面下侧添加更多的细节。

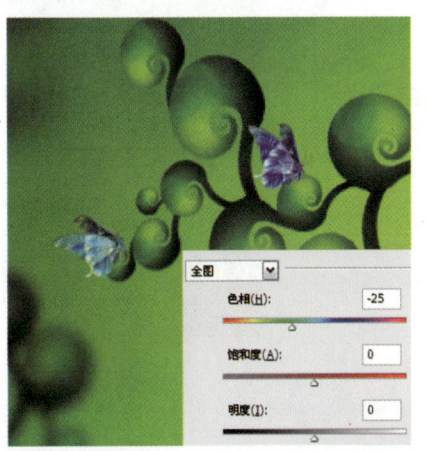

65 复制"图层33",然后将复制出的"图层33副本"移动到"图层33"的下方,运用自由变换命令调整图像,设置该图层的混合模式为"正片叠底",降低图像亮度。最后运用橡皮擦工具，虚化右侧阴影的边缘,使阴影效果更加真实。

66 复制"图层33"和"图层33副本",再合并复制出的图层,得到"图层33副本3"。然后复制"图层33副本3",运用自由变换命令调整这两个图层对应图像的大小和位置,丰富画面效果。

67 参照步骤66,分别为柠檬和草莓盒子添加投影效果,使其立体感更加强烈。参照步骤67,为画面添加更多的元素,使画面效果更加丰富。最后将"素材.psd"文件中的"图层10"和"图层11"移动到当前图像中相应位置,生成"图层36"和"图层37"。

68 单击渐变工具，再单击选项栏上的渐变条,弹出"渐变编辑器"对话框,设置渐变色后单击"确定"按钮。其中渐变色从左到右依次为草绿色（R162、G184、B14）、墨绿色（R7、G43、B3）、草绿色（R162、G184、B14）、白色、草绿色（R184、G224、B85）。

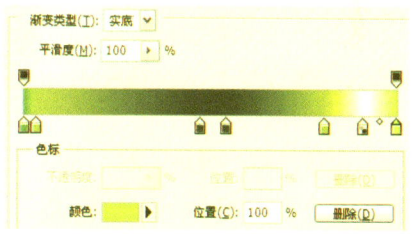

69 在"图层36"下方新建"图层38",运用矩形选框工具，在图像上方绘制矩形选区,运用渐变工具，对选区由上而下填充上一步骤制作的渐变色。完成后设置该图层的混合模式为"叠加","不透明度"为50%,制作出网页界面。

70 在"图层38"上方新建"图层39",然后运用矩形选框工具，在图像下方绘制矩形选区,然后运用渐变工具，对选区由上而下填充白色到黑色的线性渐变,制作图像下方的界面。

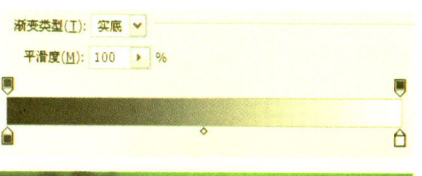

① 设置"图层39"的混合模式为"叠加",制作图像下方界面效果。然后运用横排文字工具，在图像右下角输入文字。

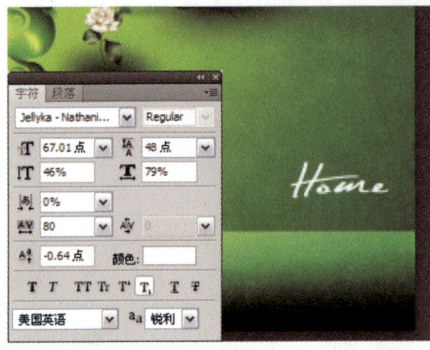

② 继续运用横排文字工具，在图像的右上角界面处输入白色的文字效果。

③ 参照上一步骤,继续运用横排文字工具，在图像的上下界面处输入文字效果。完成后设置这些文字图层的混合模式为"叠加",完善界面效果。

④ 单击"创建新的填充或调整图层"按钮，在弹出的快捷菜单中选择"曲线"命令,弹出"曲线"调整面板,调整曲线后关闭面板,得到调整图层"曲线4",调整图像暗部亮度。

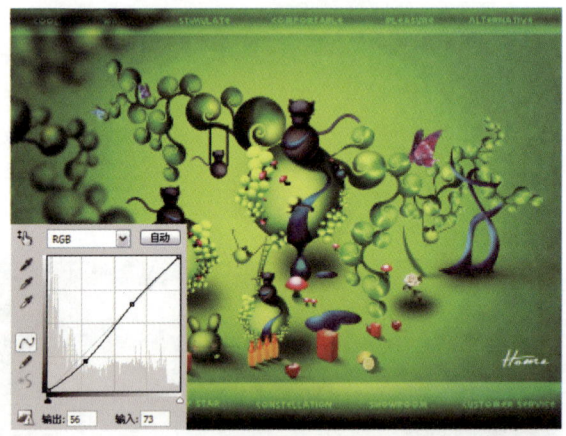

⑤ 参照上一步骤,继续创建"曲线"调整图层,调整整个画面的亮度,得到"曲线5"调整图层。

⑥ 新建"图层40"并设置该图层的混合模式为"叠加",然后分别设置前景色为黑色和白色,再运用画笔工具，在图像中进行涂抹,提高或者降低图像的亮度,使画面效果更加完善。至此,本实例制作完成。

知识解析

投影图层样式

在"图层样式"对话框中勾选"投影"复选框后，能够在选定的文字或图像后添加阴影效果，制作出立体感。该效果主要运用在图像合成和写实的产品设计中，添加正确的阴影效果，能增强画面的真实感。

编号	名称	说明
❶	"混合模式"选项	单击右侧的下三角按钮可以选择不同的混合模式
❷	"角度"选项	可设置投影的角度，为投影改变方向，投影方向要和图像光源方向相同
❸	"使用全局光"复选框	勾选该复选框，影响所有图层样式的投影效果
❹	"距离"、"扩展"、"大小"选项	设置投影的距离远近、虚化程度大小以及投影的大小，参数值越大，投影产生的效果越明显
❺	"品质"选项区域	在"品质"选项区域中可以设置投影的"等高线"、"杂色"和"消除锯齿"以改变投影效果

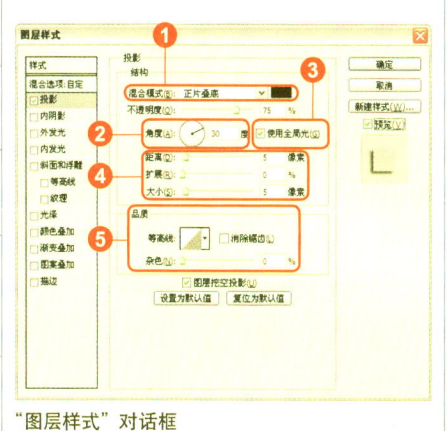

"图层样式"对话框

打开一个图像文件，选择需要添加图层样式的图层，双击该图层，打开"图层样式"对话框，选择"投影"面板，设置参数值，可以对投影的颜色、混合模式、角度、大小等进行设置，设置完成后单击"确定"按钮，即可为图像添加投影效果。

值得注意的是，在"投影"图层样式面板中，单击颜色缩览图，可以打开"选择阴影颜色"对话框，对阴影的颜色进行设置。

原图

设置参数值　　　　投影效果　　　　改变投影颜色

Works
Photoshop works

导购网站设计

本实例是运用 Photoshop 制作的导购网站设计，整个画面以蓝色和绿色调为主，突出网站内容浩瀚和绿色的主题。画面的亮绿色和深蓝色形成鲜明的对比，使视觉中心更加集中，同时也能更好地突出网页的主题。画面中除了深蓝和绿色外，还有红色、黄色等高饱和的颜色，使整个画面的色彩更加鲜艳。

Photoshop
运用渐变工具并结合素材制作背景

Photoshop
运用素材并结合图层蒙版和画笔工具制作草地效果

Photoshop
运用图层混合模式和画笔工具制作素材的光影效果

Photoshop
运用图层混合模式、图层蒙版和画笔工具制作箱子

Photoshop
运用矩形选框工具结合渐变工具和素材制作界面效果

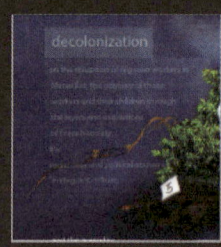

Photoshop
运用横排文字工具为界面添加文字

主要使用功能： 画笔工具、图层蒙版、渐变叠加图层样式、投影图层样式、曲线命令、色相/饱和度命令、旋转扭曲滤镜、文字工具

素材文件： Chapter 7\02 \media\ 素材 .psd、水 .abr

最终文件： Chapter 7\02 \complete\ 导购网站设计 .psd

制作难度评定：★★★★★

① 运行Adobe Photoshop CS5，执行"文件>新建"命令，弹出"新建"对话框，设置各项参数后单击"确定"按钮新建文件。

② 新建"图层1"并填充白色，然后为"图层1"添加"渐变叠加"图层样式，制作背景的渐变效果。其中渐变色从左到右依次为深蓝色（R12、G38、B67）、蓝色（R23、G68、B111）和天蓝色（R32、G172、B213）。

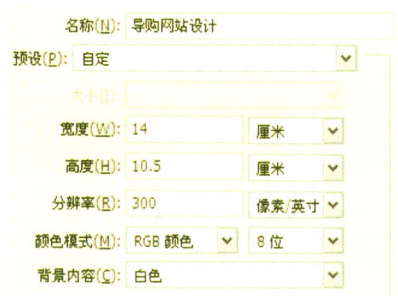
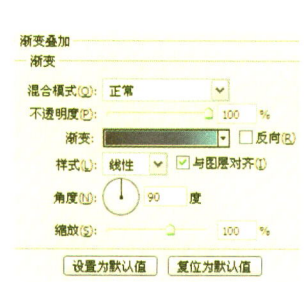

③ 打开本书配套光盘中的Chapter 7\02\media\素材.psd，然后将该文件中的"图层1"移动到当前图像中的上方，生成"图层2"。完成后设置该图层的混合模式为"叠加"，为画面叠加云朵效果。

④ 选择"图层2"并执行"图像>调整>去色"命令，为"图层2"中的图像去色。使图像混合且不改变图像的色相，只叠加其纹理效果。

⑤ 设置前景色为黑色，然后为"图层2"添加图层蒙版，完成后运用画笔工具在图层蒙版上涂抹，虚化下方和左侧的图像叠加效果，使其过渡更加柔和。

⑥ 新建"图层3"并设置该图层的混合模式为"叠加"，然后运用黑色和白色画笔工具在图像的四周进行涂抹，加深或减淡图像效果，使画面层次更加丰富。

07 将"素材.psd"文件中的"图层2"移动到当前图像的右上角,生成"图层4"。然后设置该图层的混合模式为"叠加",继续为画面叠加云朵效果。完成后设置前景色为黑色,最后结合画笔工具 和图层蒙版虚化周围部分云朵效果。

08 复制"图层4"得到"图层4副本",使云朵叠加的效果更加明显。然后将"素材.psd"文件中的"图层3"移动到当前图像下方,生成"图层5"。设置该图层的混合模式为"叠加",为下方深蓝色图像叠加水纹效果。

09 设置前景色为黑色,然后为"图层5"添加图层蒙版,并结合画笔工具 在图层蒙版上涂抹,虚化左侧的水纹叠加效果,丰富画面层次。

10 连续两次复制"图层5",使水纹叠加效果更加明显。新建"图层6",然后运用白色的画笔在图像中涂抹,制作光晕效果。

11 选中"图层6",执行"滤镜>扭曲>旋转扭曲"命令,弹出"旋转扭曲"对话框,设置参数后单击"确定"按钮,对图像进行扭曲。然后运用画笔工具 结合图层蒙版虚化部分图像效果,使过渡效果更加自然。

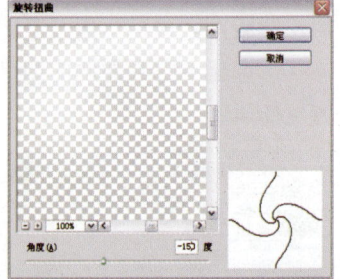

⑫ 运用自由变换命令调整"图层6"中图像的大小和位置，设置图层的混合模式为"叠加"，使光线效果与背景更好地融合。然后连续3次复制"图层6"，加强光线叠加效果。

⑬ 设置前景色为黄绿色（R156、G196、B64），新建"图层7"并设置该图层的混合模式为"线性减淡（添加）"，然后运用画笔工具 ✐ 在光线的右端进行涂抹，为其添加颜色效果。完成后对"图层6"与"图层7"进行编组，得到"组1"。复制"组1"并运用自由变换命令调整图像的位置，在画面的右上角添加光晕效果。

⑭ 设置前景色为白色，新建"图层8"并设置该图层的混合模式为"叠加"，然后运用尖角画笔工具 ✐，在图像的右上角单击，绘制白色叠加点状。在制作的过程中，可适当调整画笔的"不透明度"，绘制出具有丰富变化的图像效果。

⑮ 将"素材.psd"文件中的"图层4"和"图层5"移动到当前图像中相应位置，生成"图层9"和"图层10"。然后设置"图层9"的"不透明度"为32%，"图层10"的"不透明度"为63%，虚化热气球和雄鹰效果，增强图像的空间感。

⑯ 复制雄鹰所在的图层"图层10"，得到"图层10副本"。然后运用自由变换命令调整复制出的图像的大小和位置，在画面的右上角添加更多的雄鹰图像，使画面效果更加丰富。

⑰ 对"图层1"至"图层10副本"进行编组并将其重命名为"背景"。将"素材.psd"文件中的"图层6"移动到当前图像中相应位置，生成"图层11"。然后设置前景色为黑色，再结合图层蒙版和画笔工具隐藏天空和部分草地，制作小岛草地效果。

⑱ 单击"添加图层样式"按钮 fx., 在弹出的菜单中选择"渐变叠加"命令，弹出"图层样式"对话框，设置各项参数和渐变色后单击"确定"按钮，为草地添加渐变效果。

⑲ 将"素材.psd"文件中的"图层7"移动到当前图像中，并将其移动到"图层11"的下方，生成"图层12"。然后设置前景色为黑色，再结合画笔工具和图层蒙版隐藏四周部分图像。

⑳ 单击"创建新的填充或调整图层"按钮，在弹出的快捷菜单中选择"曲线"命令，弹出"曲线"调整面板，调整曲线后关闭"曲线"调整面板，得到"曲线1"调整图层，调整红色草地的亮度。然后按下快捷键Ctrl+Alt+G创建剪贴蒙版，使调整效果只作用于"图层12"。

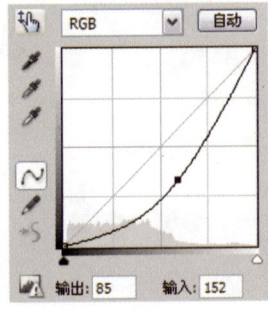

㉑ 新建"图层13"并为其创建剪贴蒙版，在本图层上的操作将只作用于"图层12"。然后设置前景色为黑色，再运用画笔工具 ✎ 在该图层上进行涂抹，加深红色草地边缘。

㉒ 参照上述步骤，新建"图层14"并为其创建剪贴蒙版，然后设置该图层的混合模式为"叠加"。再运用白色的画笔工具 ✎ 在草地下方边缘处进行涂抹，提高涂抹处的图像亮度。

㉓ 新建"图层15"并为该图层创建剪贴蒙版，然后设置该图层的混合模式为"叠加"。继续运用白色画笔工具 ✎ 在红色草地上进行涂抹，提高图像的亮度。

㉔ 在"图层11"上方新建"图层16"并为该图层创建剪贴蒙版，然后设置该图层的混合模式为"叠加"。再运用黑色（白色）画笔工具 ✎ 在绿色草地上进行涂抹，加深（减淡）草地效果。

㉕ 在"图层12"下方新建"图层17"并设置该图层的混合模式为"叠加"，然后运用黑色画笔工具 ✎ 在红色草地下方进行涂抹，加深涂抹处的背景，使合成效果更加真实。

㉖ 对"图层17"至"图层16"进行编组并将其重命名为"草地"。然后将"素材.psd"文件中的"图层8"移动到当前图像中的小岛上，生成"图层18"。完成后运用自由变换工具调整植物图像大小。复制"图层18"，得到"图层18副本"，最后结合自由变换命令调整复制出的图像的大小和位置，丰富画面效果。

㉗ 将"素材.psd"文件中的"图层9"移动到当前图像中小岛上,生成"图层19"。然后设置该图层的"不透明度"为86%,降低图像的不透明度,弱化图像效果。

㉘ 复制"图层19"并将复制出的"图层19副本"移动到"图层19"的下方,运用自由变换命令调整图像的位置,完成后将"图层19副本"载入选区并填充黑色。然后设置该图层的混合模式为"正片叠底","不透明度"为71%,使阴影效果更加真实。

㉙ 对"图层19副本"执行"滤镜>模糊>高斯模糊"命令,在弹出的"高斯模糊"对话框中输入参数后单击"确定"按钮,模糊图像将使阴影更加真实。

㉚ 将"素材.psd"文件中的"图层10"移动到当前图像中相应位置,生成"图层20"。然后为该图层添加"渐变叠加"图层样式,调整图像的亮度,改变图像的光源方向。

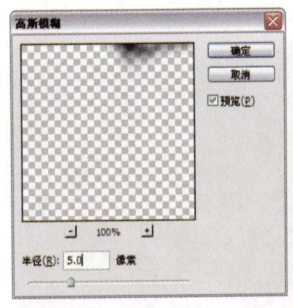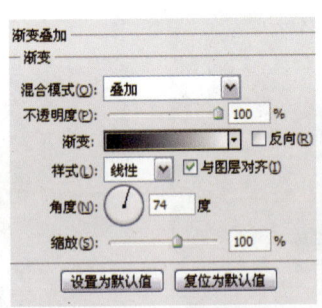

㉛ 在"图层20"上方新建"图层21"并设置该图层的混合模式为"叠加",然后为该图层创建剪贴蒙版,使调整效果只作用于"图层20"。完成后运用白色的画笔工具在树的右侧进行涂抹,提高涂抹处的图像亮度。

㉜ 在"图层21"上方新建"图层22",再设置该图层的混合模式为"叠加",然后运用黑色的画笔工具在树的根部进行涂抹,压暗图像亮度。

㉝ 复制"图层20"至"图层22"并合并复制出的图层,得到图层"图层22副本"。然后再次复制"图层22副本",得到"图层22副本2",最后运用自由变换命令调整复制出的图像的大小和位置。

34 选择最左侧的树所在的图层"图层22副本2",然后为其创建"色相/饱和度"调整图层,降低图像的饱和度,得到"色相/饱和度1"图层,创建剪贴蒙版,使调整效果只作用于"图层22副本2"。为其创建"曲线"调整图层,调整图像的亮度。

 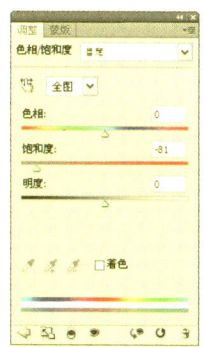  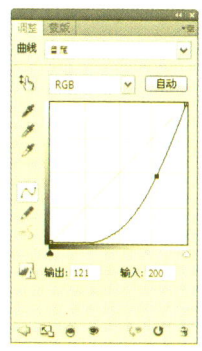 

35 参照上一步骤,为小岛右侧的树创建"色相/饱和度"和"曲线"调整图层,调整图像的饱和度和亮度,使画面效果更加完善,得到调整图层"色相/饱和度2"和"曲线3"。

36 对步骤30至步骤35制作的所有关于树的图层进行编组并重命名为"树"。然后将"素材.psd"文件中的"图层11"移动到当前图像中,运用自由变换命令调整图像的大小。

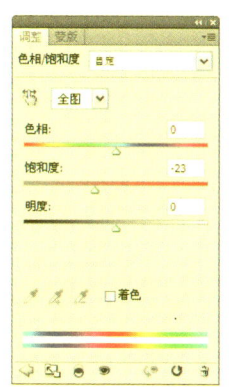 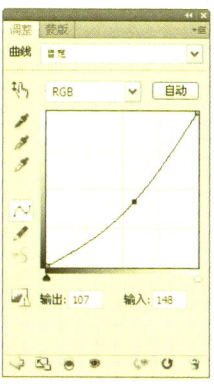  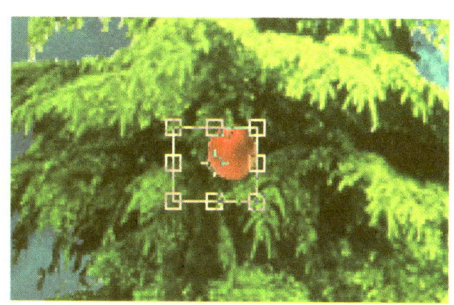

37 运用橡皮擦工具擦除苹果左上角部分图像效果,制作图像重叠效果。然后复制"图层23"并运用自由变换命令调整复制出的图像的位置,最后按下快捷键Ctrl+U,弹出"色相/饱和度"对话框,设置参数后单击"确定"按钮,调整图像的色相。

 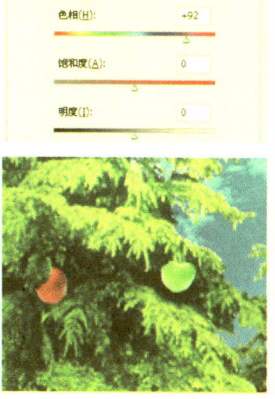 

38 多次复制"图层23"，然后运用自由变换命令调整复制出的图像的大小和位置，为画面添加更多的小果子图像。在调整的过程中可适当结合"色相/饱和度"来调整果子的颜色。最后合并所有的果子图层，并将其重命名为"果子"。

39 复制"图层19"，得到"图层19副本2"，然后将复制出的图层移动到"图层"面板的最上方。运用自由变换命令调整复制出的图像的位置。设置前景色为黑色，结合画笔工具 和图层蒙版虚化下方的图像，丰富画面效果。

40 设置"图层19副本2"的"不透明度"为69%，降低图像的不透明度。将"素材.spd"文件中的"图层12"移动到当前图像中相应位置，为该图层添加"渐变叠加"图层样式，调整图像的光源方向，使画面效果更加丰富。

  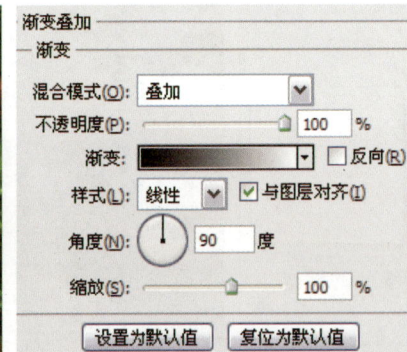 

41 在"图层23"上方新建"图层24"，然后设置前景色为黑色，再运用画笔工具 在路标的下方进行涂抹，制作路标的阴影效果，使其立体感更加强烈。

42 将"素材.psd"文件中的"图层13"移动到当前图像中相应位置，生成"图层25"。然后运用自由变换命令调整图像的大小和位置，为画面添加纸张图像。最后参照上述步骤多次复制"图层25"，并结合自由变换命令调整复制出的图像的大小和位置，为画面添加更多的纸张图像。在复制的过程中可适当运用橡皮擦工具 ，擦除部分图像，完善画面效果。

43 合并上一步骤制作的所有纸张的图层并将其重命名为“纸张”。将“素材.psd”文件中的“图层14”移动到当前图像中相应位置，生成“图层25”。然后为该图层添加“渐变叠加”图层样式，增加图像的对比度和饱和度。

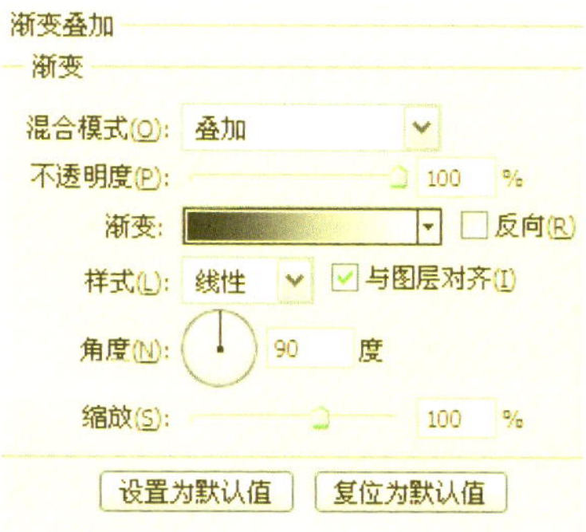

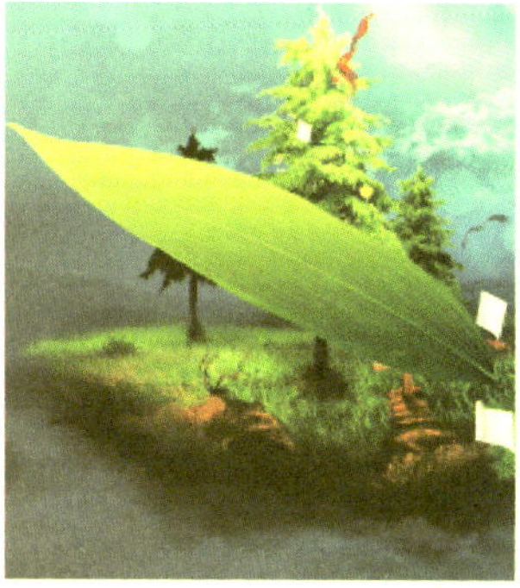

44 右击“图层25”，在弹出的快捷菜单中选择“转换为智能对象”命令，将其转换为智能对象，然后在该图层上右击，在弹出的快捷菜单中选择“栅格化图层”命令，将智能对象图层转换为普通图层。

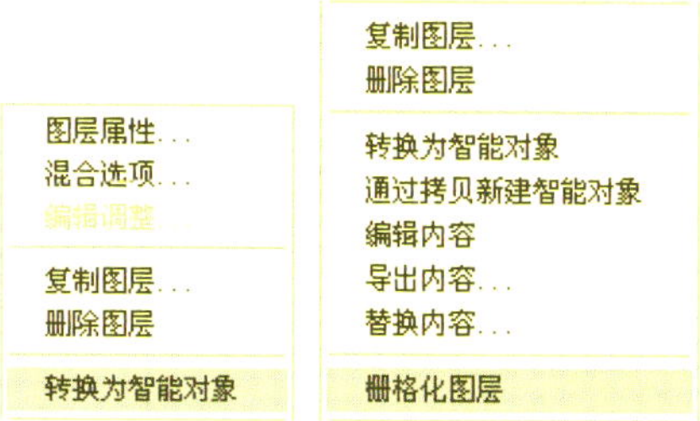

45 多次复制“图层25”并结合自由变换命令调整复制出的图像的大小和位置，为画面添加更多的树叶。在制作的过程中可以适当合并树叶图层，然后再次复制合并后的树叶图层，从而有效地提高绘制速度。

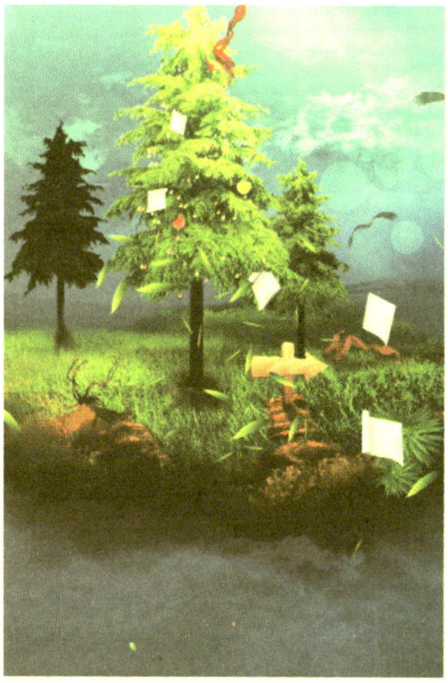

46 将步骤43至步骤45制作的所有树叶图层进行编组并将其重命名为图层组“树叶”。完成后设置前景色为黑色，再为该图层组添加图层蒙版，最后运用画笔工具在该图层组的图层蒙版上进行涂抹，隐藏部分树叶图像完善画面。

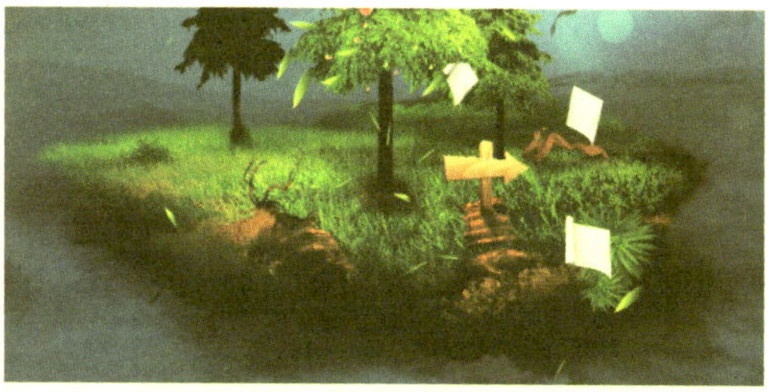

47 复制“树叶”图层组并合并复制出的图层组，得到图层“树叶 副本”。然后运用自由变换命令调整该图层的位置，为画面添加更为丰富的树叶效果。

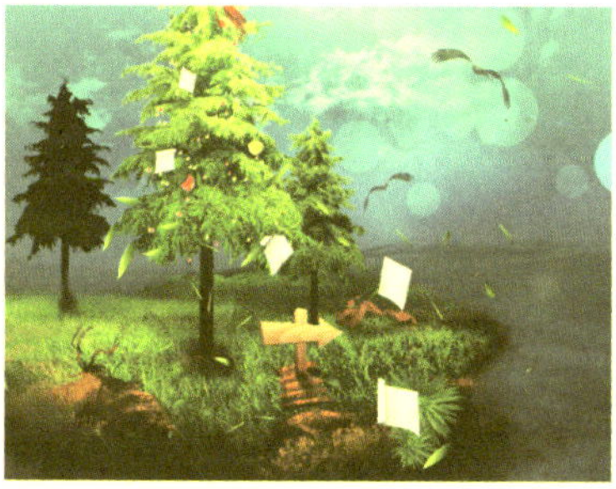

48 将图层组“草地”至图层“树叶 副本”进行编组并重命名为“小岛”。然后将“素材.psd”文件中的“图层15”移动到当前图像中相应位置，生成“图层26”。完成后复制“图层12”并将复制出的图层移动到“图层”面板的最上方。最后运用自由变换命令调整图像的大小和位置，在下方添加土地图像效果。

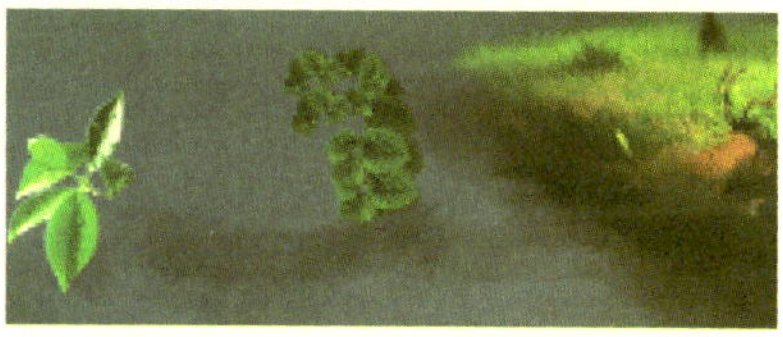

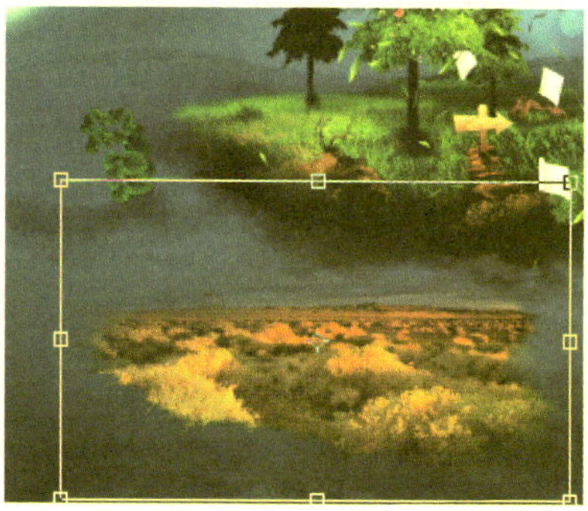

(49) 对“图层12”的图层蒙版填充黑色，然后设置前景色为白色，运用画笔工具在图层蒙版上进行涂抹，将涂抹处的图像显示出来。

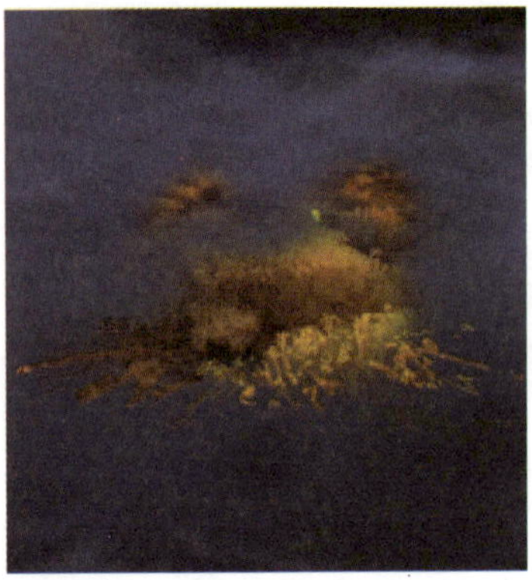

(50) 在“图层12”的上方新建“图层27”并设置该图层的混合模式为“叠加”，然后为该图层创建剪贴蒙版。运用黑色画笔工具在该图层上进行涂抹，加深左下角红色土地效果。

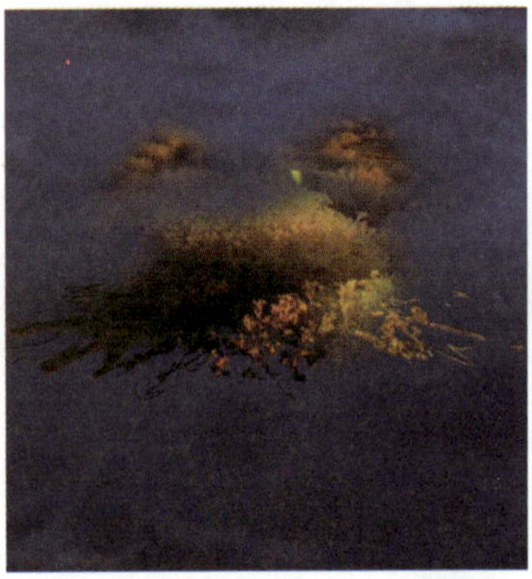

(51) 将“素材.psd”文件中的“图层16”移动到当前图像中相应位置，生成“图层28”，然后运用橡皮擦工具擦除部分图像，完善画面效果。

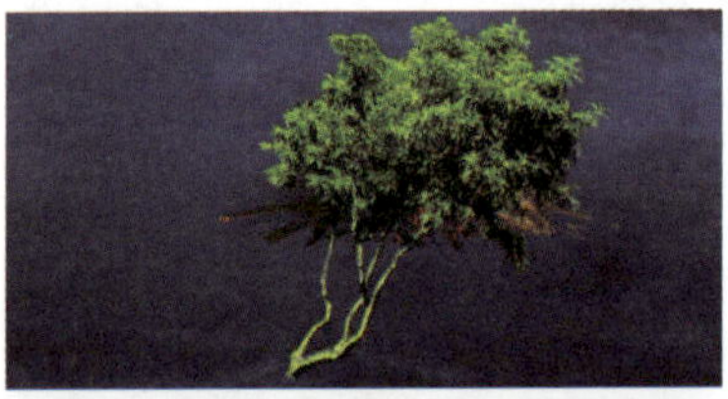

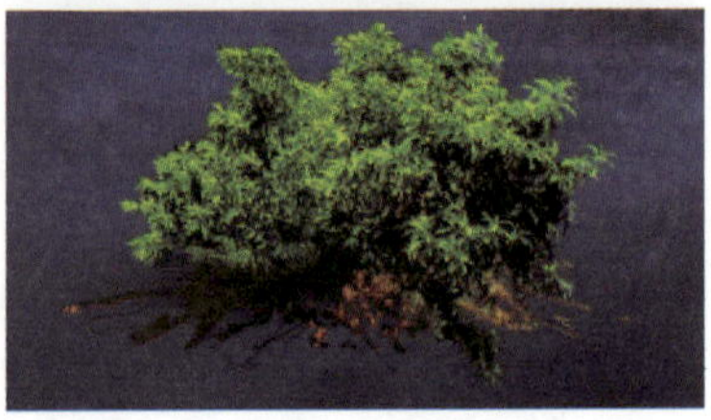

(52) 在“图层28”上方新建“图层29”并设置该图层的混合模式为“叠加”，然后为该图层创建剪贴蒙版，使调整效果只作用于“图层28”。最后运用画笔工具在草丛上涂抹白色和黑色，提亮或调暗图像效果。

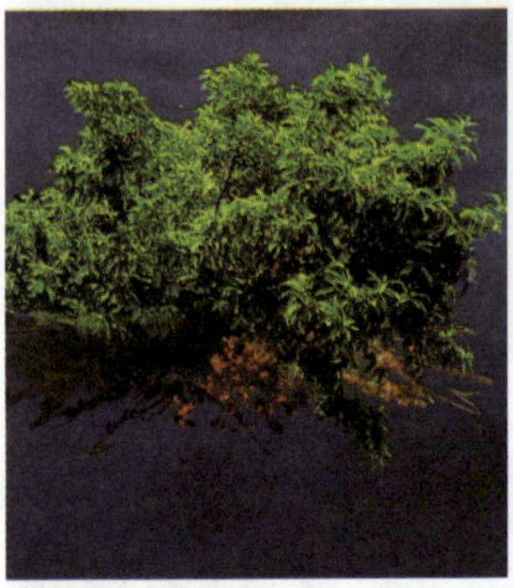

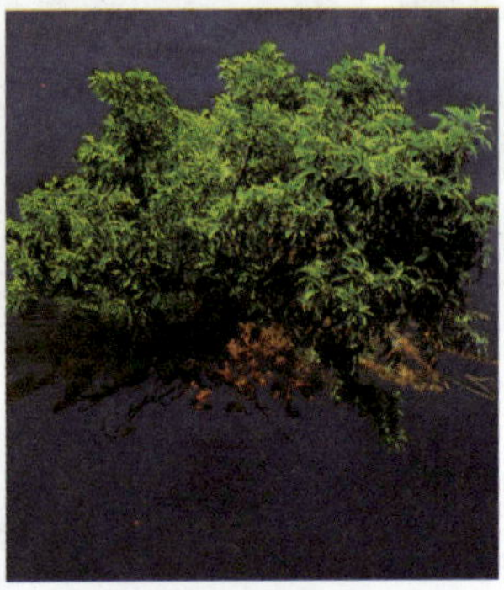

(53) 在“图层12副本”的下方新建“图层30”，然后设置该图层的混合模式为“叠加”，最后运用画笔工具在草丛下方涂抹黑色（白色），压暗图像亮度。

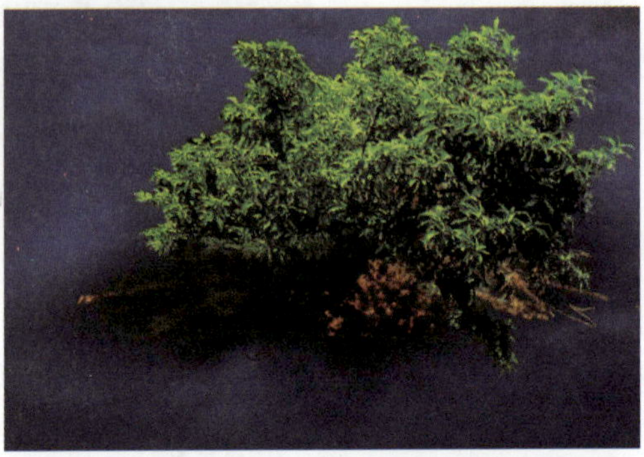

(54) 将“素材.psd”中的“图层17”和“图层18”移动到当前图像中，生成“图层30”和“图层31”。然后设置游泳圈所在的“图层30”的混合模式为“线性减淡（添加）”，“不透明度”为81%。最后运用橡皮擦工具擦除箱子的右下角的图像，制作图像的叠加效果。

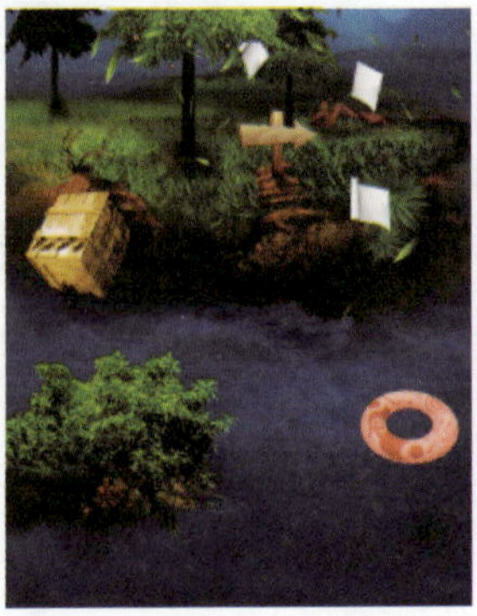

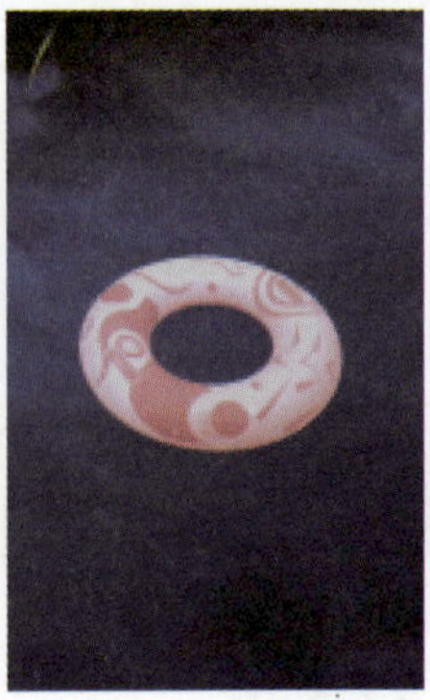

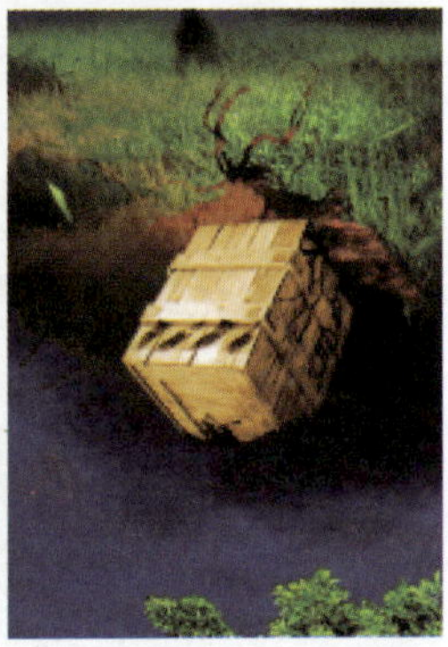

(55) 为箱子所在的图层“图层31”添加“渐变叠加”图层样式，提高箱子的对比度和饱和度，使其更加耀眼。

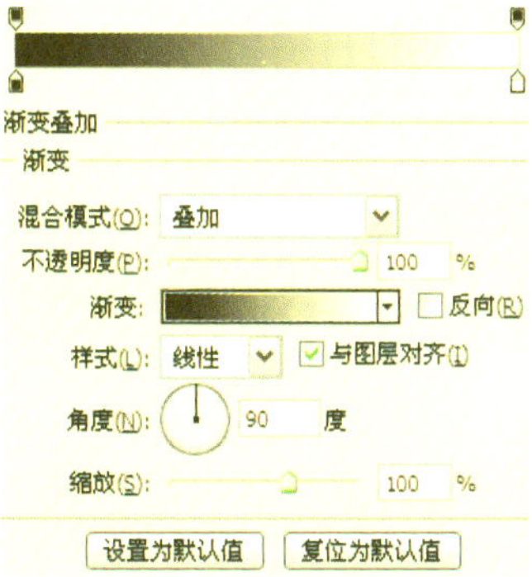

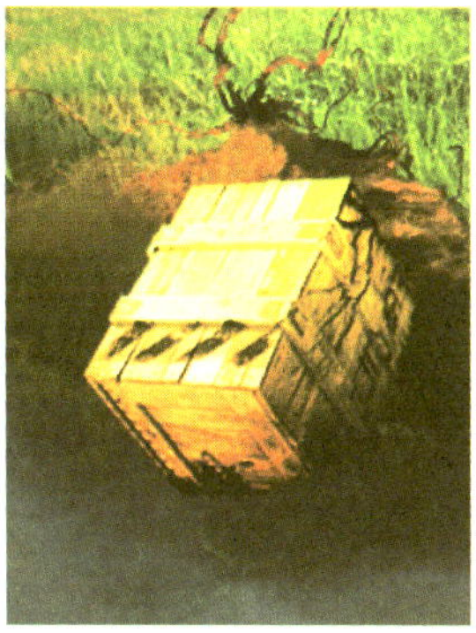

(56) 在“图层30”下方新建“图层32”并设置该图层的混合模式为“叠加”，然后设置前景色为黑色，再运用画笔工具在游泳圈的左下方进行涂抹，制作投影效果。

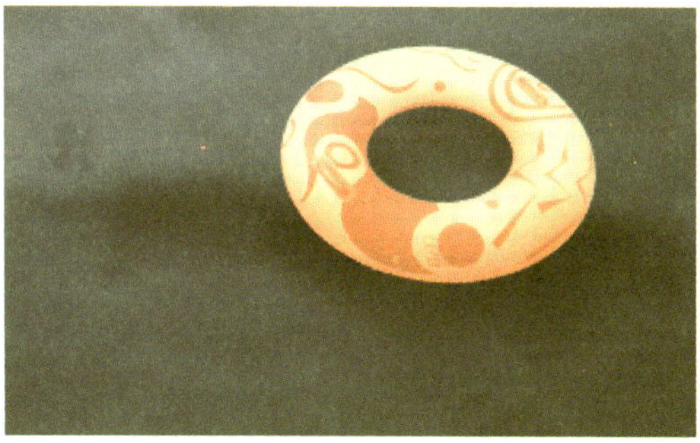

(57) 复制图层“纸张”并将复制出的图层移动到“图层”面板的最上方，再运用自由变换命令调整图像的大小和位置，然后运用套索工具分别为每个纸张创建选区，并结合自由变换命令调整选区内图像的大小和位置，为下方的草丛添加更多的纸张效果。在制作的过程中可适当运用橡皮擦工具擦除部分图像。

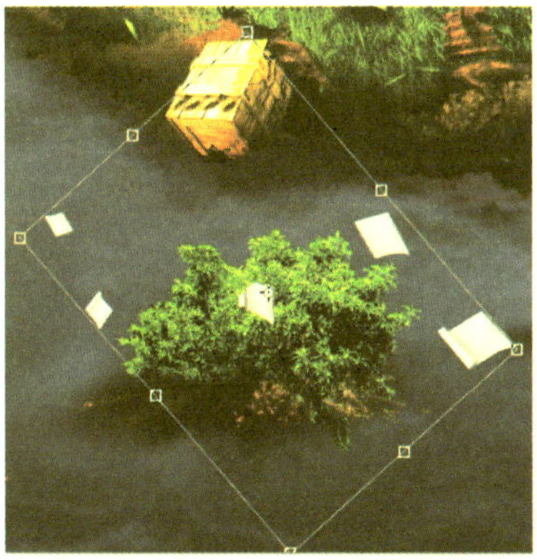

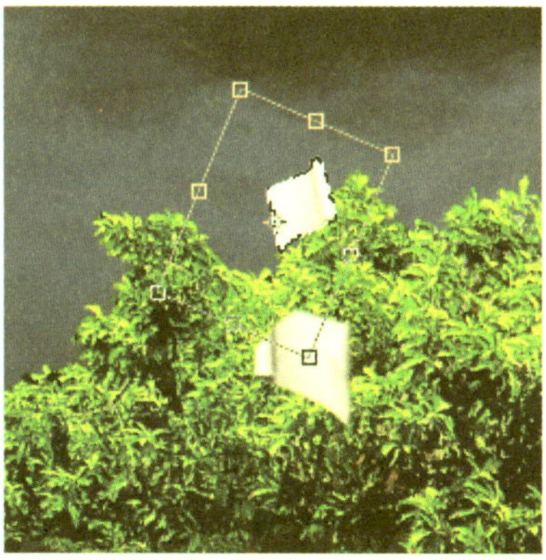

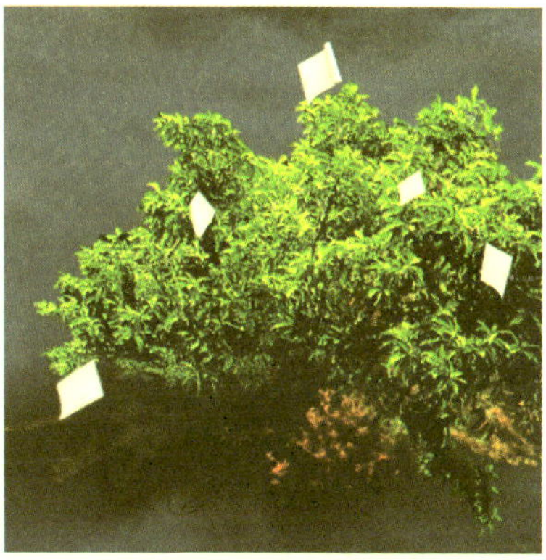

(58) 设置前景色为黑色，然后运用画笔工具在下方的各个纸片上涂抹数字效果。完成后继续运用画笔工具在画面中绘制黑色的藤条效果。最后设置前景色为红褐色（R170、G90、B25），继续运用画笔工具在绘制的黑色藤条上方涂抹红褐色，使藤条效果更加真实。

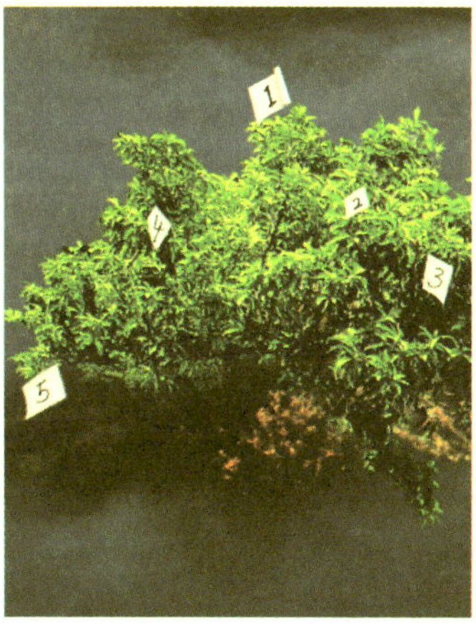

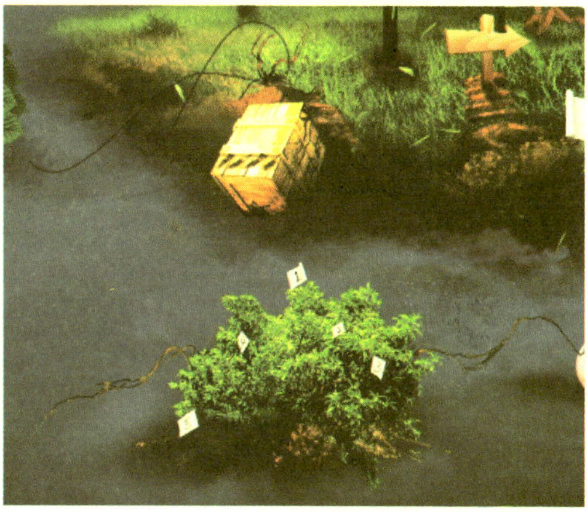

59 将"图层26"至图层"纸张副本"进行编组并重命名为"添加"。执行"窗口>画笔预设"命令,打开"画笔预设"面板,单击右上角的快捷箭头,在弹出的菜单中选择"载入画笔"命令,然后载入本书配套光盘中Chapter 7\02\media\水.abr笔刷文件。

60 打开"画笔"面板,选择上一步载入的笔刷,然后设置"形状动态"和"散布"选项的各个参数,制作出水珠的笔刷效果。

61 设置前景色为白色,在"图层"面板最上方新建"图层32"并设置该图层的混合模式为"叠加",然后单击画笔工具,在图像中小岛的边缘进行涂抹,提高涂抹处图像亮度。

62 新建"图层33",运用上一步骤的画笔工具再次在画面中小岛周围进行涂抹,为画面添加更多的水纹雾气效果,使画面效果更加完善。

63 新建"图层34",然后运用画笔工具在图像左上角绘制白色直线,完成后继续运用画笔工具在直线上绘制红色(R211、G11、B53)纹路。最后设置该图层的"不透明度"为52%,虚化图像。

64 运用黑色的画笔工具 ，在直线的左侧绘制黑色接头效果。然后新建"图层35"，运用钢笔工具 ，在直线的下方绘制胶片的路径，完成后将路径转换为选区并运用渐变工具 ，对选区由右上到左下填充蓝灰色（R207、G213、B217）到白色再到蓝灰色（R207、G213、B217）的线性渐变，制作出胶片的立体感。

65 新建"图层36"并运用钢笔工具 ，在白色胶片内绘制矩形路径。将其转换为选区并填充深蓝色（R11、G33、B57），然后为该图层添加"渐变叠加"图层样式，制作图像的颜色过渡效果。其中"渐变叠加"的渐变色从左到右依次为白色、透明黑色、白色。

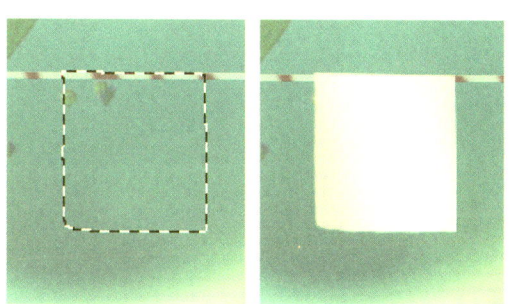
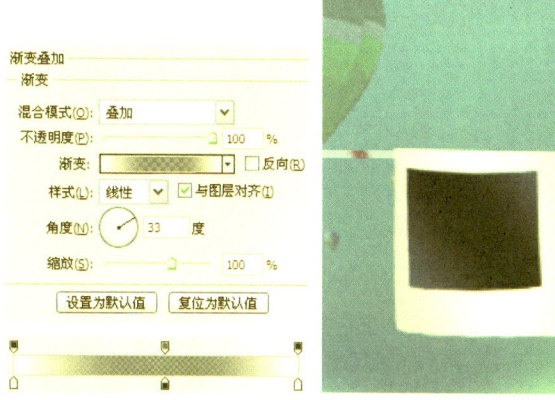

66 复制"图层35"和"图层36"并合并复制出的图层，得到"图层36副本"。然后运用自由变换命令调整复制出的图像的位置，为画面添加更多的胶片效果。最后参照上述步骤，多次复制"图层36"副本并调整图像的大小和位置，完善画面效果。

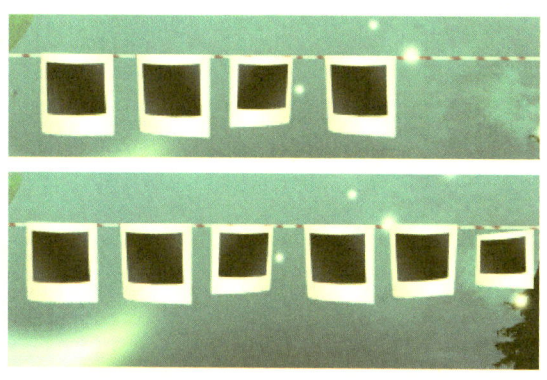

67 在"图层36副本5"上方新建"图层37"，然后设置前景色为白色，运用画笔工具 ，在胶片上涂抹文字效果，完善画面。最后将"图层34"至"图层36副本5"进行编组，并将其重命名为"胶片"。

68 在"胶片"图层组上方新建"图层38"，然后运用圆角矩形工具 ，在图像左侧绘制圆角矩形路径，完成后将路径转换为选区并填充白色，设置该图层的"不透明度"为76%，降低图像的不透明度。

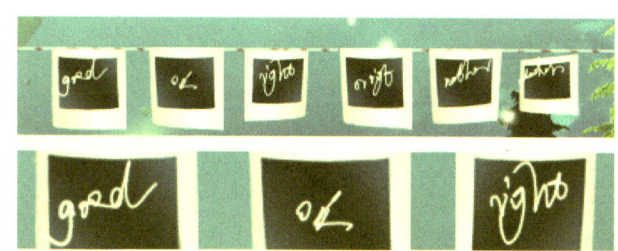

69 对"图层38"执行"滤镜>模糊>高斯模糊"命令,模糊图像边缘效果。然后新建"图层39"并运用圆角矩形工具继续在图像中绘制圆角矩形路径,完成后将路径转换为选区并填充深绿色(R21、G47、B48)。

70 为"图层39"添加"渐变叠加"图层样式,制作图像的渐变效果,其中"渐变叠加"的渐变色从左到右依次为深绿色(R23、G47、B49)、蓝灰色(R77、G107、B108)。

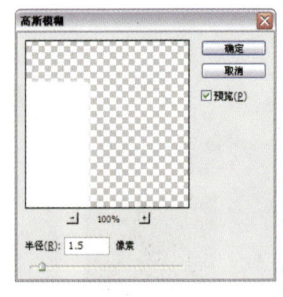

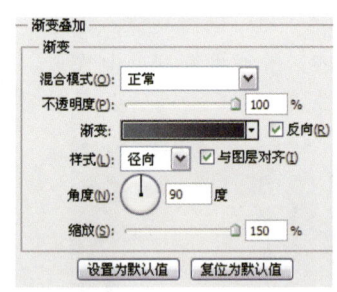

71 新建"图层40"并将"图层39"载入选区,再对选区填充黑色。完成后对该图层执行"滤镜>渲染>纤维"命令,在弹出的"纤维"对话框中设置参数后单击"确定"按钮,为选区内图像添加纤维效果。然后对该图层执行"滤镜>模糊>动感模糊"命令,模糊图像,制作界面的肌理效果。

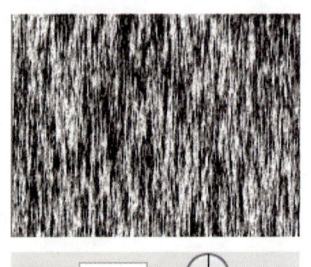

72 设置"图层40"的混合模式为"叠加"。然后新建"图层41"并运用钢笔工具在图像中绘制路径,完成后将路径转换为选区,运用渐变工具对选区填充由左下向右上的白色到透明白色的线性渐变。

73 设置"图层41"的混合模式为"叠加",然后运用横排文字工具在界面上输入文字。完成后为该文字图层添加"投影"和"渐变叠加"图层样式,其中"渐变叠加"的渐变色从左到右依次为深蓝色(R18、G89、B101)、蓝绿色(R75、G161、B176)和白色。

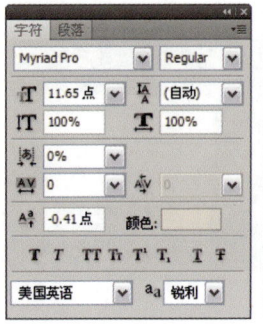
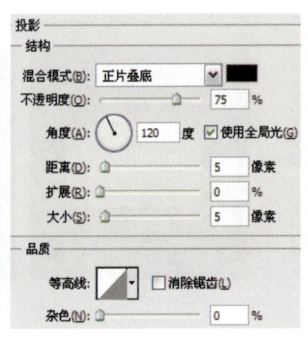
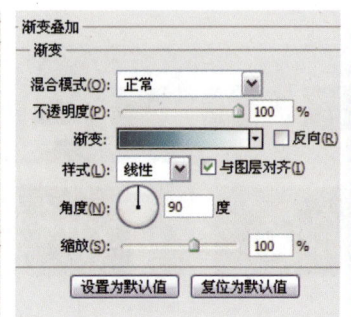

(74) 设置前景色为土黄色（R204、G142、B9），然后继续运用横排文字工具T.在界面中输入更多的文字。对步骤39至步骤75制作的所有图层进行编组并将其重命名为“界面01”。

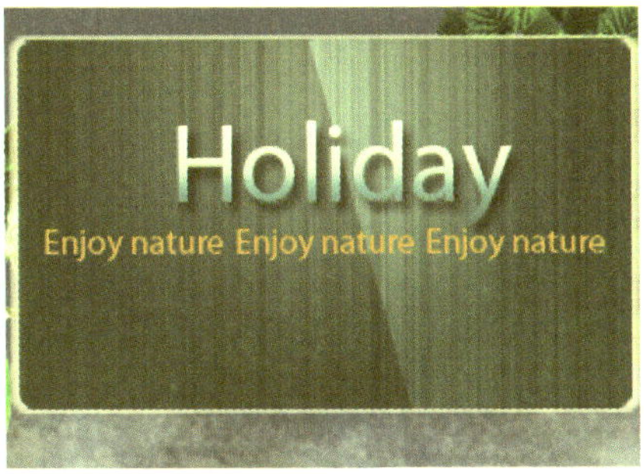

(75) 在图层组“界面01”上方新建“图层42”，然后运用矩形选框工具▭在图像中绘制矩形选区，完成后运用渐变工具■对选区填充白色到透明白色的循环线性渐变，制作另一个界面。

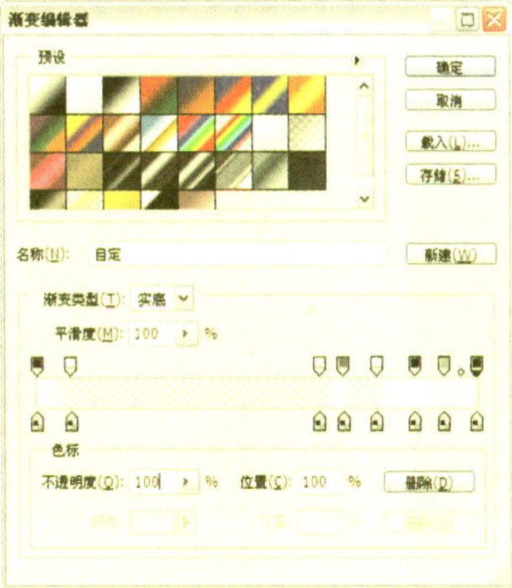

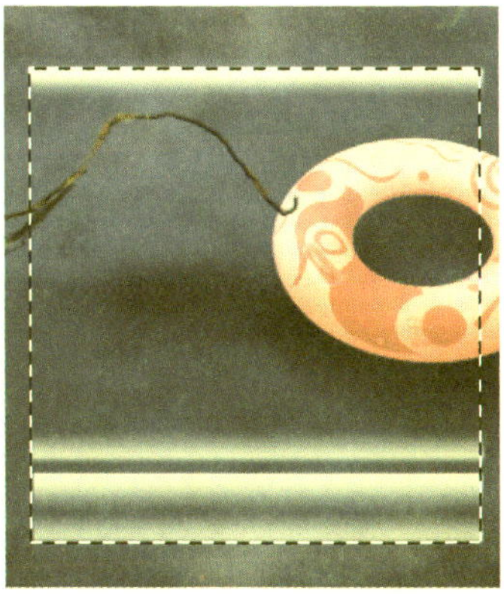

(76) 将“素材.psd”文件中的“图层19”移动到当前图像中相应位置，生成“图层43”。合并“图层42”和“图层43”，得到“图层43”。运用自由变换命令结合Ctrl键调整图像的透视关系，完善画面效果。

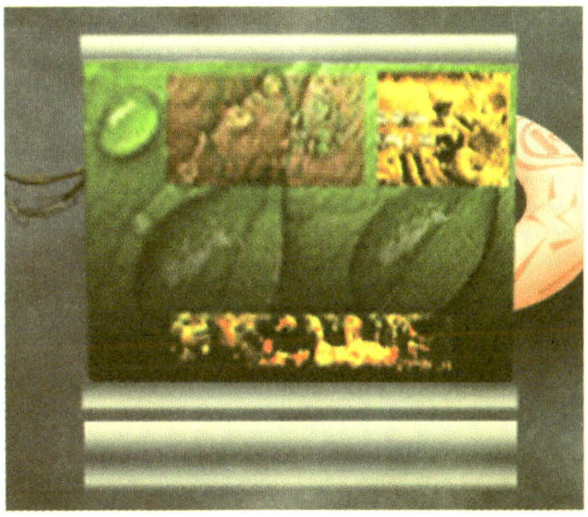

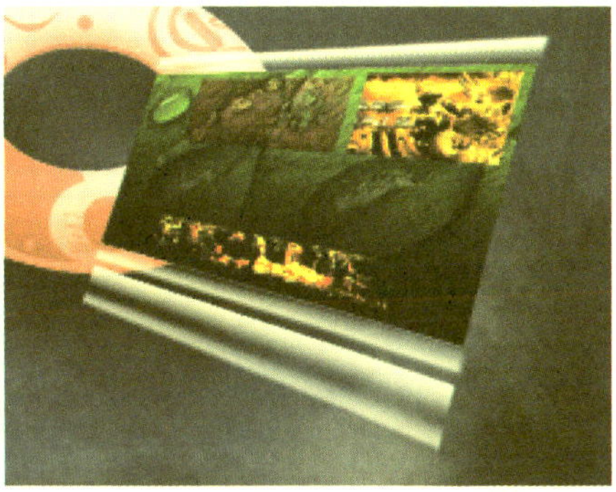

(77) 将“素材.psd”文件中的图层组“水”移动到当前图像中相应位置，为画面中各个部分添加水滴效果。然后将“素材.psd”文件中的“图层20”移动到当前图像中相应位置，生成“图层44”，最后按住Alt键为“图层44”添加黑色的图层蒙版。

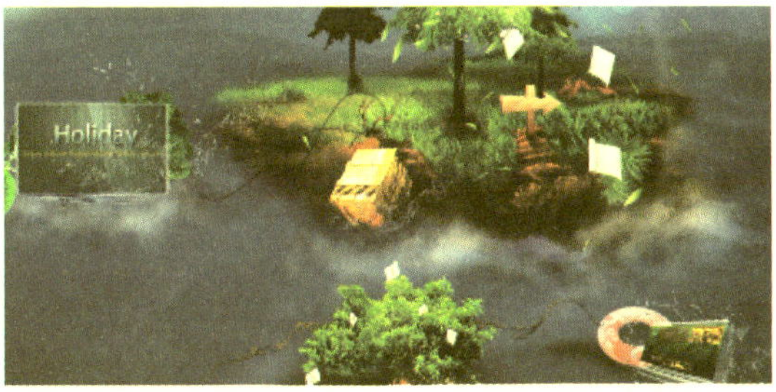

(78) 设置前景色为白色，然后运用画笔工具✓.在黑色图层蒙版上涂抹，将隐藏的图像显示出来，为各个界面边缘添加溅起的水珠效果。

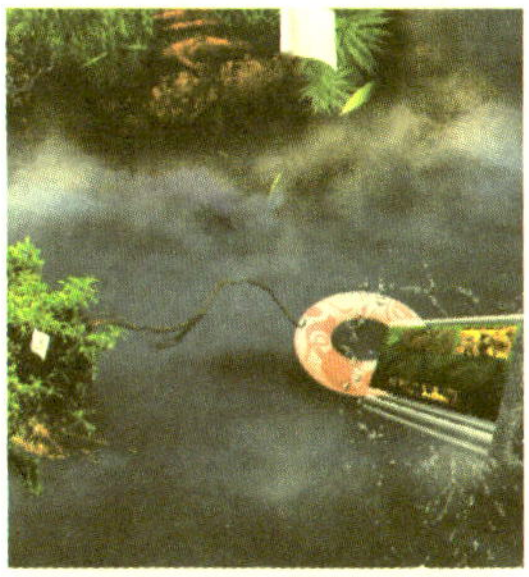

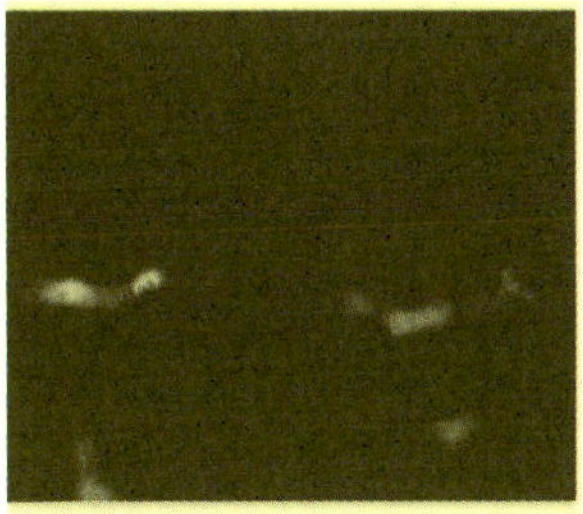

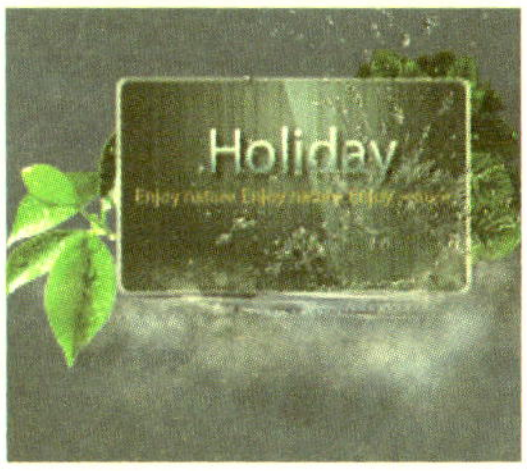

79 新建"图层45"并设置该图层的混合模式为"叠加",然后设置前景色为黑色,再运用画笔工具 在图像的右下角和左下角进行涂抹,加深涂抹处的图像。

80 新建"图层46",然后运用矩形选框工具 在图像中绘制矩形选区,完成后运用渐变工具 ,在选区左侧和后侧分别填充白色到透明白色的线性渐变,制作界面效果。最后按上述步骤继续运用渐变工具 在选区下方填充黑色到透明黑色的线性渐变。

81 设置"图层46"的"不透明度"为78%,然后设置前景色为黑色,为该图层添加图层蒙版,并结合画笔工具 在图层蒙版上涂抹,虚化上下两端部分图像。

82 新建"图层47",然后运用矩形选框工具 在图像中绘制矩形选区,完成后运用渐变工具 ,对选区由左至右填充黑色到透明黑色的线性渐变。

83 参照上述步骤,新建"图层48",然后运用矩形选框工具 在图像中创建矩形选区,运用渐变工具 ,由右至左填充白色到透明白色的线性渐变。

84 合并"图层47"和"图层48",得到"图层48",然后复制"图层48"得到"图层48副本",再运用自由变换命令调整复制出的图像的位置。新建图层后运用矩形选框工具 绘制选区,运用渐变工具对选区填充渐变,制作更加完善的界面效果。

⑧⑤ 将步骤81至步骤85制作的所有界面效果图层进行编组并重命名为"界面02"。设置前景色为白色，运用横排文字工具 T. 在图像中的界面上输入文字，完善画面效果。在添加文字的过程中，可适当调整文字的不透明度。

 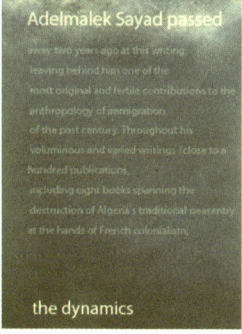 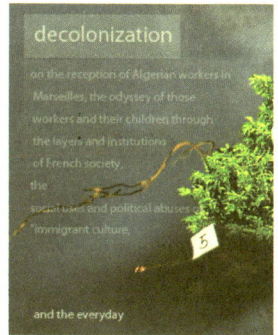 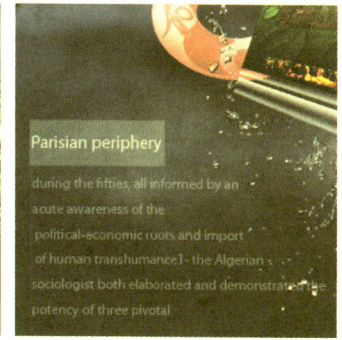

⑧⑥ 将"素材.psd"文件中的"图层21"移动到当前图像中相应位置，为画面添加蝴蝶效果，得到"图层54"。

⑧⑦ 新建"图层55"并设置该图层的混合模式为"叠加"，然后运用白色的画笔工具 ✎. 在图像中涂抹，提高涂抹处图像的亮度，丰富画面效果。

⑧⑧ 新建"图层56"，然后运用黑色的画笔工具 ✎. 在图像中各个位置进行绘制，制作出凌乱树枝效果。

⑧⑨ 新建"图层57"并设置该图层的混合模式为"叠加"，然后设置前景色为黑色，完成后运用画笔工具 ✎. 在图像中进行涂抹，加深涂抹处的图像。最后参照上述步骤，设置前景色为白色，结合画笔工具 ✎. 提高涂抹处图像的亮度，丰富画面效果。至此，本案例制作完成。

旋转扭曲滤镜

知识解析

"旋转扭曲"滤镜能够以图像为中心进行旋转,制作出图像旋转扭曲的效果。中心的旋转程度比边缘的旋转程度要大。执行"滤镜>扭曲>旋转扭曲"命令,即可打开"旋转扭曲"对话框。

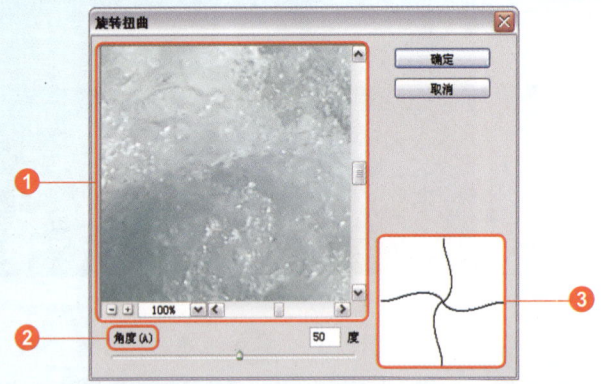

编号	名称	说明
①	效果预览框	用于对旋转扭曲效果进行预览,直观地展示旋转扭曲效果,通过下方的滑块或按钮可以对图像的显示比例进行调整
②	角度	用于设置扭曲效果的方向与扭曲强度,调节旋转的角度,范围是 -999° 到 999°。打开"旋转扭曲"对话框后,默认参数值是 50
③	旋转扭曲缩览图	用于显示扭曲的缩览图

扭曲滤镜可以对图像做几何变化处理,甚至是三维变化的特殊效果。"角度"参数值为正数时,图像顺时针扭曲,数值越大,扭曲的程度越大,最大为 999;该参数值为负数时,图像逆时针扭曲,数值越小,扭曲的程度越大,最小为 -999。

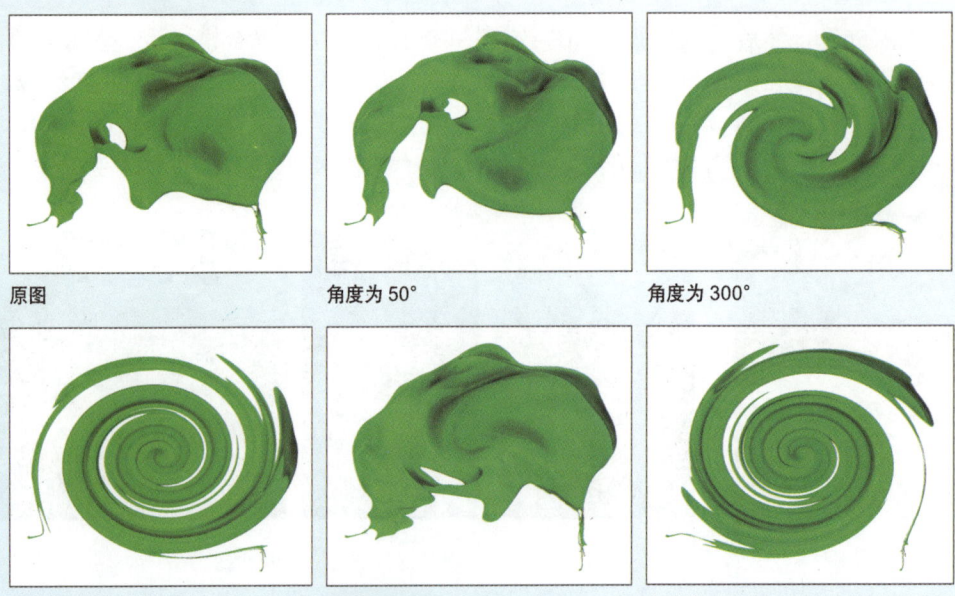

原图　　　　　　　　　　角度为 50°　　　　　　　　　角度为 300°

角度为 999°　　　　　　　角度为 -150°　　　　　　　角度为 -999°

Works

旅游网站设计

本实例是运用Photoshop和Illustrator制作的旅游网站设计，整个画面以雪景为主，在雪景上添加大红和大绿的装饰物，使整个画面颜色不再单调。画面的大面积雪景和背景的黄色天空形成鲜明的对比。界面中的绿色除了可以使整个画面颜色更加丰富外，还能更好地表现各个季节的不同景色对比。

Photoshop
运用图层蒙版并结合素材制作背景

Photoshop
运用素材并结合各种命令制作雪树

Photoshop
运用钢笔工具结合渐变制作网站界面效果

Photoshop
运用素材结合文字工具和图层混合模式制作装饰效果

Photoshop
添加素材结合图层混合模式和滤镜效果制作绿色界面

Photoshop
添加素材结合图层蒙版和画笔工具等丰富雪景效果

主要使用功能：Photoshop中的画笔工具、图层蒙版、剪贴蒙版、颜色叠加图层样式、渐变叠加图层样式、曲线命令、色相/饱和度命令、高斯模糊滤镜、形状工具，Illustrator中的钢笔工具、画笔工具、渐变工具、投影

素材文件：Chapter 7\03\media\ 素材.psd、碎点.ai

最终文件：Chapter 7\03\complete\ 界面.ai、旅游网站设计.psd

制作难度评定：★★★★☆

① 运行Adobe Photoshop CS5，执行"文件>新建"命令，弹出"新建"对话框，设置各项参数后单击"确定"按钮新建文件。

② 打开本书配套光盘中的Chapter 7\03\media\素材.psd文件，然后将"图层1"移动到当前图像中相应位置，生成"图层1"。为"图层1"添加"渐变叠加"图层样式，改变图像的颜色。其中"渐变叠加"的颜色从左到右依次为深褐色（R72、G25、B9）、橘红色（R195、G82、B0）、淡黄色（R253、G236、B210）。

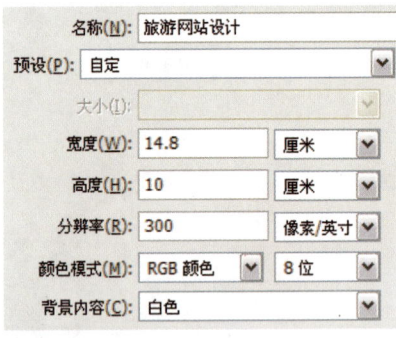
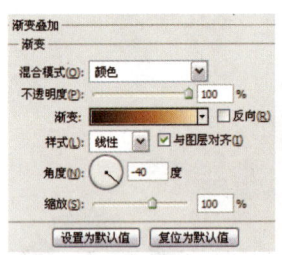

③ 将"素材.psd"文件中的"图层2"移动到当前图像中相应位置，生成"图层2"。然后设置前景色为黑色并为该图层添加图层蒙版，运用画笔工具在图层蒙版上涂抹，隐藏上半部分图像效果，制作雪地效果。

④ 单击"创建新的填充或调整图层"按钮，在弹出的快捷菜单中选择"曲线"命令，弹出"曲线"调整面板，向上拖动曲线以调整图像的亮度，得到"曲线1"调整图层。按下快捷键Ctrl+Alt+G创建剪贴蒙版，使调整效果只作用于"图层2"。

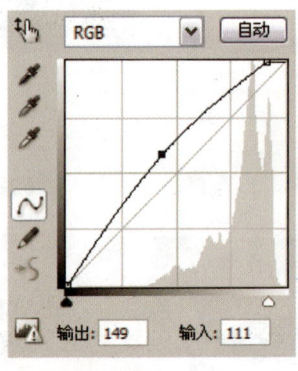

⑤ 单击"添加图层样式"按钮，在弹出的快捷菜单中选择"颜色叠加"命令，在弹出的"图层样式"对话框中设置"混合模式"为"颜色"，并将颜色设为蓝灰色（R192、G212、B223），单击"确定"按钮，改变图像的颜色。

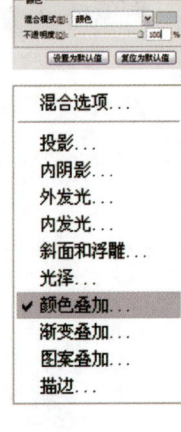

⑥ 将"素材.psd"文件中的"图层3"移动到当前图像中相应位置，生成"图层3"。为画面添加远处树林效果，使画面更加丰富。

07 设置前景色为白色，新建"图层4"，然后运用画笔工具，在图像中树林处进行涂抹，制作雪地的远景效果。

08 将"素材.psd"文件中的"图层4"移动到当前图像中相应位置，生成"图层5"。然后设置前景色为黑色，结合画笔工具和图层蒙版，虚化下方图像效果，使其过渡平滑。

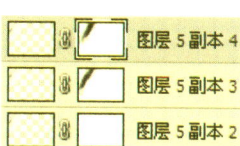

09 复制"图层5"得到"图层5副本"，使雪树的效果更加明显。然后继续复制"图层5副本"，得到"图层5副本2"，运用自由变换命令调整图像的大小和位置，在画面的左侧添加雪树效果。

10 连续两次复制"图层5副本2"，使雪树效果更加明显，然后分别为"图层5副本3"和"图层5副本4"添加图层蒙版并结合画笔工具，隐藏后侧的雪树叠加效果。

11 将"图层5"至"图层5副本4"进行编组，得到"组1"。然后为该图层组添加图层蒙版并结合画笔工具，隐藏雪树下方过渡不够平滑的图像效果。

12 将"图层1"至"组1"进行编组并将其重命名为"背景"。将"素材.psd"文件中的"图层6"移动到当前图像中相应位置，生成"图层6"。完成后复制"图层6"得到"图层6副本"，将"图层6副本"载入选区并填充黑色，设置该图层的混合模式为"叠加"，对该图层执行"高斯模糊"命令，模糊阴影。

⑬ 将"素材.psd"文件中的"图层6"和"图层7"移动到当前图像中相应位置，生成"图层7"和"图层8"。然后设置前景色为黑色，再结合画笔工具 和图层蒙版隐藏部分图像效果。

⑭ 新建"图层9"，然后设置前景色为黑色，运用画笔工具 在图像左下角进行涂抹，制作树的阴影效果。

⑮ 将"素材.psd"文件中的"图层11"至"图层13"移动到当前图像中相应位置，生成"图层11"至"图层13"，为画面添加更为丰富的图像效果。

⑯ 将"素材.psd"中的"图层11"移动到当前图像中相应位置，生成"图层14"。然后按住Alt键单击"添加图层蒙版"按钮，为"图层14"添加黑色图层蒙版，完成后设置前景色为白色，最后运用画笔工具 ，在图层蒙版上涂抹，将树根上白雪的效果显示出来，完善画面效果。

⑰ 运行Adobe Photoshop CS5，执行"文件>新建"命令，弹出"新建"对话框，设置各项参数后单击"确定"按钮新建文件。

⑱ 单击钢笔工具，在画板中绘制界面路径，完成后打开"渐变"面板，设置"类型"为"线性"，渐变色从左到右依次为土黄色（R242、G167、B27）到中黄色（R248、G182、B45）的循环渐变。

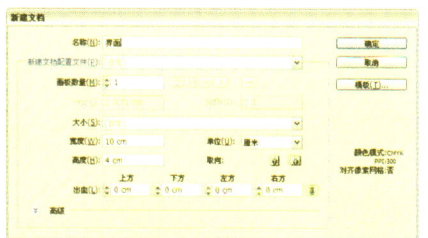
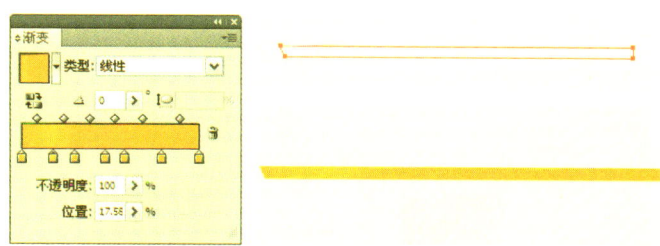

⑲ 设置"填色"为黑色（R35、G24、B21），然后运用矩形工具，在画板中绘制矩形路径，制作黑色界面路径。完成后运用圆角矩形工具，在画板中绘制圆角黑色小路径。

⑳ 选中上一步骤中制作的路径，按下快捷键Ctrl+C复制路径，再按下快捷键Ctrl+F将绘制的路径贴到前面，继续多次复制上一步骤制作的黑色小圆角矩形路径，丰富黑色界面条效果。

㉑ 打开本书配套光盘中的Chapter 7\03 \media\碎点.ai文件，然后将该文件中的路径移动到当前文件中，运用选择工具，调整路径的大小和位置，在界面右上角添加碎点效果。

㉒ 运用矩形工具在界面条右上角绘制矩形路径，然后在"图层"面板中同时选中这一步骤绘制的矩形路径和上一步骤添加的碎点路径组，完成后在画板中右击，在弹出的快捷菜单中选择"建立剪切蒙版"命令，建立剪切蒙版。

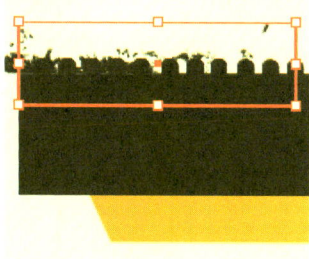
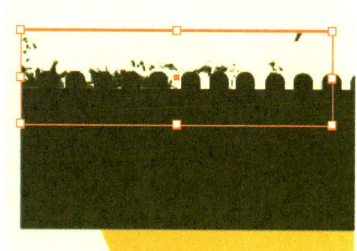

23 复制上一步骤建立剪切蒙版后的路径组，按下快捷键Ctrl+C复制该路径组，完成后按下快捷键Ctrl+F将复制的路径贴在前面。然后在"图层"面板中打开该路径组，隐藏剪切蒙版路径。最后运用选择工具，调整剪切蒙版路径下方路径组中路径的位置。

24 显示该路径组中的剪切蒙版路径，然后运用选择工具，调整各个控制点的位置，调整该路径的大小和位置，控制上一步骤调整后的路径的显示范围，为黑色界面条添加更多的碎点效果。

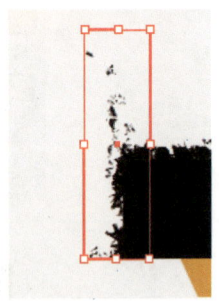

25 参照步骤23和步骤24，继续多次复制步骤22中添加的剪切蒙版路径组，然后隐藏路径组内的剪切蒙版路径并运用选择工具调整路径的位置，完成后显示剪切蒙版路径并调整其大小和位置，控制路径的显示范围，为画面添加更为丰富的碎点效果。

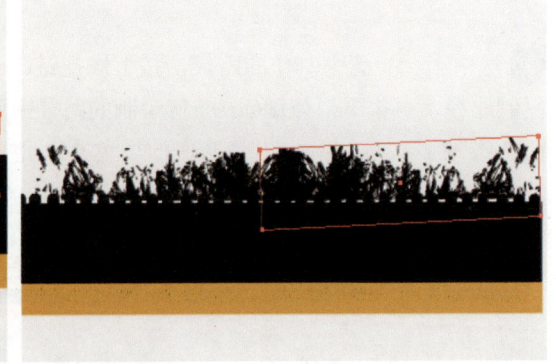

26 设置"填色"为无，"描边"为黑色，然后运用画笔工具在黑色界面左侧绘制更多的碎点效果。最后将这一步骤中绘制的所有的黑色碎点进行编组。

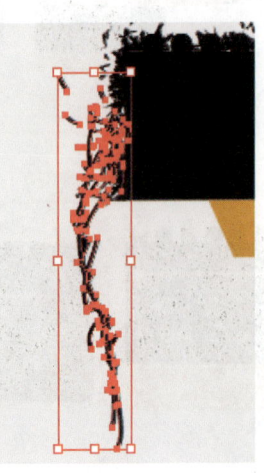

27 设置"填色"为白色，"描边"为无，运用圆角矩形工具，在画板中绘制圆角矩形路径，完善网页界面效果。

28 选择上一步骤绘制的圆角矩形路径，然后执行"效果>风格化>投影"命令，在弹出的对话框中设置各项参数后单击"确定"按钮，为路径添加投影效果，制作路径的立体感。

29 设置"填色"为黑色，"描边"为无，运用矩形工具，在添加投影的白色圆角矩形路径的左下角绘制黑色矩形路径效果。

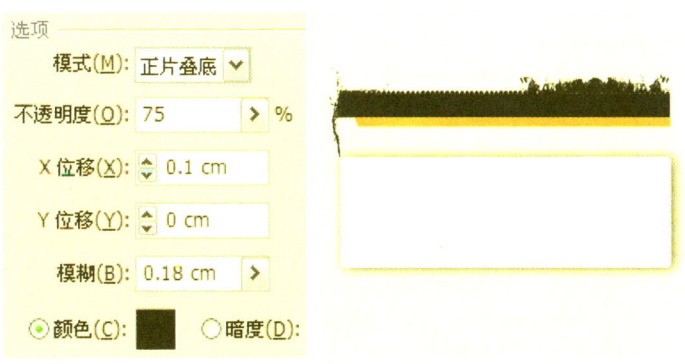

30 多次复制上一步骤中绘制的黑色矩形路径，然后将复制的路径贴到前面。再运用选择工具，调整复制出的路径的位置，使界面效果更加丰富。

31 将步骤29至步骤30制作的所有的黑色矩形路径进行编组。设置"填色"为灰褐色（R178、G149、B131），"描边"为无，完成后运用矩形工具，在上一步骤制作的黑色矩形下方绘制矩形路径。

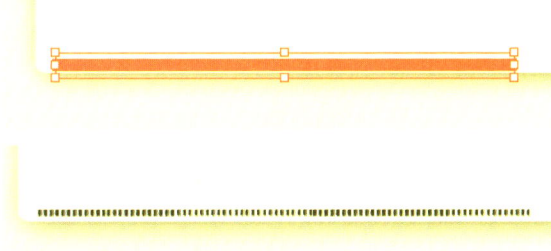
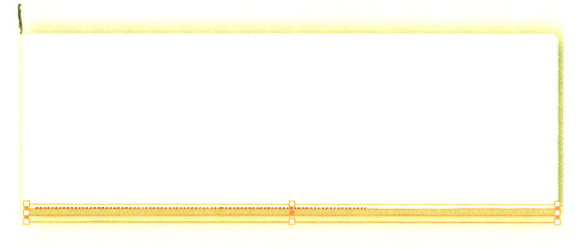

32 复制上一步骤制作的矩形路径并将复制出的路径贴在前面，然后对该路径执行"效果>艺术效果>胶片颗粒"命令，在弹出的对话框中设置各项参数后单击"确定"按钮，为路径添加"胶片颗粒"效果。

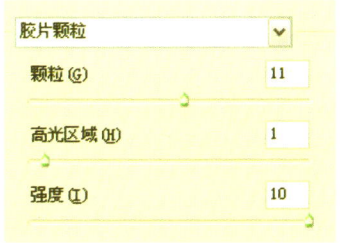
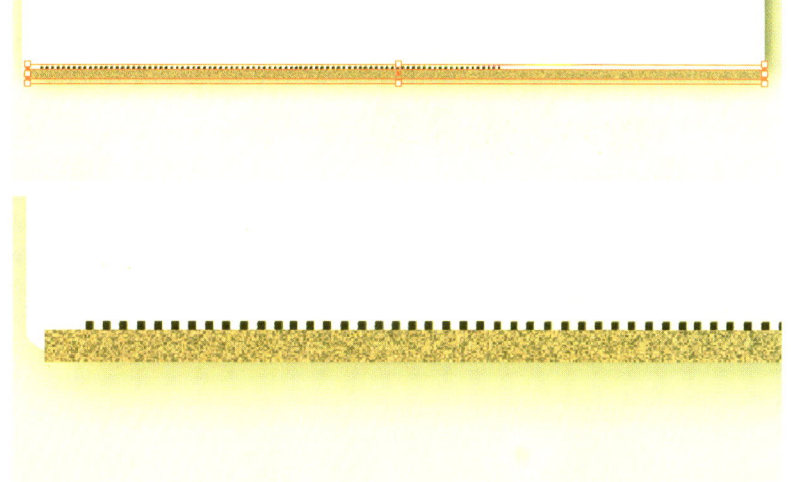

33 选择上一步骤中应用"胶片颗粒"效果的路径，然后打开"透明度"面板，设置该路径的混合模式为"叠加"，为下方的矩形路径叠加纹理效果。

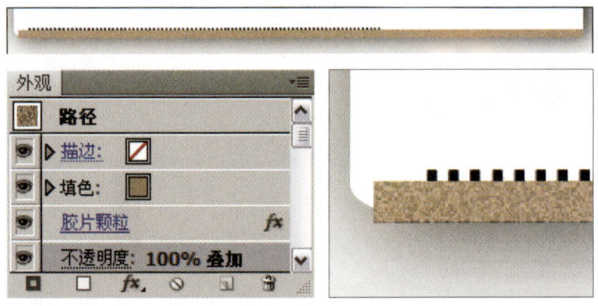

34 设置"填色"为白色、"描边"为无，然后运用圆角矩形工具，在界面下方继续绘制圆角矩形路径，完成后为该路径添加"投影"效果。

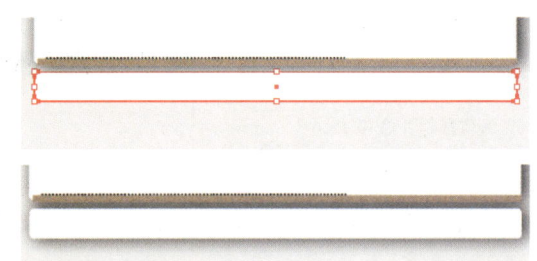

35 设置"填色"为黄色（R235、G187、B40）、"描边"为无，然后运用矩形工具在界面中绘制黄色矩形路径。完成后多次复制该路径并将复制出的路径贴在前面，再运用选择工具调整复制出的路径的位置。

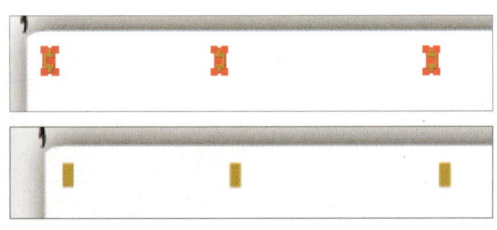

36 设置"填色"为灰色（R202、G202、B202）、"描边"为无，然后运用钢笔工具，在画板中绘制路径，完善界面效果。

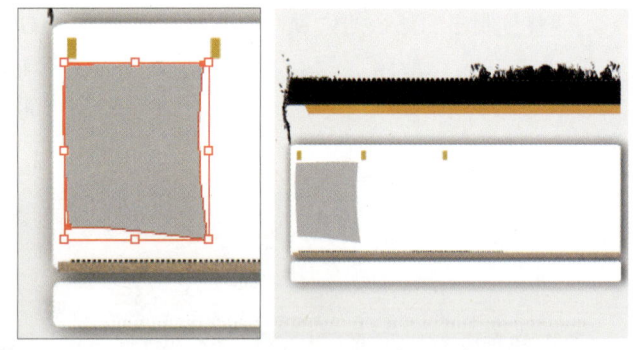

37 运用选择工具，框选所有的路径并将其拖动到"旅游网站设计"图像中相应的位置，生成"矢量智能对象"图层，使画面效果更加丰富。

38 在"矢量智能对象"图层下方新建"图层15"，然后运用钢笔工具，在图像中绘制气球路径，完成后按下快捷键Ctrl+Enter将路径转换选区并填充黄色（R249、G177、B12）。

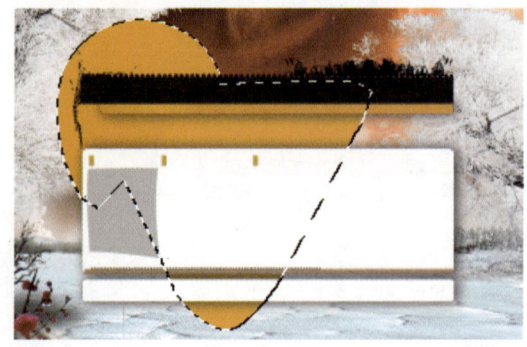

39 在"图层15"上方新建"图层16"并为其创建剪贴蒙版，在本图层上的操作将只作用于"图层15"，设置该图层的混合模式为"叠加"，完成后设置前景色为白色，再运用画笔工具，在上一步骤绘制的气球左上角进行涂抹，提高涂抹处图像的亮度。

40 设置前景色为黑色，然后继续运用画笔工具，在气球左上的各个边缘处进行涂抹，加深涂抹处图像，使气球更有立体感。

41 在"图层16"上方新建"图层17"并为其创建剪贴蒙版，然后设置该图层的混合模式为"叠加"，完成后设置前景色为白色，运用画笔工具，在气球的左上角进行涂抹，制作气球的高光效果。

42 新建"图层18"，运用画笔工具，在气球左上角绘制白色高光。

43 设置前景色为白色，然后单击画笔工具，并在选项栏中设置各项参数，完成后运用画笔工具，在图像上方进行单击，制作多个白色发光点。在制作的过程中可以适当调整画笔的大小，绘制出不同的发光点。

④ 将"素材.psd"文件中的"图层11"移动到当前图像中"矢量智能对象"的上方,生成"图层20"。然后运用椭圆工具 ,在唱片上绘制正圆路径。完成后单击横排文字工具 ,将光标移动到绘制的正圆路径上,在路径上输入文字。

⑤ 设置该文字图层的混合模式为"叠加",使文字与背景更好地融合,最后复制该图层,使文字叠加效果更加明显。

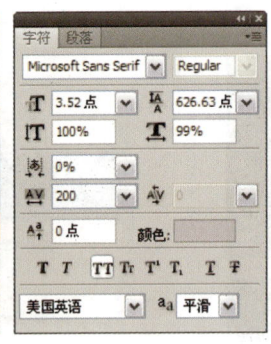

⑥ 复制"图层20"得到"图层20副本",运用自由变换命令结合Shift和Alt键等比例、同中心地缩小复制出的图像。

⑦ 将"素材.psd"文件中的"图层12"移动到当前图像中相应位置,生成"图层21"。为该图层添加"颜色叠加"图层样式,改变图像的颜色。其中将"颜色"设为黄色(R249、G205、B0)。

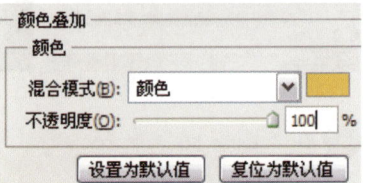

⑧ 设置前景色为黑色,新建"图层22",运用画笔工具 ,在唱片下方绘制黑色线条。然后将"素材.psd"文件中的"图层13"移动到当前图像中相应位置,生成"图层23"。完成后为该图层中的图像添加"投影"图层样式,使画面效果更加完善。

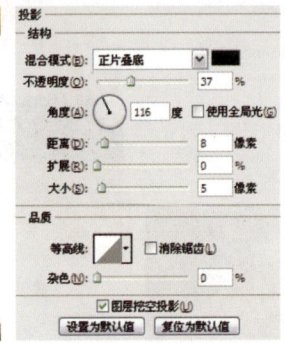

(49) 选择“图层23”，单击“创建新的填充或调整图层”按钮 ，在弹出的快捷菜单中选择“色相/饱和度”命令，弹出“色相/饱和度”调整面板，设置各项参数后关闭面板，得到“色相/饱和度1”调整图层，调整花朵的色相。按下快捷键Ctrl+Alt+G创建剪贴蒙版，使调整效果只作用于“图层23”。

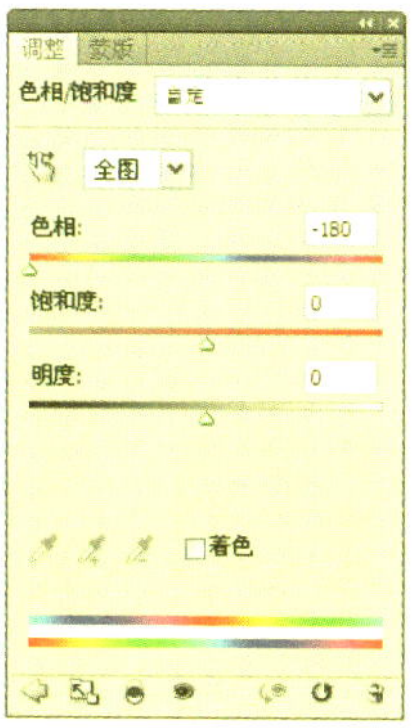

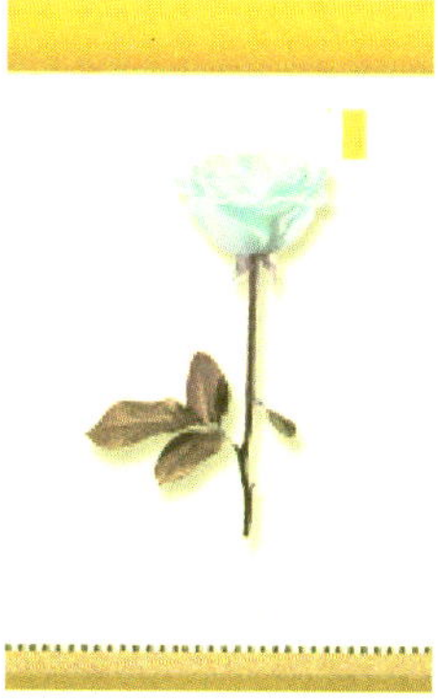

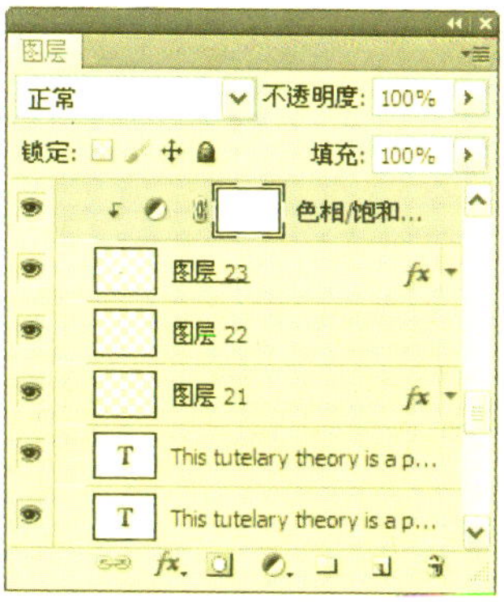

(50) 新建“图层24”并运用钢笔工具 ，在界面中绘制路径，完成后将路径转换为选区并填充黑色（R31、G31、B31）。

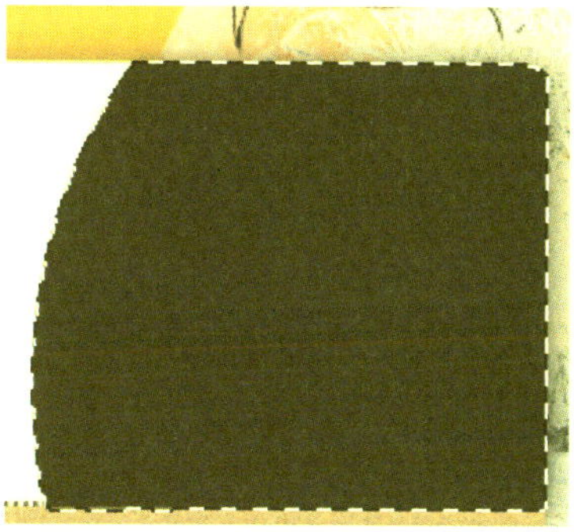

(51) 将“素材.psd”文件中的“图层14”移动到当前图像中相应位置，生成“图层25”。运用自由变换命令调整图像的大小和位置，完成后对“图层25”执行“滤镜>模糊>高斯模糊”命令，在弹出的“高斯模糊”对话框中设置参数后单击“确定”按钮，模糊图像。

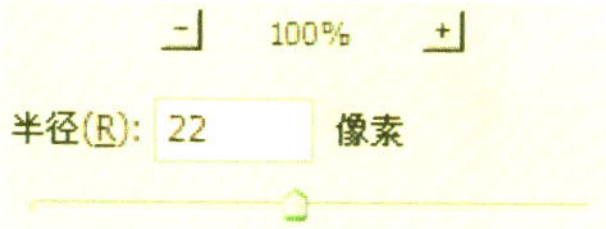

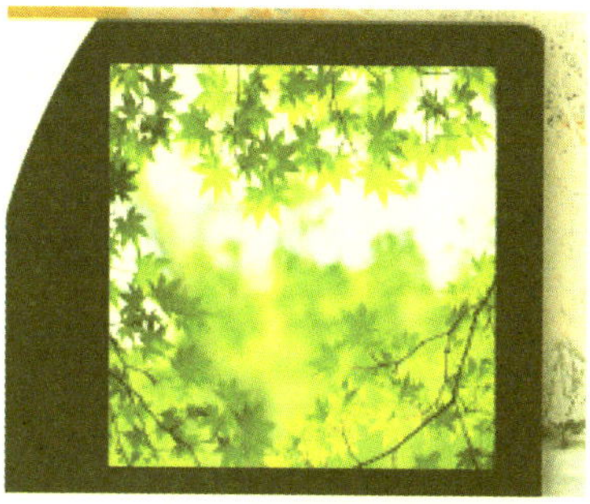

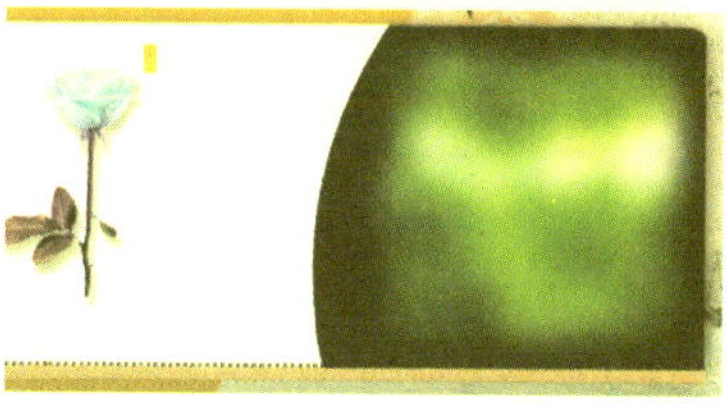

(52) 新建“图层26”并运用矩形选框工具 ，在图像中绘制矩形选区，完成后对选区填充白色。然后设置该图层的“不透明度”为25%，制作白色半透明界面效果。

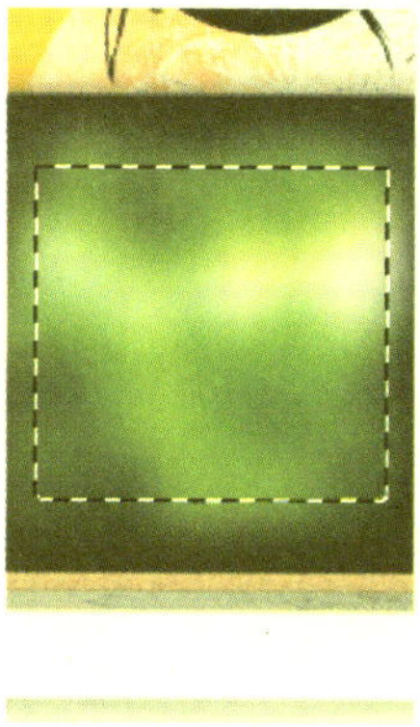

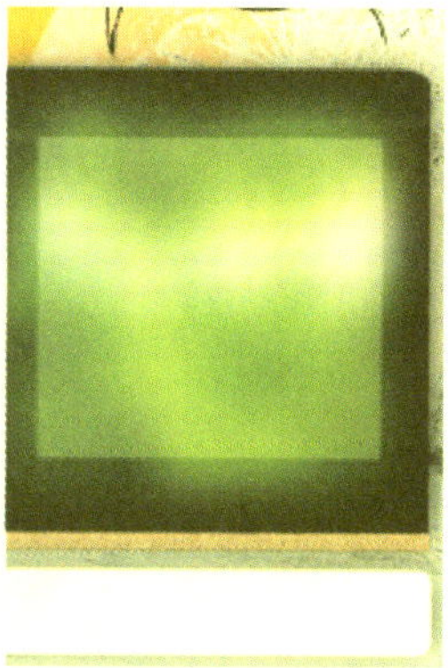

(53) 将“素材.psd”文件中的“图层23”移动到当前图像中相应位置，生成“图层27”。然后为该图层添加“颜色叠加”图层样式，改变图像颜色。其中“叠加”的颜色为绿色（R11、G85、B4）。

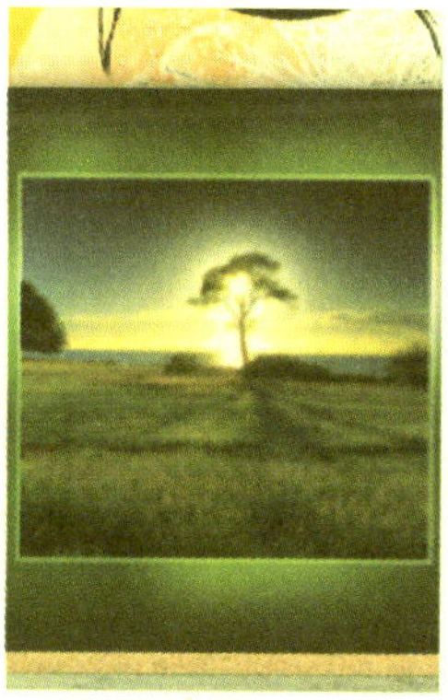

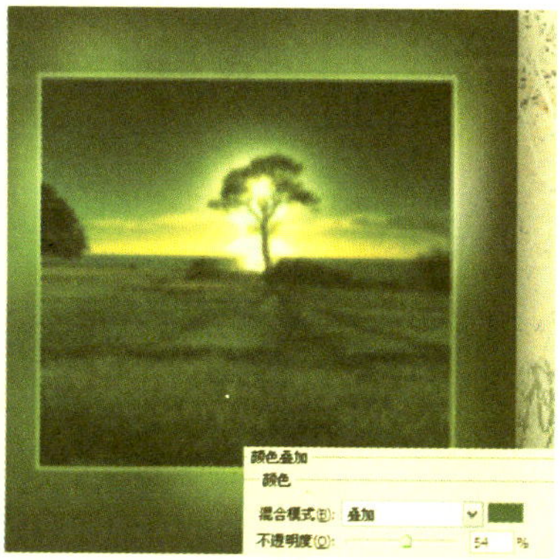

⑤ 在"图层27"上方新建"图层28"并设置该图层的混合模式为"叠加"，然后为该图层创建剪贴蒙版，使调整效果只作用于"图层27"。完成后设置前景色为白色，运用画笔工具，在图像中进行涂抹，提高涂抹处的图像亮度。

⑤ 将"素材.psd"文件中的"图层16"移动到当前图像中相应位置，生成"图层29"。在界面旁添加人物图像，使画面更加完善。

⑤ 在"图层29"下方新建"图层30"，然后设置前景色为黑色，运用画笔工具，在人物的下方绘制黑色的投影效果，使人物合成更加真实。完成后设置该图层的"不透明度"为28%，降低图像的不透明度，使阴影效果更加真实。最后对该图层执行"高斯模糊"命令，使投影边缘过渡更加平滑。

⑤ 将"图层15"至"图层29"进行编组并将该图层组重命名为"界面"，然后将"素材.psd"文件中的"图层17"移动到当前图像中相应位置，生成"图层30"。复制"图层30"并将复制出的图层移动到"图层30"的下方，完成后运用自由变换命令调整复制出的图像的位置。

⑤ 将"图层30副本"载入选区并对选区填充黑色，然后对该图层执行"高斯模糊"命令，模糊图像边缘效果。设置该图层的"不透明度"为24%，虚化阴影效果。

(59) 运用橡皮擦工具，虚化上一步制作的投影的右端，制作出投影的渐变效果。

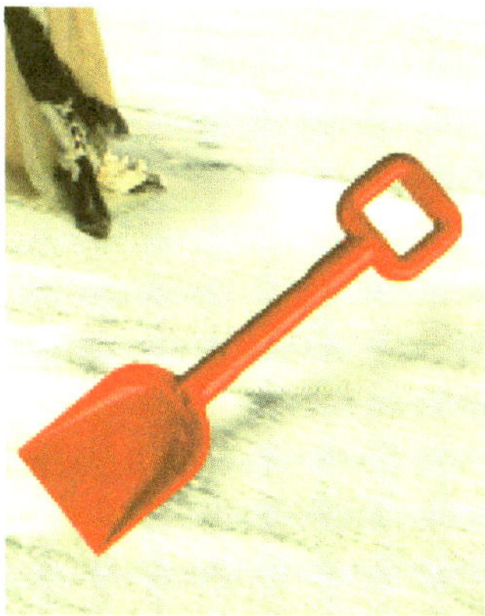

(60) 复制“图层14”得到“图层14副本”，然后将“图层14副本”移动到“图层”面板的最上方，按住Shift键单击“图层14副本”的图层蒙版，隐藏图层蒙版效果。运用移动工具，调整图像的位置。完成后再次按住Shift键单击“图层14副本”的图层蒙版，显示图层蒙版效果。最后对该图层的图层蒙版填充黑色，隐藏该图层对应的图像效果。

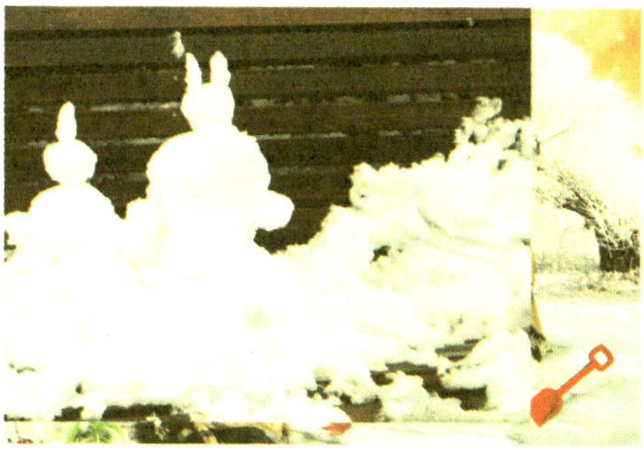

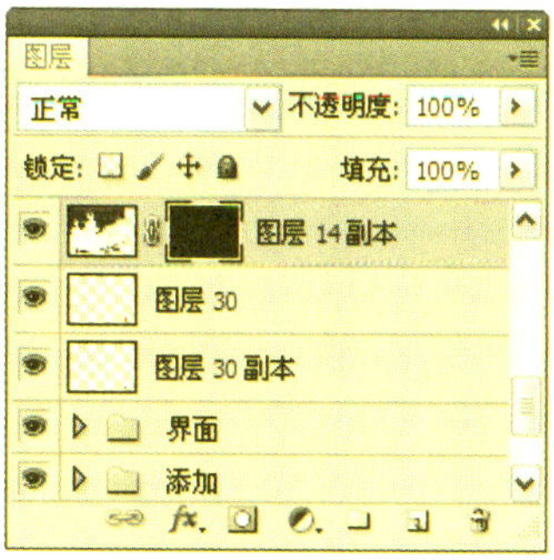

(61) 单击“图层14副本”的图层蒙版，设置前景色为白色，然后运用画笔工具，在图像中进行涂抹，将涂抹处的图像显示出来。为图像增加更多的白雪效果。

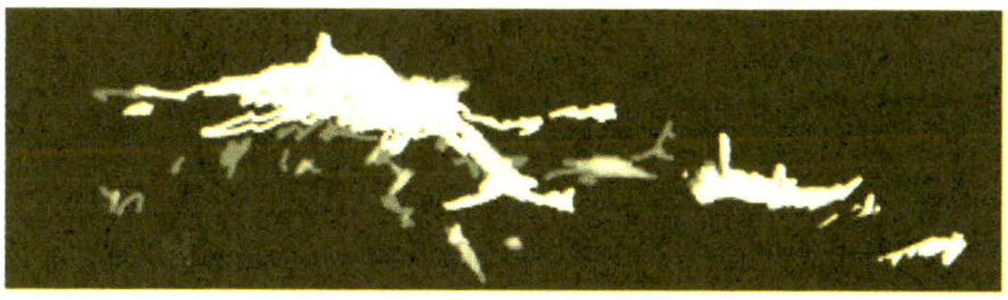

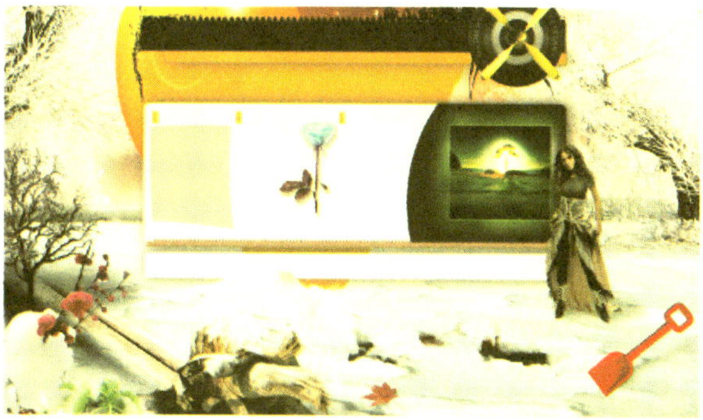

(62) 复制“图层14副本”，按住Shift键单击“图层14副本2”的图层蒙版，隐藏图层蒙版效果。再运用自由变换命令调整“图层14副本2”的位置，完成后将该图层的图层蒙版显示出来，并对该图层蒙版填充黑色，最后运用白色的画笔工具，在图像中进行涂抹，将涂抹处的图像显示出来，在小铲上添加白雪效果。

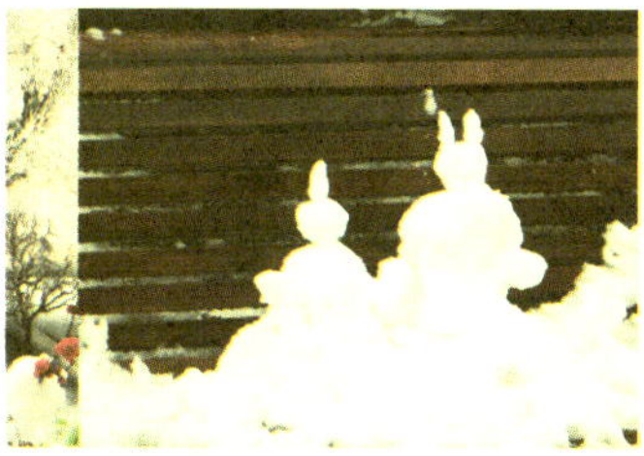

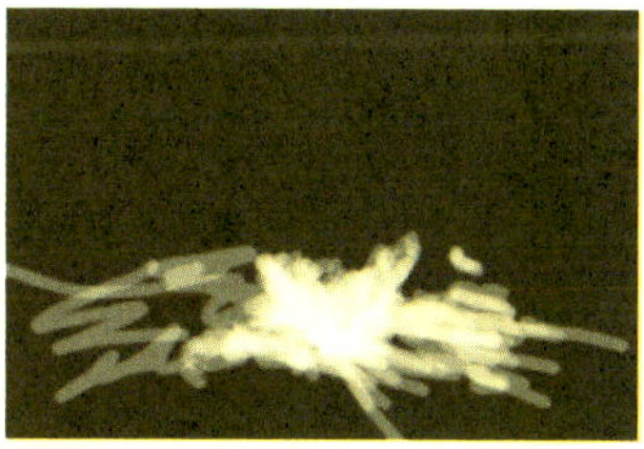

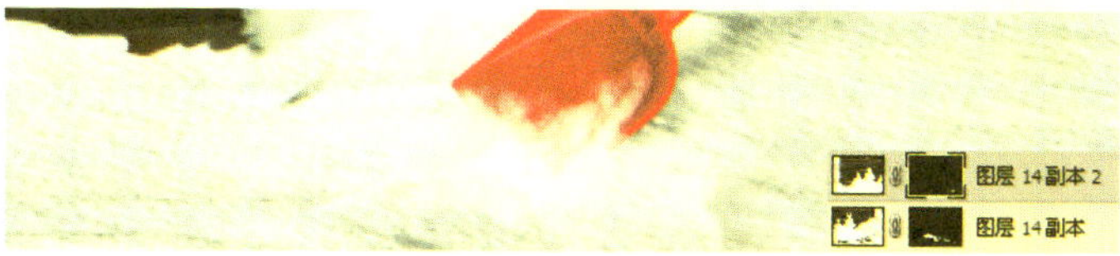

(63) 设置前景色为黑色，新建“图层31”，然后运用画笔工具，在图像中进行涂抹，为画面添加雪面上的小草和树枝，使画面效果更加完善。

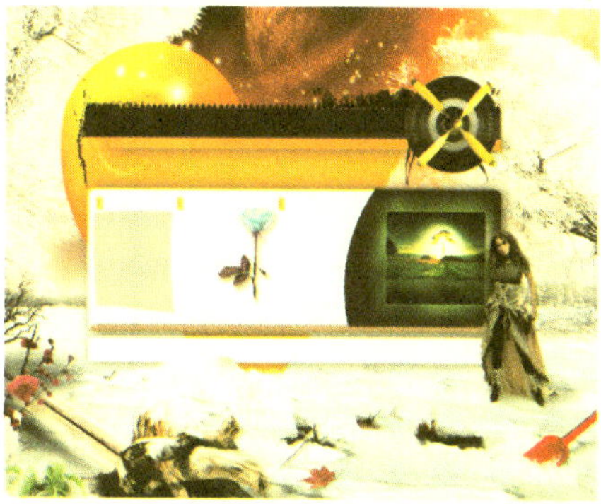

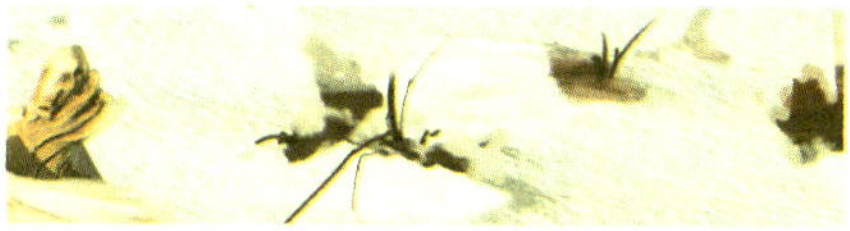

64 设置前景色为白色，单击横排文字工具，在图像界面中输入文字，使画面更加完整。完成后复制文字图层NEWS，然后运用自由变换命令调整复制出的文字图像的大小和位置，最后设置该文字图层对应的文字颜色为黑色。

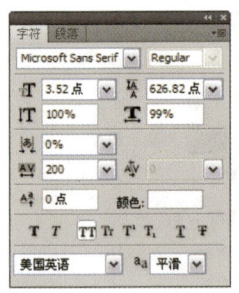

65 参照上述步骤，运用横排文字工具，在图像中输入更多的文字，使画面效果更加完善。

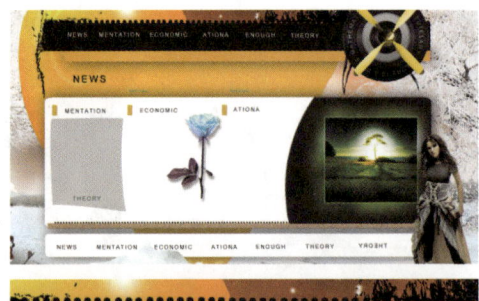

66 继续运用横排文字工具，在图像中输入更多的黑色文字。

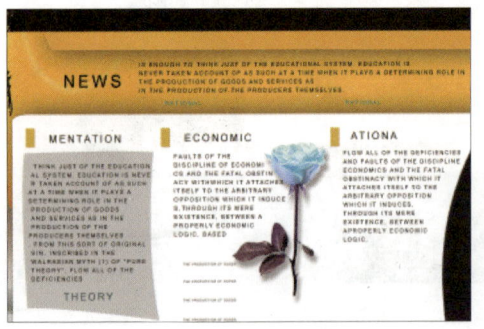

67 新建"图层32"，运用椭圆选框工具，在图像中绘制正圆选区，完成后对选区填充黑色，制作黑色圆点效果。继续运用横排文字工具在界面中输入文字。

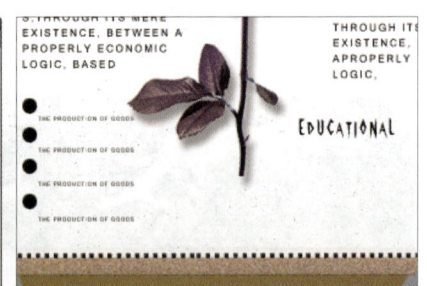

68 设置前景色为黑色，单击自定形状工具，再单击选项栏中"形状"旁的缩览图，然后在弹出的下拉面板中选择形状，在图像中绘制多个形状，完善画面效果。最后将这一步骤绘制的所有形状图层进行编组，得到"组2"。

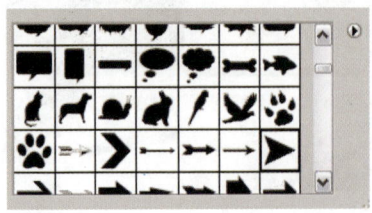
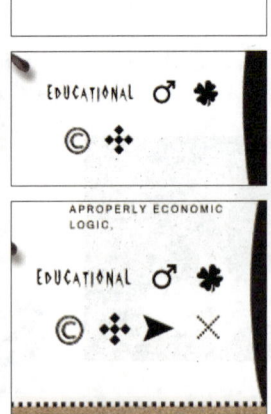

69 设置"组2"的"不透明度"为50%，降低各个形状的不透明度。将步骤65至步骤70制作的所有图层进行编组并重命名为"文字"。

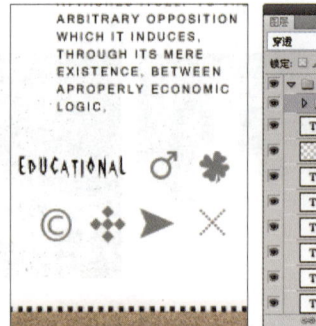
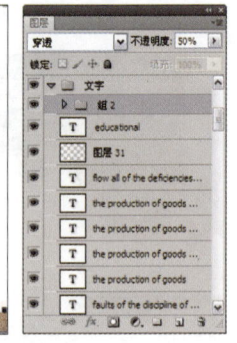

70 将"素材.psd"文件中的"图层18"移动到当前图像中相应位置，生成"图层33"。然后在"图层33"的下方新建"图层34"，设置前景色为黑色，完成后运用画笔工具，在松鼠下方绘制投影效果。最后设置该图层的"不透明度"为56%，使画面效果更加完善。

71 将"素材.psd"文件中的"图层19"移动到当前图像中相应位置，生成"图层35"。为画面添加大雁素材，使画面效果更加完善。

72 新建"图层36"并设置该图层的混合模式为"叠加"，设置前景色为白色，然后运用画笔工具，在图像中进行涂抹，增加涂抹处的图像亮度，完成后设置前景色为黑色，继续运用画笔工具，在图像中各个物体的背光面进行涂抹，加深涂抹处图像，使画面对比度更加强烈。

73 参照上一步骤，新建"图层37"，然后设置该图层的混合模式为"叠加"，设置前景色为黑色（白色），完成后运用画笔工具，在图像中进行涂抹，加深（减淡）图像效果，增强画面的层次感。至此，本实例制作完成。

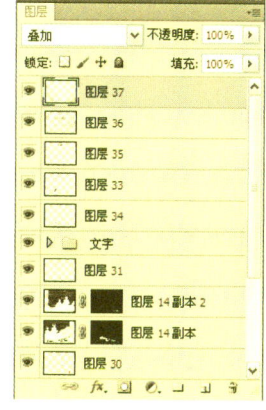

高斯模糊滤镜

知识解析

"高斯模糊"滤镜用于制作图像模糊的朦胧效果,执行"滤镜>模糊>高斯模糊"命令,打开"高斯模糊"对话框,在弹出的对话框中设置参数值后,单击"确定"按钮,即可对图像进行模糊处理。

"高斯模糊"对话框

编号	名　称	说　　　　明
❶	效果预览框	用于对模糊效果进行预览,直观地展示高斯模糊效果
❷	比例调整按钮	用于设置效果预览框中图像的显示比例,单击"减号"按钮,将对图像进行缩放,单击加号按钮,将对图像进行放大
❸	"半径"选项	用于设置模糊效果的强弱,参数值越大、模糊效果越明显,参数值在 0.1~250 之间
❹	"确定"按钮	单击该按钮完成高斯模糊效果的制作
❺	"预览"复选框	用于对高斯模糊效果的图像进行预览,勾选该复选框后,设置高斯模糊参数值时,可以直观地在图像上预览模糊效果

"高斯模糊"滤镜常被用于制作模糊效果,增添图像梦幻朦胧的感觉。在数码照片处理过程中常被应用。打开如下图所示图像文件,复制一个背景图层,执行"滤镜 > 模糊 > 高斯模糊"命令,在弹出的对话框中设置"半径"为 3 像素,完成后单击"确定"按钮,结合"滤色"混合模式,制作出照片朦胧效果。

原图

设置参数值

最终效果